中等职业教育“十二五”规划教材

电子线路 CAD

何应俊　主编
吴飞　方厂移　李俭　副主编
涂波　主审

国防工業出版社
·北京·

内 容 简 介

本教材是中等职业教育项目教学配套用书，以教学大纲为依据，密切结合PCB设计的实际和中等职业学校学生的学习情况，以项目教学的方式进行编写，强调任务驱动，注重亲自实践，涵盖了PCB设计入门所需要的基本知识、基本方法和基本技能。

本教材注重实用性，图文并茂，力求读者一看就懂、一学就会。本书可作为中等职业学校电子技术应用及相关专业的教材，同时适合PCB设计的爱好者自学和部分设计人员参考。

图书在版编目(CIP)数据

电子线路CAD/何应俊主编.—北京:国防工业出版社,2011.7

中等职业教育"十二五"规划教材

ISBN 978-7-118-07439-0

Ⅰ.①电... Ⅱ.①何... Ⅲ.①电子电路-计算机辅助设计-中等专业学校-教材 Ⅳ.①TN702

中国版本图书馆CIP数据核字(2011)第116751号

※

国防工业出版社出版发行

(北京市海淀区紫竹院南路23号 邮政编码100048)

北京奥鑫印刷厂印刷

新华书店经售

*

开本 787×1092 1/16 **印张** 16 **字数** 398千字

2011年7月第1版第1次印刷 **印数** 1—4000册 **定价** 29.00元

国防书店：(010)68428422　　发行邮购：(010)68414474

发行传真：(010)68411535　　发行业务：(010)68472764

前　言

本教材以国家教育部关于中等职业教育改革的精神为宗旨，忠实执行了“以就业为导向”的指导思想，旨在将学生培养成从事 PCB 设计的入门级人才，并为精通 PCB 设计奠定良好的基础。

本书具有以下特点：

(1) 采用项目教学的方式编写，主题鲜明。每个项目设有若干“任务”及相关的“知识点”，强调任务驱动(通过完成“任务”，掌握方法、技能和相关的知识)。

(2) 针对目前中职学生和初学者的认知特点，本书配有大量图片及简明的文字，生动形象，力求真正地体现教师为主导、学生为主体的教学理念，注意培养学生的学习兴趣，并以“成就感”来激发学生的学习潜能。

(3) 汇集长期在职教一线工作的双师型教师、骨干教师的智慧编写而成，遵循“因材施教”的原则，采用理论和技能训练一体化的编写方式，突出职业特色。

(4) 资料翔实、准确，各项目已在教学活动中多次使用，效果良好。

本书可作为中等职业学校电子技术应用及相近专业的教材使用，同时适合 PCB 设计的爱好者自学和部分设计人员参考。

本书由湖北长阳职业教育中心何应俊任主编，武汉市石牌岭职业高级中学吴飞、李俭和武穴市职业技术学校方厂移任副主编。其中，何应俊编写了项目一和项目四，吴飞编写了项目六和附录，李俭编写了项目三和项目十一，方厂移编写了项目五和项目八；还有武穴市实验高中李雪桂编写了项目九和项目十二；长阳职教中心王强编写了项目二，胡绍建编写了项目七；武汉市石牌岭职业高级中学胡艾华编写了项目十。全书由宜昌水利电力学校涂波主审。

由于作者水平有限，书中不妥之处在所难免，恳请广大读者批评指正。

编者

目　录

项目一　Protel DXP 2004 软件的基本操作

项目情景展示

Protel 是最常用的设计原理图和印制板软件之一，它功能强大、易学好用。Protel DXP 2004 是目前较流行的版本，学习使用该软件进行电子线路设计，需要首先掌握该软件的基本知识。

项目学习目标

学习目标		学习方式	学时
技能目标	1. 掌握 Protel DXP 2004 的安装方法。 2. Protel DXP 2004 软件中 PCB 工程（又叫项目）及相关文件的创建。 3. Protel DXP 2004 软件中元件库的加载与卸载	在教师的指导下按照教材进行上机操作	5
知识目标	1. 了解 PCB 的基本概念。 2. 了解 PCB 的设计流程	学生阅读教材，教师答疑	

任务一　Protel DXP 2004 软件的安装

一、推荐配置

为了更好地运行 Protel DXP 2004，推荐用户计算机的基本配置如下。

（1）操作系统：Windows XP。

（2）处理器：Pentium4 以上。

（3）内存：512MB 以上。

（4）显示器分辨率：1024×768，32bit 色，32MB 显存。

二、Protel DXP 2004 的安装步骤

1. Protel DXP 2004 主程序的安装

Protel DXP 2004 的安装方法与其他软件的安装方法基本相同，方法如下：

（1）将 Protel_DXP_2004 光盘插入光驱。

（2）运行 setup\Setup.exe 文件，按照提示安装 Protel DXP 2004。当出现如图 1-1 所示的接受软件安装许可证界面时，选择“I accept…”，再单击“Next”，进入如图 1-2 所示的用户权限对话框。

（3）在图 1-2 所示的用户权限对话框中选择“Anyone who…”后，填用户名和单位（可以任意填），也可以选择“Only for me”，则不需填用户名，再单击“Next”，进入图 1-3 所示的安装路径对话框。

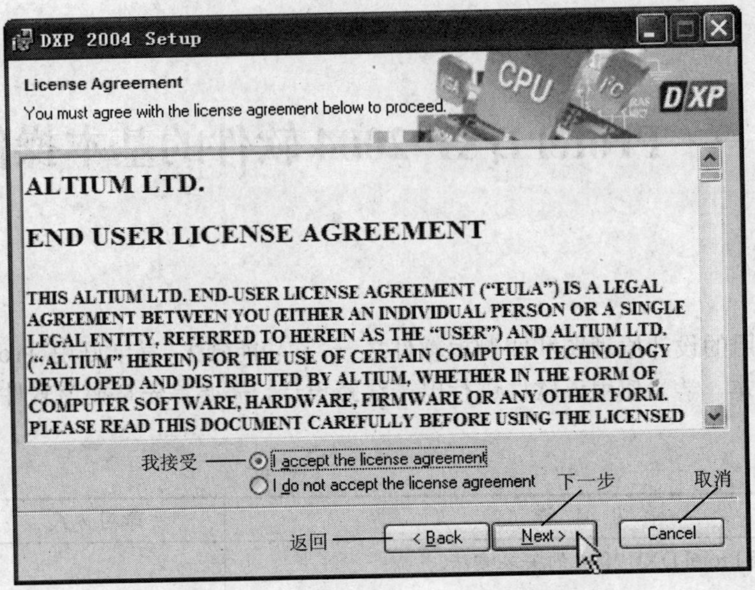
DXP 2004 Setup
License Agreement
You must agree with the license agreement below to proceed.
DXP
ALTIUM LTD.
END USER LICENSE AGREEMENT
THIS ALTIUM LTD. END-USER LICENSE AGREEMENT ("EULA") IS A LEGAL AGREEMENT BETWEEN YOU (EITHER AN INDIVIDUAL PERSON OR A SINGLE LEGAL ENTITY, REFERRED TO HEREIN AS THE "USER") AND ALTIUM LTD. ("ALTIUM" HEREIN) FOR THE USE OF CERTAIN COMPUTER TECHNOLOGY DEVELOPED AND DISTRIBUTED BY ALTIUM, WHETHER IN THE FORM OF COMPUTER SOFTWARE, HARDWARE, FIRMWARE OR ANY OTHER FORM. PLEASE READ THIS DOCUMENT CAREFULLY BEFORE USING THE LICENSED
我接受
I accept the license agreement
I do not accept the license agreement
下一步
取消
返回
< Back
Next >
Cancel

图1-1　接受软件安装许可界面

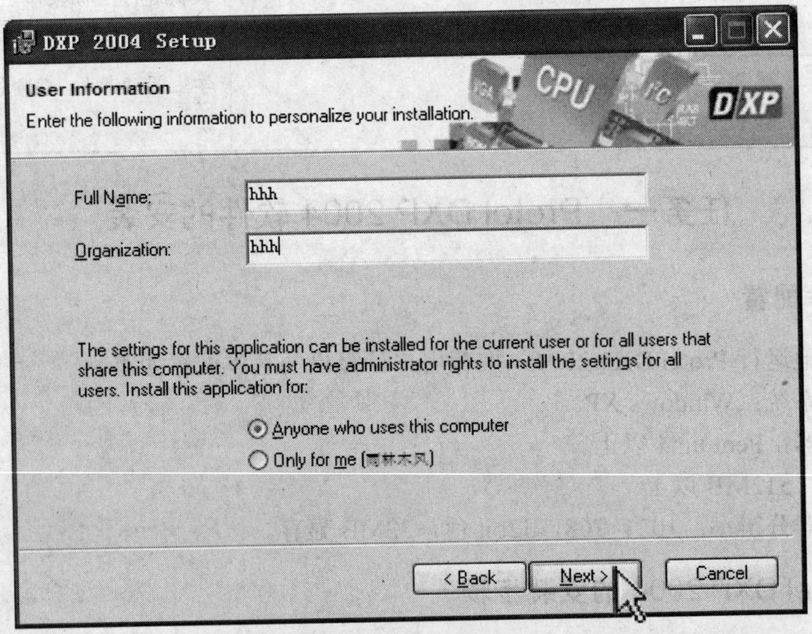
DXP 2004 Setup
User Information
Enter the following information to personalize your installation.
DXP
Full Name:
hhh
Organization:
hhh
The settings for this application can be installed for the current user or for all users that share this computer. You must have administrator rights to install the settings for all users. Install this application for:
Anyone who uses this computer
Only for me
< Back
Next >
Cancel

图1-2　用户权限对话框

（4）在图 1-3 所示的对话框中，若采用默认的安装路径，则直接单击“Next”，若要安装在自己设定的路径，则单击“Browse”（意为浏览），进入如图 1-4 所示的选择安装路径对话框（这里选择 D：\DXP 安装）。

（5）按照提示进行单击（如“Next”、“Finish”），完成 Protel　DXP 2004 的安装。

2. 安装 DXP 2004SP2 补丁和元件库

分别运行 DXP 2004SP2 补丁.exe 和 DXP 2004SP2_IntegratedLibraries.exe 文件，按提示进行操作即可完成 DXP 2004SP2 补丁和 SP2 元件库的安装。

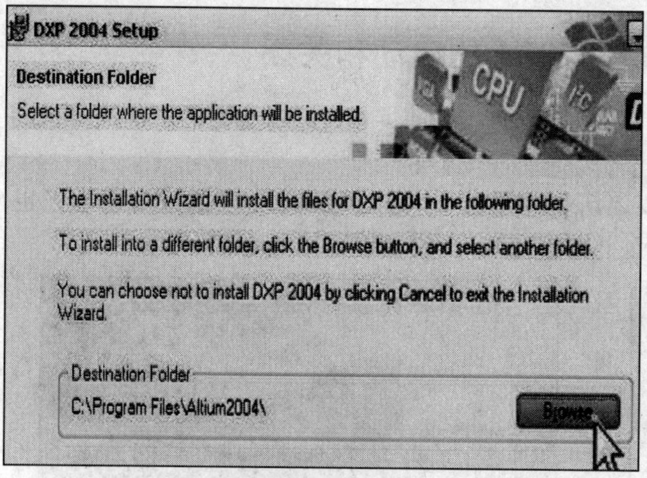

图1-3　安装路径对话框

图1-4　选择安装路径对话框

3. 转化成中文环境

在 Protel DXP 2004 界面，单击左上角的 DXP 菜单下的“Preference”，在弹出的如图 1-5 所示的界面勾选“Use localized rescources”，关闭 Protel DXP 2004，重新打开软件变为简体中文环境。在简体中文环境中，依次单击“DXP”→“优先设定”，取消已勾选的“取消本地化资源”，单击“确定”按钮，关闭 Protel_DXP_2004 后，再重新启动，则转化为英文环境。

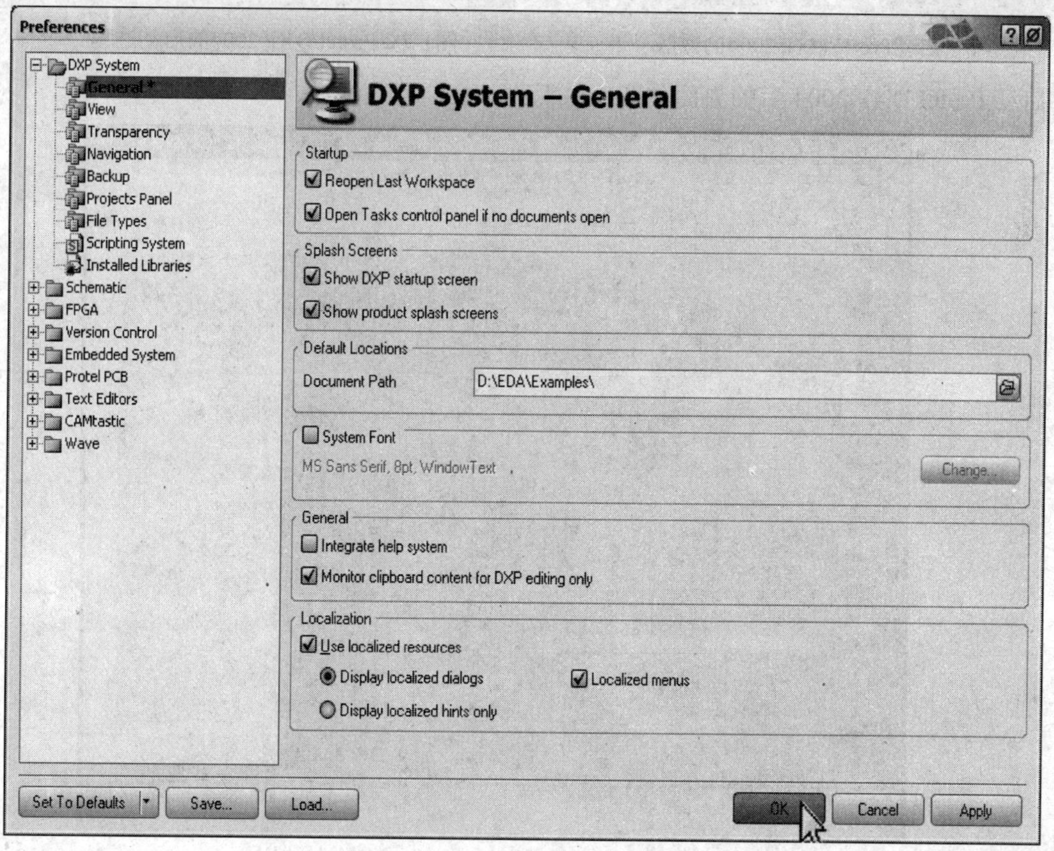

图1-5　中英文环境转换设置界面

任务二 Protel DXP 2004 的启动和关闭

一、启动 Protel DXP 2004

在 Windows 桌面依次单击“开始”→“所有程序”→“DXP 2004”，如图 1-6 所示（也可以将 DXP 2004 图标发送到桌面，在桌面上直接打开）。启动过程如图 1-7 所示。

图1-6 启动Protel DXP 2004的方法

图1-7 Protel DXP 2004的启动过程

启动 Protel DXP 2004 后的界面如图 1-8 所示。

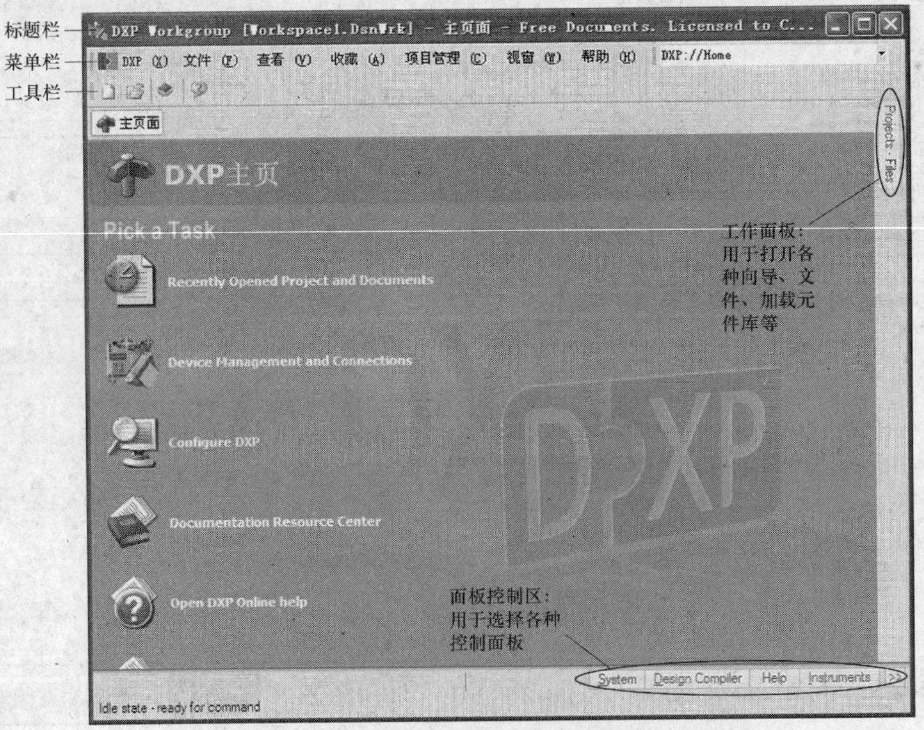

图1-8 启动Protel DXP 2004后的界面

二、关闭 Protel DXP 2004

要关闭 Protel DXP 2004，可以依次单击“文件”→“退出”（图 1-9（a）），或者单击软件界面右上角的“×”（图 1-9（b））。

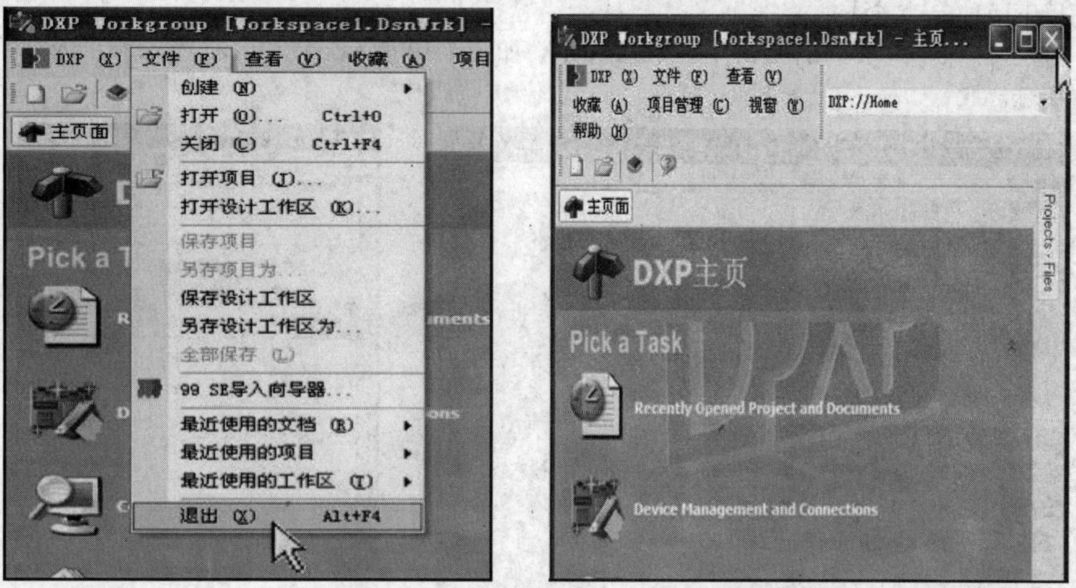

(a) (b)

图1-9 关闭Protel DXP 2004的方法

任务三 Protel DXP 2004 软件中 PCB 工程及相关文件的操作

一、软件中 PCB 工程文件的组成

Protel DXP 2004 软件中 PCB 工程文件的组成见表 1-1。

表1-1 DXP软件中PCB工程文件的组成

名称	组成部分	后缀	作 用
PCB 工程文件（后缀为.PrjPCB）	原理图文件	.SchDoc	用于设计原理图
	网络报表文件	.NET	
	原理图元件库文件	.SchLib	在设计原理图时，如果某些元件在现有原理图元件库中找不到，就可以用原理图元件库文件制作这些元件，并添加到库中
	PCB 设计文件	.PcbDoc	用于设计印制电路板
	PCB 元件封装库文件	.PcbLib	在设计印制电路板时，如果某些元件的封装在现有的 PCB 元件封装库中找不到，就可以用 PCB 元件封装库文件制作这些元件的封装，并添加到库中
	文本文件	.Txt	
	CAM 报表文件	.Cam	

二、软件中 PCB 工程及相关文件的操作

1. Projects 面板的启动和退出

Projects 意为项目、工程，Projects 面板为工程及相关文件的管理提供了极大方便，通常采用以下两种启动方法：

方法一：依次单击“System”→“Projects”，如图 1-10 所示。启动后的 Projects 面板如图 1-11 所示。

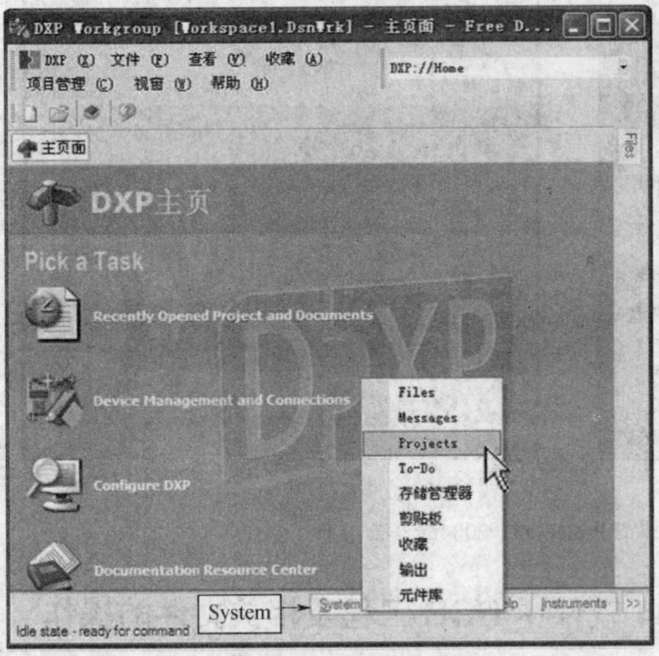

图1-10 启动Projects面板的方法一

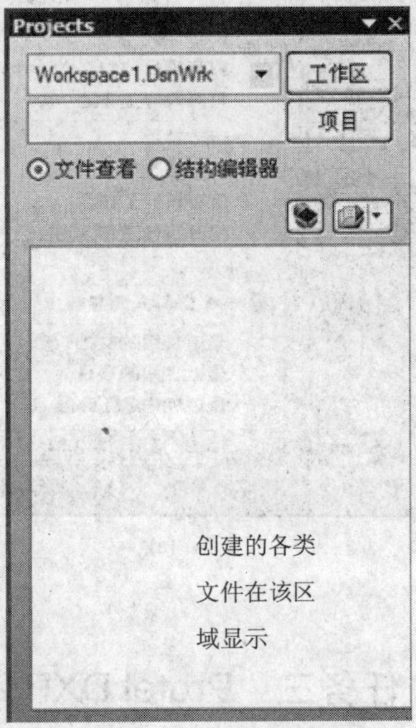

图1-11 “Projects”面板

方法二：依次单击“查看”→“工作区面板”→“System”→“Projects”，如图 1-12 所示。

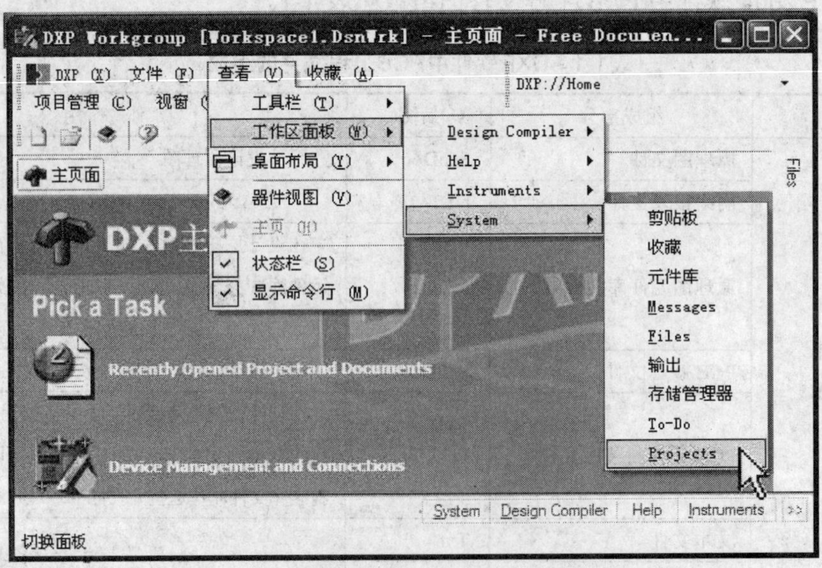

图1-12 启动Projects面板的方法二

2. 新建 PCB 工程文件

新建 PCB 工程文件的方法如下：

（1）在 DXP 软件的主页面，依次单击“文件”→“创建”→“项目”→“PCB 项目”，如图 1-13 所示。

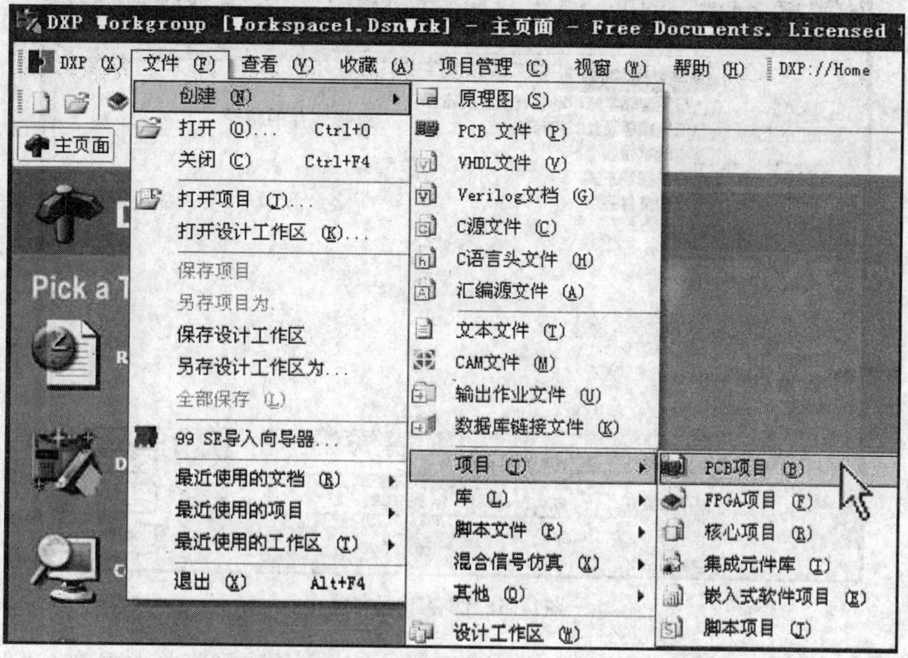

图1-13 新建PCB工程文件

（2）DXP 软件自动创建一个空的 PCB 工程文件，即图 1-14 中的 PCB-Project1.PrjPCB（默认文件名）。

图1-14 新建的PCB工程文件

（3）在 DXP 主页面执行菜单命令“文件”→“保存项目”，弹出保存工程文件对话框，然后选择保存的路径（这里选择路径为 E：\Protel DXP 训练），再单击“打开”，如图 1-15 所示。

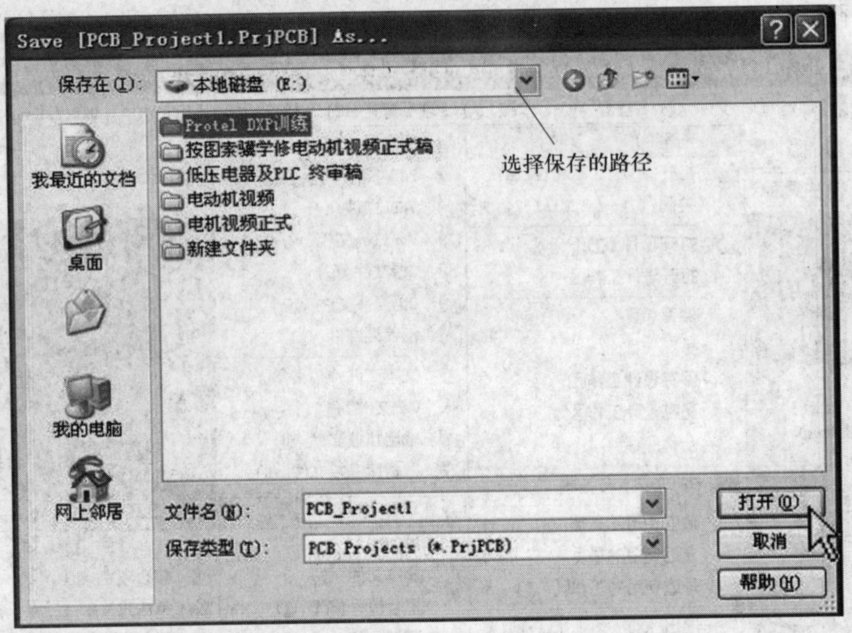

图1-15　保存工程文件

说明：在 Projects 面板中右击新建的工程文件，在弹出的快显菜单中再单击“保存项目”，也可以弹出该保存文件对话框。

（4）根据需要，在图 1-16 所示界面中对文件重命名（这里命名为“遥控灯”），再单击“保存”，可以看见 Projects 面板中新建的工程文件更名为“遥控灯_Project1”，如图 1-17 所示。

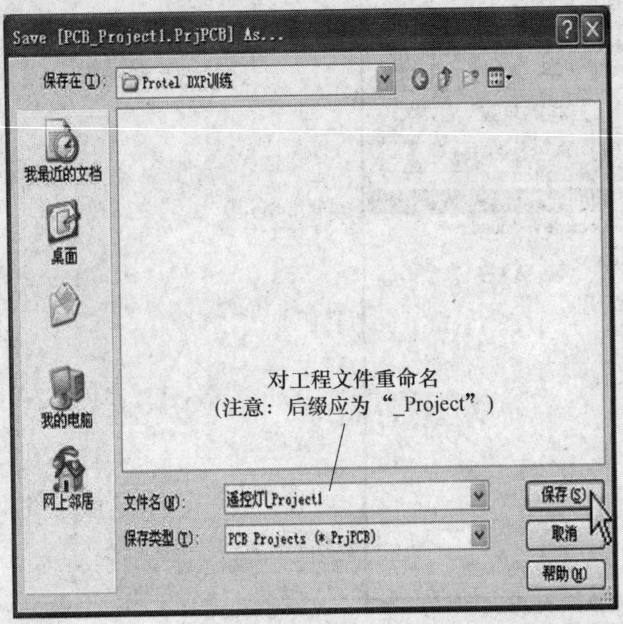

图1-16　重命名工程文件

图1-17　更名后的工程文件

3. 设计文件的创建

前面创建的 PCB 工程文件是空的，根据设计需要，可以在这个空工程文件中创建各种设计文件，如原理图文件（用于设计原理图）、PCB 文件（用于设计 PCB）等。下面以这两种文件的创建为例介绍其方法。

（1）在 PCB 工程文件中创建原理图文件的方法如下：

① 如图 1-18 所示，执行菜单命令“文件”→“创建”→“原理图”，可以创建原理图设计文件。

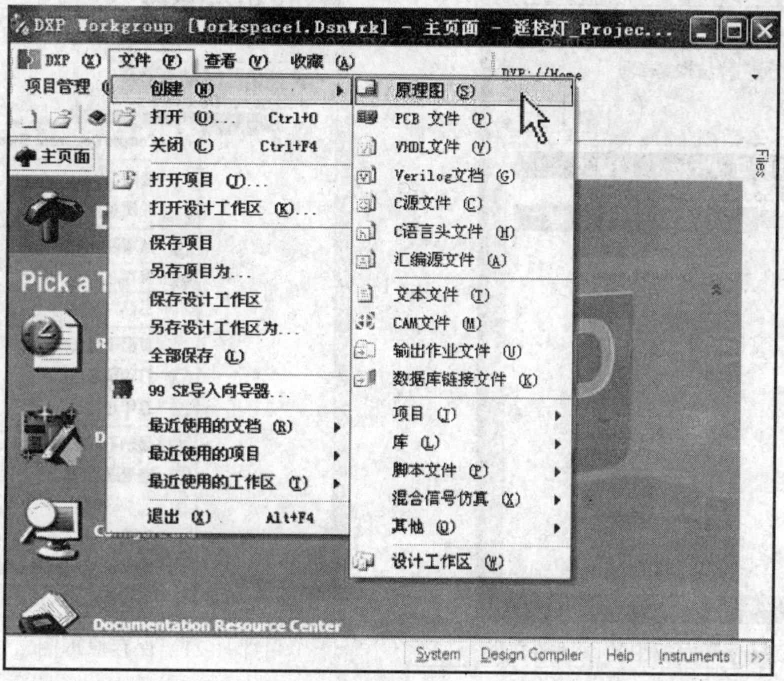

图1-18 创建原理图设计文件

② 创建的原理图设计文件（默认的文件名为 Sheet1.SchDoc）如图 1-19 所示。

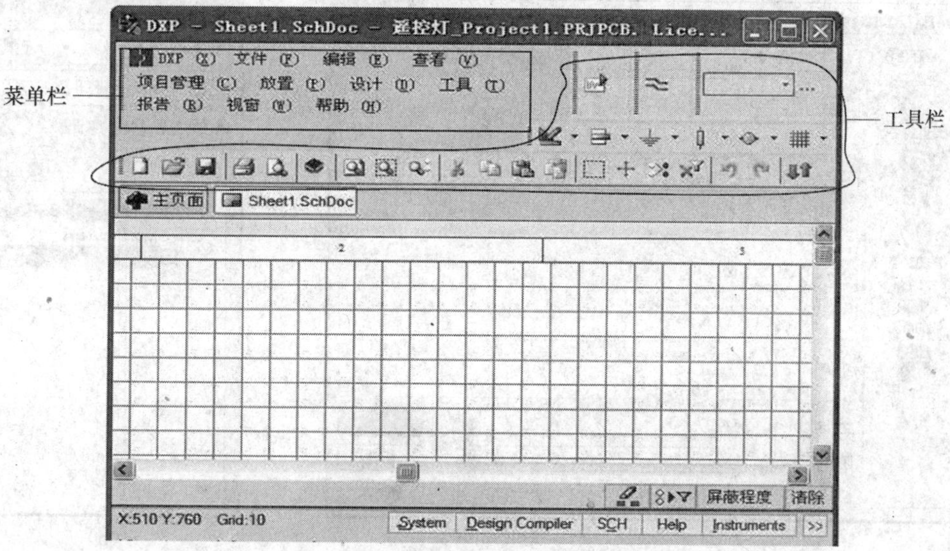

图1-19 创建的原理图设计文件

说明：在创建原理图设计文件同时会打开原理图编辑器。其中有网格的区域为编辑区。

③ 创建原理图文件后，在 Projects 面板中自动出现的原理图文件（默认的文件名为 Sheet1.SchDoc）如图 1-20 所示。

④ 右击 Projects 面板中的原理图文件（Sheet1.SchDoc）→单击【保存】，如图 1-21 所示。

图1-20 Projects面板中的原理图文件

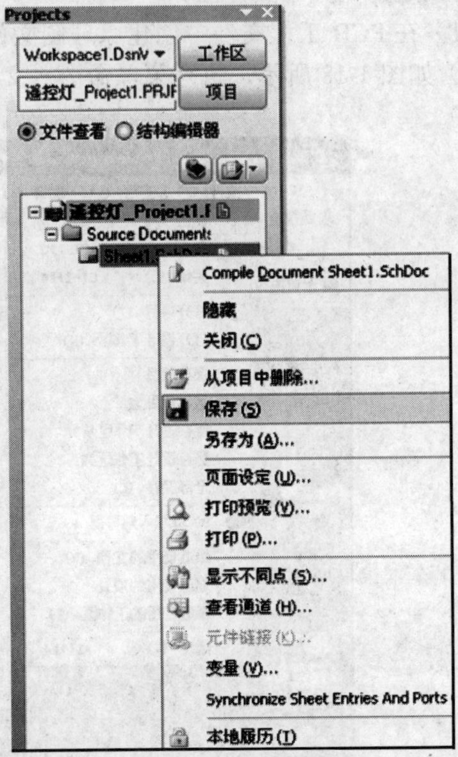

图1-21 保存原理图文件

⑤ 在弹出的保存文件对话框中，选择保存的路径并重命名（图 1-22（a）），这时在 Projects 面板中，新建的原理图文件就会更名为“遥控灯.SCHDOC”（图 1-22（b））。

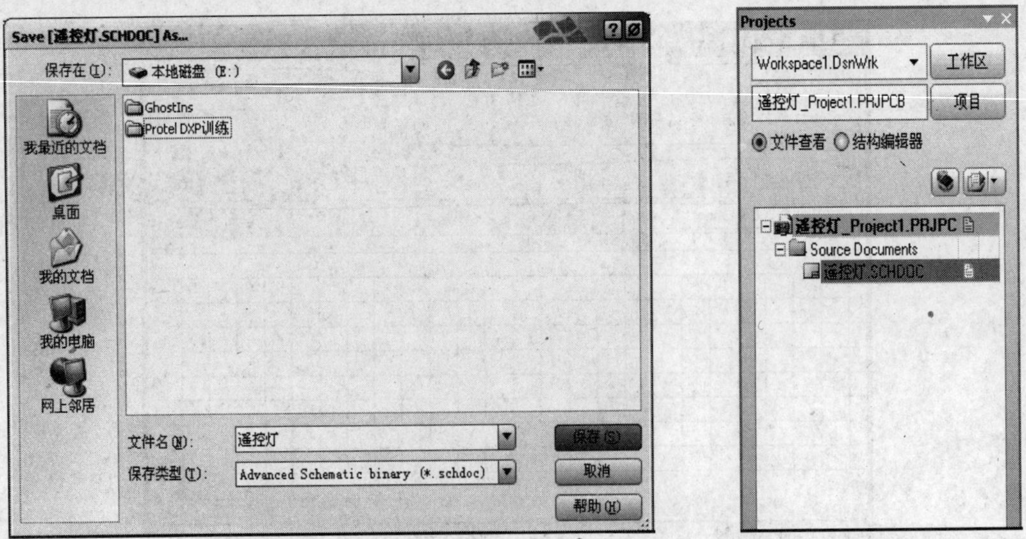

（a） （b）

图1-22 保存原理图文件

（2）在 PCB 工程文件中创建 PCB 设计文件的方法如下：

执行菜单命令“文件”→“创建”→“PCB 文件”，即可以创建 PCB 设计文件，如图 1-23 所示。

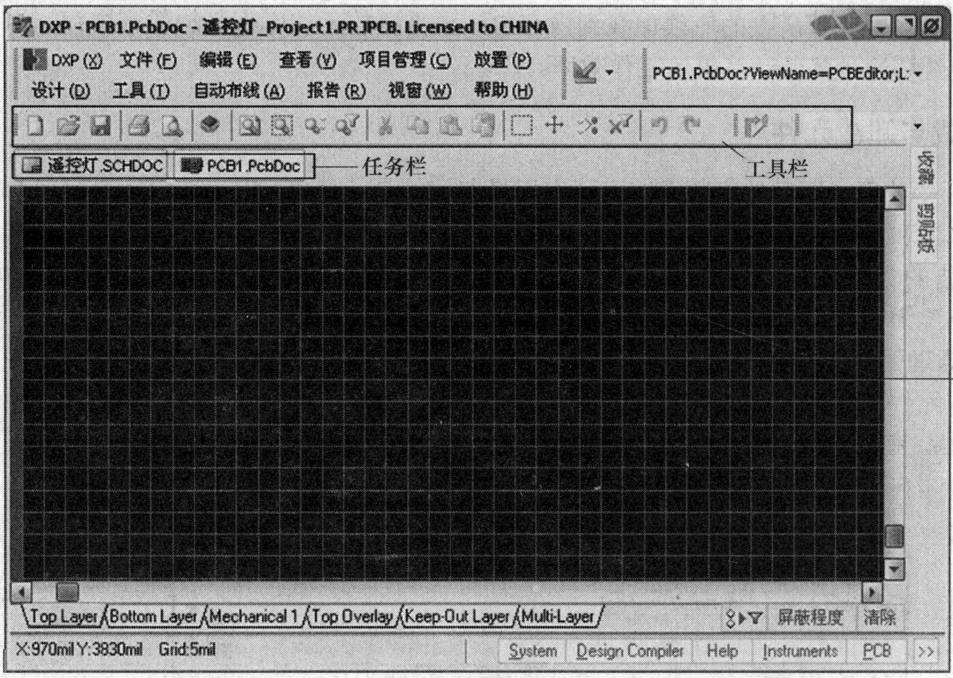

图1-23　PCB设计文件界面

创建 PCB 设计文件后，该文件（默认的文件名为 PCB1.PcbDoc）就会出现在 Projects 面板中，如图 1-24（a）所示。

右击 Projects 面板中的 PCB 设计文件（PCB1.PcbDoc）→单击“保存”，在弹出的保存文件对话框中，选择保存的路径并重命名（这里命名为遥控灯），这时在 Projects 面板中，新建的原理图文件就会更名为“遥控灯. PCBDOC”，如图 1-24（b）所示。

（a）　　　　　　　　　　　（b）

图1-24　创建的PCB设计文件出现在Projects面板中

如果需要删除工程中的某个文件，方法是：在 Projects 面板中右击需要删除的文件，在弹出的快显菜单中单击“从项目中删除”。

任务四　加载与卸载 Protel DXP 2004 软件中的元件库

DXP 软件中的元件库有原理图元件库、元件封装库、集成库、仿真元件库等。在进行设计之前，对会用到的元件所在的库须加载到内存中，不需要的元件库不必加载到内存，以免占用大量的系统资源，降低计算机的工作效率。

一、加载与卸载元件库

DXP 软件中的原理图元件库数量较多，应用最普遍的是“Miscellaneous Devices.IntLib”（常用元件库）和“Miscellaneous Connectors.IntLib”（插接件元件库），这两个库是原理图元件和相应封装的集成库，原理图元件和相应封装都可以被调用。下面以“Miscellaneous Devices.IntLib”为例介绍加载与卸载方法。

1. 加载原理图元件库

（1）打开元件库面板：在原理图文件编辑界面，依次单击“System”→“元件库”，如图 1-25 所示。注：依次单击“设计”→“浏览元件库”，也可以打开元件库面板。

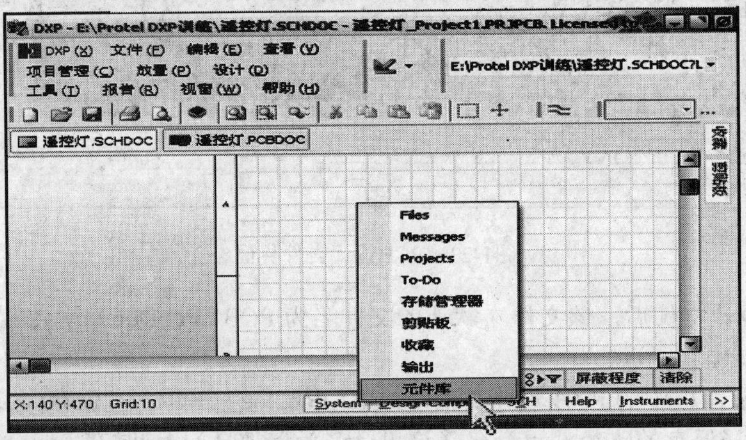

图1-25　打开元件库面板的操作

（2）在元件库面板中，单击“元件库”（图 1-26），弹出“可用元件库”对话框，再单击“安装”（图 1-27），弹出“打开”元件库对话框（图 1-28）。

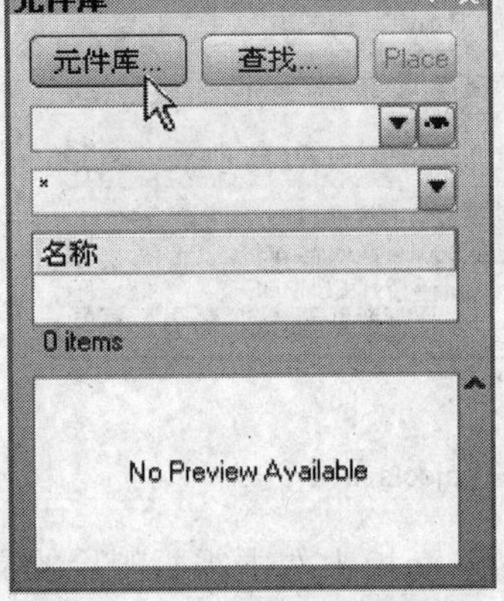

图1-26　“元件库”面板

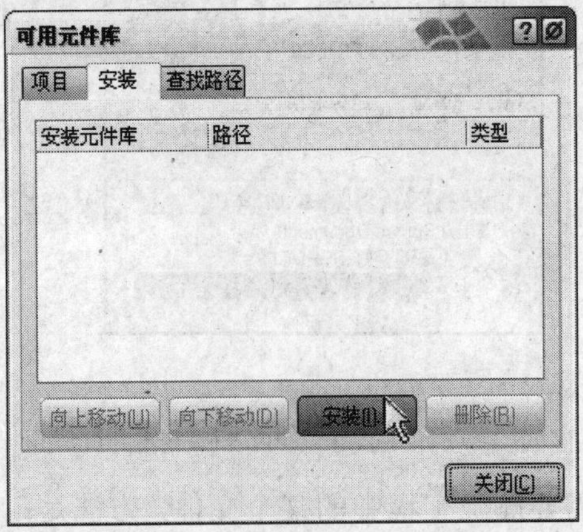

图1-27　“可用元件库”对话框

图1-28 “打开”元件库对话框

（3）在弹出的“打开”元件库对话框中，选择所需安装的元件库（在该软件的安装文件夹里，即 D：\DXP 安装\Library\ Miscellaneous Devices.IntLib），双击其图标或选定后再单击“打开”（图 1-28），进行安装后，自动弹出可用元件库界面，在该界面可以看见已安装的元件库，如图 1-29 所示，单击“安装”可继续安装其他元件库。

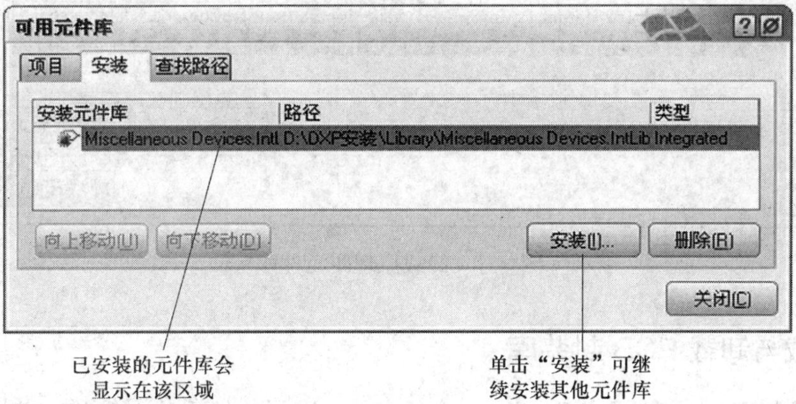
已安装的元件库会
显示在该区域
单击“安装”可继
续安装其他元件库

图1-29 “可用元件库”对话框

（4）“元件库”面板，如图 1-30 所示

2. 卸载原理图元件库

在元件库面板中，单击“元件库”，打开可用元件库对话框，选中需删除的元件库，再单击“删除”，如图 1-31 所示。

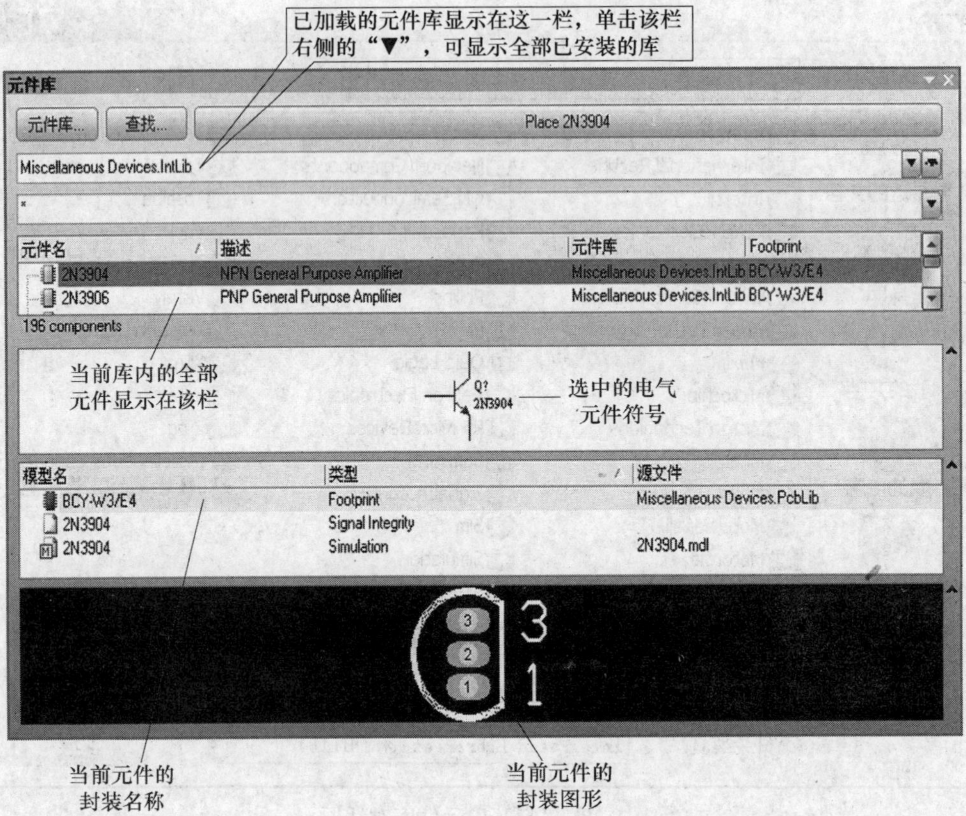

图1-30 “元件库”面板

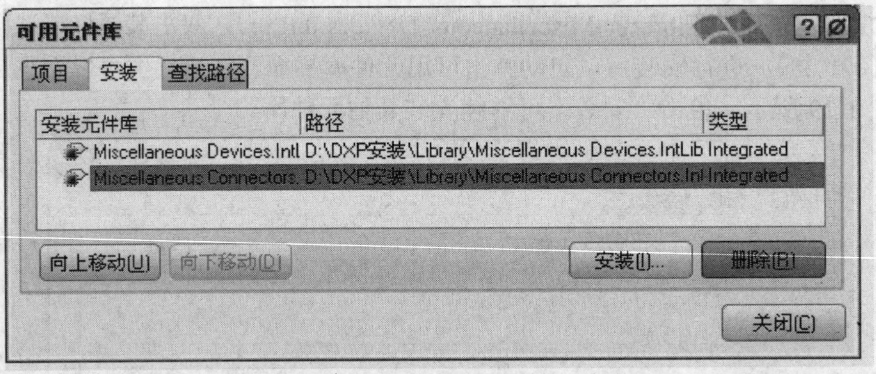

图1-31 卸载原理图元件库

二、加载与卸载 PCB 封装库

当安装了原理图元件库 Miscellaneous Devices.IntLib（常用元件库）和 Miscellaneous Connectors.IntLib（插接件元件库）时，同时安装了相应的元件封装库。如果需要再安装其他封装库，方法与原理图元件库的安装基本相同，即在“元件库”面板单击“元件库”，打开“可用元件库”对话框，单击“安装”，在“打开”对话框，在安装文件夹里，即 D:\DXP 安装\Library\ Library\Pcb 里选中所需安装的 PCB 封装库，双击其图标或单击“打开”，就完成了该封装库的安装，如图 1-32 所示。这时在“可用元件库”对话框中和“元件库”面板中可以看见已安装的封装库。

图1-32　安装PCB封装库

PCB 封装库及原理图库的单独安装、卸载方法和元件库的安装卸载一样，要注意的是集成库、原理图库、封装库的扩展名分别为：.Intlib、Schlib、Pcblib，这里不再赘述。

知识链接一　印制电路板简介

一、什么是印制板

印制电路板（Printed Circuit Board，PCB）是组装电子产品所必需的基板，电子元器件都安装在印制电路板上，印制电路板用于电子元器件的支撑并实现电子元器件之间电气连接和绝缘。

二、PCB 的分类

根据电路层数，印制电路板可分为单面板、双面板和多层板（常见的多层板一般为 4 层或 6 层，复杂的多层板可达十几层）。

1. 单层板

单层板是一面敷铜，另一面为绝缘基板的印制电路板。一般情况下，实现元器件间电气连接的导线（铜箔）和焊盘都在底层，元器件引脚焊接在焊盘上，所以该层也称焊接面；另一面为单层板的顶层，是所有元器件的安放位置，所以该层也称元件面。单层板的示例实物如图 1-33 所示。

2. 双层板

双层板的底层和顶层都敷有铜箔，这两个层都有实现元器件电气连接的导线（铜箔），即顶层和底层都可以布线，顶层和底层通过过孔（Via）或焊盘(Pad)来实现电气连接。不区分焊接面和元件面，所采用的多为贴片元件。双层板布线较容易，但结构比单层板复杂。双层板目前在高档电路设计中应用较为广泛。某双层印制板实物如图 1-34 所示。

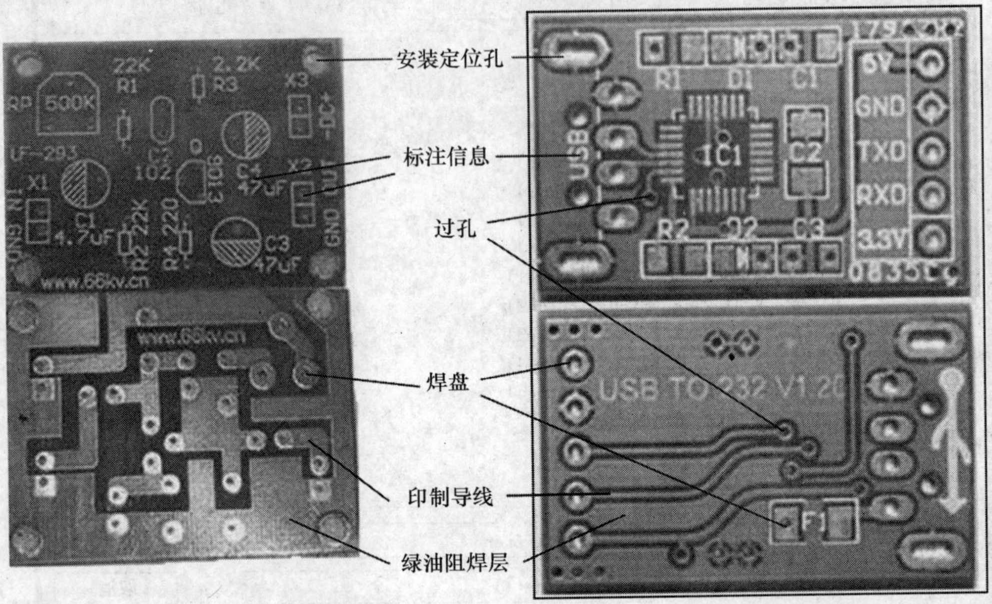

图1-33　单面板的顶层和底层

图1-34　双面板的顶层和底层

3. 多层板

多层板是包含多个工作层面的电路板，如图 1-35 所示。多层板从外形来看与双层板没多大差别，但它除了有顶层和底层之外还有中间层，因此从侧面可以看到类似千层饼的结构。多层板的顶层和底层与双层板一样，中间层可以是信号层（Signal）、电源层（Power）或是地线层（Ground）。层与层之间的连接通过过孔、埋孔（Buried Vias）或盲孔（Blind Vias）来实现。现在计算机主板和手机电路板使用的都是多层板。

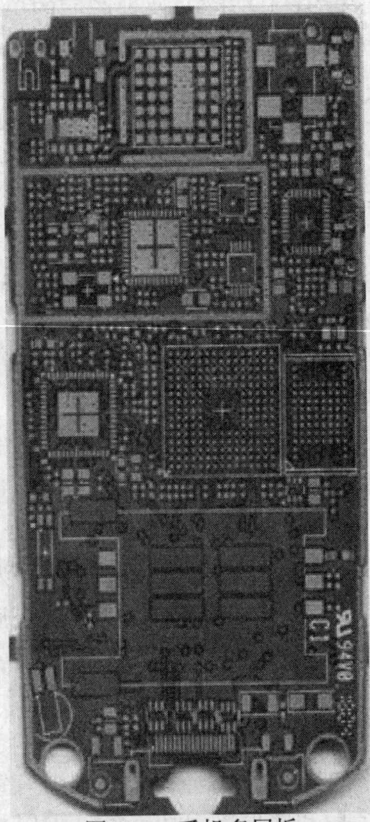

图1-35　手机多层板

三、PCB 的基本元素

一个完整优良的 PCB 必须有一些基本元素，才能保证电气性能、正常的使用寿命及便于安装和维修。图 1-33 和图 1-34 中，包含了 PCB 的基本元素。

1. 印制导线

印制导线是覆铜板经加工后在 PCB 上形成的具有电气性能的铜膜走线，处于所有的导电层，用于连接各个焊盘，是 PCB 重要的组成部分。导线的主要属性为线宽，它取决于承载的电流大小和铜膜厚度。

2. 焊盘

焊盘用于焊接元件，实现电气连接同时起到固定元件的作用。焊盘的基本属性有形状、所在的层、外径及孔径。双层板及多层板的焊盘都经过了孔壁的金属化处理。对于直插元件，软件自动将其焊盘设置在 Multi Layer 层；表面贴装元件，焊盘与元件处于同一层。

Protel 软件中焊盘有三种标准形状，即圆形（Round）、矩形（Rectangle）和八角形（Octagonal），允许设计者根据需要自行定义（Customize）或自行设计。

3. 过孔

过孔用于实现不同工作层间电气连接，过孔内壁同样做金属化处理。过孔分为三种：从顶层贯穿至底层的穿透过孔；实现顶层与中间层或底层与中间层连接的盲孔；实现中间层与中间层连接的埋孔。过孔只有圆形，主要属性有孔径尺寸(Hole Size)和过孔直径（Diameter）。

4. 标注信息

标注信息包括元件序号、元件参数、元件外形轮廓形状及尺寸、设计版本、厂家标志图案等文本和图形信息，主要为装配、调试及检修提供识读信息，它们被设置在丝印层。

5. 安装定位孔

主要在 PCB 整机装配中，为安装固定螺丝提供穿孔，同时还有为自动化装配线提供光学定位的光学定位点。

四、PCB 中的工作层

在 Protel 的 PCB 编辑器中,采用层管理模式,无论是多层板、双层板还是单层板都包含多个工作层，不同的工作层有不同的用途，并采用不同的颜色加以区分。设计时，设计者应合理配置工作层。

1. 信号层（Signal Layer）

信号层用于布线，分为顶层、底层和中间层。信号层在实际电路中的体现为铜箔层，主要完成电路的电气连接。Protel 提供了 32 层信号层，分别为 Top Layer、Mid Layer1~30、Bottom Layer 等。单层板只用到底层；双面板为顶层和底层；多层板较复杂，除了顶层和底层外，还用到了 Mid Layer。软件中，各层分别用不同的颜色显示，顶层默认为红色，底层默认为蓝色。系统各层默认的颜色设置一般不要更改。

2. 电源/接地层（Internal Planes）

电源/接地层通常称为内电层，专用于系统供电，在实际电路板中也体现为铜箔层，如有几种电源也可将内电层进行分割。内电层与信号层的总数决定了电路板的层数。Protel 提供了 16 层内电层，分别为 Internal Plane1～16 等。

3. 机械层（Mechanical Layer）

机械层用于描述电路板机械结构、标注及加工尺寸等，不具有任何电气连接特性。Protel 提供了 16 层机械层，分别为 Mechanical1~16。Mechanical1 通常用于电路板的边框线，Mechanical16 记录 PCB 图纸信息等。

4. 屏蔽层（Mask Layer）

Protel 提供了 4 层屏蔽层，分别是 Top Paste（顶层阻焊层）、Bottom Paste（底层阻焊层）、Top Solder（顶层助焊层）、Bottom Solder（底层助焊层）。

5. 丝印层（Silkscreen Layer）

丝印层用于显示元件外形轮廓、编号或放置其他文本信息。丝印层分为顶层丝印层（Top Overlay）和底层丝印层（Bottom Overlay）。丝印层默认颜色为黄色。

6. 其他层（Other Layer）

（1）钻孔引导层（Drill Guide）和钻孔冲压层（Drill Drawing）：记录电路板中的所有钻孔信息。

（2）禁止布线层（Keep Out Layer）：用于定义 PCB 电气边界，即限制了印制导线的布线区域。设计时，电气边界应不超过 PCB 的物理边界，布线区距物理边界距离一般要求不小于 5mm。禁止布线层的默认颜色为粉红色。

（3）多层（Multi Layer）：为贯穿每个信号层的工作层，在多层上放置的焊盘或过孔将会自动添加到所有的信号层中。多层的默认颜色为灰色。

知识链接二　印制电路板设计流程

利用 Protel DXP 绘制 PCB 一般采用以下步骤（这些步骤并不是所有的电路必需的，但在工程 PCB 制作上这些步骤普遍存在）：

（1）绘制正确的原理图、生成网络表及相关文件。绘制原理图是绘制 PCB 图的前提。原理图所涉及的元器件的符号一般在元件库中能找到，可直接调用，但常遇到某些元器件的符号在元件库中找不到，这就要自己创建，加到库中（这种器件定义为非标准器件）。网络表是连接原理图和 PCB 图的中介，由原理图可以生成网络表及相关文件。

（2）画出自己定义的非标准器件的封装库。独立绘制的封装一定要在 PCB 设计之前完成，在制作 PCB 时，会导入这些制作的封装。

（3）规划电路板。规划电路板有手动规划和使用向导生成电路板两种方式。其内容是确定电路板是采用单层板还是多层板，电路板的形状、尺寸等具体的参数以及电路板的安装方式等都要考虑。另外，还要考虑电路板与外界的接口形式，选择具体接插件的封装形式。

（4）设置环境参数。可以根据习惯设置环境参数，环境参数包括栅格大小、光标捕捉大小、公英制转换、工作层面颜色等。

（5）导入网络表和元件。规划好电路板后，就可以导入网络表和元件。在导入之前，要加载所有需要用到的元件库，否则可能出现某些元件可能找不到相应的封装。

（6）元器件的布局。一般首先利用软件的自动布局功能进行布局，但该布局不完善，所以应从机械结构、散热、电磁干扰、布线的方便性等方面综合考虑，再进行手工调整。

（7）设置布线规则。布线规则包括使用层面、各组线宽、过孔间距、布线的拓扑结构等，要根据所设计的（PCB）实际情况来进行设定。

（8）对部分重要线路进行手工预布线

（9）自动布线和手工调整。利用软件的自动布线功能可进行布线，但一般自动布线不能完全布通，还需要手工调整。需要注意的是，不要使用撤消全部布线功能，它会删除所有的预布线和自由焊盘及过孔。也可以调整布局或布线规则再重新进行布线。布通后进行一次设计规则检查（Design Rule Check，DRC）检测，有错则改正。

（10）布线完成后的调整。布通之后，对布线进行手工初步调整：需加粗的地线、电源线、功率输出线等进行手动加粗；某几根绕得太多、太过繁琐的线重布；消除部分不必要的过孔。

另外，还要切换到单层显示模式下将每个布线层的线拉整齐和美观。手工调整时应经常进行 DRC，因为有时有些线会断开。调整完毕后用三维功能查看实际效果，满意后进行下一步。

（11）覆铜与补泪滴。对所有过孔和焊盘补泪滴，对于贴片和单面板一定要加泪滴。对各布线层的放置地线网络进行覆铜，增强电路板的抗干扰能力。

（12）DRC 检验。为了确保电路板图符合设计规则，以及所有的网络均已经正常连接，布线完毕后一定要进行 DRC 检验。

（13）调整其余层上的信息。全部调整完并通过 DRC 后，拖放所有丝印层的字符到合适位置（尽量不要放在元件下面或过孔、焊盘上面），对于过大的字符可适当缩小。最后再放上印制电路板名称、设计版本号、公司名称、文件首次加工日期、印板文件名、文件加工编号等信息，并可用第三方提供的程序加上中文注释。

（14）印制电路板文件的保存和导出。

Protel DXP 绘制 PCB 的设计完成后，还要完成 PCB 文件整理并存档，打印出图纸等工作。可以导出元件明细表，生成电子表格文档作为元件清单等。

项目学习评价

一、检测题

1. 怎样启动和退出 Protel DXP 2004？
2. 简述 PCB 工程文件的组成。
3. 怎样打开 Projects 面板？Projects 面板具有哪些作用？
4. 怎样启动原理图编辑器？怎样给原理图文件重命名？
5. 怎样启动 PCB 编辑器？怎样给 PCB 文件重命名？
6. 设计 PCB 时为什么首先绘制原理图？
7. 常用的集成元件库有哪两个？怎样安装和卸载？
8. 什么是 PCB？PCB 怎样分类？
9. 简述 PCB 的设计流程。

二、项目学习评价表

<table>
<tr><th rowspan="2" colspan="2">评价内容</th><th colspan="2">是否掌握</th></tr>
<tr><th>掌握</th><th>未掌握</th></tr>
<tr><td colspan="2">1. 安装 Protel DXP 2004</td><td></td><td></td></tr>
<tr><td colspan="2">2. Protel DXP 2004 软件中 PCB 工程原理图文件，PCB 文件的创建、重命名和保存</td><td></td><td></td></tr>
<tr><td colspan="2">3. Protel DXP 2004 软件中元件库的加载与卸载</td><td></td><td></td></tr>
<tr><td colspan="2">4. 设计 PCB 的基本流程</td><td></td><td></td></tr>
<tr><td>自我评价及感受</td><td colspan="3"></td></tr>
<tr><td>老师评价</td><td colspan="3"></td></tr>
</table>

项目二　单管放大电路原理图设计

项目情景展示

设计 PCB 一般都需要从设计原理图开始，原理图的正确性是最基本要求，另外，原理图要布局合理、美观，这样既方便查找和纠正错误，又方便阅读。本项目以“单管放大电路原理图”为例详细介绍绘制原理图的基本方法。

项目学习目标

学 习 目 标		学习方式	学时
技能目标	1. 原理图设计环境的设置。 2. 元器件的放置。 3. 导线的放置。 4. 电源/接地的放置。 5. 元件属性的修改	学生根据教材的讲解及图示上机操作，教师指导	4
知识目标	知道设计原理图的基本流程		

任务一　Protel DXP 软件原理图设计环境的设置

启动 Protel DXP 2004，创建原理图文件后，重命名为“单管放大电路”，并保存。接着需要对电路图纸的参数进行设置。其方法是：依次单击“设计”→“文档选项”(图 2-1)，打开原理图设计环境设置对话框，如图 2-2 所示。

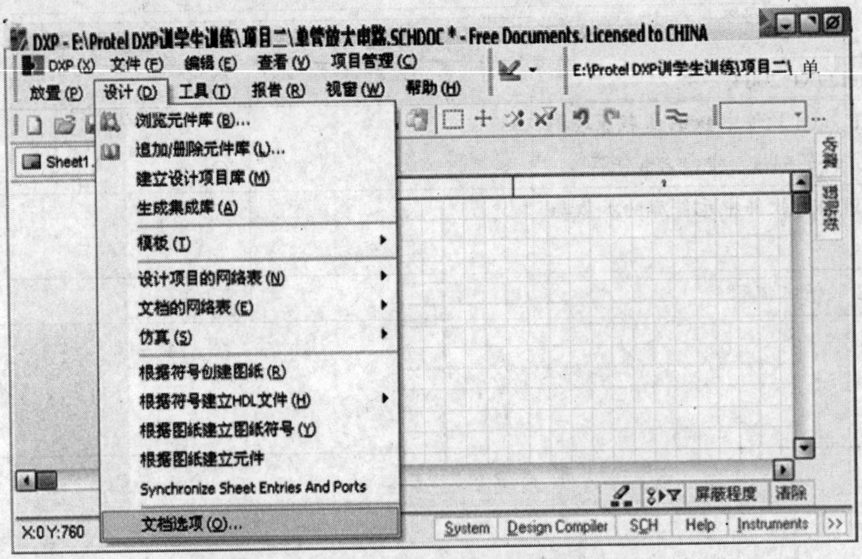

图2-1　打开原理图设计环境设置对话框

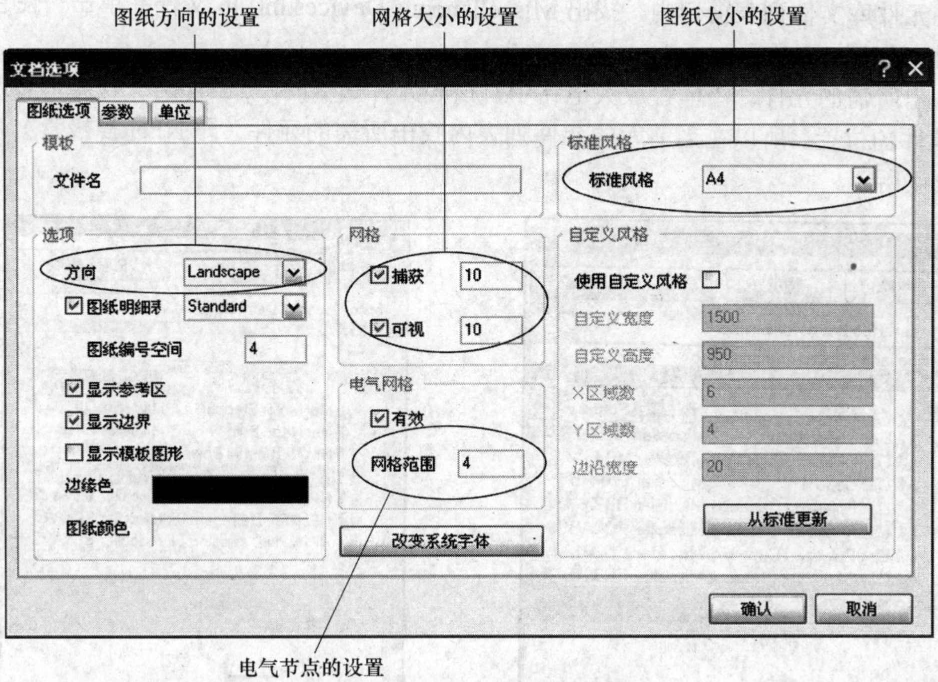

图2-2 原理图设计环境设置对话框

原理图设计环境的具体设置说明见表 2-1。

表2-1 原理图设计环境的具体设置说明

设置名称	说 明	备注
图纸大小	提供可运用的标准图样尺寸的设置版面，如 A4、A3、A2、A1 等	
图纸方向	Landscape：水平放置； Portrait：垂直放置	
网格大小	捕获：决定光标移动的步长。恰当运用此设置，有利于画图时轻松地对准目标和引脚。 可视：决定图样上实际显示的栅格距离	捕获值一般设置为 10（单位为 10mils，100mil=254mm，下同）左右，可视的值一般设置为 10 左右，可酌情更改
电气网格范围	以光标为圆心，以设置值为半径，自动向四周搜索电气节点，在最接近的节点上显示 “×”	网格范围一般为 4 左右

注：原理图编辑器和后面要学习的原理图库编辑器中的长度单位一般选用英制单位中的 Dxp Defaults，即 1/100 Inches，也就是 10mils，PCB 编辑器中的长度单位则为 mils。

原理图设计环境设置好了以后，就可以开始画绘制理图。

任务二 放置元件

一、放置元件的操作过程

编辑原理图的第一步就是从原理图元件库中找出所需的元件符号，并把它们依次放到原理图编辑区内。下面以单管放大电路为例进行介绍。

（1）在元件库文件列表窗口内，找出 Miscellaneous Devices.lntLib 文件并单击，使它成为当前库文件，如图 2-3 所示。

（2）找出所需的元件。在单管放大电路中，核心元件是 NPN 三极管，一般优先安排原理图中核心元件的位置。所以在当前库的元件列表内找出所需的元件（即 NPN 三极管），并单击，如图 2-4 所示。

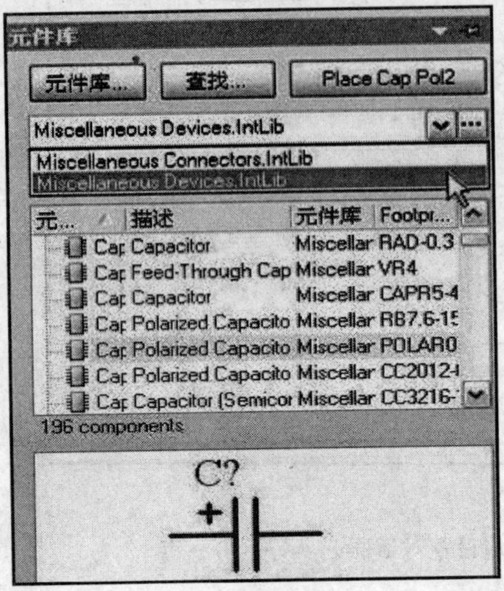

图2-3　把所需使用的库设为当前库

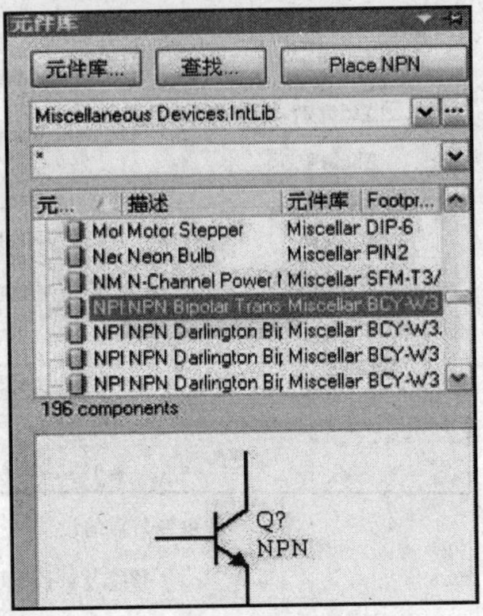

图2-4　在元件列表窗内选择目标元件

（3）放置元件。

方法一：单击图 2-4 所示的元件库面板中的“Place NPN”(放置 NPN 按钮)，然后把光标移到原理图编辑区内，如图 2-5 所示，然后单击，固定，最后右击，退出元件放置状态，这样就完成了元件放置操作。

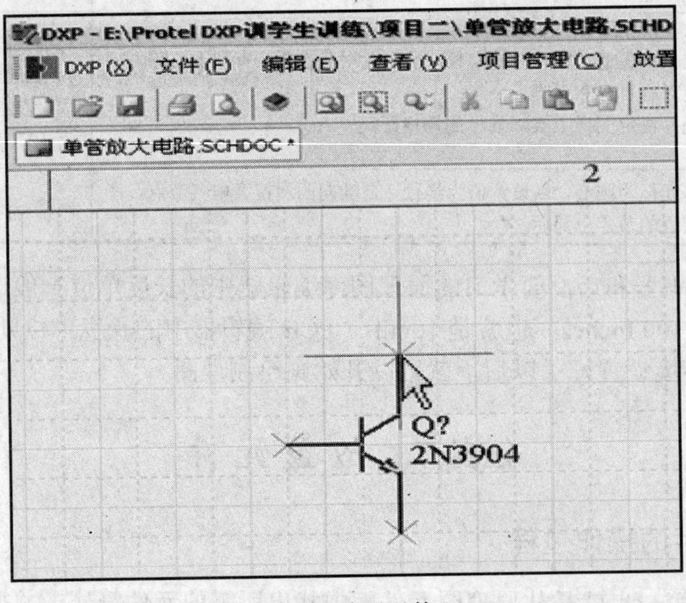

图2-5　放置元件

方法二：双击元件列表内所需的元件，然后移动光标到原理图编辑区内，再单击进行放置，最后右击退出。

方法三：选中元件后用鼠标左键按住并拖至原理图编辑区，松开鼠标即可退出放置状态。

用同样的方法将电阻（元件名为Res）、电容（元件名为Cap）固定在编辑区内，如图2-6所示。

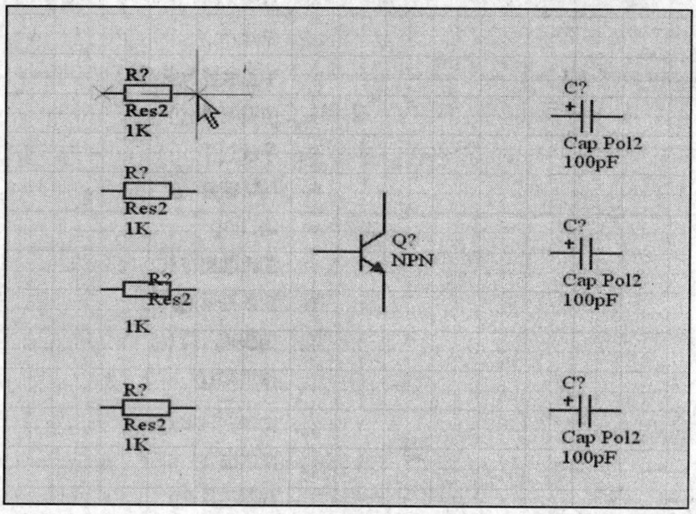

图2-6　放置所有元件完

二、调整元件位置及方向

将光标移到目标元件上后，按住鼠标左键不放，元件处于激活状态，这时光标所指处变成十字形，如图2-6所示。

这时直接移动光标，元件也跟着移动，这样就可以调整元件位置。

当光标变成十字形后，按空格键可使所选对象沿逆时针方向旋转90°，再按空格键再旋转90°，直到调整到所需方向为止。

三、删除多余元件

方法一：将光标移到需要删除的元件上，单击，然后按下【Delete】键。

方法二：执行“Edit（编辑）”菜单下的“Delete（删除）”命令，然后将光标移到待删除的元件上，单击，可删除该元件（可同时删除多个元件），然后右击，退出删除状态。

在删除过程中，如果误删了其中的某个元件，可单击主工具栏内取消按钮。

任务三　放置导线

在完成元件放置及位置调整后，就可以放置各种导线，放置电气节点、电源及地线符号等操作。放置导线可用配线工具（图2-7）进行，也可以单击“放置”，在下拉菜单（图2-8）中选择相应的工具进行放置。

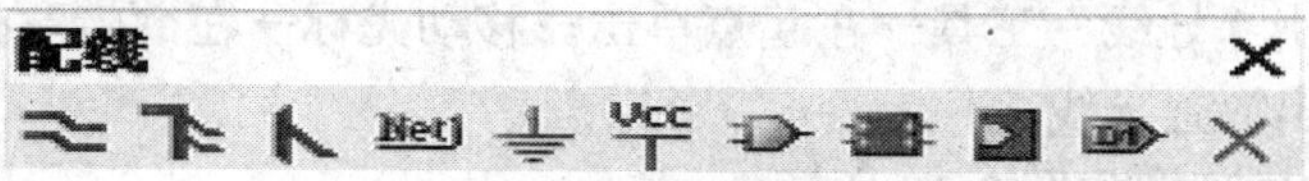

图2-7　配线工具

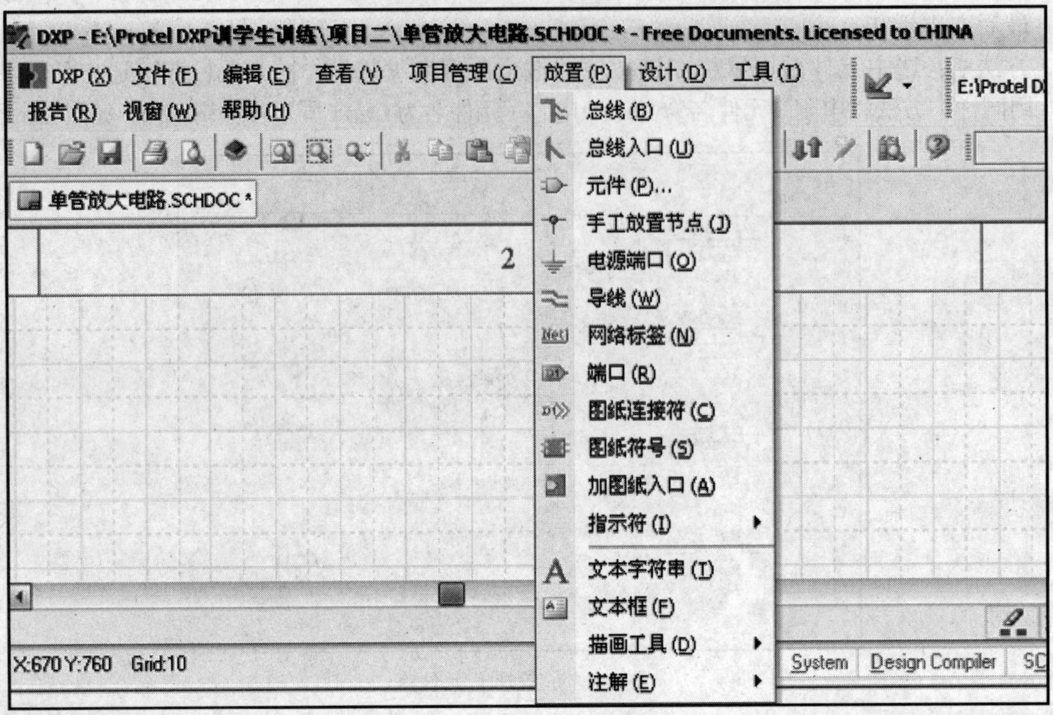

图2-8　配线工具菜单

一、连线

单击画线工具中的"≈"（导线）工具，在绘图编辑区单击一次，确定导线的起点，再将光标移至元件引脚的端点，当光标出现一个小叉（表示电气节点所在位置），表示导线的端点已触及元件脚的端点（图 2-9），此时单击对二者进行连接。

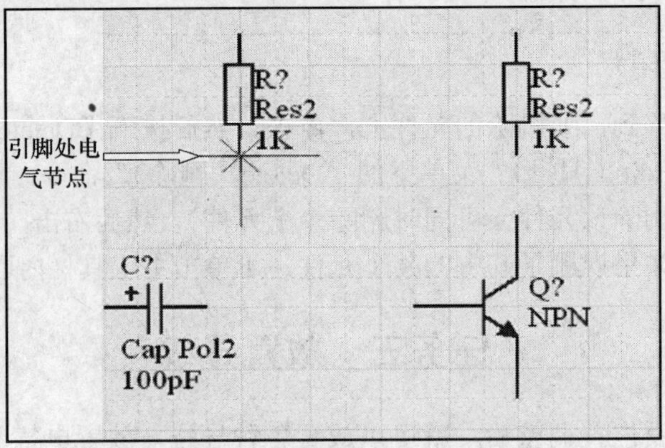

图2-9　对元器件进行连线

连线过程：单击"导线"工具→在起点单击→移动光标→在欲转弯处单击→转弯→在终点单击→右击，退出放置导线。

连线完毕后的原理图如图 2-10 所示。

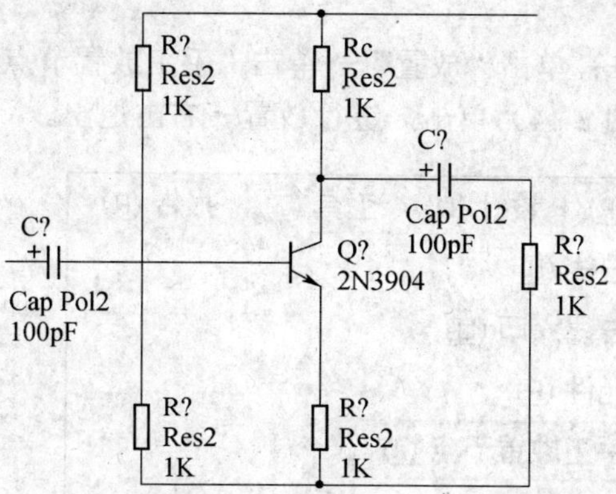

图2-10　连线后的单管放大电路原理图

连线注意事项：

（1）从元件（或导线）端点开始连线，而不要从导线中部开始连线。

（2）元件引脚之间尽量用完整的导线。

（3）连线不能重叠。

二、删除连线

把光标移到需要删除的导线上，单击，电线处于选中状态（导线两端出现一个小方块），如图 2-11 所示，然后按“Delete”键，即可删除被选中的导线。

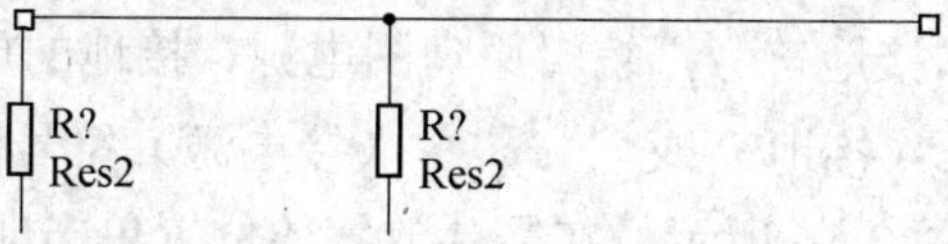

图2-11　被选中的导线

三、放置电气节点

1. 需要放置节点的情形

在连接电路时，当连接处处于 T 字形后，系统通常会自动添加一个电气节点；当连接处于十字形时，需要手动放置电气节点，如图 2-12 所示。

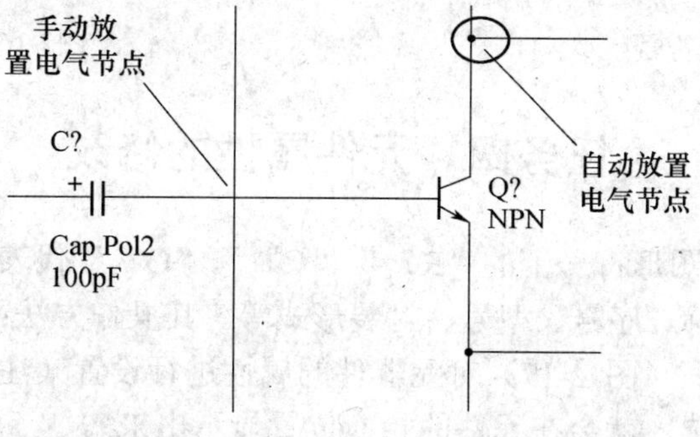

图2-12　自动放置电气节点和手动放置电气节点

2. 放置节点的方法

手动放置电气节点方法：单击“放置”→单击“手工放置节点”（图 2-13）→将光标移动至需要手工放置节点处（图 2-14）单击，进行放置→右击退出。

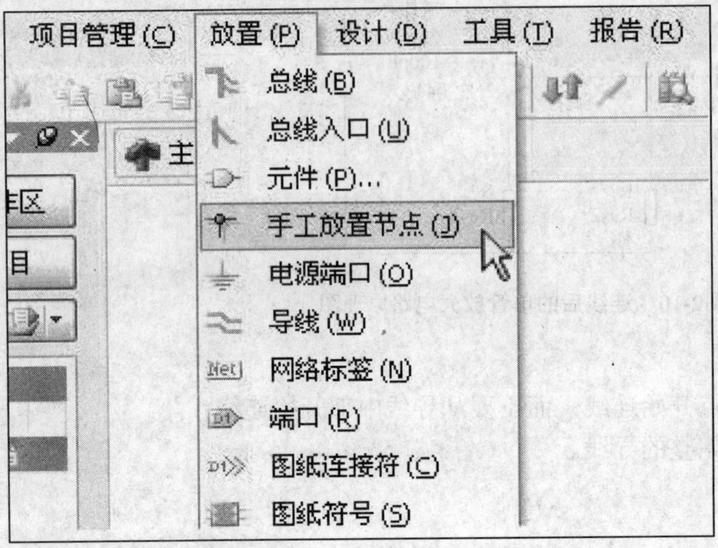

图2-13　手工放置节点工具

图2-14　手工放置节点

四、电源/接地符号的放置

任何电路图都有电源和接地符号，编辑原理图电源、接地的放置操作方法：

单击工具按钮“”（接地）或“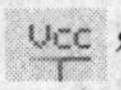”（接电源）符号，则十字光标下带有该电源或接地符号，如图 2-15 和图 2-16 所示。在需要放置的位置单击即可。

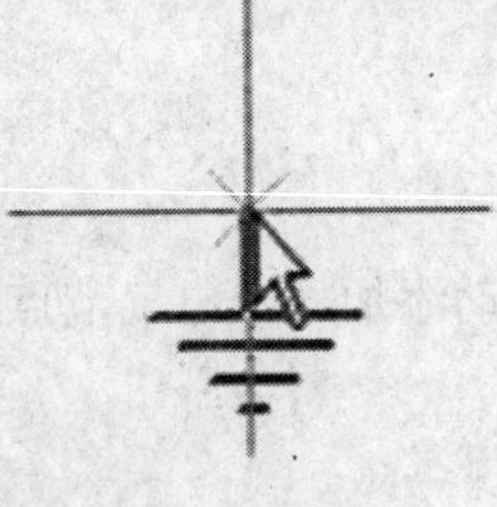

图2-15　接地符号

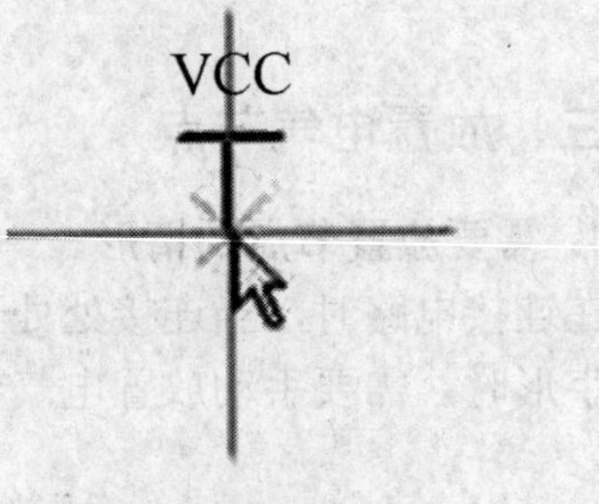

图2-16　接电源符号

任务四　元件属性的修改

图 2-10 中元件电气图形符号上的“R？”、“C？”、“Q？”代表元件序号。修改元件选项属性中主要包括修改名称、序号、型号、封装形式等。其操作方法：双击需要修改的元器件，打开元件属性编辑对话框（图 2-17）对元器件的属性进行设置（注意：标识符、注释、库参考、数值这几项如果勾选，就会在元件的相应位置显示出来）。

将元件属性修改完毕，就可形成简洁、完整的电路原理图，如图 2-18 所示。

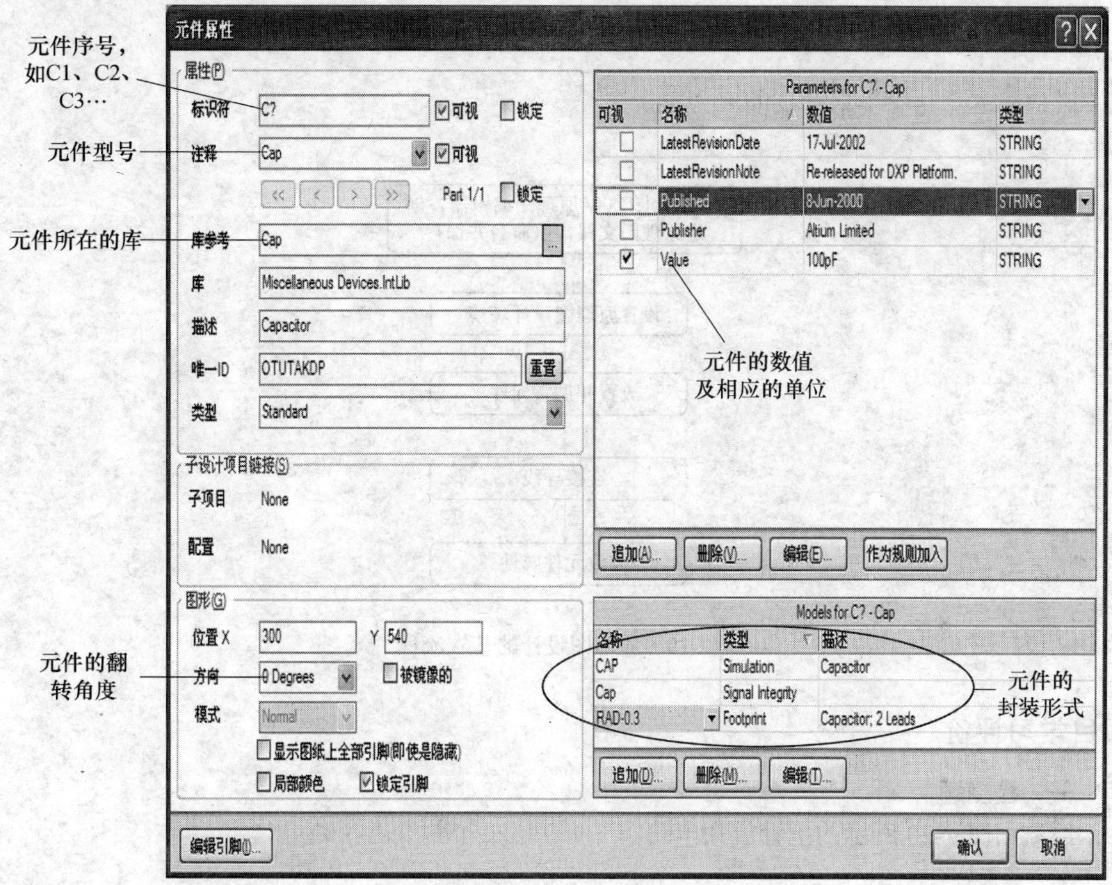

图2-17　元器件属性编辑对话框

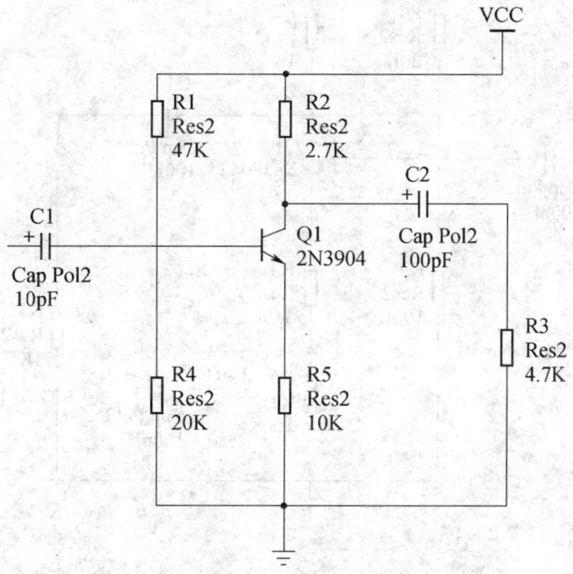

图2-18　单管放大电路原理图

知识链接　原理图设计的基本流程

原理图设计的基本流程如图 2-19 所示。

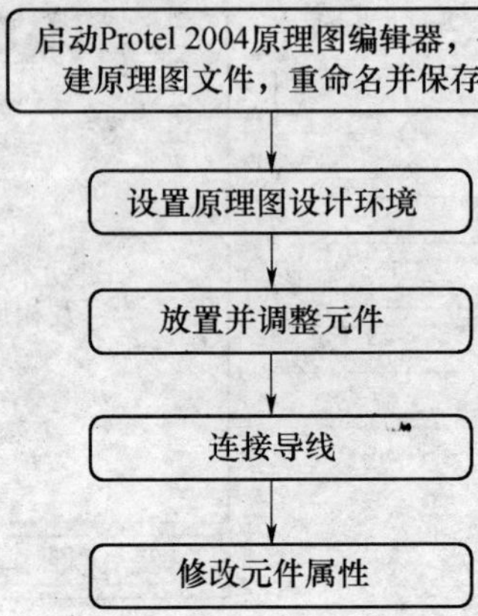

图2-19　原理图设计的基本流程

项目学习评价

一、检测题

绘制如图 2-20 所示的单管放大电路。

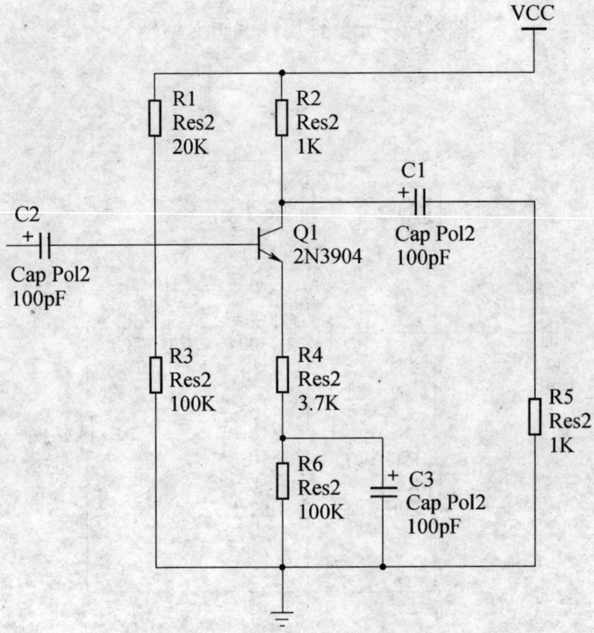

图2-20　单管放大电路

二、项目学习评价表

<table>
<tr><td rowspan="2" colspan="2">评 价 内 容</td><td colspan="2">是 否 掌 握</td></tr>
<tr><td>掌握</td><td>未掌握</td></tr>
<tr><td colspan="2">1. 原理图设计环境的设置</td><td></td><td></td></tr>
<tr><td colspan="2">2. 元器件、导线、电源/接地符号的放置</td><td></td><td></td></tr>
<tr><td colspan="2">3. 元件属性的修改</td><td></td><td></td></tr>
<tr><td>自我评价及感受</td><td colspan="3"></td></tr>
<tr><td>老师评价</td><td colspan="3"></td></tr>
</table>

项目三　555 时基电路原理图的绘制

项目情景展示

项目二已绘制了单管放大电路原理图，在绘制过程中还会遇到一些新问题，例如，有些元器件不在常用元件库中，需要使用“查找”功能从其他元件库中搜索出来；还有在绘制带有集成电路元器件的原理图时，常由于元件库中集成电路元器件引脚与电路中元器件引脚位置不一致，而使电路连接导线变得复杂，需要调整元器件引脚的位置。本项目通过绘制 555 时基电路原理图（图 3-1）来学习和掌握这些知识。

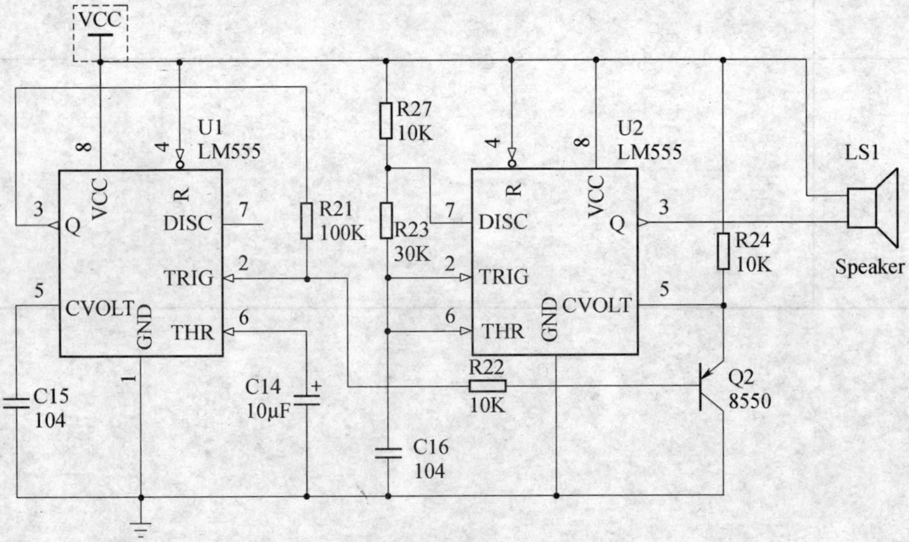

图3-1　555时基电路原理图

项目学习目标

学习目标		学习方式	学时
技能目标	1. 元器件的查找与放置。 2. 元器件属性的修改和引脚的调整。 3. 555 时基电路原理图的设计	讲授，学生上机练习	3

任务一　555 时基电路元器件的查找、放置与引脚的调整

首先启动 Protel DXP 2004 软件，创建一个工程项目文件和原理图文件，并修改路径和文件名保存在指定的文件夹内。

一、555 时基电路元器件的查找与放置

由于集成电路 LM555 不在常用元件库 Miscel laneous Devices.IntLib 中，所以需要通过查找这一方法从其他库中找出来，查找方法如下：

（1）打开“元件库” 面板，单击“查找”按钮，如图 3-2 所示。弹出“元件库查找”对话框，在上面空白处输入“LM555”，“范围”选“路径中的库 ”，如图 3-3 所示，其他默认。

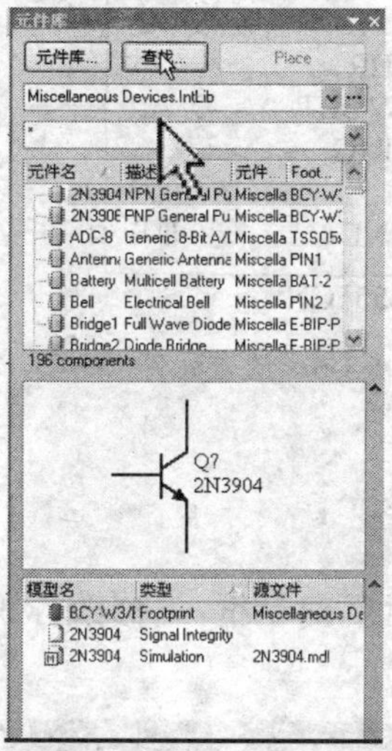

图3-2 元件库面板

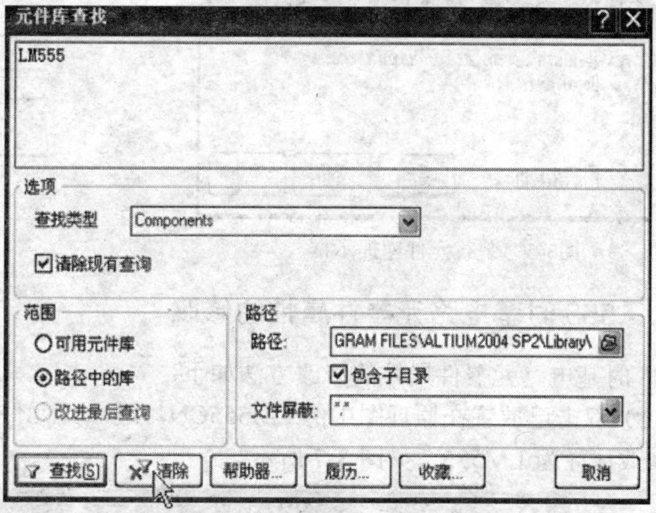

图3-3 元件库查找

（2）在“元件库查找”对话框中单击“查找”按钮，系统自动在所选路径库中搜索，搜索完成后在元件库面板中会显示找到的元件，如图 3-4 所示。

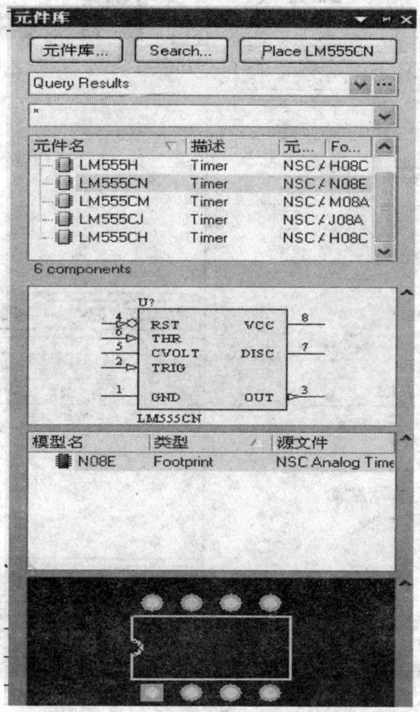

图3-4 查找结果

（3）在“元件库”的面板（图 3-4）中，选取元件“LM555CN”，并放置到原理图图纸中。放置前，系统弹出如图 3-5 所示对话框，提示用户 LM555CN 不在当前可用库中，是否马上进行装载？单击对话框中的“是”按钮，装载该元件库。

（4）光标变为十字形，LM555CN 悬浮在光标处，移动光标到原理图合适的位置，单击，完成元件的放置，如图 3-6 所示。

图3-5　装载元件库提示框

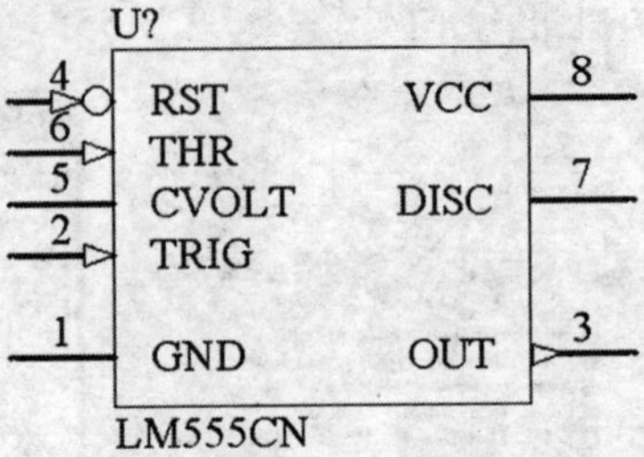

图3-6　放置元件

二、555 时基电路元器件属性的修改

555 时基电路元器件属性的修改方法如下：

（1）双击已放置在原理图中的 LM555CN，进入“元件属性”对话框， 修改标识符为 U1，修改注释为 LM555，如图 3-7 所示。

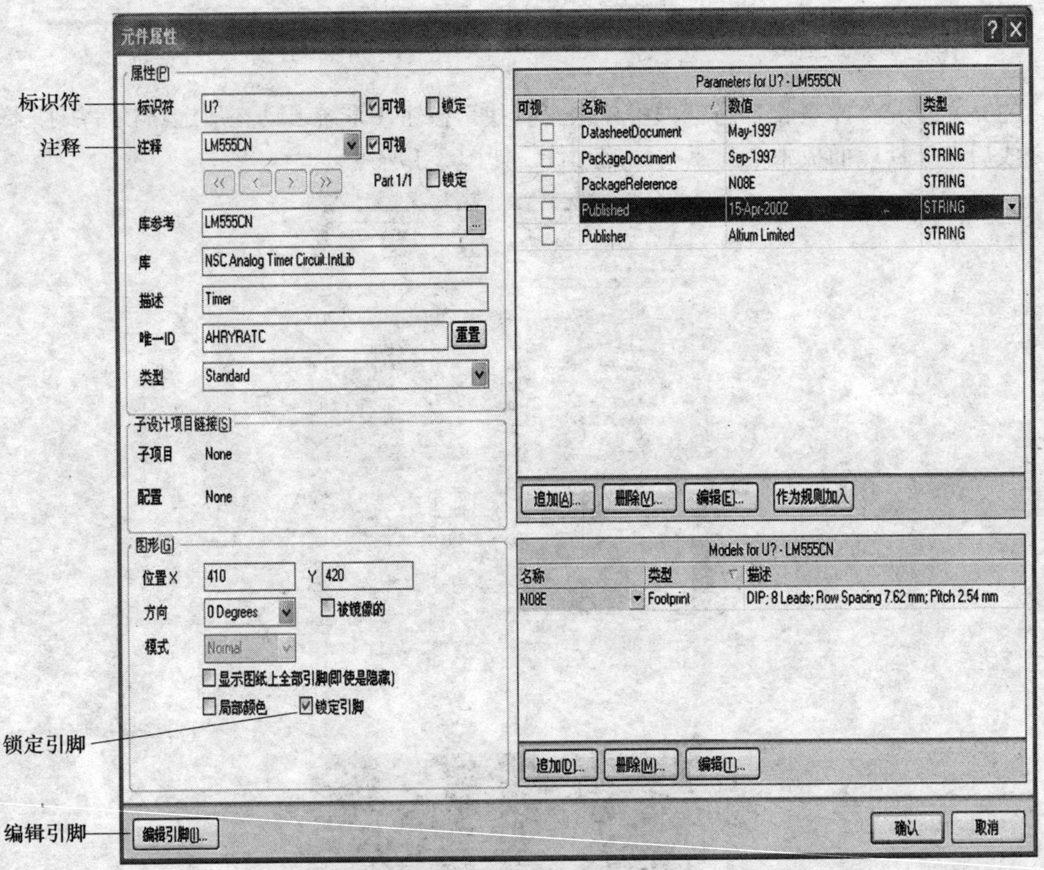

图3-7　“元件属性”对话框

（2）按原理图的要求修改元件引脚名称，方法是，单击图 3-7 所示的元件属性对话框中的“编辑引脚”按钮，弹出“元件引脚编辑器”对话框，如图 3-8 所示，把 3 脚名称 OUT 改为 Q，把 4 脚名称 RST 改为 R，修改完后单击“确认”按钮，元件修改结果如图 3-9 所示。

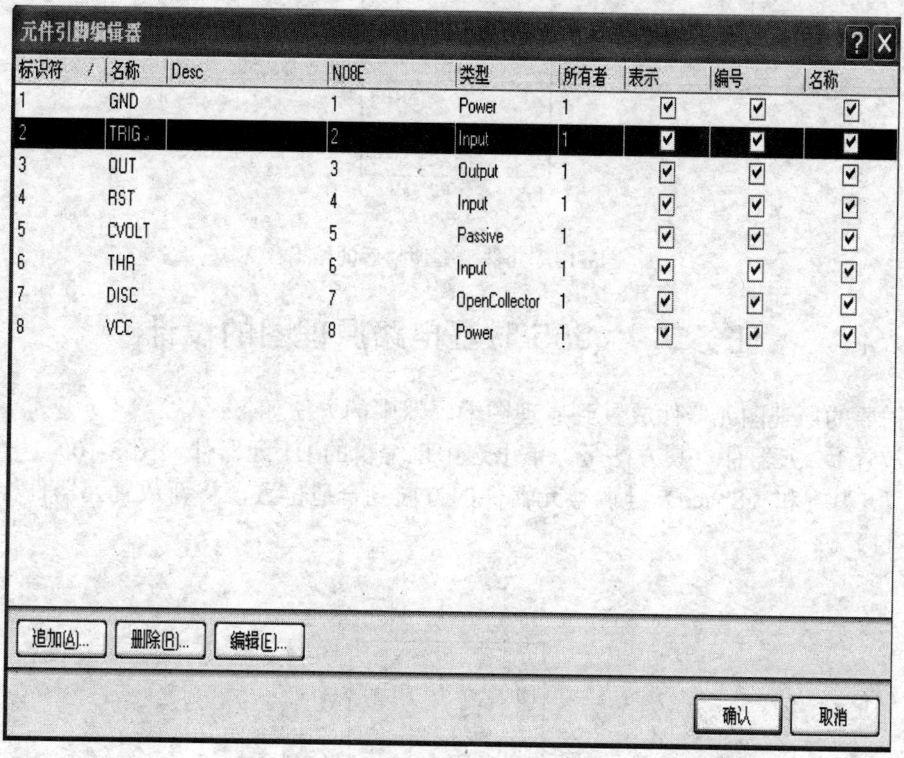

图3-8 “元件引脚编辑器”对话框

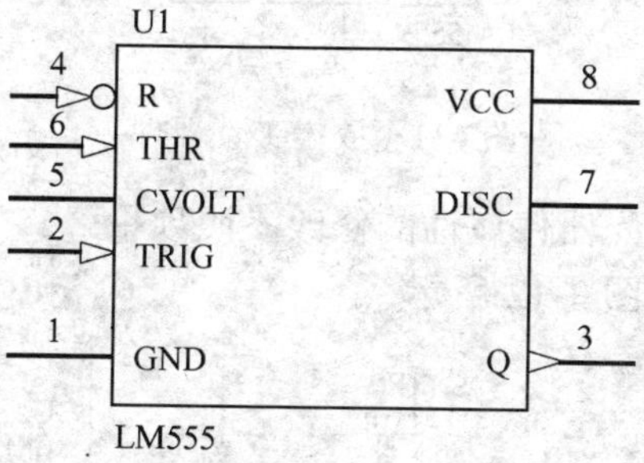

图3-9 元件修改结果

三、555 时基电路元器件引脚的调整

555 时基电路元器件引脚的调整方法如下：

（1）双击原理图图纸中的 LM555 元件，进入如图 3-7 所示的“元件属性”对话框。将图形中“锁定引脚”前“√”去掉，单击“确认”按钮。

（2）把光标移到需要调整的引脚上，按住鼠标左键不动，拖动引脚到合适的位置，按【Space】键可以改变引脚方向。

（3）重复（2），完成引脚位置的调整。

（4）双击原理图图纸中的元件 LM555，进入“元件属性”对话框，勾选“锁定引脚”，单击“确认”按钮。元件调整好后的结果如图 3-10 所示。

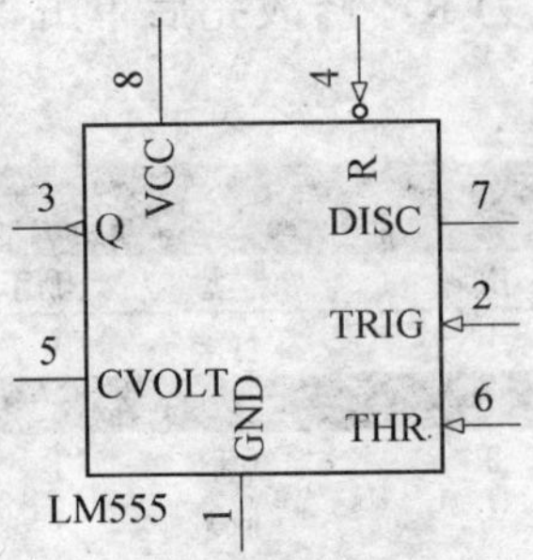

图3-10 元件引脚调整后的结果

任务二 555 时基电路原理图的设计

将所需要的原理图元器件放置到原理图编辑器中的方法如下：

（1）放置 U2 元器件，其方法是，单击选中已编辑的 U1 元器件（图 3-10），然后复制、粘贴，按【X】键和【Space】键调整元器件的方向到合适位置，将新放置元器件标识符改为 U2（图 3-11）。

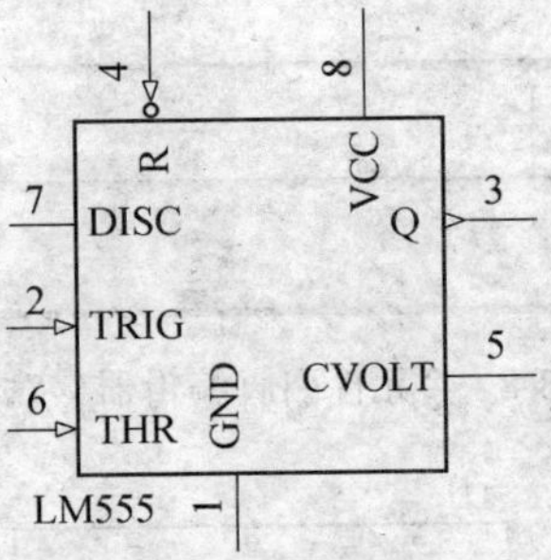

图3-11 放置U2元器件

（2）其他元器件的放置与元器件属性的修改参照项目二。

（3）元器件布局，结果如图 3-12 所示。

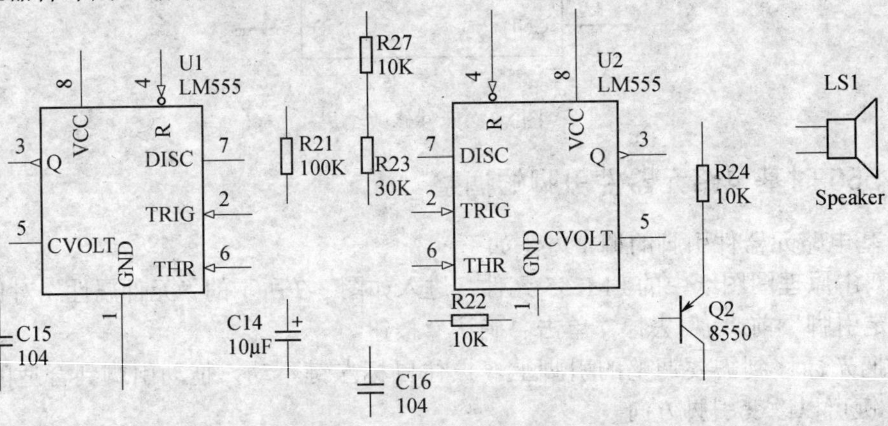

图3-12 元器件布局结果

（4）导线的连接及放置电源/接地，结果如图 3-1 所示。

项目学习评价

一、检测题

1. 简述元器件的查找方法。
2. 简述元器件引脚位置的调整方法。
3. 叙述原理图的设计流程。
4. 绘制如图 3-13 所示的“叮咚”门铃电路原理图。

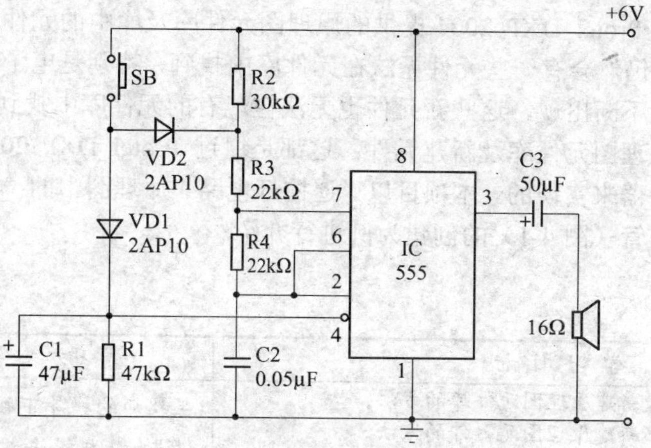

图 3-13 “叮咚”门铃电路原理图

二、项目学习评价表

评价内容	是否掌握	
	掌握	未掌握
1. 元器件的查找与放置		
2. 元器件属性的修改和引脚的调整		
3. 555 时基电路元器件的布局及导线的连接		
4. 元器件属性的修改		
自我评价及感受		
老师评价		

项目四　新建原理图元件库及元件

项目情景展示

通过前面的学习可知，在绘制原理图过程中，需要把相关的元件放置到原理图图纸上。虽然 Protel DXP 2004 提供的原理图元件库及库中的元件已经很丰富，但实际中仍然会有一些元件无法在元件库中找到，特别是电子技术发展迅速，新元件不断出现，这些新元件也无法在现有的元件库中找到，所以经常需要新建原理图元件库及新建元件，这都是通过 Protel DXP 2004 的原理图元件库编辑器来实现的。本项目以“遥控灯电路”原理图中的一个箭头方向特殊的三极管（图 4-1）的创建为例进行介绍。

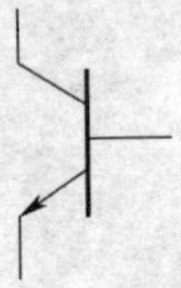

图4-1　箭头方向特殊的二极管

项目学习目标

学习目标		学习方式	学时
技能目标	1. 掌握新建原理图元件库的方法。 2. 掌握新建原理图元器件的方法。 3. 掌握新建个性化元件库的方法	在教师的指导下按照教材进行上机操作	5
知识目标	熟悉原理图元件库绘图工具的使用	学生阅读教材，教师答疑	

任务一　新建原理图元件库

新建原理图元件库是通过 Protel DXP 2004 的原理图元件库编辑器来完成的，其方法如下：

（1）新建原理图元件库。启动 Protel DXP 2004，在 E：\Protel DXP 学生训练\项目四创建以遥控灯命名的 PCB 项目，再创建以遥控灯命名的原理图，然后依次单击“文件”→“创建”→“库”→“原理图库”（图 4-2），就可以打开原理图元件库编辑器，如图 4-3（a）所示。在 Projects 面板中就会出现新建的原理图元件库(默认名 Schlib1.Schlib)，如图 4.3(b)所示。

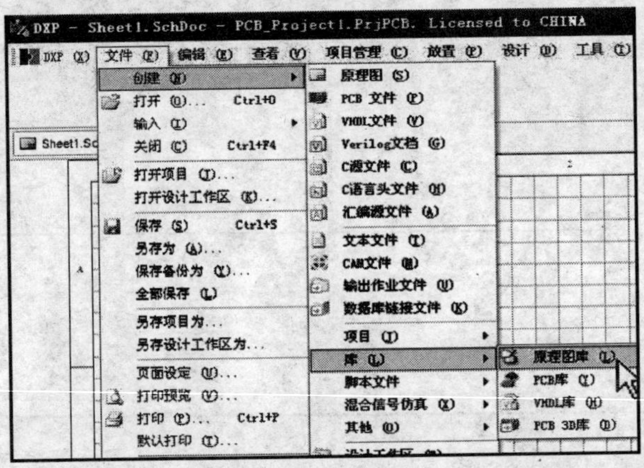

图4-2　打开原理图元件库编辑器的方法

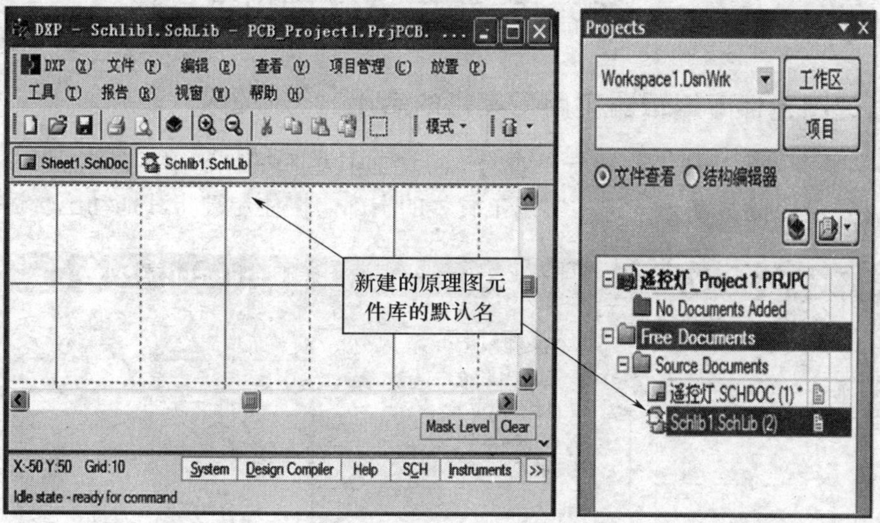

(a) 原理图元件库编辑器界面　　(b) Projects面板

图4-3　新建的原理图元件库

（2）对新建的原理图元件库重命名和保存。

在 Projects 面板中右击新建的原理图元件库“Schlib1.Schlib”，弹出“保存”对话框，这里将其重命名为“新建库”，选择存储路径后保存，如图 4-4 所示（这和保存其他工程文件基本一样）。保存后，在 Projects 面板中，新建的原理图元件库更名为“新建库.SCHLIB”，如图 4-5 所示。一个新建的库都会带有一个空的新元件编辑图纸，下次启动库编辑器后，出现的界面就是该图纸，可以在该图纸上绘制新的元器件。根据需要还可以在该库内新建其他的元件。

图4-4　新建原理图元件库的重命名和保存

图4-5　Projects面板中的新建原理图元件库

任务二　熟悉原理图元件库实用工具栏

一、原理图元件库编辑器实用工具栏的启用

在原理图元件库编辑器中，执行“查看”→“工具栏”→“实用工具”命令，就可以启用实用工具栏，如图4-6所示（选中实用工具栏的上部，按住左键将其拖动至合适位置）。

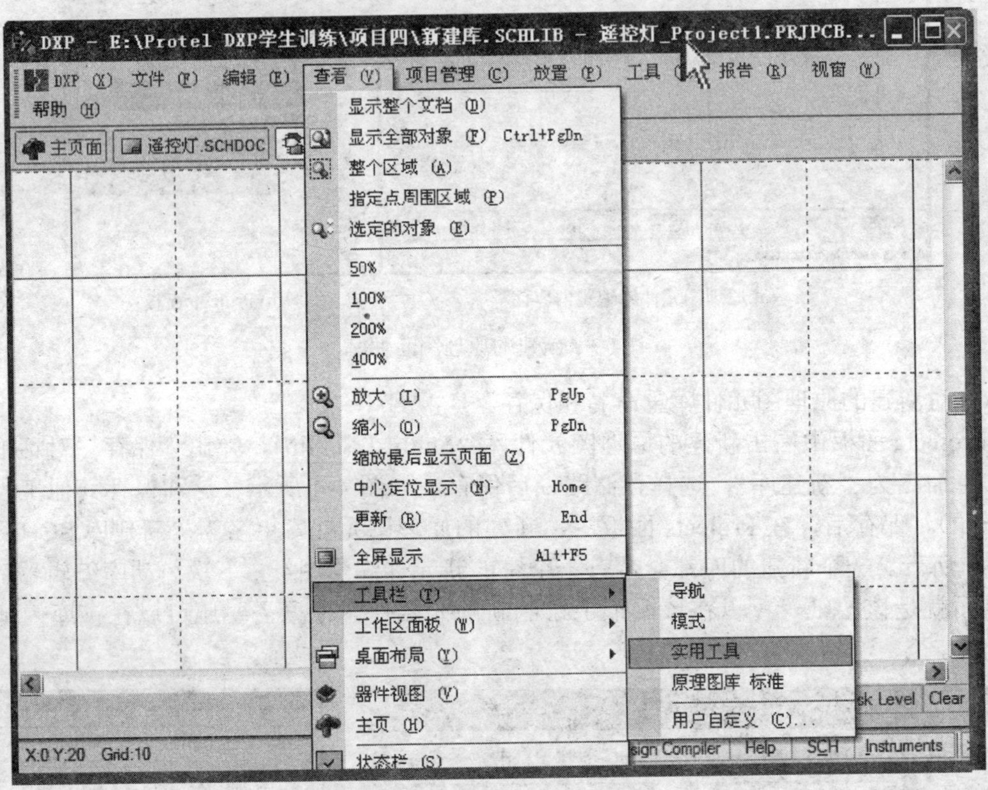

图4-6　启用实用工具栏

二、熟悉实用工具栏

实用工具栏有4个项目，详见表4-1。

表4-1　实用工具栏的各项目

名称	图　示	说明
IEEE 符号工具栏	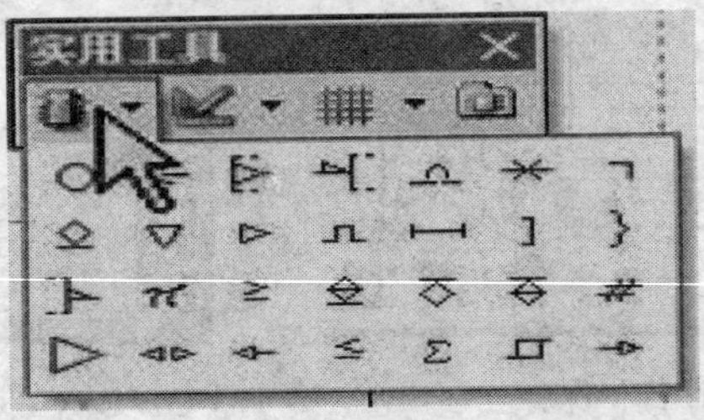	单击实用工具栏的第一个图标，就可以出现放置各种电气符号（IEEE符号）的标志符； IEEE 符号的放置是在绘制数字电路器件符号时经常用到的操作

（续）

名称	图　示	说明
绘图工具栏	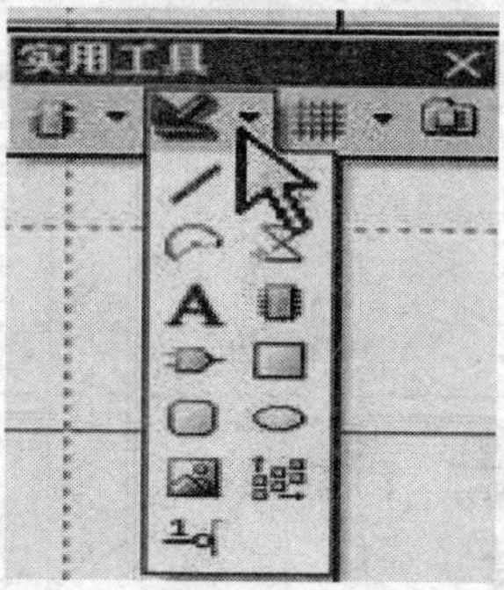	单击实用工具栏的第二个图标，就可以下拉常用的放置图形符号，如放置直线、椭圆弧线、圆、矩形、圆边矩形、多边形、字符串、引脚等
切换网格模式工具栏		单击实用工具栏的第三个图标，就会出现切换网格的各种供选择的指令
模式管理	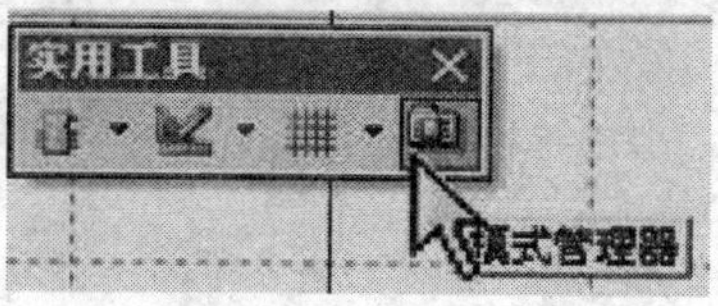	

任务三　在新建的原理图元件库中创建元件

一、在新建的原理元件库中创建一个元件

在本任务中，通过在任务一所述的新建库里创建一只特殊三极管（在元件库里无法找到，如图 4-1 所示）的制作，学习和掌握新建元件的方法。

1. 设置原理图元件库编辑器工作区

在图 4-5 所示的 Projects 面板中单击“新建库.SCHLIB”，进入原理图元件库编辑器，右击工作区，执行“选项”→“文档选项”命令（图 4-7），弹出“库编辑器工作区”设置对话框，如图 4-8 所示。在该对话框中可以设置图纸边界和工作区的颜色，还可以选择图纸的风格、方向等，一般采用默认设置（这里仅将图纸尺寸设置为 A4、可视网格设为 10，捕获网格设为 2。捕获网格值设小一些，有利于绘图）。

2. 绘制三极管

1）绘制三极管的直线部分

单击实用工具栏中绘图工具中的放置直线工具“”（图 4-9），在原理图元件库编辑器的工作区绘制三极管的直线部分，如图 4-10 所示。

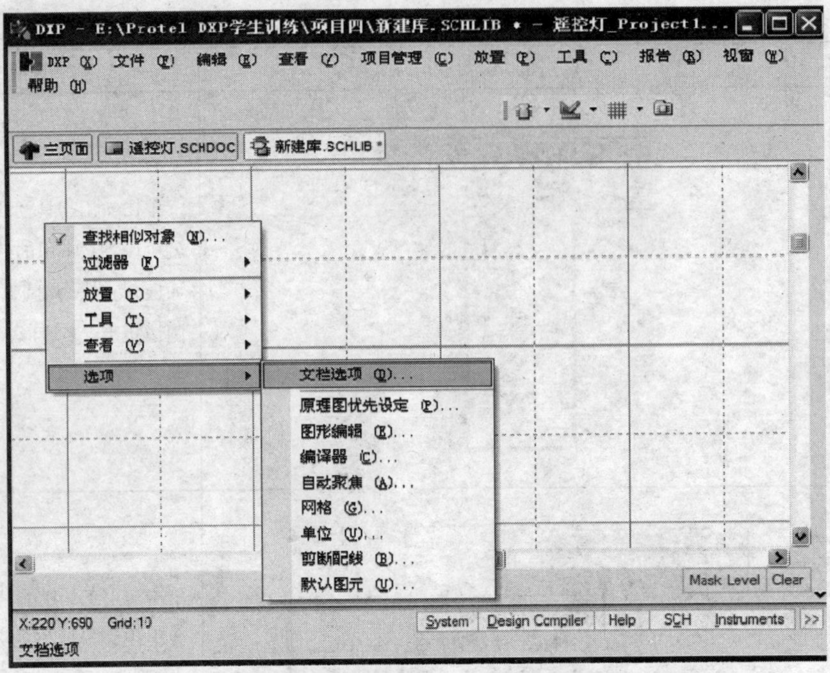

图4-7　打开设置原理图元件库编辑器工作区的对话框

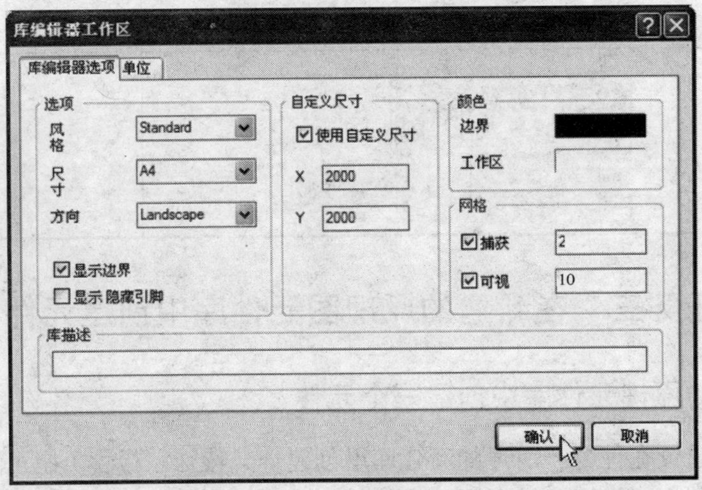

图4-8　设置原理图元件“库编辑器工作区”对话框

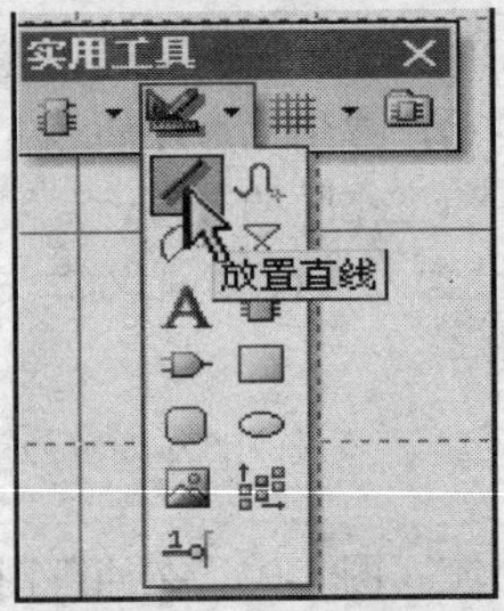

图4-9　放置直线工具

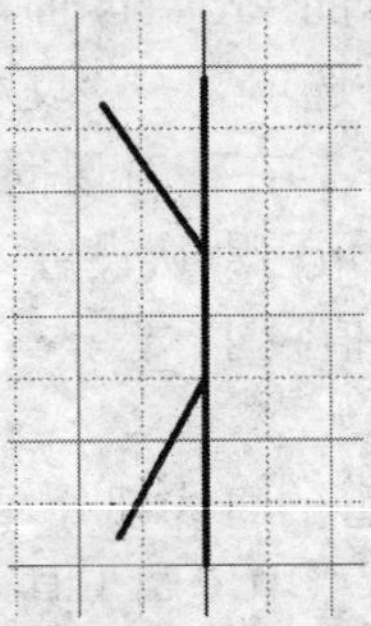

图4-10　绘制直线部分

2）绘制三极管的箭头

绘制三极管箭头的方法如下：

（1）在实用工具栏的绘图工具中选择放置多边形工具“⊠”，如图 4-11 所示。

（2）用绘制多边形工具绘制一个三角形，如图 4-12 所示。

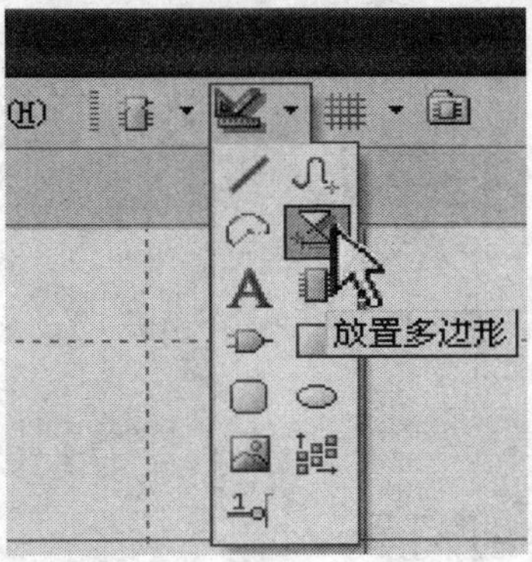

图4-11　放置多边形工具

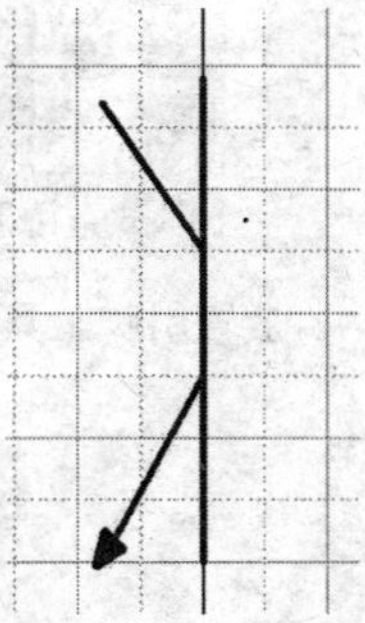

图4-12　绘制三角形

（3）双击图 4-12 中的三角形，弹出设置多边形属性对话框，边缘宽设置为 Smallest（最小），边缘色和填充色设置为黑色，如图 4-13 所示，单击“确认”按钮，再对三角形的三个顶点进行拖动，调整为合适的箭头，如图 4-14 所示。

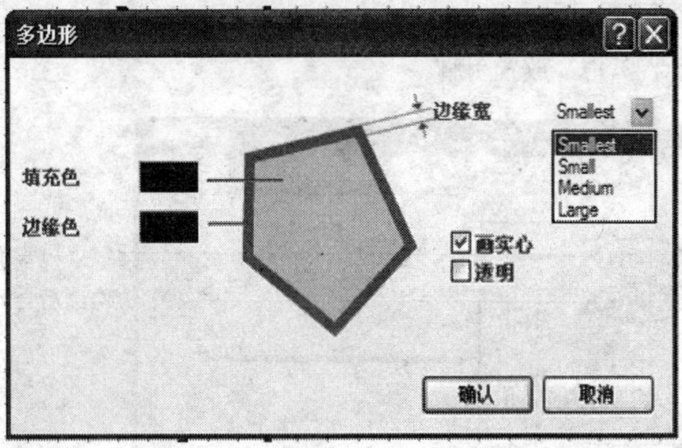

图4-13　设置多边形属性对话框

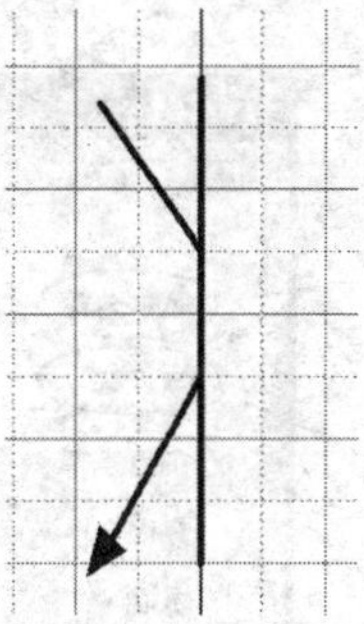

图4-14　调整后的箭头

3）放置引脚

给元件放置引脚的方法如下：

（1）在实用工具栏的绘图工具中，单击放置引脚工具，如图 4-15 所示。拖出一个引脚（鼠标箭头连着的有十字线的那一端为引脚的电气连接点，应放在元件的外侧，以便与电路的导线连接），如图 4-16 所示。

（2）按下空格键，调整引脚方向和位置，将电气连接点向外，单击，放置引脚，如图 4-17 所示。

（3）双击引脚，打开设置引脚属性对话框并进行设置，如图 4-18 所示。

（4）用同样方法放置、设置其余两个引脚，如图 4-19 所示，绘制完毕。

4）保存

执行“工具”→“重新命名元件”命令，弹出重命名对话框，对新建的三极管重命名，如图 4-20 所示。

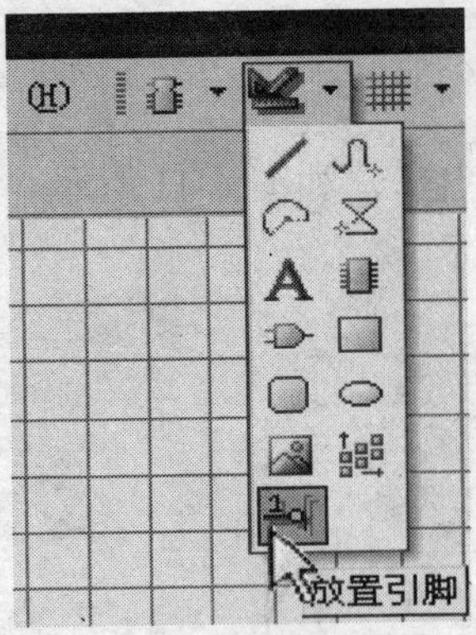

图4-15　放置引脚工具

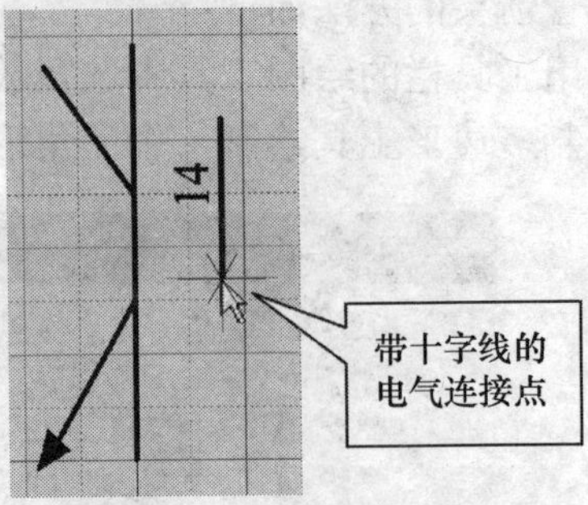

图4-16　拖出一个引脚

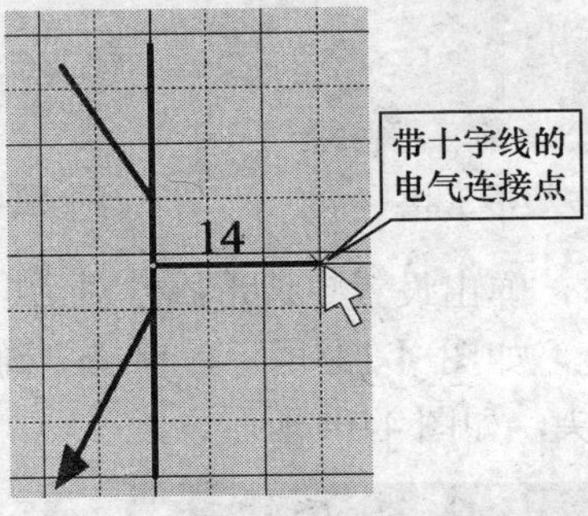

图4-17　放置引脚

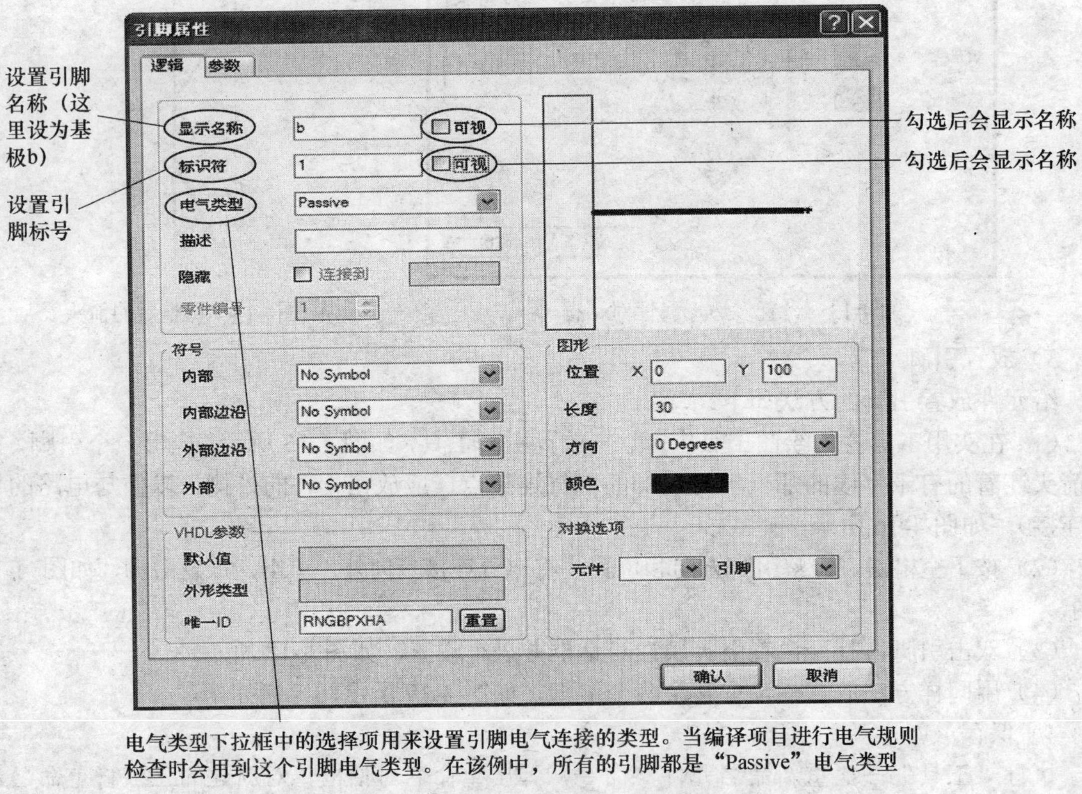

图4-18　“设置引脚属性”对话框

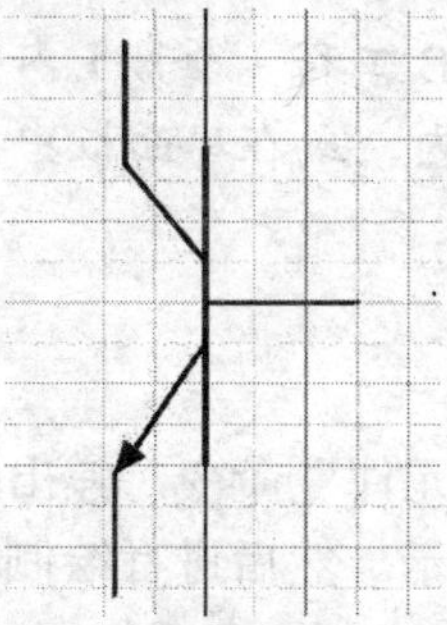

图4-19　放置其余两个引脚

图4-20　新建元件重命名的方法

执行“文件”→“保存”，保存后再打开元件库面板，可以看见，在新建库里出现了新建的元件“NPN1”，如图 4-21 所示。

5）元件规则检查

元件规则检查用于验证元器件的正确性，主要检查元件库中的元件是否正确，将有错的元件列出来并指明原因等。元器件规则检查报表的扩展名为.err。

元件规则检查的基本方法是，执行“报告”→“元件规则检查”命令，可打开“库元件规则检查”设置对话框，如图 4-22 所示，进行设置后，单击“确认”按钮，系统自动生成元器件规则检查报表，如图 4-23 所示。通过观察该报表的信息，可以确定制作的元件是否正确，有错误的元器件可有针对性地改正。

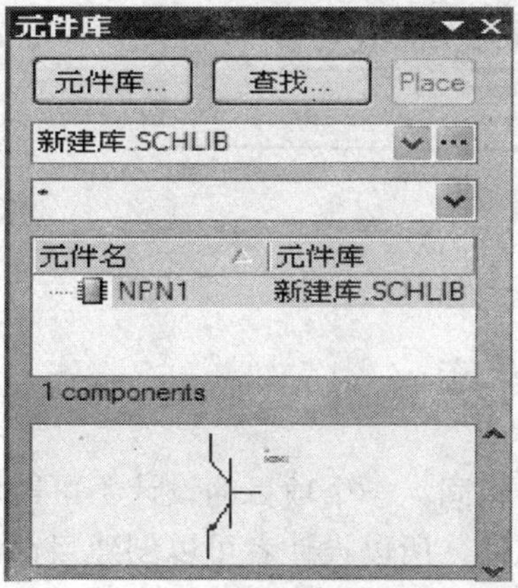

图4-21　在元件库中重命名后的元件

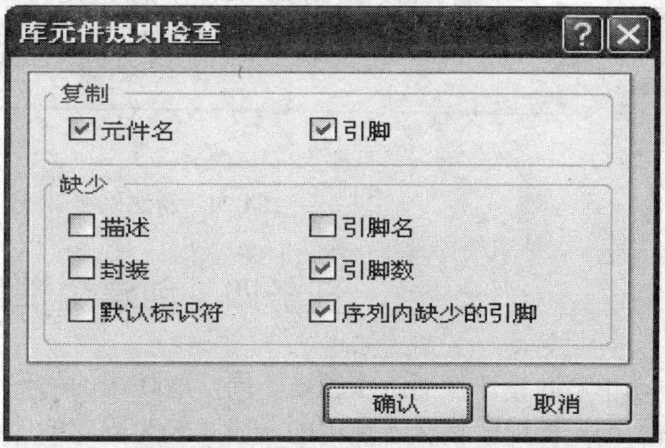

图4-22　“库元件规则检查”设置对话框

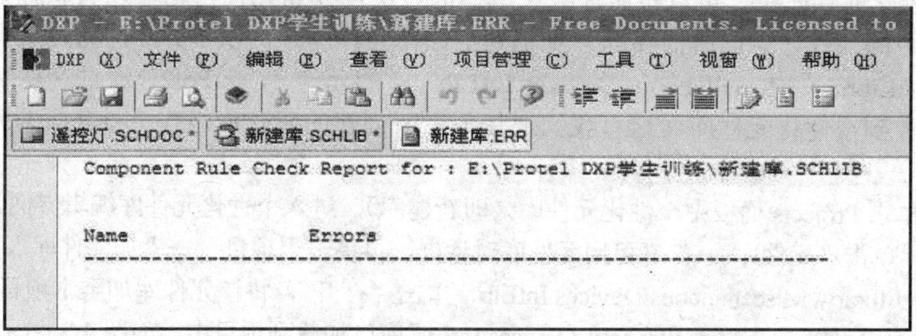

图4-23　元器件规则检查报表（无错误）

注意：

如果新建库是在某一PCB工程（项目）内创建的，则打开该工程（项目）的原理图编辑器后，新建库内的元件就可以直接使用；如果新建库不是在PCB工程（项目）内创建的，则需要在Projects面板内将新建库拖放至该在PCB工程（项目）内，或在库面板中将新建库加载到项目中，才能在该PCB工程（项目）内使用。

二、在新建库中创建多个新元件

在如图4-6所示的新建库编辑界面，执行“工具”→“新元件”命令，弹出新元件命名对话框，进行重命名后，单击“确认”按钮，如图4-24（a）所示。然后进行绘制、放置元件脚等，再进行规则检查，无错误后，执行“文件”→“保存”命令。保存后打开元件库面板，可以看到，在新建库里出现了新建的第二个原理图元件“音乐片”，如图4-24（b）所示。用同样的方法可以在新建库里创建多个新的原理图元件。

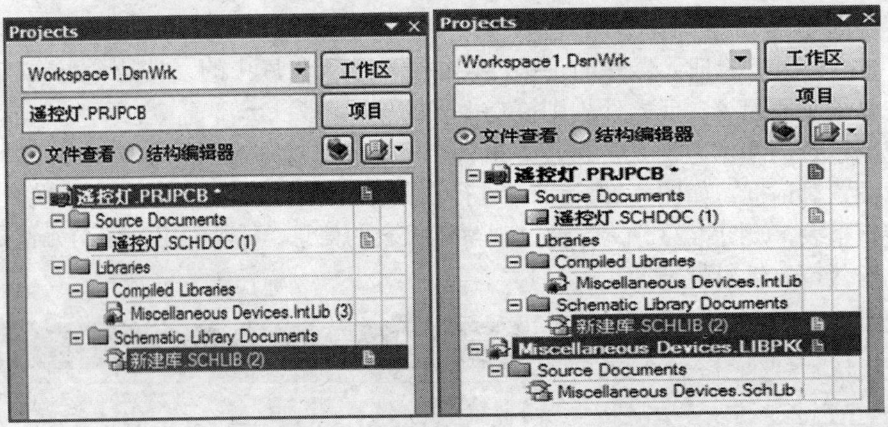

(a)　　　　　　　　(b)

图4-24　新建原理图元件重命名

任务四　创建个性化元件库

由于不同设计者的工作领域不同，所使用的元件也不会相同。一个项目的设计不可能用到所有的元件库，设计者使用的一般是较为固定的一部分元件，所以设计者可以创建自己的个性化元件库，将自己常用的元件放在里面，这样可以方便地找到自己所需的元件。

在个性化元件库中，可以按照任务三所述的方法创建新元件，也可以将软件系统自带的元件库中的元件（自己所需要的）复制到个性化元件库中。以下介绍将常用元件库（D:\DXP安装\Library\ Miscellaneous Devices.IntLib）中的元件“Cap Pol2”通过“复制→粘贴”的方法，放到个性化元件库（这里我们把任务三所创建的新建库当作个性化元件库）中方法如下：

（1）单击Projects面板中个性化元件库（即新建库），进入个性化元件库编辑界面，启动元件库面板，单击“元件库”，打开可用元件库对话框，再单击“项目”→“加元件库”，选择D:\DXP安装\Library\ Miscellaneous Devices.IntLib，单击“打开”，将该元件库加至本项目。此时在Projects面板中可以看见Miscellaneous Devices.IntLib库已加载到项目中，如图4-25（a）所示。

（2） 双击 Projects 面板中的“Miscellaneous Devices.IntLib”库，产生“Miscellaneous Devices.LIBPKG” 及 “Miscellaneous Devices.SchLib”，如图 4-25（b）所示。

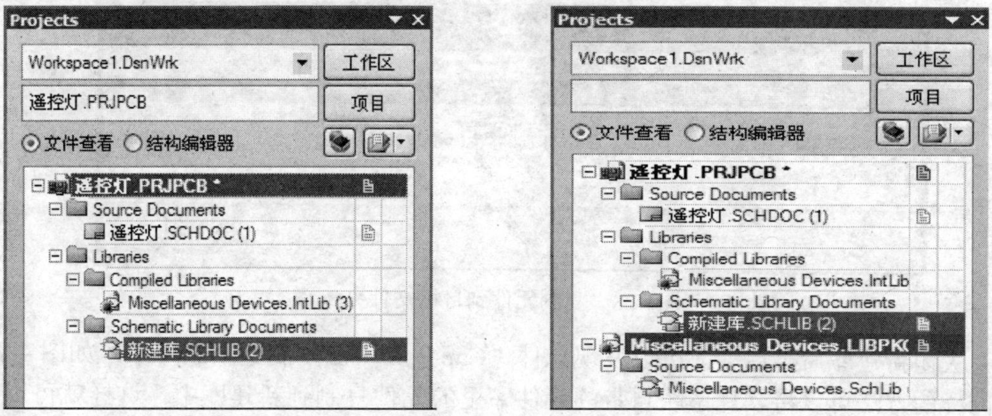

（a）　　　　　　　　（b）

图4-25　在项目中加载元件库

（3）双击 Projects 面板中的“Miscellaneous Devices.SchLib”库，启动该库的编辑界面（注：新建库和 “Miscellaneous Devices.SchLib” 库都要处于打开状态，如图 4-26 所示）。

图4-26　处于打开状态的两个库

（4）打开元件库面板，在元件库面板最上面的下拉列表中选择所需要的元件所在库（即 “Miscellaneous Devices.SchLib” 库中的 “Cap Pol2”），右击所需要的元件，在弹出的快显菜单中单击 “Edit component”，如图 4-27 所示。

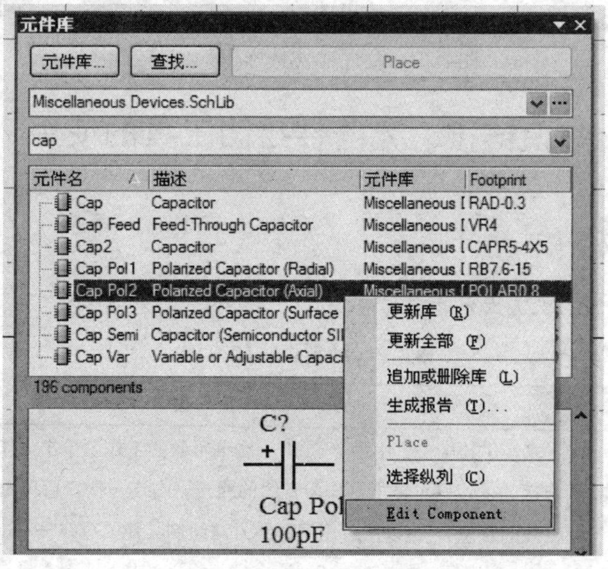

图4-27　选择所需要的元件

（5）在弹出的编辑界面执行“工具”→“复制元件”命令，弹出如图 4-28 所示的对话框，在该对话框中选择目标文件夹（这里选择“新建库.SCHLIB”），单击“确认”按钮。

图4-28　复制元件到目标文件夹

（6）关闭新建库后再启动，可以发现元件“Cap Pol2”已复制到新建库中，如图 4-29 所示。用同样的方法可以将软件系统自带的元件库里的元件复制到新建库中。这样就可以创建个性化元件库。

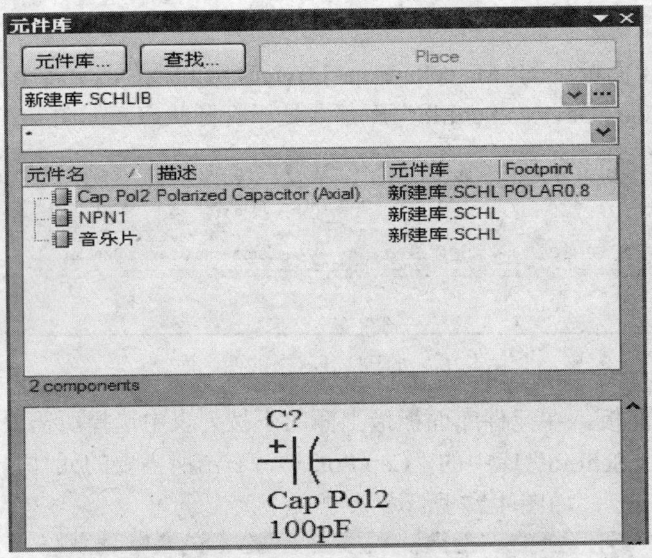

图4-29　个性化元件库中的元件

知识链接　元器件绘图工具的使用

一、绘制直线或折线

（1）绘制直线或折线的方法见表 4-2。

表4-2　绘制直线的方法

名称	方　法
绘制直线	单击实用工具栏中绘图工具中的“╱”→在编辑器的工作区单击，作为直线的起点，松开鼠标左键，移到合适的位置→再单击，作为直线的终点→右击一次，可退出该直线的绘制状态（但仍然处于绘制直线的状态），可以接着用同样的方法绘制其他的直线→右击两次，则可退出绘制直线的状态

（续）

名称	方　法
绘制倾斜直线	单击实用工具栏中绘图工具中的"⁄"→在编辑器的工作区单击，作为直线的起点，松开鼠标左键，移到终点位置，按空格键调整为倾斜直线→再单击，作为直线的终点
绘制折线	单击实用工具栏中绘图工具中的"⁄"→在编辑器的工作区单击，作为直线的起点，光标（可以松开或不松开鼠标左键）移到合适的位置→单击，作为转折点→再移动光标至终点→单击，确定终点→右击一次，可退出该直线的绘制状态（但仍然处于绘制直线的状态），可以接着用同样的方法绘制其他的直线→右击两次，则可退出绘制直线的状态

（2）编辑直线或折线的方法是，双击直线或折线，弹出如图 4-30 所示的编辑界面，可设置线宽、颜色等。

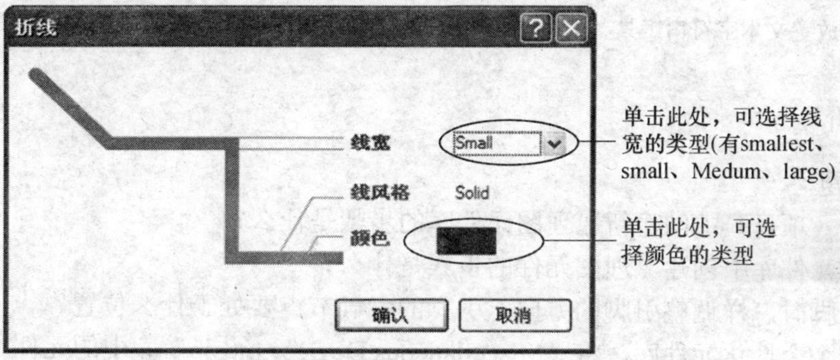

图4-30　直线或折线的编辑界面

（3）如果想删除已绘制的直线、折线或其他图形，可依次单击"编辑"→"删除"，再单击欲删除的目标，或者将目标单击选中，再按下键盘上的【Delete】键。

二、绘制和编辑多边形

绘制多边形的方法是，单击绘图工具栏（实用工具栏）中的放置多边形工具，在元件编辑界面恰当处单击，确定多边形的一个端点，松开鼠标，将光标移至另一处单击，确定多边形的第二个端点……用同样的方法确定多边形的各个端点，右击，可退出该多边形的绘制（可接着绘制第二个多边形），再右击，则退出绘制多边形的状态。

编辑多边形的方法与编辑直线基本相同。

三、放置文本字符串

放置文本字符串的方法是，单击"放置文本字符串"工具（图 4-31），移动光标到编辑区，就有一个字符串随光标移动，此时按【Tab】键，则进入该文本字符串的设置界面，如图 4-32 所示。

在设置文本字符串的界面，可以设置、改变字符的颜色、内容、字体、字符大小及位置等。设置完毕，在需放置处单击，则完成放置，此时仍可继续放置第二个字符串，右击则退出放置状态。放置完毕后，双击字符串，也可以弹出设置字符串界面。绘图工具的其他项目可自行练习。

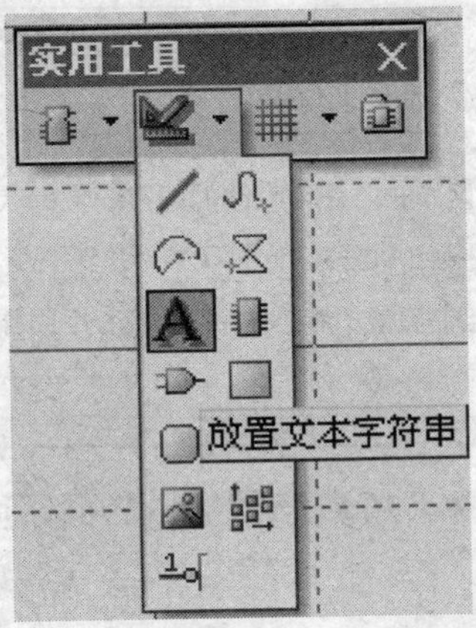

图4-31 选取放置文本字符串工具

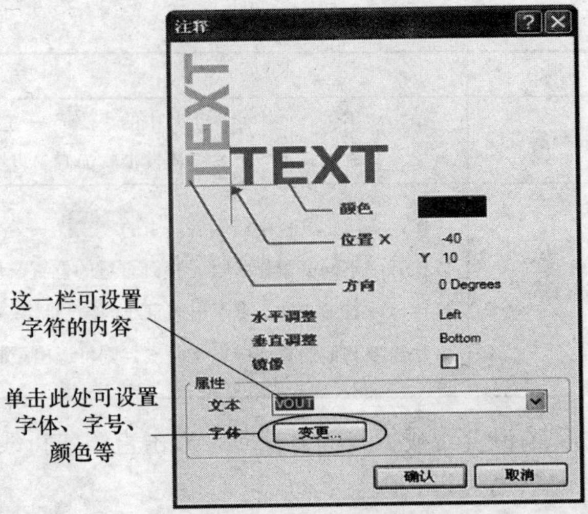

图4-32 设置文本字符串的界面

项目学习评价

一、检测题

1. 在工程（项目）中创建新原理图元件库的步骤是什么？

2. 在新建元件库中创建原理图元件的步骤是什么？

3. 放置引脚时怎样调整引脚的方向？引脚的电气节点要处于什么位置？

4. 创建一个个性化元件库，将“Miscellaneous Devices.IntLib”库中的元件（图 4-33）复制到个性化库中。

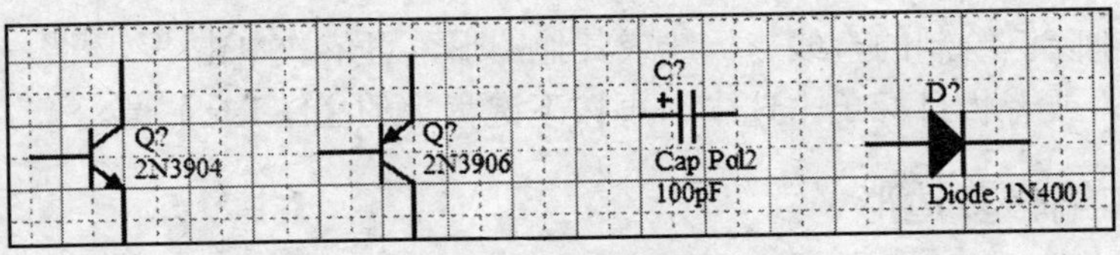

图4-33 待复制元件

二、项目学习评价表

<table>
<tr><td rowspan="2">评 价 内 容</td><td colspan="2">是 否 掌 握</td></tr>
<tr><td>掌握</td><td>未掌握</td></tr>
<tr><td>1. 创建原理图元件库的方法</td><td></td><td></td></tr>
<tr><td>2. 在原理图元件库中创建新元件的方法</td><td></td><td></td></tr>
<tr><td>3. 将软件系统自带的元件库元件复制到个性化元件库的方法</td><td></td><td></td></tr>
<tr><td>自我评价及感受</td><td colspan="2"></td></tr>
<tr><td>老师评价</td><td colspan="2"></td></tr>
</table>

项目五　电子生日蜡烛层次原理图设计

项目情景展示

一个庞大电路的设计任务，对于设计者来说，一般不可能一次完成，也不可能绘制在一张图纸上，更不可能由一个人完成。Protel DXP 2004 的层次原理图能充分满足这一需求，提供了一种层次原理图设计方法。这样，一方面有助于团队协同设计，另一方面也有助于图纸的管理，同时也便于阅读和进行技术交流。本项目通过电子生日蜡烛层次原理图的设计来学习和掌握其方法。

项目学习目标

<table>
<tr><th colspan="2">学 习 目 标</th><th>学习方式</th><th>学时</th></tr>
<tr><td rowspan="3">技能目标</td><td>1. 掌握图纸符号、图纸入口及图纸连接符的放置与属性设置。
2. 掌握“自上而下”和“自下而上”层次原理图的设计及利用图纸连接符进行原理图的设计方法。
3. 掌握用 Projects 面板右键菜单建立项目及为项目添加已有文件库方法</td><td rowspan="3">上机实践，按图索骥做完本项目，再独立完成课后练习，教师指导</td><td rowspan="3">6</td></tr>
<tr><td>掌握电源隐藏脚处理方法</td></tr>
<tr><td>掌握层次原理图切换和导航</td></tr>
<tr><td>知识目标</td><td>理解主图、子图、图纸符号及图纸入口的基本概念</td><td>学生阅读教材，教师答疑</td><td>1</td></tr>
</table>

任务一　认识层次原理图设计基本概念

一、层次原理图的文档结构

所谓层次原理图设计就是把一个复杂的完整电路用总图表示，在总图中，按功能将完整的电路分成几个模块，将各模块用方块形状的图纸符号来表示。各模块的具体电路分别绘制在多张图纸中，这种表示各模块具体电路的图纸叫子图。层次原理图文档结构（总图与子图的关系）如图 5-1 所示。

二、层次原理图设计中的连接模式

层次原理图设计中总图与子图、子图与子图之间的连接关系是用图纸符号、网络标号和图纸入口来表示的。

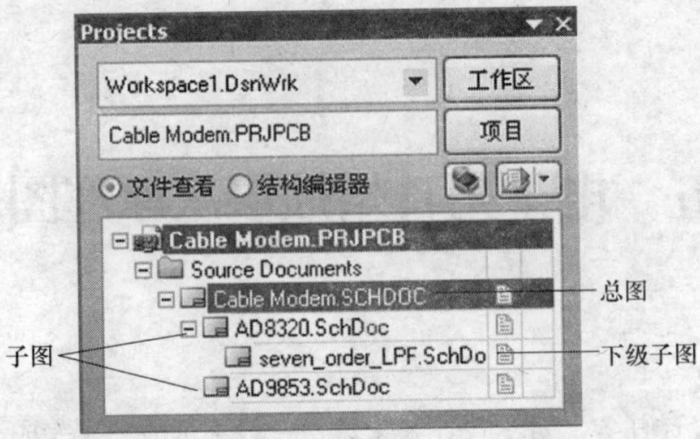

图5-1　层次设计中的总图/子图关系

1. 图纸符号

它代表本图的下一级子图，每个图纸符号都对应着一张子图。图纸与图纸符号映射关系如图 5-2 所示。

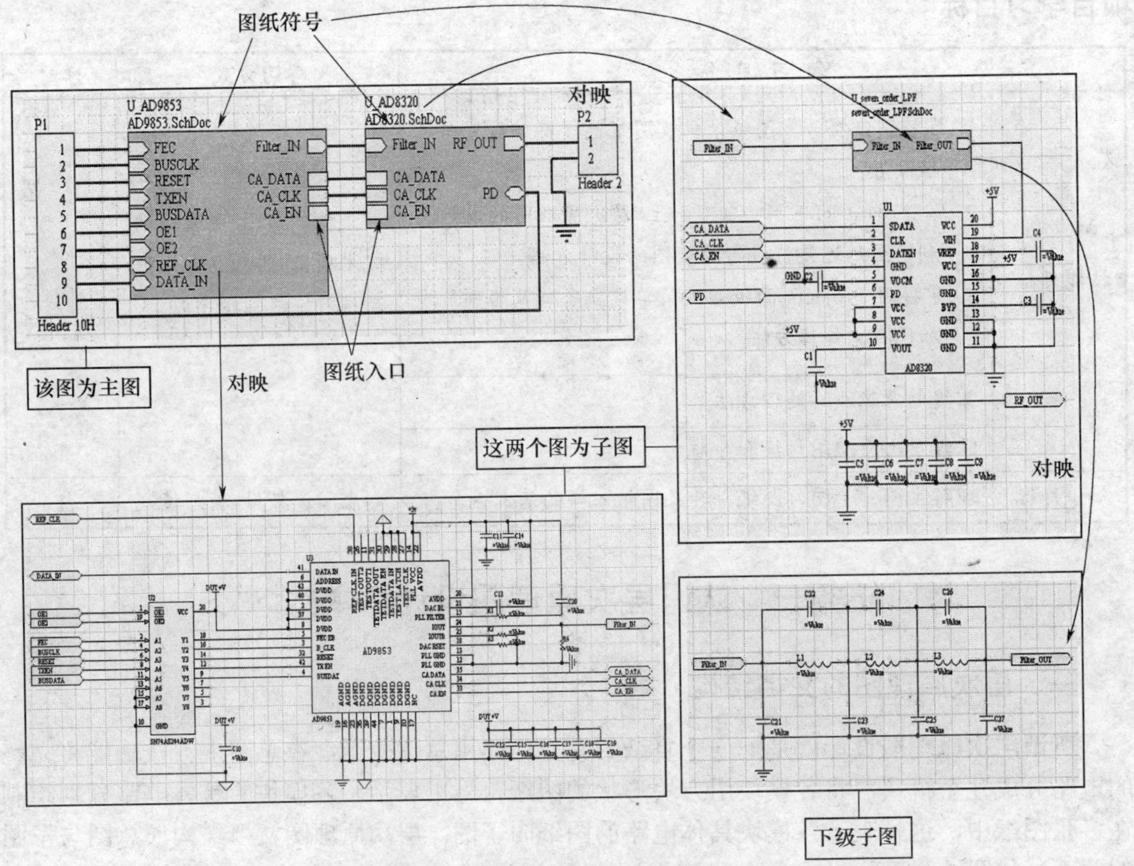

图5-2　图纸与图纸符号映射关系

图纸符号有图形、标识符和文件名属性（图 5-3）。标识符是一个文本标志，仅仅提供参考；文件名是指原理图纸符号映射的原理图文件，这个图纸符号文件名在总图和子图之间建立了连接。

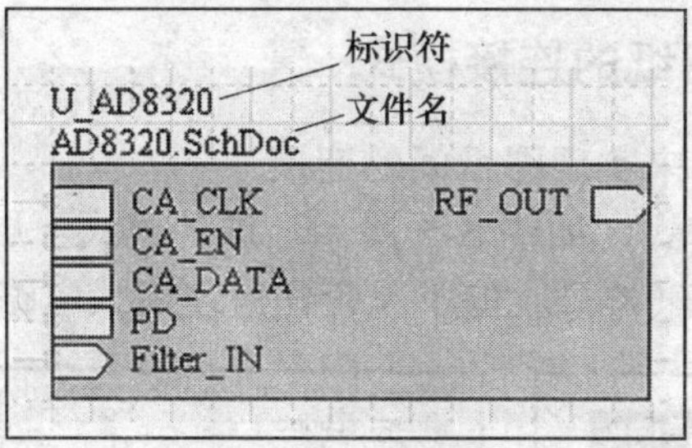

图5-3　图纸标识符/文件名

2. 网络标号

网络标号（也称网格标签）即为电气连接点。具有相同网络标号的点是连接在一起的。

3. 端口

它主要用来表示层次原理图的子图与其他电路相连接的端子。相同名称的端口电气上是相连的，它的作用相当于网络标号，也可看作是一种特殊的网络标号。端口既可实现横向连接（多个同等级图纸之间），也可实现纵向连接（子图与总图之间）。网络标号及端口有两种方式连接网络：一种是“平面”的，直接从一张子图连接到另一张子图；另一种是“层次”的，从一张子图到它的总图。在“平面”连接中，连接是从网络标号到网络标号，或从端口到端口。“层次”连接中连接是从图纸入口连接到端口。

为层次原理图设计项目进行同步信息传递或者生成网络表时建立的连接，取决于网络标符的范围，网格标号的范围决定了网络连接模式。在如图 5-4 所示的“项目管理选项”对话框“Options”选项卡中的“网络 ID 范围”选项组中可以设置网格标号的范围（执行 PCB 项目文件的“项目管理”→“项目管理选项”命令）。网络 ID 范围有四种模式：Flat 平面（只有端口是全局的）；Global 全局（网络标号与端口都是全局的）；Hierarchical 层次（图纸入口到端口连接）；Automatic 自动（根据项目内容自动控制）。

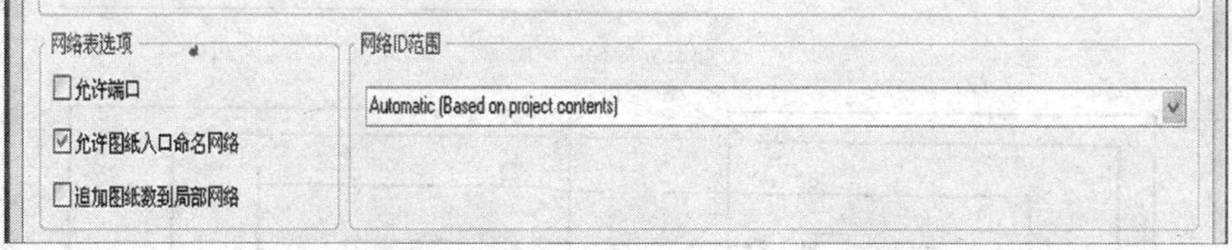

图5-4　项目选项中网络标号范围设置

提示：网络标号如是在图纸本地局部的，同一项目中，在一张图纸上标号为“DA1”网络不会连接到另一张图纸上标号为“DA1”的网络上；网络标号也可以规定为全局网络标号，则在设计项目的所有图纸上，所有标号为“DA1”的网络，都连接在一起。两种专用网络标号对象总是被认为是项目全局的：系统提供的电源符号 Power port 和隐藏的器件管脚。

三、层次原理图中各图纸的连接模式

1. 模式 1：使用全局端口来实现图纸间的连接

模式 1 为“平面”设计模式，如图 5-5 所示，这种模式下层次设计中所有子图都在同一层上，主图包含所有子图的图纸符号，但不包含任何连线或电路。

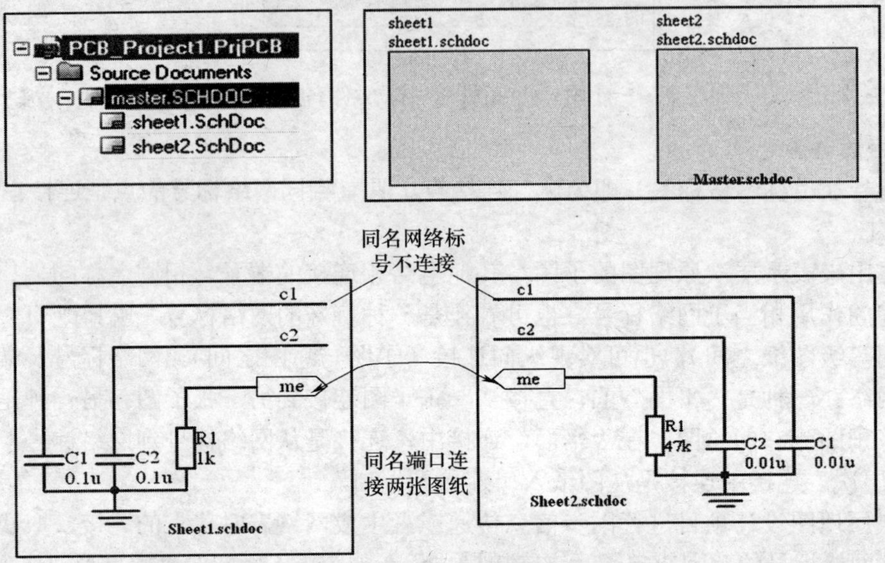

图5-5　只有端口全局连接有效的平面设计

这种模式中所有图纸通过端口进行连接，其所有同名端口是直接连接的；而两个图中的网络标号都是图纸本地的。在项目选项中设置网络标号的范围为平面 Flat(Only Port Global)。

2. 模式 2：端口和网络标号全局连接有效的平面设计

模式 2 也是一种“平面”设计，设计中所有子图都在同一层上，主图包含所有子图的图氏符号，不包含任何连线或电路，如 5-6 所示。

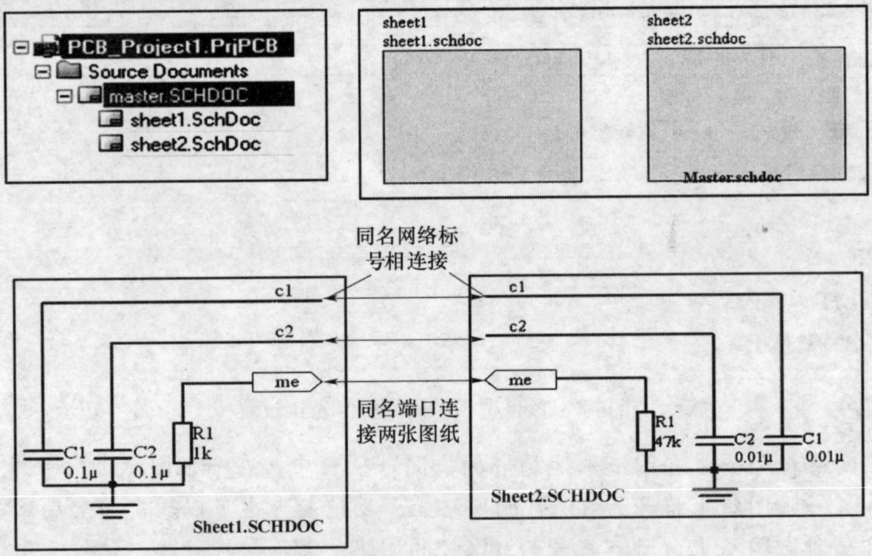

图5-6　端口和网络标号全局连接有效的平面设计

这种模式中所有图纸通过端口和网络符号进行全局连接，其中所有相同名字的端口和网络标号是直接连接的。在项目选项中设置网络标号的范围为全局 Gobal(Netlabels and Ports Global)。

3. 模式 3：简单层次结构

这种结构模式通过每个图纸入口连接到下级子图上有相同名字的端口，网络标号是本地的。

在这种层次结构中，每个图纸入口与子图中同名的端口建立连接。网络标号范围在项目选项中设置为层次 Hierarchical(Sheet Symbols<->Port Connections)，如图 5-7 所示。本项目即以这种常用模式为例学习层次原理图设计。

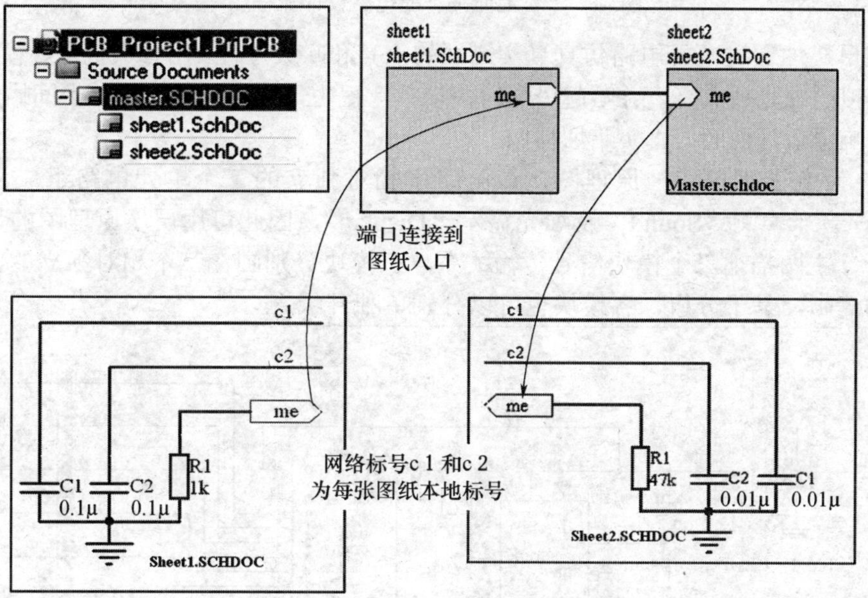

图5-7　简单层设计连接关系

4. 模式 4：多通道层次结构

这种模式是一种复杂层次结构设计。在这种模式中项目对同一个通道（子图）引用多次，这个通道可以作为一个独立的原理图子图，通过放置多个指向同一个子图的图纸符号，或者在一个图纸符号的标识符中包含有说明重复使用该通道次数的关键字，来定义使用该通道/子图的次数。

很多设计中包含有重复电路，比如双道功放电路，后级输出电路就是同一个电路被重复应用了 2 次。对于这种多通道设计，可以将网络标号设置为自动 Automatic，连接到所有的通道中，也可以设置为本地的，每张图纸带有自己的网络。具体运用将在项目九中介绍。

任务二　自上而下的层次原理图的设计

简单层次电路设计有“自上而下”与“自下而上”两种方法，分别用于不同情形的设计。本任务以“自上而下”为例进行设计。“自上而下”的电路设计流程如图 5-8 所示，由项目负责人将系统模块化，将系统分为多个子系统，子系统又分为多个功能模块，并定义好各层次模块间连接方式。项目分层后，即可将各子块分给团队成员完成，然后子块间通过定义好的连接方式连接，即可完成整个项目设计。

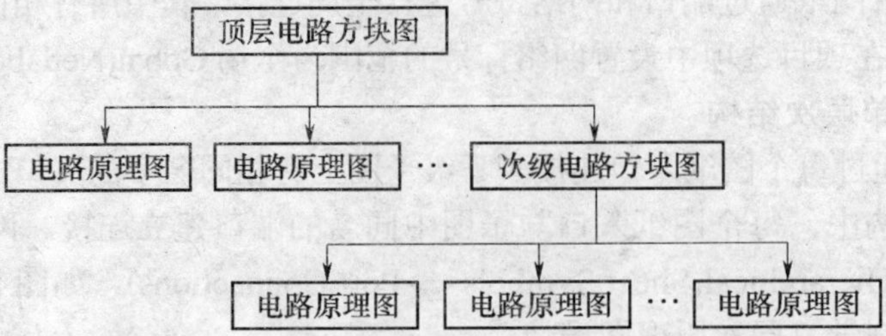

图5-8 “自上而下”的电路设计流程图

电子生日蜡烛通过电子电路仿真真实蜡烛的点亮和吹灭过程，用打火机点燃模拟灯芯，则由发光管模拟的烛光被点亮，并唱起“生日快乐歌”祝生日快乐；用口对着中间蜡烛吹，则烛光熄灭，声响停止，因而与真实蜡烛神似。

图 5-9 为电子生日蜡烛原理图，该电路由相对独立的三个单元电路组成，即传感器“Sensors”、音乐声响“Sound”及烛光显示“Display”，因此可用层次原理图的设计方法进行电路设计，主图描述三个模块信号传输关系，三模块分别画在三个相对独立的子图中，这样使图结构清晰，易于分析，各模块也可以分别单独升级。

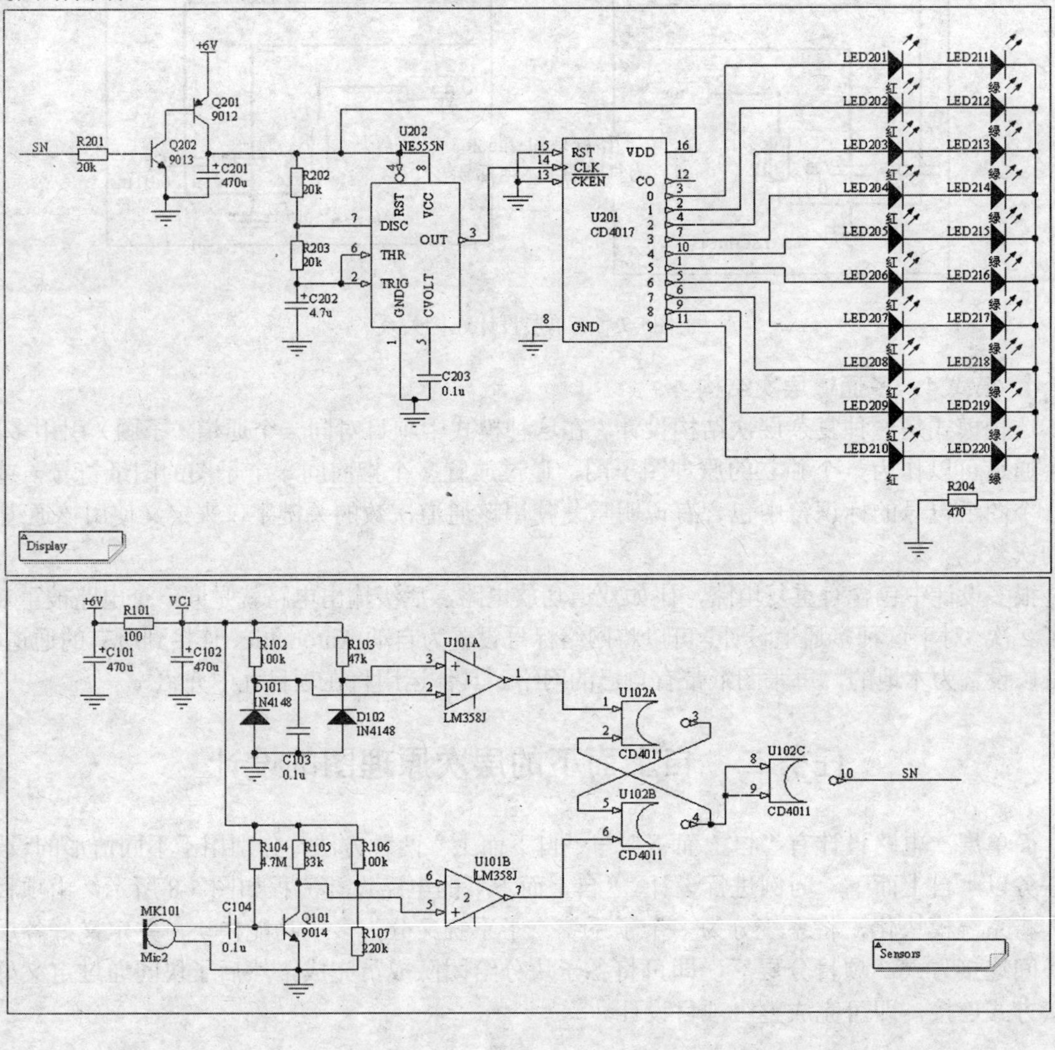

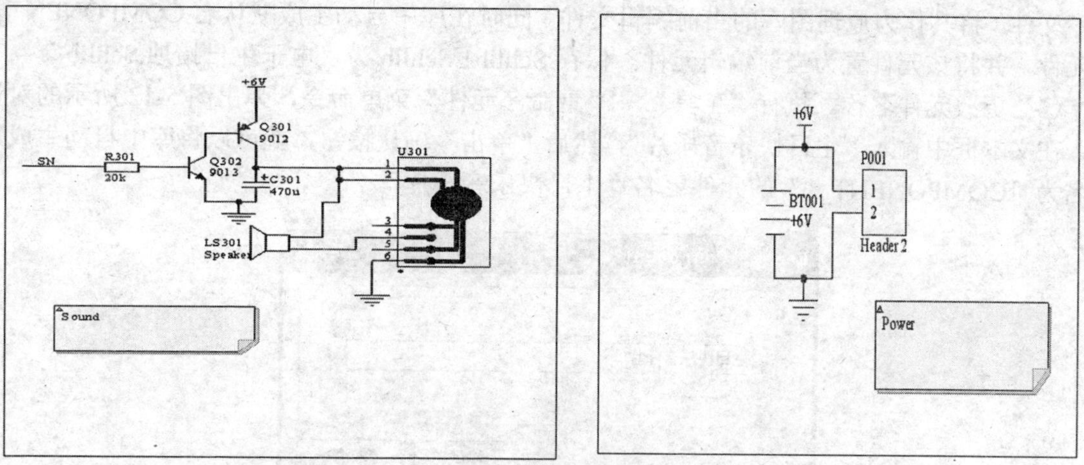

图5-9　电子生日蜡烛原理图

一、创建工程项目并绘制元件符号和编辑元件符号

设计 PCB 先期要绘制原理图，再设计印制电路板。因而要准备原理图涉及的元件图符号与印制电路板中要用到的相应封装，虽然文件库有我们所需的绝大部分元件符号和封装，但有时不能满足实际应用的需要，必须自己绘制。因此在项目开始前就要检索在现有库中是否有所需要的原理图元件符号与及相应的封装，若没有，则在绘制原理图前就要创建。本项目中，“生日快乐音乐片”元件符号及其封装要新创建；软件库资源中 555 时基元件符号引脚布局不很合理，LED 封装也与要求不一致，要进行编辑修改。

元件符号的创建在项目四中已介绍过，现在可以进行创建，但现在还没学习 PCB 封装，可以在 PCB 导入网络表前制作（将在后续项目中学习）。

1. 创建生日快乐音乐片元件符号

（1）创建项目文件。在 E 盘建立一个名为“电子生日蜡烛”文件夹，下面所有文件都保存在该文件夹中。启动 Protel DXP 2004，在 Projects 面板右击打开右键菜单，执行“追加新项目”→“PCB 项目”命令，建立项目并保存为“电子生日蜡烛．PrjPCB”，如图 5-10 所示。

（2）创建“电子生日蜡烛”原理图元件库。在 Projects 面板右击打开右键菜单，执行“追加新文件到项目中”→“Schematic Library”菜单命令如图 5-11 所示，为项目添加一原理图元件库文件，系统自动进入原理图库编辑工作界面，并自动生成默认名为“Schlib1.Schlib”

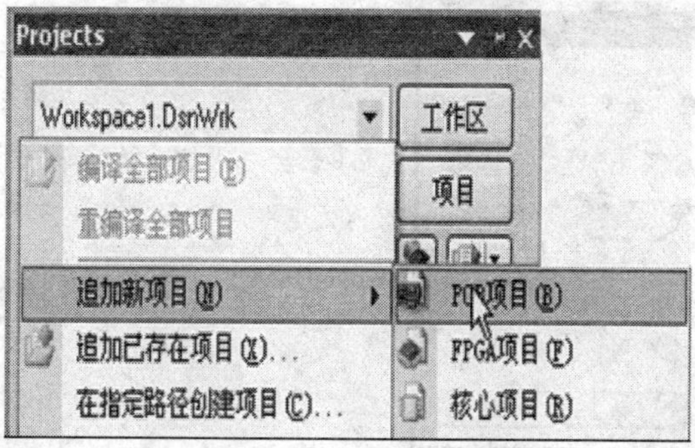

图5-10　创建工程项目

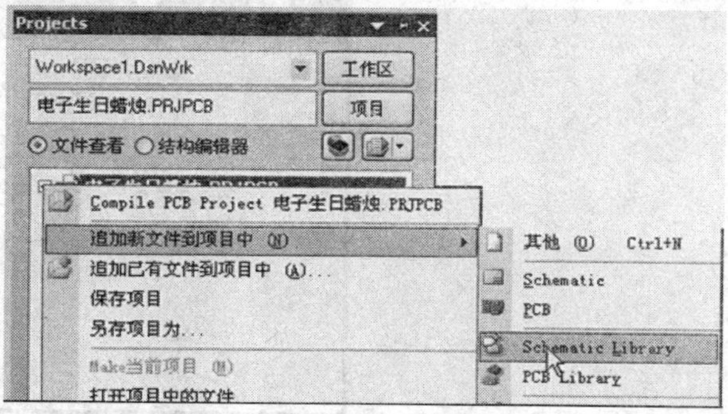

图5-11　添加原理图元件库文件

的库文件，将其作为原理图库的当前编辑文件。同时在库中自动生成默认名 COMPONENT_1 的元件，并将该元件置为当前编辑元件。保存 Schlib1.Schlib 为“电子生日蜡烛.Schlib”。

（3）更改元件名称。执行“工具”→“重命名元件”菜单命令，弹出图 5-12 所示的对话框，在文本框中输入“生日快乐音乐片”，然后“单击”确认按钮，就可以将库中自动生成默认名为“COMPONENT_1”的元件更名“生日快乐音乐片”。

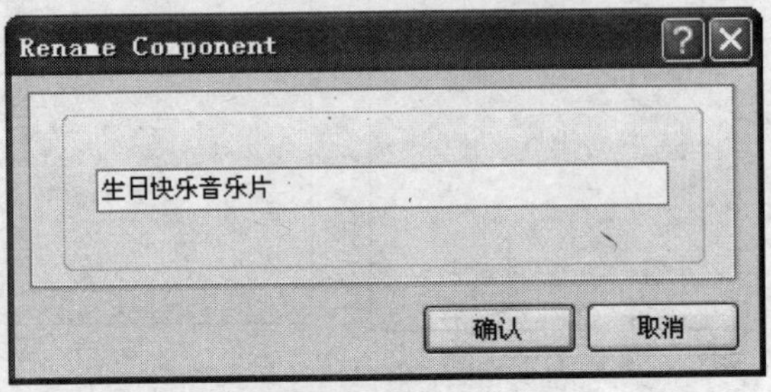

图5-12　更改元件名对话框

（4）执行“放置”→“椭圆”菜单命令或单击如图 5-13 所示的一般绘图工具上的 ⬭ 图标，连续单击三次，即可绘制一个椭圆圆饼图形，如图 5-14 所示。

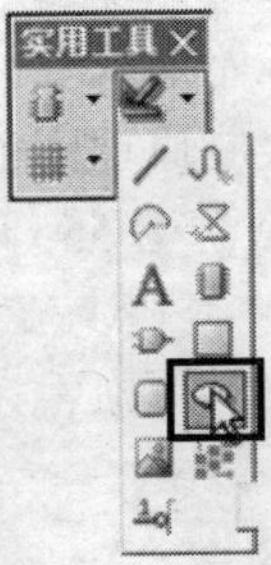

图5-13　一般绘图工具

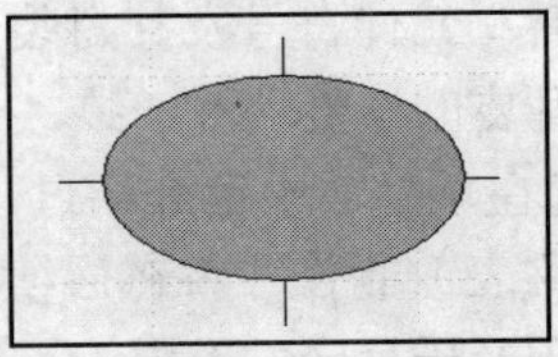

图5-14　绘制的椭圆形

（5）绘制圆饼图案。双击椭圆形，弹出如图 5-15 所示“椭圆”属性对话框，进行椭圆属性的设置，单击边缘色色块，弹出如图 5-16 所示“选择颜色”对话框，点击选择 143 号黑色，单击“确认”按钮，用同样方法把填充色也设置为 143 号黑色，并勾选填充色“画实心”选项，X 半径与 Y 半径都设为 15mils，X、Y 位置都设为 0mil，其他不变，确认关闭对话框。绘制完成的圆饼图案如图 5-17 所示。

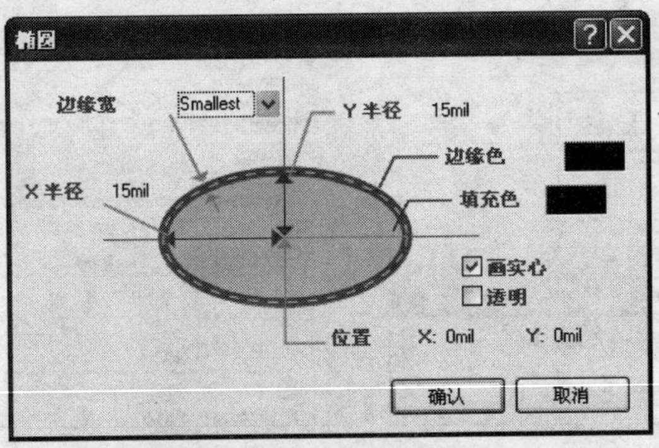

图5-15　“椭圆”属性对话框

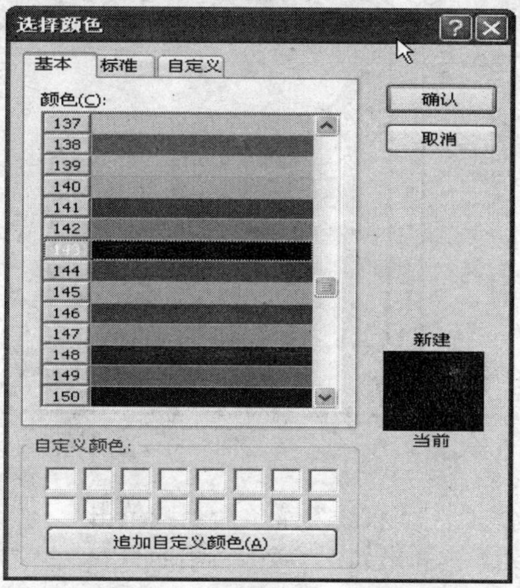

图5-16　颜色选择对话框

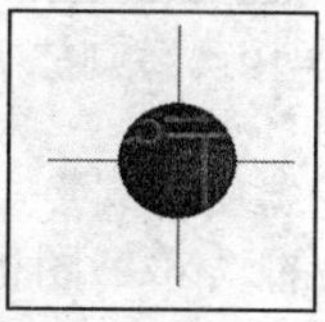

图5-17　绘制完成的圆

提示：原理图编辑器和原理图库编辑器单位一般选用英制单位中的Dxp Defaults，它不是mil，而是1/100inches（即1/100英寸），即10mil。设置对话框如图5-18所示。

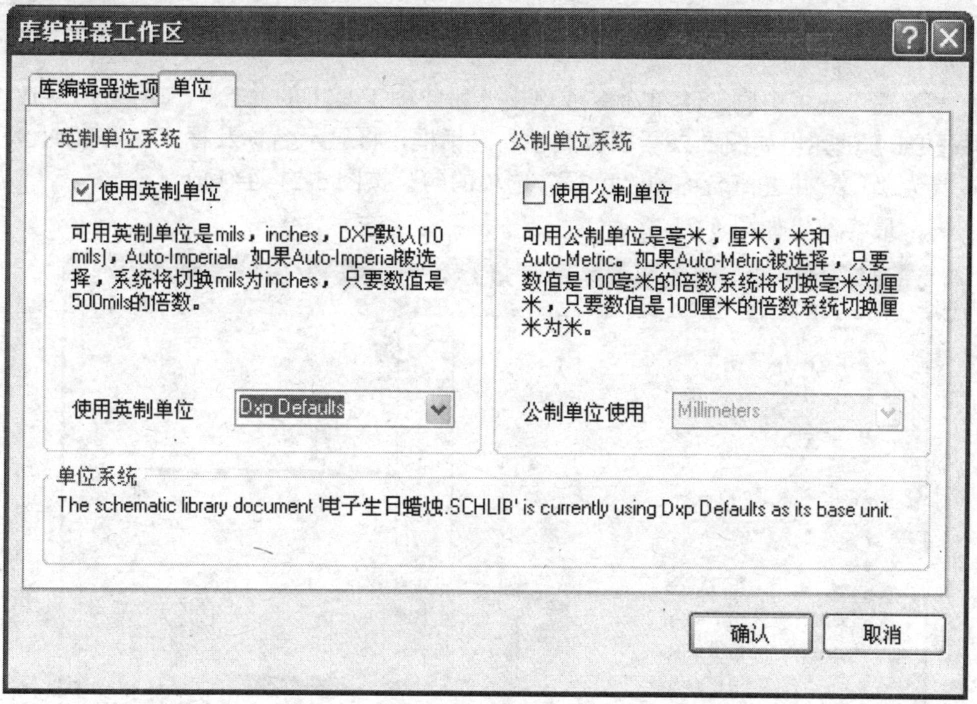

图5-18　原理图及原理图库编辑器单位设置

（6）绘制元件体。执行“放置”→“矩形”菜单命令或单击一般绘图工具上的“□”图标，按“Tab”键弹出如图5-19所示“矩形”属性对话框，勾选填充颜色“透明”选项，其他设置不变，单击“确认”按钮，关闭对话框，在圆形图案附近绘制一个直角矩形，并用鼠标调整矩形大小和位置。

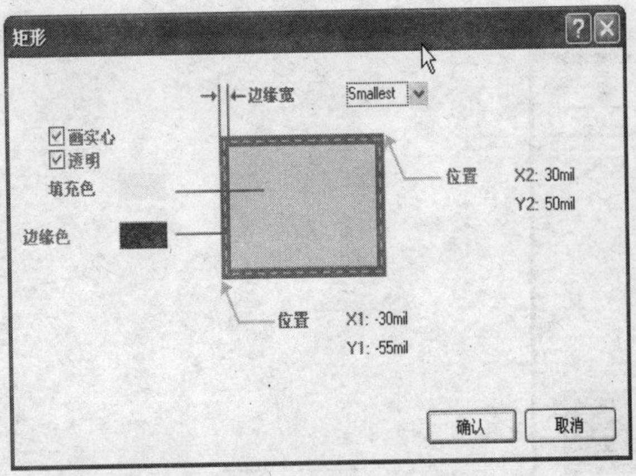

图5-19 “矩形”属性对话框

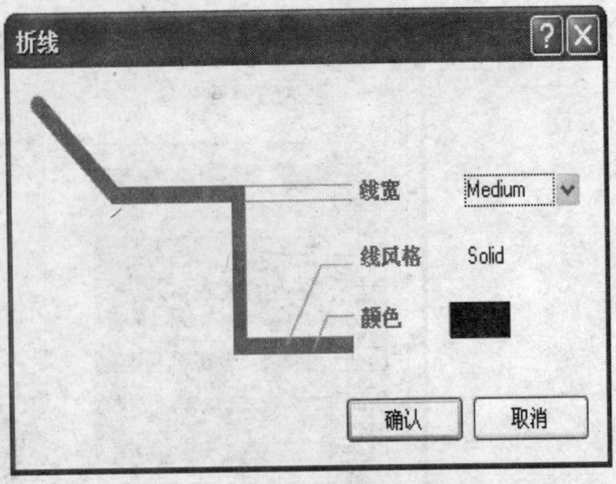

图5-20 直线属性对话框

（7）绘制直线及小圆点。执行“放置”→“直线”菜单命令或单击一般绘图工具上的“⁄”图标，按【Tab】键弹出如图 5-20 所示的直线属性对话框，将线宽设为“Medium”，颜色设置为 143 号黑色，确认按钮，关闭对话框，按图 5-21 绘制直线。先单击选中间大圆，再按住【Shift】键不放，然后按左键拖放，即复制出一个同样的图形，双击打开属性对话框，将 X、Y 半径设置为“3”的小圆，再用同样方法复制三个小圆点，按图 5-21 所示的位置放置好。

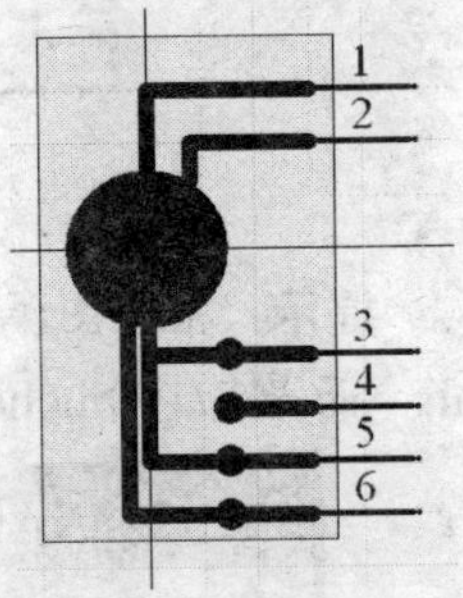

图5-21 完成的音乐片原理图符号

（8）放置元器件引脚。

执行“放置”→“引脚”菜单命令或单击一般绘图工具上的“ ”图标，按【Tab】键弹出如图 5-22“引脚属性”对话框，将显示名称及标识符都设置为“1”，并去掉名称的“可视”选项的勾，按图 5-21 连续放置 6 个引脚，最终效果如图 5-21 所示。

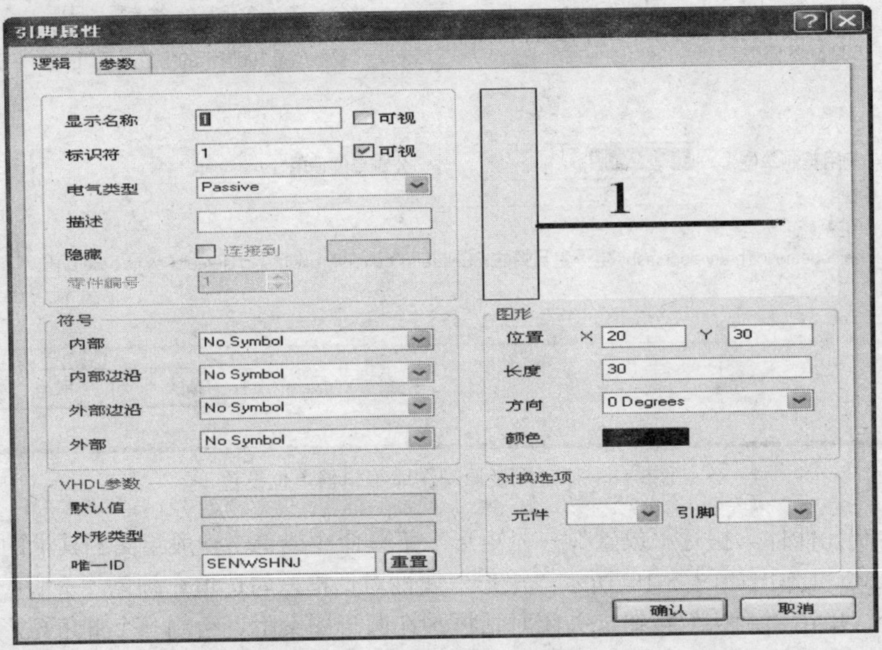

图5-22 “引脚属性”对话框

（9）设置元件属性。打开如图 5-23 所示的“SCHLibrary”面板，选中“生日快乐音乐片”，单击“编辑”按钮，弹出图 5-24 所示“元件属性”对话框，在 Default Designator 文本框中输入“U？”字符，在“注释”文本框中输入“生日快乐音乐片”，其他属性在后面学习。单击“确认”按钮，完成元件属性设置，保存并退出原理图库编辑器。

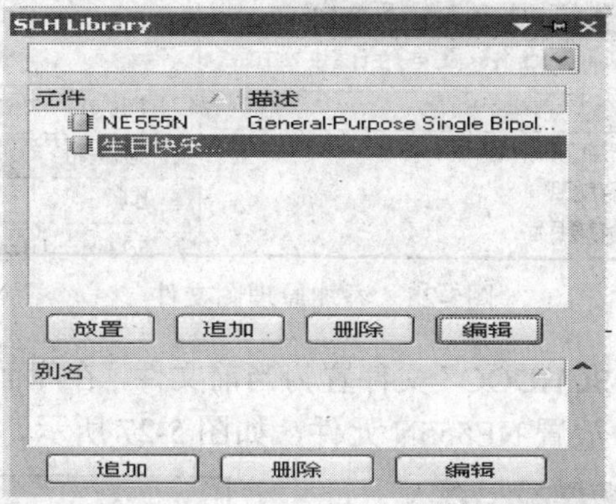

图5-23　SCHLibrary面板

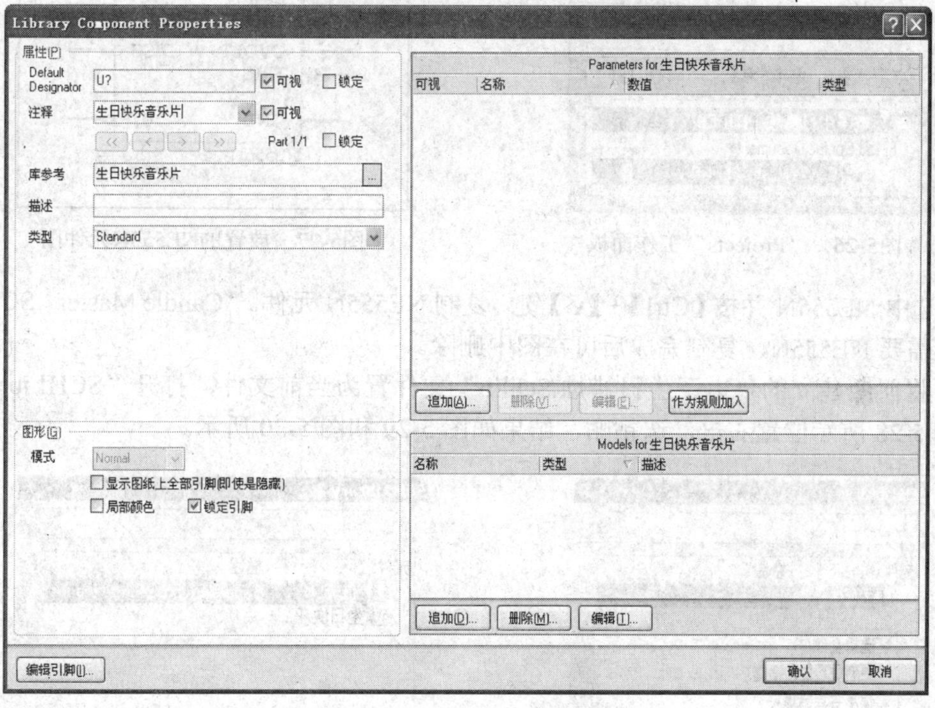

图5-24　“元件属性”设置对话框

2. 编辑 555 元件符号

设计中常会遇到软件自带的原理图库中的元件图符号不能满足设计者的要求，这时可以对该元件符号进行编辑。但 Protel 2004 中使用的大部分是集成库，不能直接打开集成库进行编辑，必须要抽取元件符号的 Schlib 源文件。Protel 2004 提供了如下更简单编辑元件符号的方法：

（1）在 Projects 面板右击打开右键菜单，执行“追加新文件到项目中”→“Schematic”命令，如图 5-25 所示，为项目添加一张主原理图纸并保存为“Candle Master. SCHDOC”，建立原理图文档后的“Projects”工作面板如图 5-26 所示。

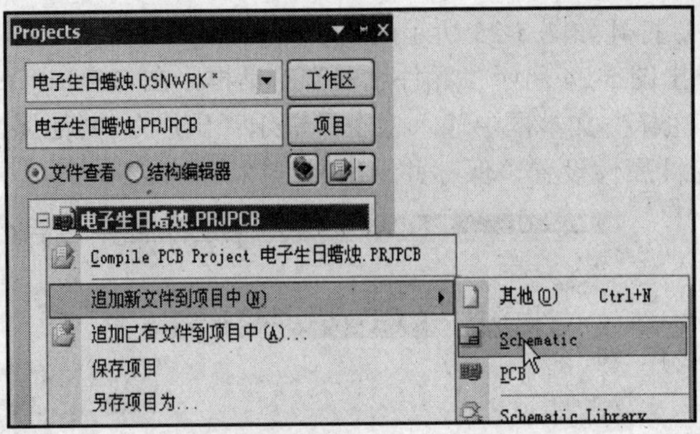

图5-25　添加原理图文件

（2）将“Candle Master．SCHDOC”文件置为当前文件，在库面板中加载 ST Analog Timer Circuit.Intlib 库，并在图纸中放置 NE555N 元件，如图 5-27 所示。

图5-26　“Projects”工作面板

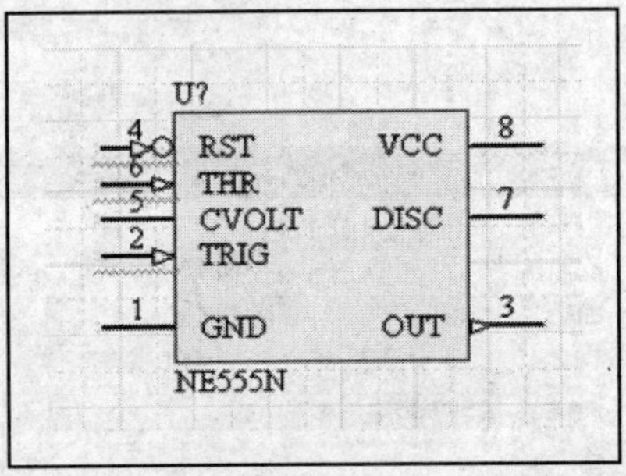

图5-27　放置的NE555N元件图

（3）选中 NE555N 并按【Ctrl】+【C】键，复制 NE555N 元件。“Candle Master．SCHDOC”文件中不需要 NE555N，复制完成后可在图中删除。

（4）将前面建立的“电子生日蜡烛.Schlib”文件置为当前文件，打开“SCHLibrary”面板，在图 5-28 所示位置右击，选粘贴，结果如图 5-29 和图 5-30 所示。

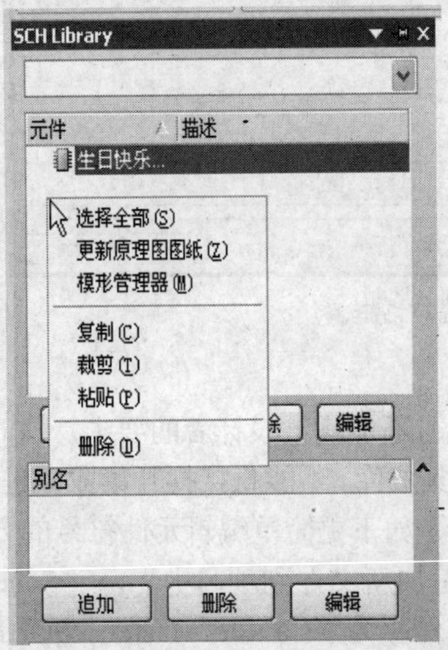

图5-28　在“SCHLibrary”面板粘贴元件

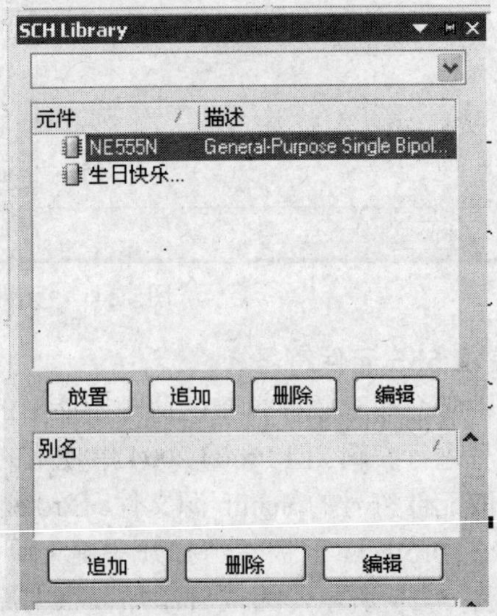

图5-29　完成粘贴的“SCHLibrary”面板

（5）调整引脚位置及矩形元件体的大小，编辑完成的 NE555N 元件如图 5-31 所示。元件属性一般不用修改，如有修改按以上步骤修改主。在后面绘图中，就可以利用自己创建的“电子生日蜡烛.Schlib”。

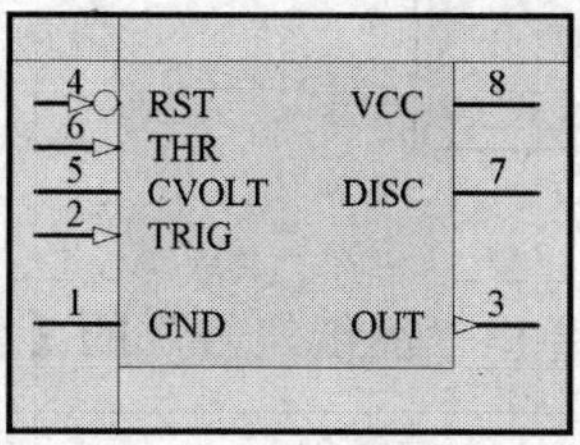

图5-30　NE555N符号

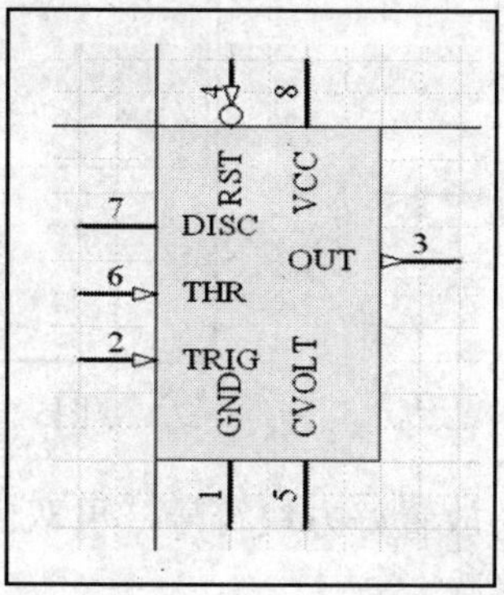

图5-31　编辑完成的NE555N元件

二、绘制主原理图

（1）绘制方块电路。将主图“Candle Master．SCHDOC”置为当前文件，在主图中绘制“Sensors”、“Display”和“Sound”三个模块的子图符号。执行“放置”→“图纸符号”命令或单击布线工具栏中的“ ”图标，光标变成十字形，并在光标上浮动一个如图 5-32 所示的方块图符号，按【Tab】键弹出如图 5-33 所示的“图纸符号”对话框，其中，“属性”标签页中大多数没必要修改，将其中“标志符”和“文件名”都编辑为“Sensors”。

图5-32　放置方块图符号状态

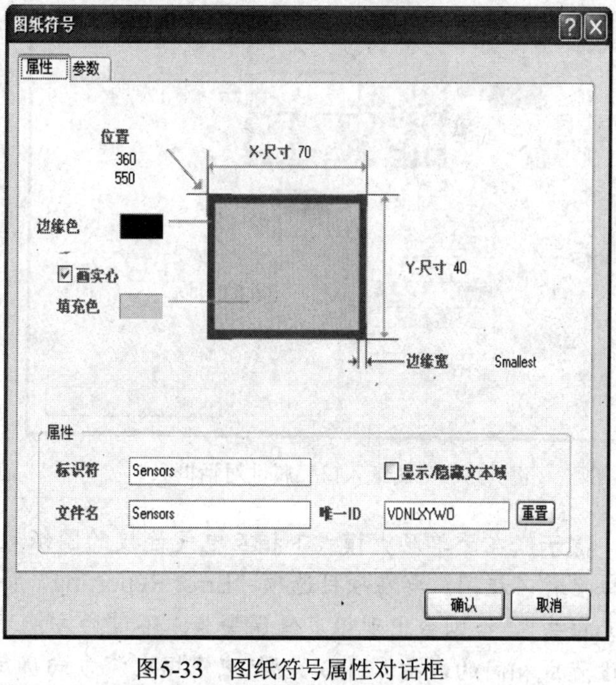

图5-33　图纸符号属性对话框

关闭对话框，单击确定图纸符号左上角，移动光标确定符号方块大小，单击确定图纸符号右下角，一个方块符号放好了。用同样方法放置其他方块符号，结果如图 5-34 所示。

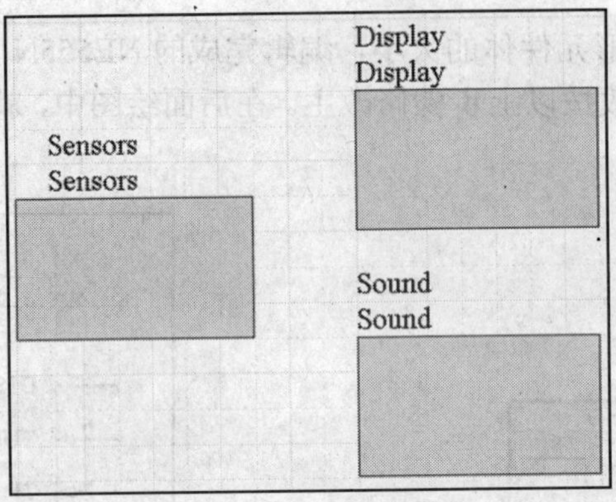

图5-34　给定名称的图纸符号

也可以先放置好方块符号，再双击图纸符号，也可以弹出“图纸符号”的【属性】对话框进行属性修改。

（2）编辑电路图纸入口。为图纸符号添加入口，以完善子图符号，执行“放置”→“加图纸入口”命令或单击布线工具栏中的“ ”图标，光标变成十字形，系统处于放置图纸入口状态。图纸入口只能在图纸符号中放置，将光标移到“Sensors”方块中，单击，十字光标上浮动一个图纸入口的形状，按【Tab】键弹出如图 5-35 所示“图纸入口”属性对话框，修改好“名称”、“I/O 类型”，关闭对话框，图纸入口随光标移动到适当位置，再单击，即放置好第一个图纸入口“Snout”入口，同时光标出现一个新的图纸入口，用以上方法以修改图纸入口属性并放置好其他几个图纸入口，放置结果如图 5-36 所示。

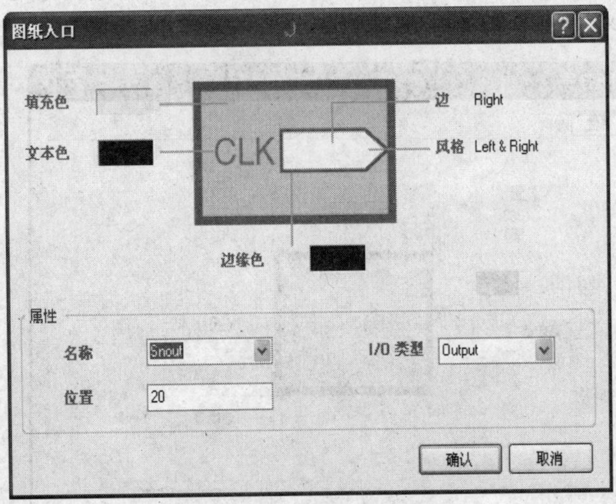

图5-35　“图纸入口”属性对话框

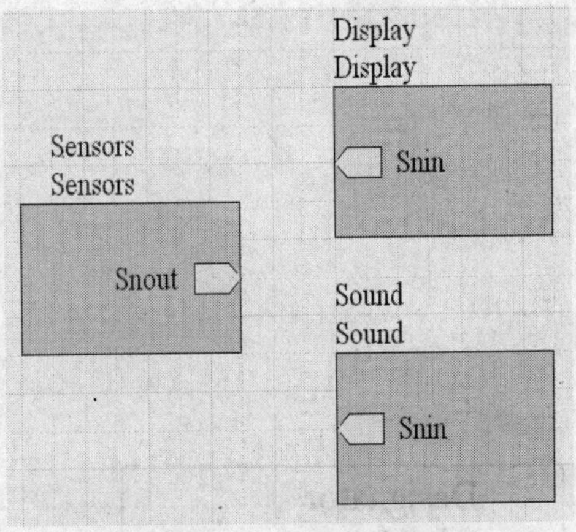

图5-36　放置好图纸入口的图纸符号

提示：在简单层次模式下相互电气连接的图纸入口名称可以不相同。如相互连接的图纸入口名称不相同，要在项目选项“Error Reporting”页中把“Nets with multiple names”项设为“无报告”，否则会出现很多错误警告。不过为方便连接，一般把相互电气连接的图纸入口名称设置成相同的名称；“I/O 类型”应根据电流方向确定为“Output”和“Input”等类型。

（3）绘制主图电气连线。按设计要求用导线将同名的图纸入口连接起来，并绘出电源原理图，主图即完成，完成主原理图如图 5-37 所示。

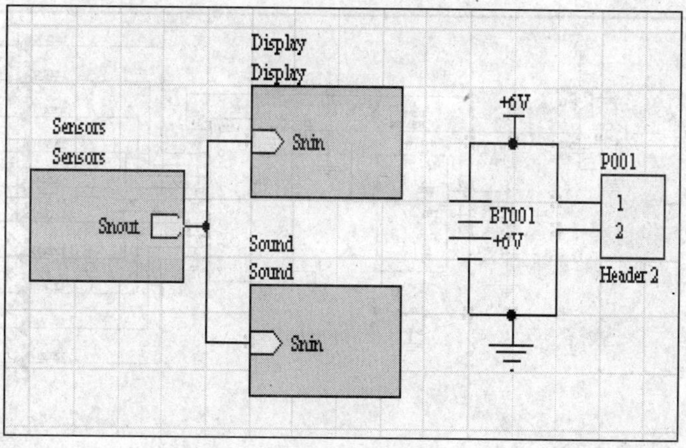

图5-37　完成的主原理图

三、由子图符号创建各子图

（1）执行“设计”→“根据符号创建图纸”菜单命令，光标变成十字形，移到“Sensors”图纸符号上单击，弹出如图 5-38 所示的对话框。如单击“Yes”则图纸入口输入类型转换为输出类型，输出类型转换为输入类型；按“No”则保持不变（通常应保持不变），系统生成“Sensors.SchDoc”子图原理图文件，并将“Sensors”模块子图符号中图纸入口转换为 I/O 端口添加到图纸中，如图 5-39 所示。

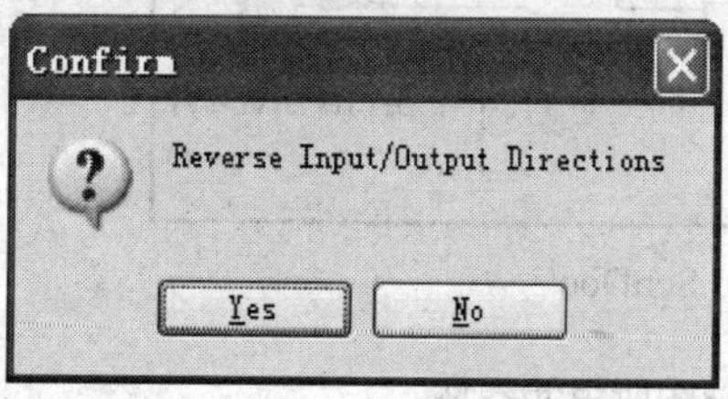

图5-38　转换输入/ 输出类型询问对话框

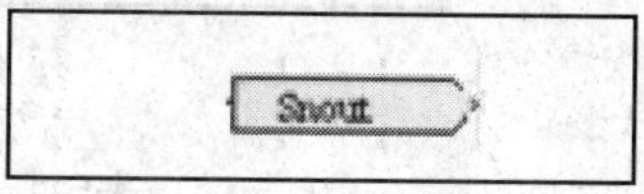

图5-39　由图纸符号生成的输入/输出端口

（2）用同样方法将“ Display”和“Sound”两个模块的子图符号分别生成“Display.SchDoc”和“Sound.SchDoc”两个子图原理图文件。

（3）分别在子图中放置元器件和导线，完成子图的绘制，如图 5-40～图 5-42 所示。电路中所用元器件见表 5-1 所列。

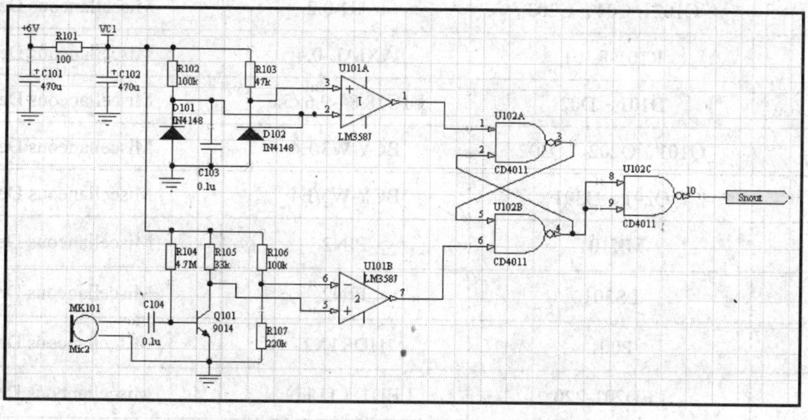

图5-40　子图Sensors.SchDoc

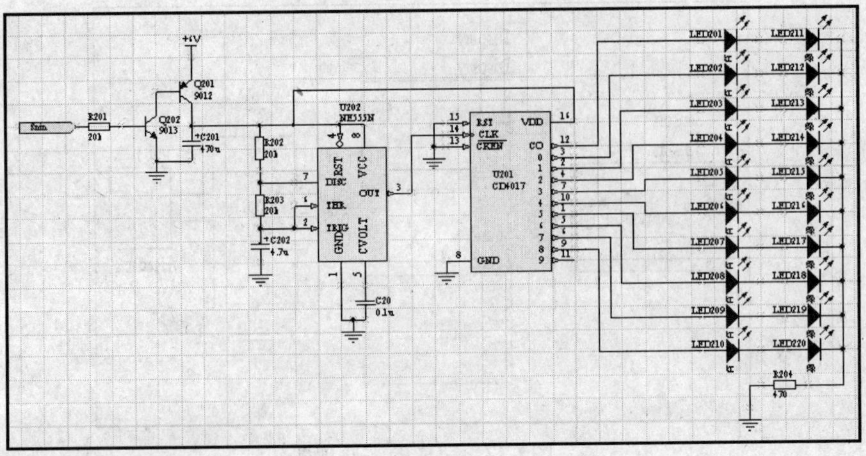

图5-41　子图Display.SchDoc

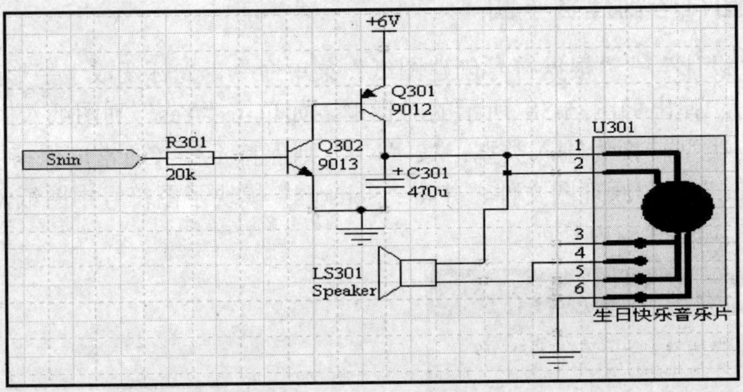

图5-42　子图Sound.SchDoc

表5-1　电子生日蜡烛原理图所用元器件

元器件名称	元器件编号	封装形式	所 在 库
Battery	BT001	BAT-2	Miscellaneous Devices.Intlib
Cap Pol2	C101、C102、C201、C301	RB7.6-15	Miscellaneous Devices.Intlib
Cap Pol2	C202	CAPPR2-5x6.8	Miscellaneous Devices.Intlib
Cap	C102、C04、C203	RAD-0.2	Miscellaneous Devices.Intlib
Res2	R101-R301	AXIAL-0.4	Miscellaneous Devices.Intlib
1N4148	D101、D02	DIO18.84-9.6x5.6	Miscellaneous Devices.Intlib
9013、9014	Q101、Q202、Q302	BCY-W3/E4	Miscellaneous Devices.Intlib
9012	Q201、Q301	BCY-W3/E4	Miscellaneous Devices.Intlib
Mic2	MK101	PIN2	Miscellaneous Devices.Intlib
Speaker	LS301	PIN2	Miscellaneous Devices.Intlib
Header 2	P001	HDR1X2	Miscellaneous Devices.Intlib
LED1	LED201-220	LED1（自制）	Miscellaneous Devices.Intlib

（续）

元器件名称	元器件编号	封装形式	所 在 库
LM358J	U101	693-02	Motorola Amplifier Operational Amplifier.IntLib
CD4011BCN	U102	N14A	FSC Logic Gate.IntLib
CD4017BCN	U201	N16E	FSC Logic Counter.IntLib
NE555N	U202	DIP8	ST Analog Timer Circuit.Intlib
生日快乐音乐片	U301	SIP6-2（自制）	自制

（4）执行【项目管理】→【Compile PCB Project 电子生日蜡烛.PRJPCB】菜单(或者在项目面板电子生日蜡烛.PRJPCB 上右击也可出现相同菜单)编译项目，检查文档中是否有电气规则错误并纠正。

任务三　原理图中“隐藏电源引脚”处理方法

原理图中有些集成电路，为了使绘制的电路美观，常把电源脚隐藏起来，并设置成与电路图中对应的电源网络（VCC、GND）相连接，但当电路中的电源网络较多时，容易连接到错误的电源网络上。本项目中 U101、U102 电源连接到“VC1、GND”上。为此，要对相应的隐藏引脚进行编辑，方法如下：

（1）在“U101A”放置到图纸之前呈图 5-43 状态时，按【Tab】键弹出如图 5-24 所示的元件属性对话框（也可以在放置好 U101A、U101B 之后双击它们出现属性对话框，但要对 U101 的每个子件都要设置）。

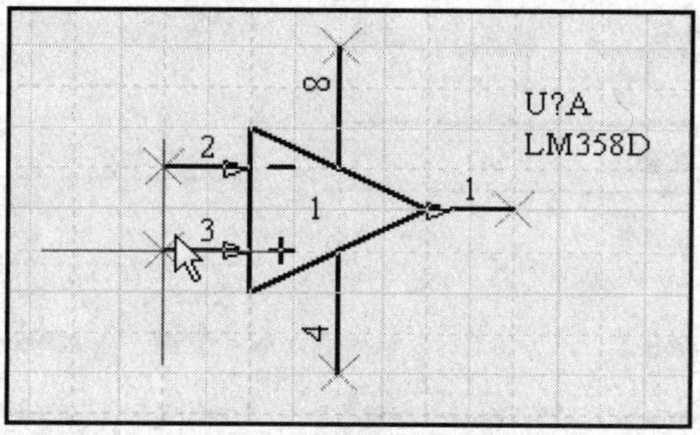

图5-43　LM358放置状态

（2）单击图 5-24 左下角的“编辑引脚”按钮，弹出图 5-44 所示的“元件引脚编辑器”对话框。

（3）单击引脚 4 对应的行，再单击“编辑”按钮，弹出图 5-45 所示的“引脚属性”对话框。

（4）勾选“隐藏”选项，并在“连接到”后文本框中填写“GND”，单击“确认”按钮，关闭对话框，退回图 5-44 所示的“引脚属性编辑器”对话框。

（5）单击引脚 8 对应行，按以上步骤编辑 8 脚连接网络为“VC1”，并连续放置好 U101B，不必再对 U101B 编辑隐藏电源引脚属性。

（6）连续单击“确认”按钮，依次退出图 5-45、图 5-44 所示对话框。

（7）按以上步骤编辑 U102 相应电源脚连接的电源网络。

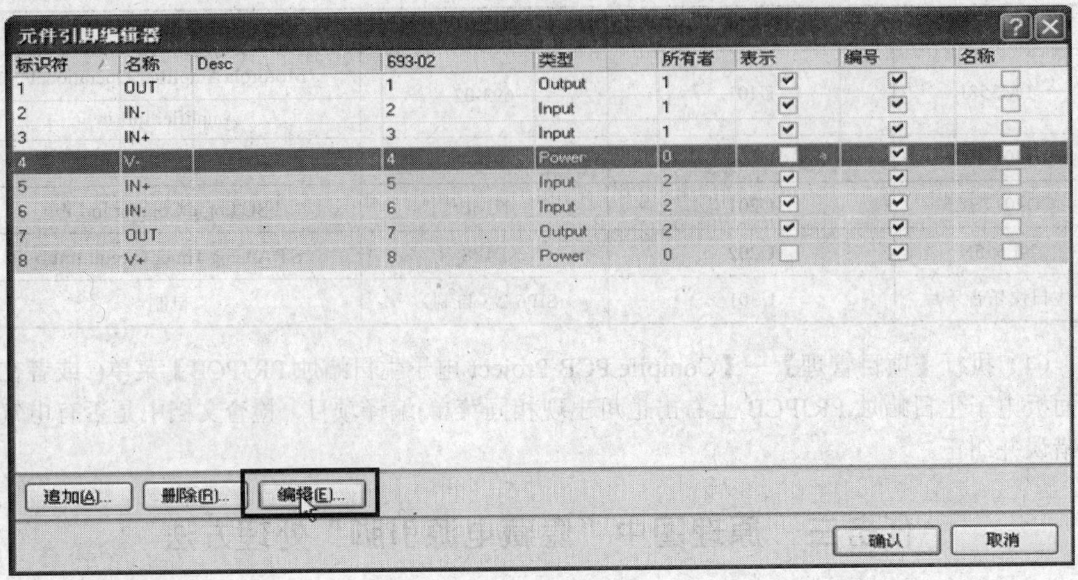

图5-44 “元件引脚编辑器”对话框

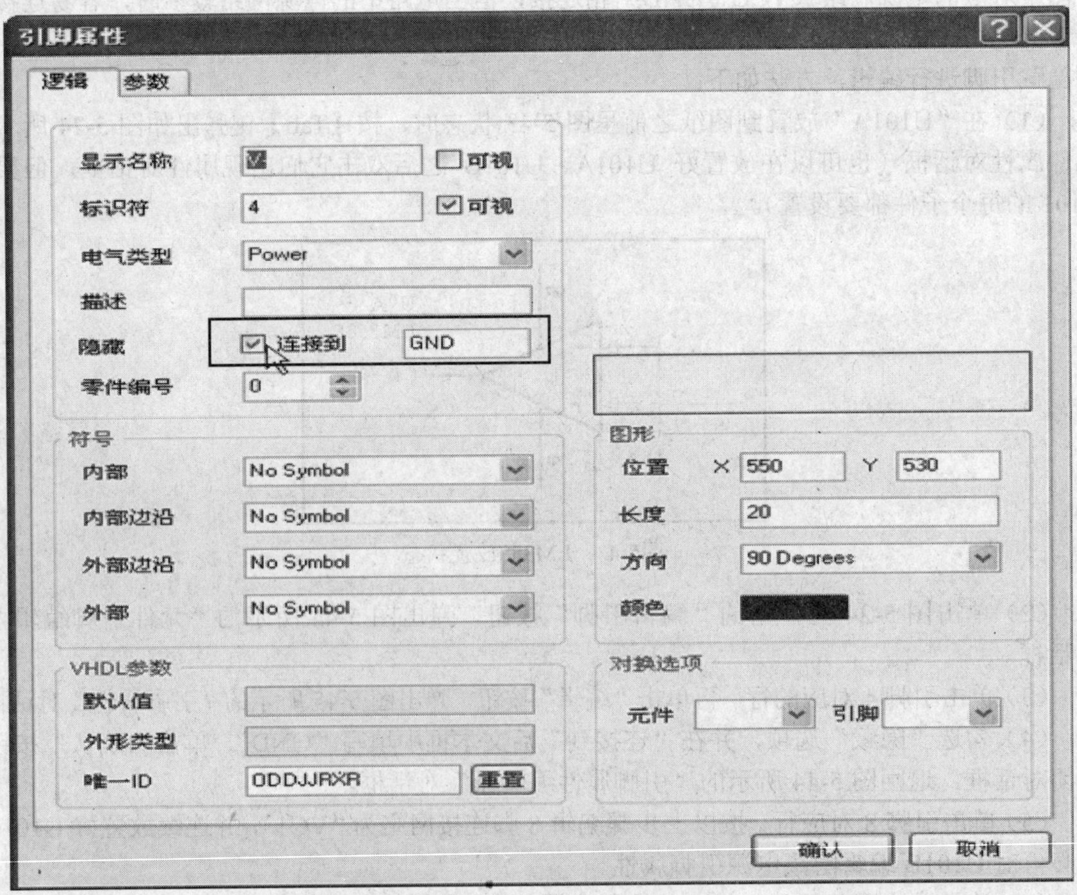

图5-45 引脚属性对话框

任务四　自下而上的层次原理图的设计

“自下而上”的层次原理图设计方法是先绘制实际电路作为子图，再由子图生成子图符号。这种方法可以充分利用原有的单元电路组合成新的系统图，从而提高设计效率。“自下而上”的设计流程如图 5-46 所示。

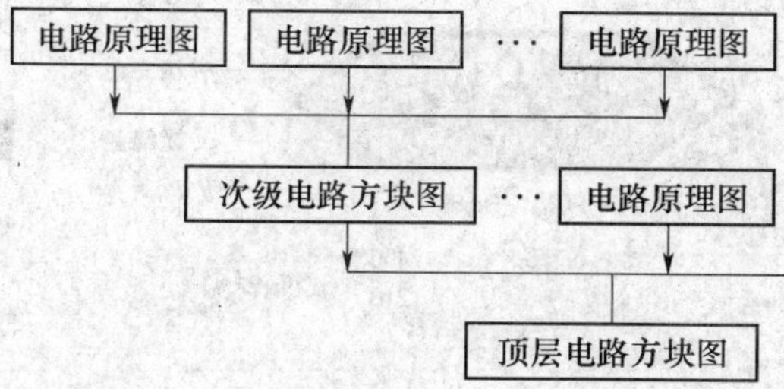

图5-46　“自下而上”的设计流程图

本任务使用任务二例子“电子生日蜡烛原理图”学习自下而上的层次原理图设计方法。

一、建立项目并绘制子图

（1）在 Projects 面板右击打开右键菜单，执行“追加新项目”→“PCB 项目”命令，建立项目并保存为“电子生日蜡烛 1．PrjPCB”。

（2）在 Projects 面板右击打开右键菜单，执行“追加新文件到项目中”→“Schematic”命令，如图 5-25 所示，为项目添加四张原理图纸并分别保存为“Candle Master1．SCHDOC”、“Sensors1.SchDoc”、“Display1.SchDoc”和“Sound1.SchDoc”。

（3）参照图 5-40～图 5-42 完成“Sensors1.SchDoc”、“Display1.SchDoc”和“Sound1.SchDoc”三张图纸绘制。在“自上而下”的层次原理图设计中，图 5-40～图 5-42 中的输入/输出端口是由子图符号的图纸入口自动生成的，不需要放置，但“自下而上”的层次原理图设计需要手动放置输入/输出端口。

输入/输出端口是实现子图原理图与主图中子图符号的图纸入口的，在层次原理图设计中子图必须放置的。它的作用相当于网络标号，因此也可看作一种特殊的网络标号。

（4）输入/输出端口的放置和属性设置。执行“放置”→“端口”菜单命令或单击布线工具栏中的“”图标，光标变成十字形，并浮动一个默认名称为 Port 的输入/输出端口，如图 5-47 所示。

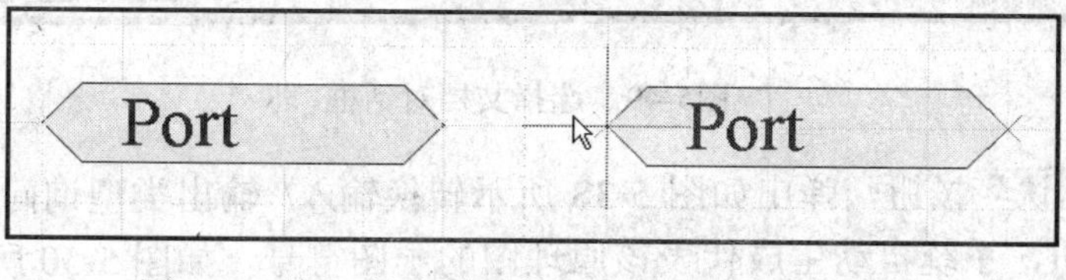

图5-47　输入/输出端口放置光标和放置好的端口

按【Tab】键（或双击放置好的输入/输出端口）进入输入/输出端口属性设置对话框，设置方法与图纸入口属性设置类似，如图 5-48 所示。设置好端口属性并确认退出对话框，单击端口，确定端口起点，移动光标使端口的长度合适，单击，确定端口的终点，一个端口放置完成。系统仍处于放置状态，可以按以上步骤继续放置下一个端口，右击退出放置状态。按设计要求与电路相应网络连接好，即完成三张子图设计。

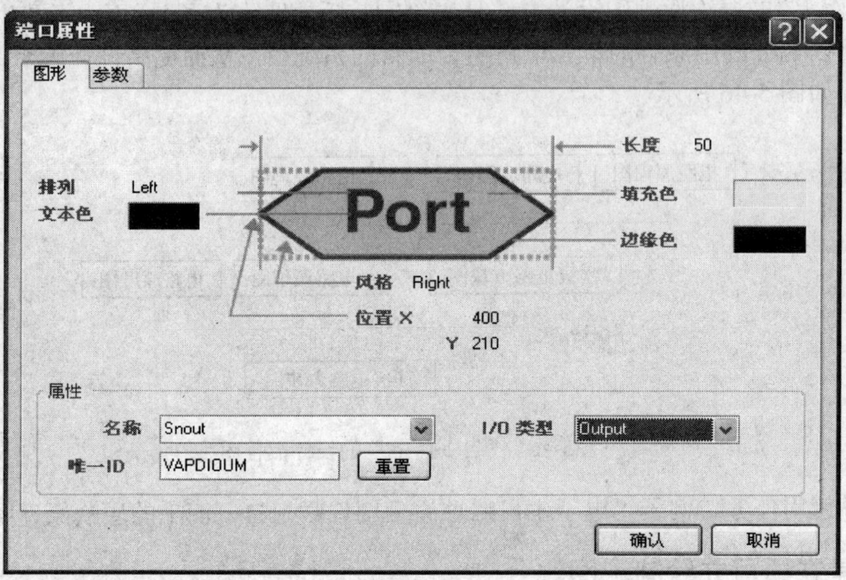

图5-48 输入/输出端口属性设置对话框

（5）绘制完成后保存项目。

二、由原理图生成子图符号

（1）将“Candle Master1.SCHDOC”置为当前文件。

（2）执行“设计”→“根据图纸建立图纸符号”菜单命令，弹出“选择文档”对话框，如图 5-49 所示。将光标移至文件名“Sensors.SchDoc”文件上，单击选中该文件（高亮状态）。

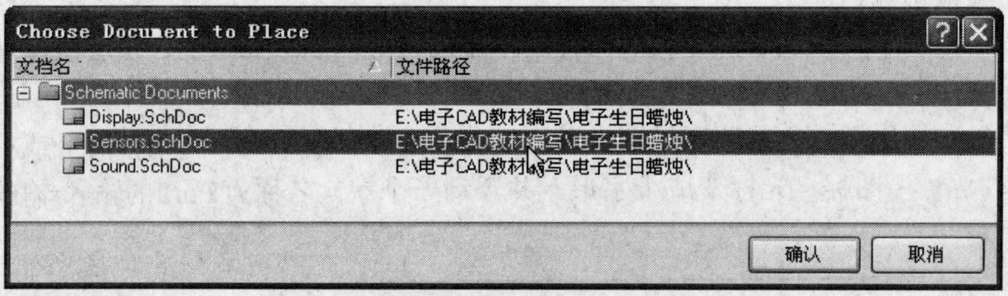

图5-49 选择文档对话框

（3）单击“确认”按钮，弹出如图 5-38 所示转换输入/ 输出类型询问对话框，单击对话框中的“No”按钮，系统自动生成代表该原理图的子图符号，如图 5-50 所示。

（4）在图纸上单击，将其放置在图纸上，放置后选中它可以调整图纸符号大小和位置。用同样方法将“Display1.SchDoc”和“Sound1.SchDoc”生成的图纸符号放置在图纸上，调整好的图纸符号大小和位置，如图 5-51 所示。

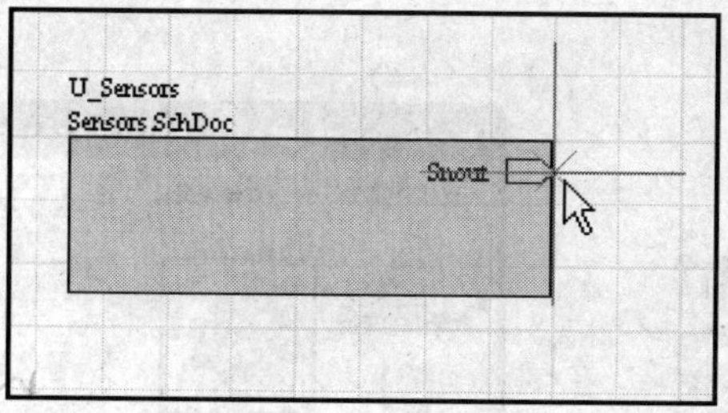

图5-50　由Sensors.SchDoc生成的子图符号

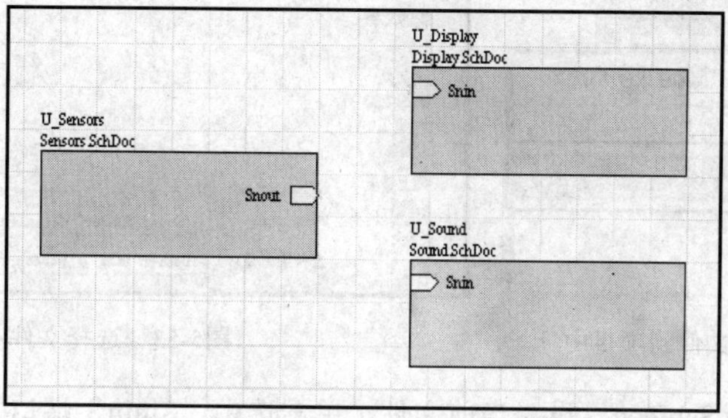

图5-51　由原理图生成的子图符号

（5）按图 5-37 完成主图绘制并保存。执行“项目管理”→“Compile PCB Project 电子生日蜡烛 1.PRJPCB”菜单(或者在项目面板“电子生日蜡烛 1.PRJPCB”上右击也可出现相同菜单)编译项目，检查文档中是否有电气规则错误并纠正，完成“自下而上”的层次原理图设计。

任务五　用图纸连接符建立图纸间的电气连接

层次设计是通过子图符号来建立图纸间的连接关系的，Altium Designer 还提供了一个特殊的网络来建立图纸间的电气连接关系，这就是图纸连接符（Off Sheet Connector）。

图纸连接符可以为多张图纸建立电气连接。每张图纸需要连接的电气点放置图纸连接符，然后编辑这些图纸连接符的网络名称，相同网络名称的电气点就建立了连接关系。图纸连接符与图纸端口相类似，可以看作具有全局定义的端口，是属于模式 1 的“平面设计”。

本项目也可利用图纸连接符建立各图纸的电气连接，方法如下：

（1）新建“连接符项目”文件夹，将“电子生日蜡烛”项目中“Candle Master1.SCHDOC”、“Sensors.SchDoc”、“Display.SchDoc”和“Sound.SchDoc”等文件复制到该文件夹，并把“Candle Master1．SCHDOC”文件改名为“Power.SCHDOC”。

（2）如图 5-10 所示，在 Projects 面板右击打开右键菜单，执行“追加新项目”→“PCB 项目”命令，建立项目并保存为“图纸连接符．PrjPCB”。

（3）如图 5-52 所示，在 Projects 面板单击“图纸连接符.PrjPCB”，右击打开右键菜单，执行【追加已有文件到项目中】命令，出现如图 5-53 所示的选择文件对话框，单击“Display.SchDoc”，同时按【Shift】键再单击“Sound.SchDoc”，则同时选中图中四个文件，确定关闭对话框，这四个原理图添加到“图纸连接符.PrjPCB”项目中。

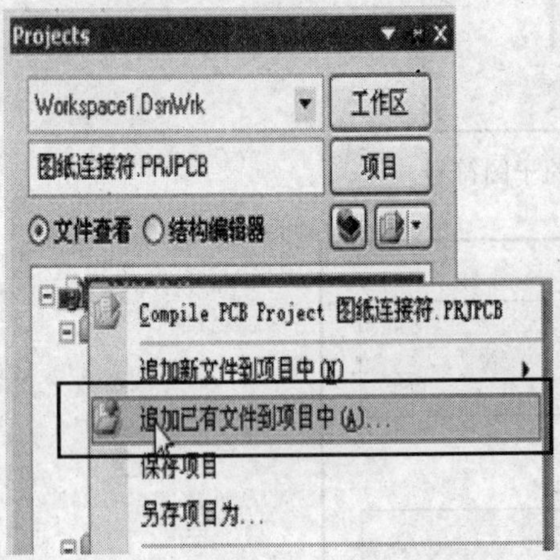

图5-52 追加已有文件到项目中

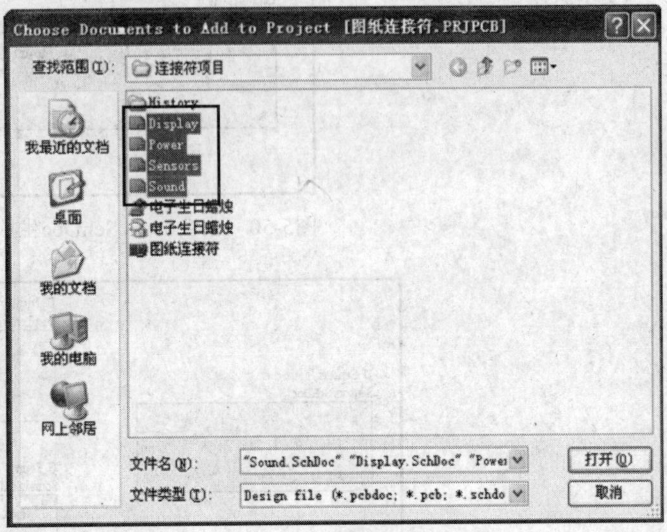

图5-53 选择文件对话框

（4）将“Display.SchDoc”设为当前文件，单击选中“Sinin”端口并按【Delete】键删去“Sinin”端口，如图 5-54 所示，执行“放置”→“图纸连接符”命令，出现的十字状光标上悬浮有图纸连接符的符号，如图 5-55 所示。

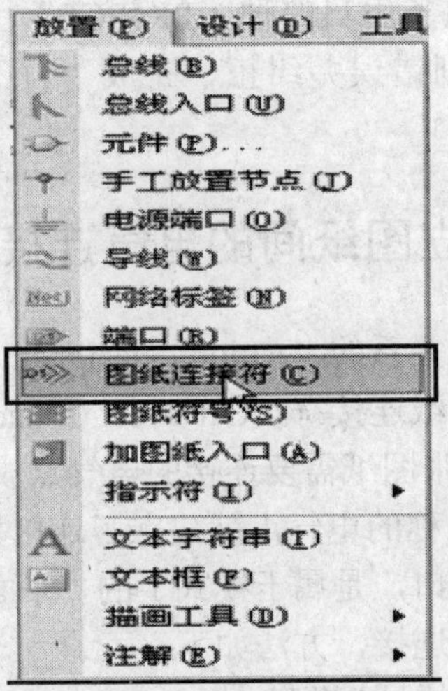

图5-54 放置图纸连接符菜单命令

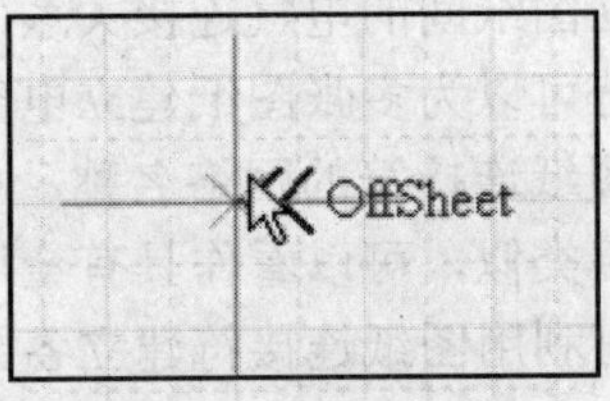

图5-55 图纸连接器

（5）在图纸连接符处在悬浮状态时按【Tab】键（或放置好后双击图纸连接符）弹出如图 5-56 所示的“离开图纸连接符”属性对话框。

（6）在对话框中，将图纸连接符方向设置为“180 Degrees”、风格设置为“Left”、网络设置为“Sn”，单击“确认”关闭对话框，将光标移到需要建立连接关系的电气点上，用空格键切换放置角度，单击，图纸连接符被放置到该电气点上，如图 557 所示。

（7）按以上步骤放置并设置好“Sensors.SchDoc”和“Sound.SchDoc”文档中的图纸连接符。放置好图纸连接符后效果如图 5-58 所示。

图5-56 “离开图纸连接符”属性对话框

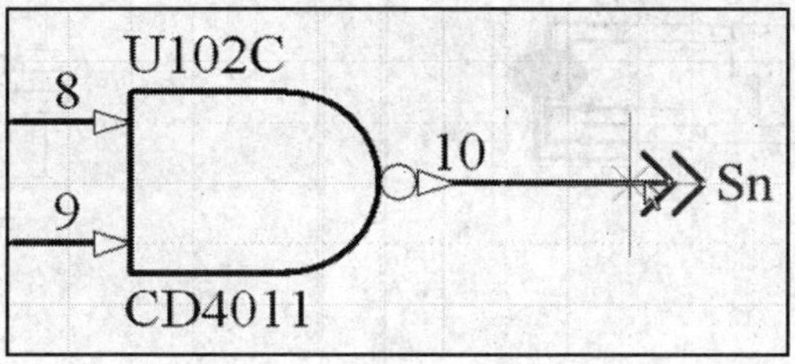

图5-57 放置图纸连接符

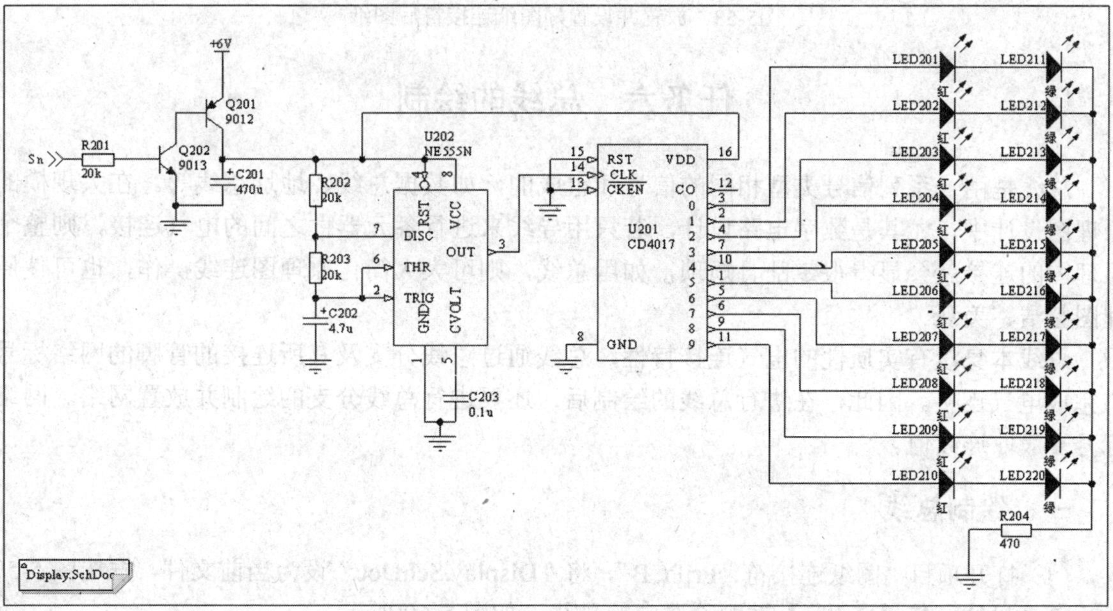

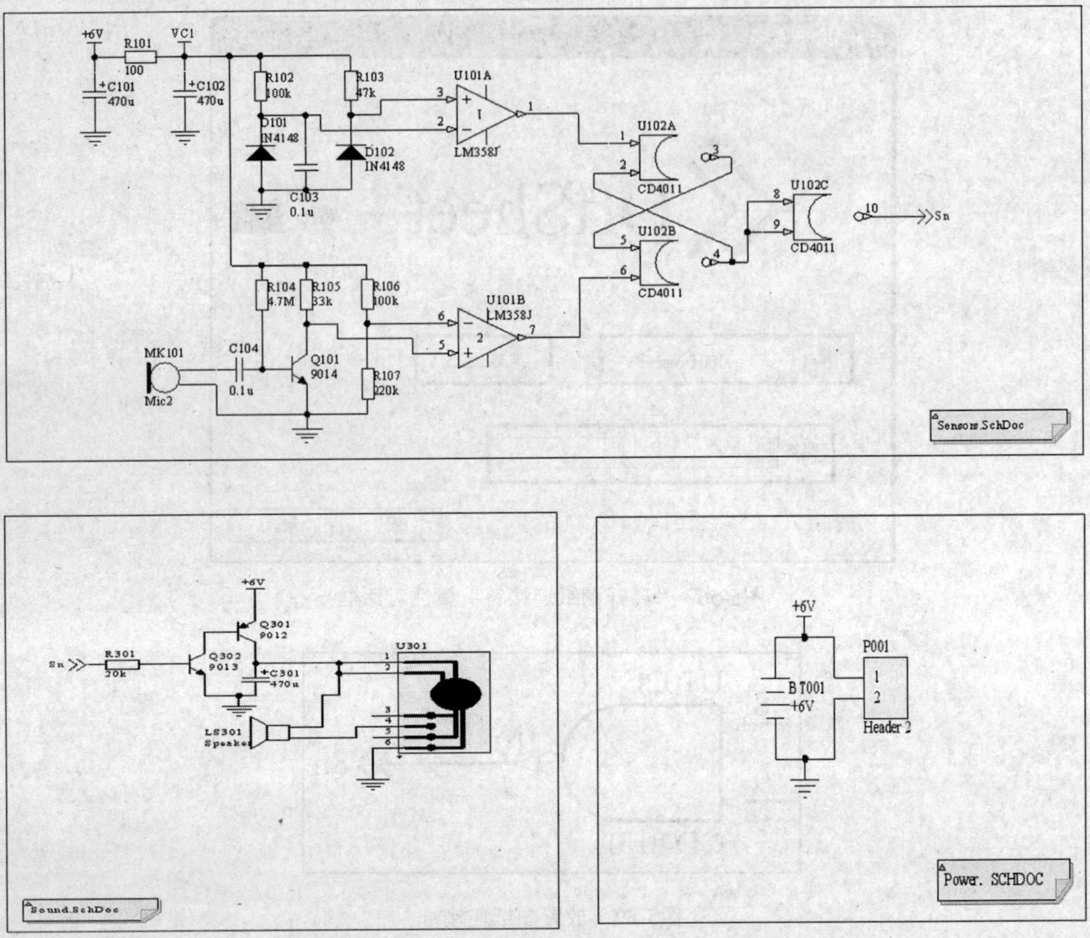

图5-58　放置并设置好图纸连接符后图纸

任务六　总线的绘制

总线是由一系列信号类型相同的信号线组成的，如数据总线、地址总线等。在大规模的原理图设计中，尤其是数字电路设计，若只用导线来进行各元器件之间的电气连接，则整个原理图的连接就会显得很零乱且烦琐，如用总线，则可大大简化原理图连线操作，也可使原理图整洁、美观。

总线本身没有实质性的电气连接特性，总线通过总线分支及其所连接的管脚的网络标号来完成电气连接。因此，在进行总线的绘制后，还要进行总线分支的绘制并放置网络。网络标号一般取连续值。

一、绘制总线

（1）打开项目“图纸连接符．PrjPCB”，将“Display.SchDoc”设为当前文件，框选图 5-59 所示部分导线，按【Delete】键删除选中的导线，如图 5-60 所示。

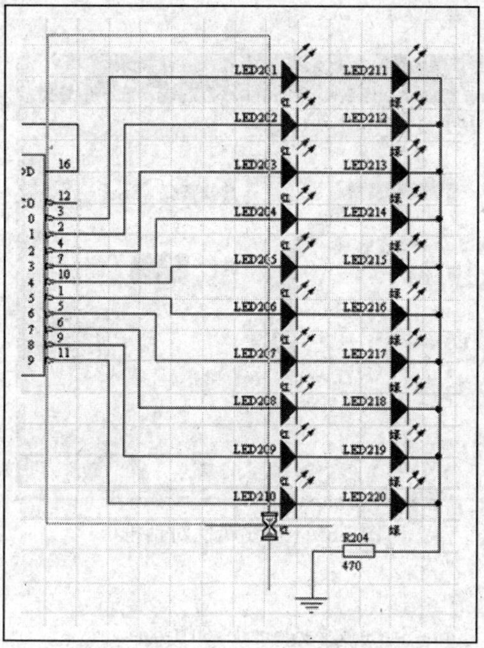

图5-59　框选要删除的导线

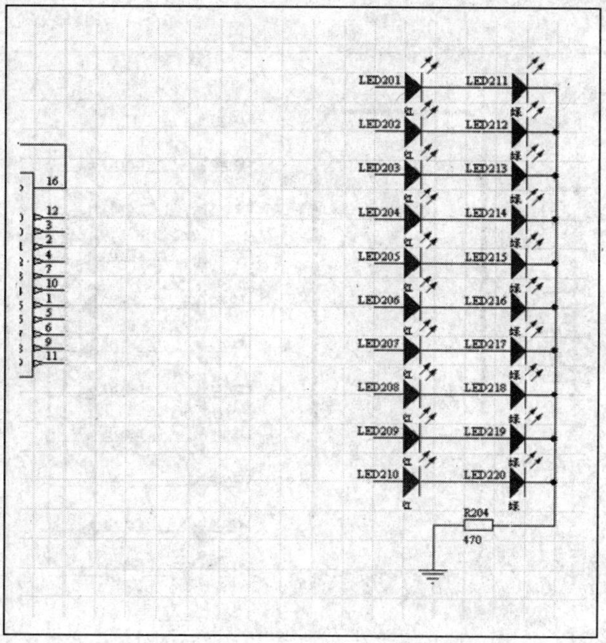

图5-60　删除导线后电路

（2）执行“放置”→“总线”菜单命令或单击布线工具栏中“ ”图标，这时光标变成十字形。

（3）像绘制导线一样，先单击确定总线起点，移动光标在要拐弯的地方单击确定拐点，继续移动光标直到终点右击（或按【Esc】键），结束总线绘制。

绘制时注意：总线不要与元器件管脚连接，且要与管脚间留点间隙，以方便后绘制总线分支和放置网络标号。绘制好的总线如图 5-61 所示。

（4）双击总线（或在光标处于绘制总线状态按【Tab】键）即可打开总线属性对话框，如图 5-62 所示。在总线属性对话框可以对总线宽度和颜色进行设置。一般情况下不进行属性设置。

提示：在放置总线的过程中，有四种拐角模式：90°开始（90Degree star），90°结束（90Degree end）；45°开始（45Degree star），45°结束（45Degree end）；任意角度开始和结束（Any Angle）；以 90°拐角自动绘制两点间的导线连接（Auto wire）。按【Space】键，可以在每种模式的开始和结束方式间切换；按【Shift】+【Space】键，可在不同角度模式间切换。模式状态在如图 5-63 所示下面状态栏可以看到。

二、总线分支的绘制

与总线一样，总线分支也不具有电气连接意义，它的存在只是增强总线的可读性，便于更好地阅读电路原理图。

放置总线分支具体步骤如下：

（1）执行“放置”→“总线入口”菜单命令或单击布线工具栏中的“ ”图标，这时光标将变成十字形。

（2）在靠近元件管脚单一导线（在管脚与总线分支间留一小段导线，方便后面添加网络标号）与总线间，单击即可放置总线分支，如图 5-64 所示。

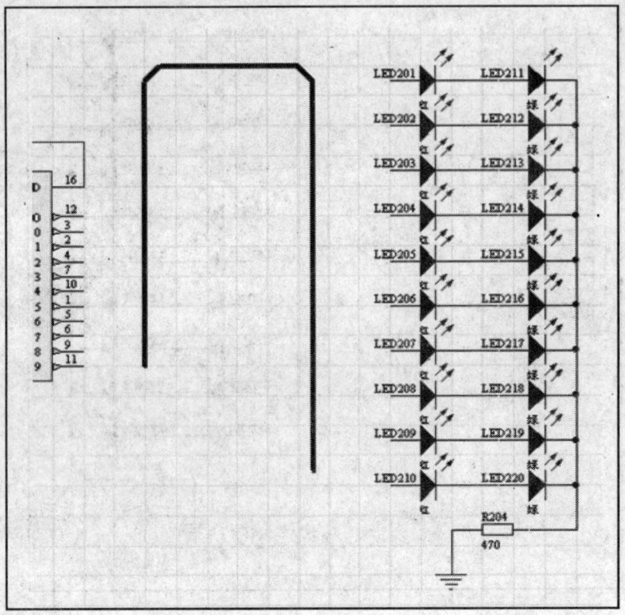

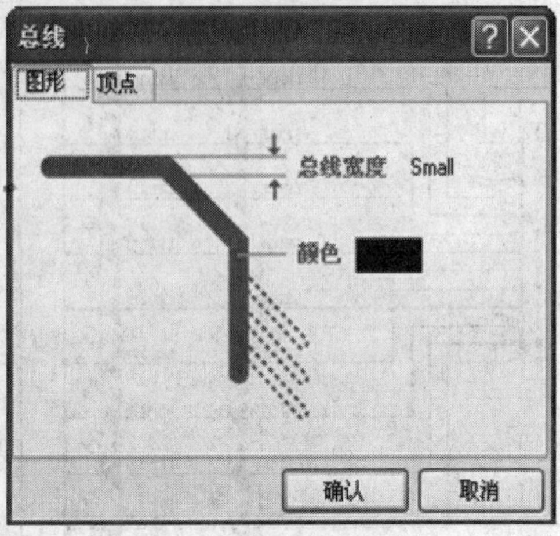

图5-62　总线属性对话框

图5-61　绘制好的总路线

图5-63　绘制总线或导线时状态栏

（3）此时光标仍处于放置总线分支的状态，重复（2）的操作可以继续放置其他的总线分支。放置完成所有总线分支后，右击或按【Esc】键即可退出该操作。

在鼠标处于放置状态时，按【Tab】键或放置完毕后双击总线分支，可打开如图 5-65 所示总线分支属性对话框，对总线分支的线宽、颜色等进行设置。一般用默认设置即可。

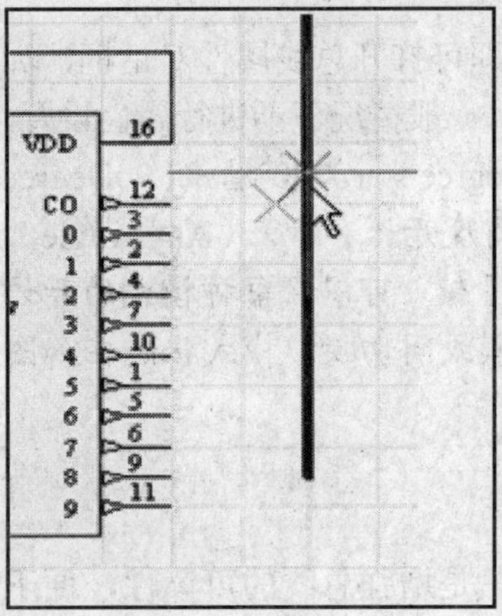

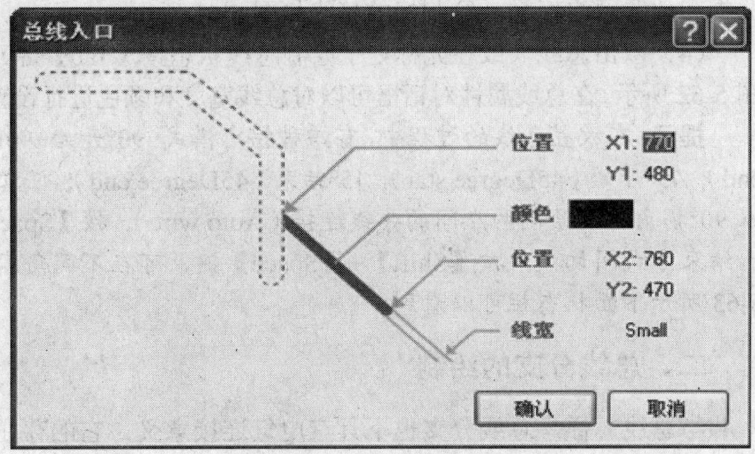

图5-64　放置总线分支状态

图5-65　总线分支属性对话框

总线分支放置完成后结果如图 5-66 所示。

提示：总线分支有四种放置角度，按【Space】键可以在-45°、45°、135°、225°共四种角度间切换。具体放置角度根据实际情况以放置后美观为准。

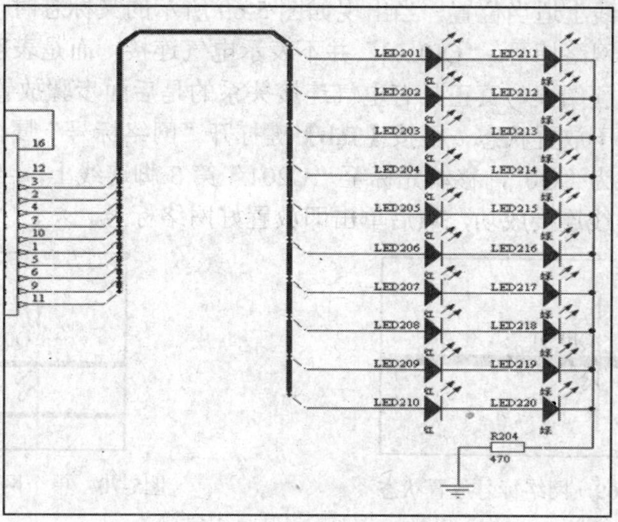

图5-66　总线分支放置完成后效果

三、放置网络标号

在放置总线和总线分支后，还必须放置网络标号才能真正建立好电气连接。网络标号放置操作如下：

（1）执行“放置”→“网络标签”菜单命令或单击布线工具栏中“ Net ”图标，这时光标变成十字形，同时网络标号悬浮于光标上，如图 5-67 所示。

（2）按【Tab】键打开“网络标签”属性对话框，如图 5-68 所示。在“网络标号”属性对话框内，可对网络标号的颜色、位置、方向、网络标号名称等进行设置。

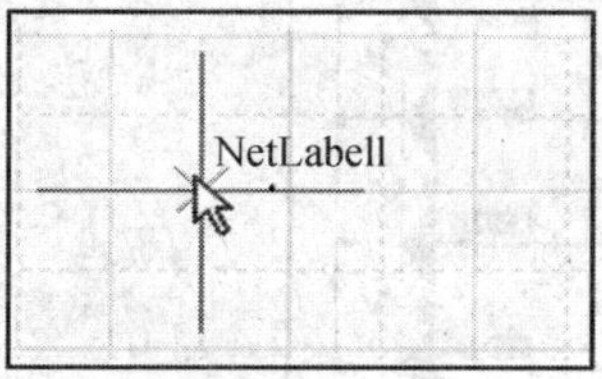

图5-67　网络标号放置状态

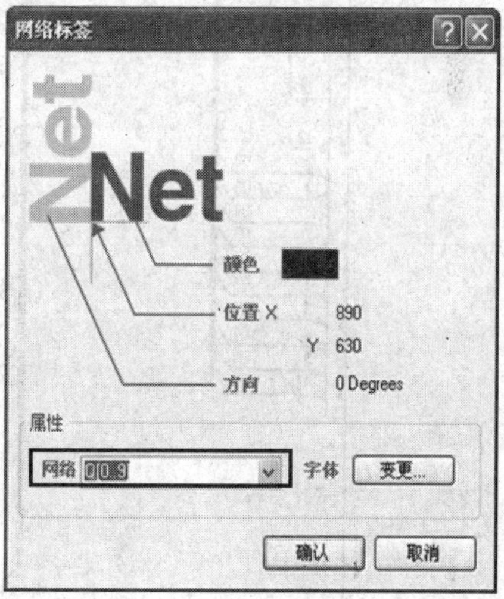

图5-68　“网络标签”属性对话框

网络标号属性内容一般不用设置，但网络标号名称是最重要的属性，用户可以从下拉表框中选择，也可自己填写。

（3）本例在属性对话框中“网络”表框中填写“Q[0..9]”，其他属性设置不变，单击“确认”按钮，完成网络标号属性设置。

（4）移动光标到总线上适当位置，当出现如图 5-69 所示的叉标志时，表明与总线连接成功，然后单击即放置好网络标号。“Q[0..9]”并不表示电气连接，而是表明该总线线束中包含的网络数量和名称，方便阅读，真正具有电气连接关系的是后面步骤放置的单个网络标号。

（5）此时光标仍处于放置状态，再按【Tab】键打开“网络标号”属性对话框，将属性对话框中“网络”表框放为“Q0”，移动光标至“U201”第 3 脚连线上，当出现如图 5-70 所示的叉标志时，表明与导线连接成功，然后单击即放置好网络标号。

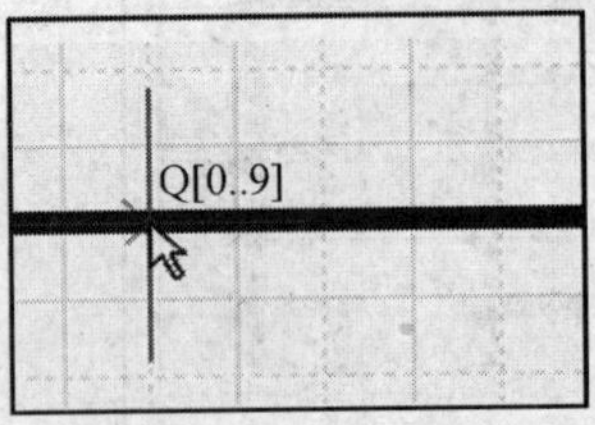

图5-69　网络标号放置状态

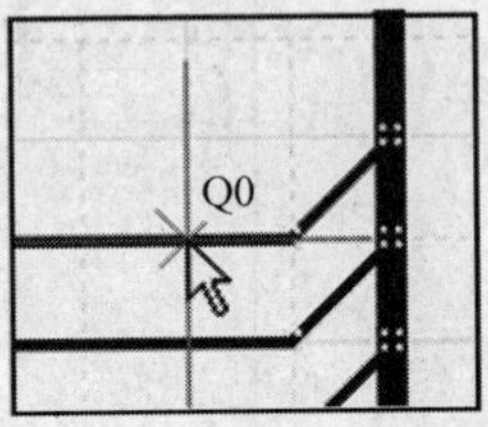

图5-70　单个网络标号放置状态

（6）此时光标仍处于放置状态，重复（5）的操作放置其他网络标号。在放置过程中，如网络标号数字脚标连续，数字自动增加。在“U201”管脚的连接导上放置完“Q0~Q9”后，在“LED201”第 1 脚上放置网络标号时，就重新设置网络标号名称。

（7）右击或按【Esc】键即可退出该操作。

网络标号放置完成后效果如图 5-71 所示。

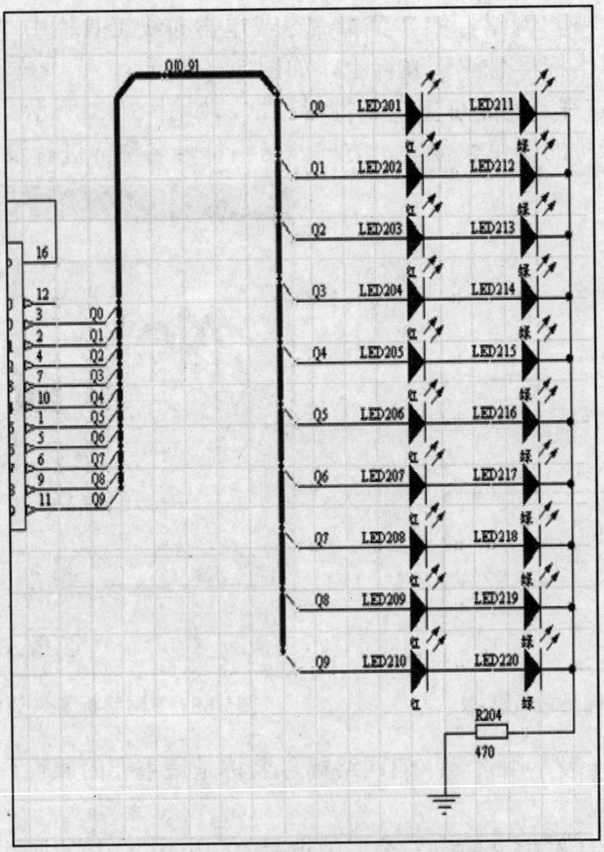

图5-71　网络标号放置完成后效果

知识链接一　层次原理图切换

建立层次设计，必须有一些手段来跟踪和导航层次原理图间的复杂关系，使它们并入一个项目中。为此 Altium Designer 提供了两个工具：Navigator 面板和上/下层次按钮。

下面练习在层次原理图层次设计中导航。

（1）在 Projects 面板单击“Candle Master．SCHDOC”，打开“Candle Master”主图。在工作区下状态栏单击“Design Compiler”面板，如图 5-72 所示。单击“Navigator”打开如图 5-73 所示“Navigator”面板。

图5-72　打开“Navigator”面板

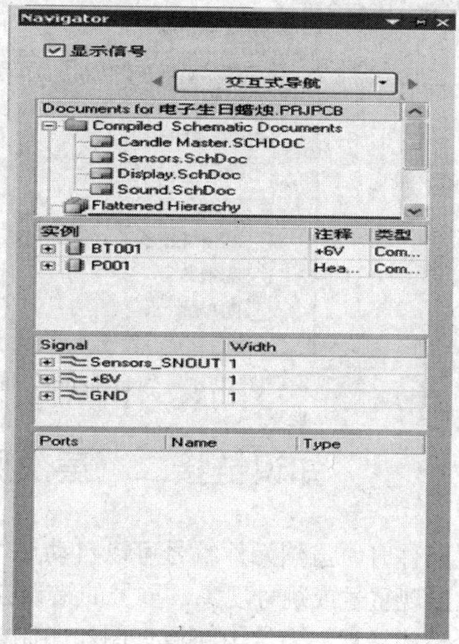

图5-73　“Navigator”面板

（2）使用主工具栏中的上/下层次按钮“ ”（也可使用“Navigator”面板中的“交互式导航”按钮），在层次图中探查。单击“Sound”图纸符号的图纸入口（或图纸符号任何位置），如图 5-74 所示。工作区窗口则会切换到“Sound.SchDoc”子图，如图 5-75 所示。

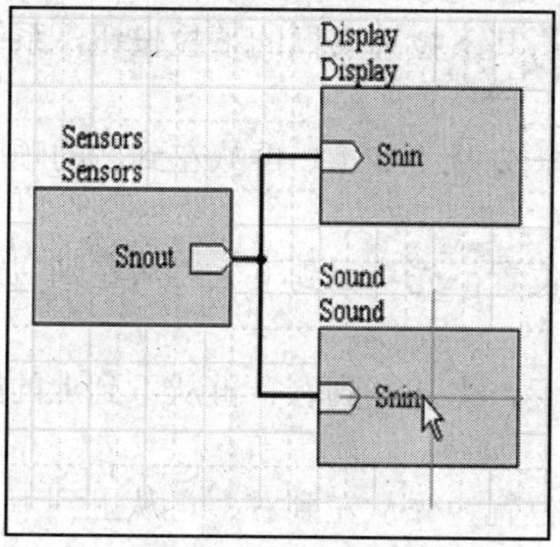

图5-74　单击图纸符号

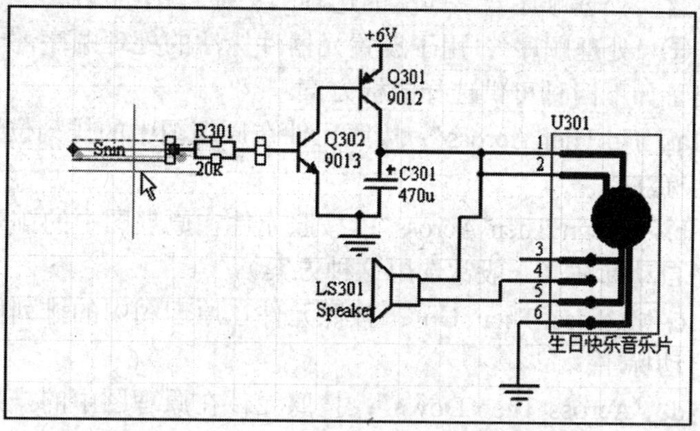

图5-75　工作区高亮显示对应子图

设计者可以观察到与主图“Candle Master. SCHDOC”图纸符号中的“Snin”的图纸入口同名的端口，被高亮显示在屏幕中心，可以查看子图部的设计情况。

（3）使用主工具栏中的上/下层次按钮“ ”（也可使用“Navigator”面板中的“交互式导航”按钮），单击“Sound.SchDoc”子图的“Snin”端口，则工作区切换至显示主图“Candle Master. SCHDOC”中的“Sound”图纸符号的“Snin”图纸入口。设计者可以通过这种方式，查看某个信号在各个子图之间的来龙去脉。注意：由子图切换到总图时一定要单击子图的端口才可。

单击“Navigator”面板中的“交互式导航”按钮右侧的“ ”按钮，可以对导航过程中需要高亮显示的对象进行设置，如图5-76所示。

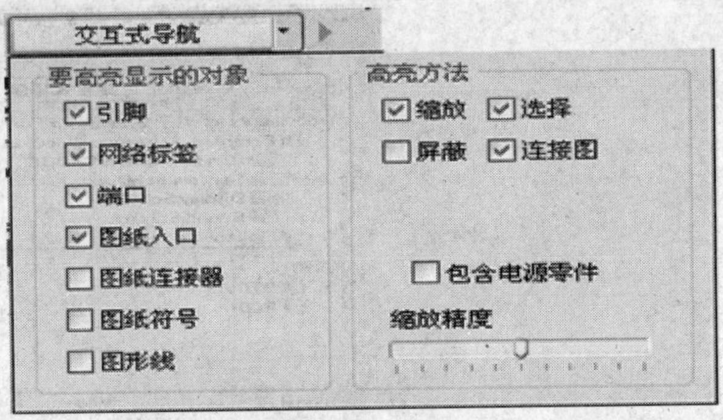

图5-76 “Navigator”面板高亮显示对象设置

知识链接二 层次原理图中自动编号

在放置元件时，虽然元件编号可以自动递增或手动编号，但当电路较复杂或电路元件较多时，难免出现重号或跳号现象。重号的错误会在PCB编辑器中网络表载入时表现出来，跳号虽然不会造成错误，但给电路原理图和印制电路板的阅读与管理带来麻烦。另外，手动编号速度慢，有时在排列方式上没有规律性，也影响电路的阅读。

自动编号是快速而又准确的一种编号方法，下面学习自动编号的方法和步骤。

（1）将“电子生日蜡烛. PrjPCB”打开，项目中任一原理图文件置为当前文件，执行“工具”→“注释”菜单命令，系统自动弹出“注释”对话框，如图5-77所示。可以看到，对话框包含“处理顺序”、“匹配的选项”、“原理图纸注释”和“建议变化表”。

①“处理顺序”：用于设置元器件标注的处理顺序，单击其下拉列表框的下拉按钮，系统给出了如下四种可供选择的标方案。

a.“Up Then Across”：按照元件在原理图中的排列位置，先从下到上、再从左到右的顺序自动标注。

b.“Down Then Across”：按照元件在原理图中的排列位置，先从上到下、再从左到右的顺序自动标注（一般常选用这种方案）。

c.“Across Then Up”：按照元件在原理图中的排列位置，先从左到右、再从下到上的顺序自动标注。

d.“Across Then Down”：按照元件在原理图中的排列位置，先从左到右、再从上到下的顺序自动标注。

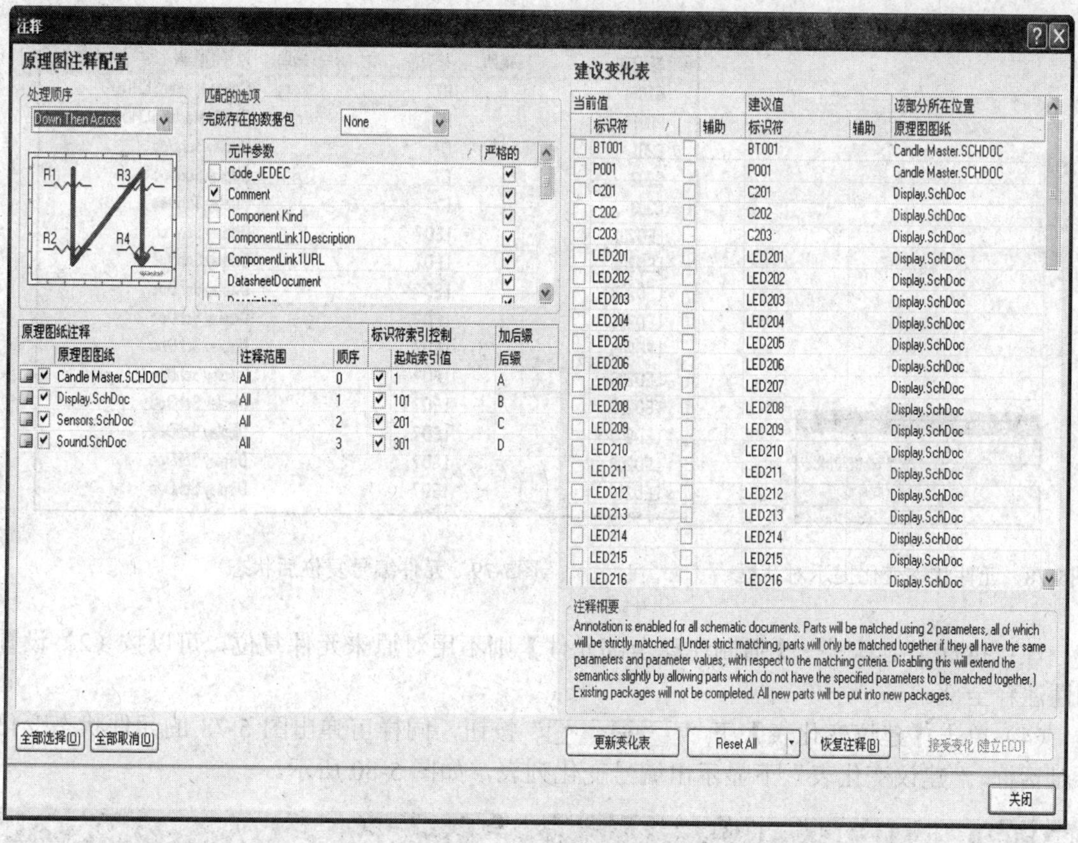

图5-77 “注释”对话框

②“匹配的选项”：用于选择元器件的匹配参数，在下面的列表中给出了多种元器件参数供用户选择。

③“原理图的注释”：用来选择要标注的原理图文件，并确定注解范围、起始索引值及后缀字符等。

④“建议变化表”：用来显示元器件的标志在变更前后的变化，并指明元器件所在原理图的名称。

（2）设置“处理顺序”为“Down Then Across”，“匹配的选项”列表勾选“Comment”与“Library Reference”，“原理图纸注释”区域选中项目中所有原理图图纸（默认为全选，也可按“全部选择(O)”按钮全部选中，或按“全部取消(O)”按钮取消全部选择），“注释范围”都选为 All，“顺序”可根据实际情况设置，本例按默认顺序。

在多图纸设计中，可以通过在元件编号中使用“起始索引值”或“后缀”来区分元件处在的那张图纸中，便于图纸的管理和阅读。本例使用“起始索引值”来区分，将四张图纸的“起始索引值”分别设置为 101、201、301、401(如每张图元件数量超过 100，则要加大起始数值)，并要勾选每个索引前的选项框，“后缀”不用填写任何字符，这样从编号的最高位就可区分图纸号了。

（3）以上菜单命令只能对没有编号的元件进行自动编号，本项目前面已手动编过号，故要单击“建议变化表”下的“Reset All”按钮，弹出如图 5-78 所示的元件状态变化提示对话框，将原来编号复位为如“P？”状态，如图 5-79 所示。

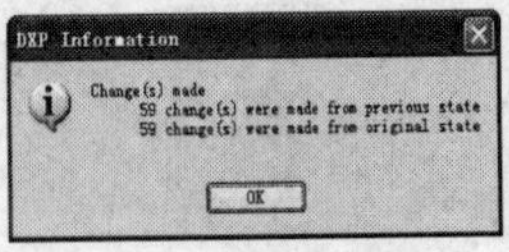

图5-78　元件状态变化提示对话框

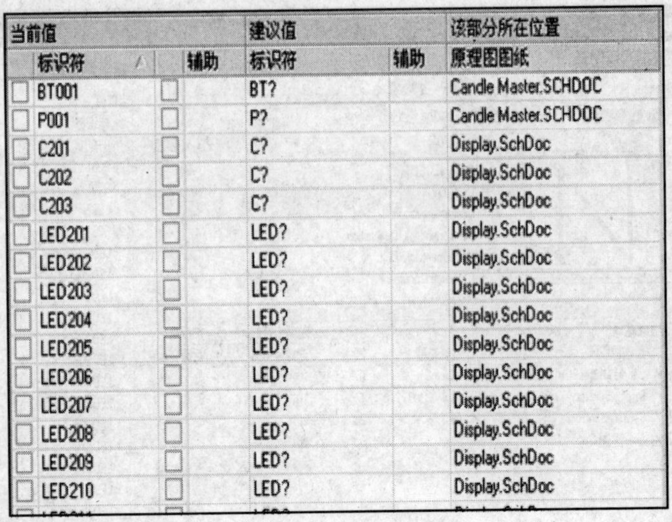

图5-79　元件编号复位后状态

注：执行“工具”→【强制注释全部元件】则不用对原来元件复位，可以按（2）设置强制性注释全部。

（4）单击【建议变化表】下“更新变化表”按钮，同样可弹出图 5-78 的元件状态变化提示对话框，“建议变化表”下显示出编号变化列表，如图 5-80 所示。

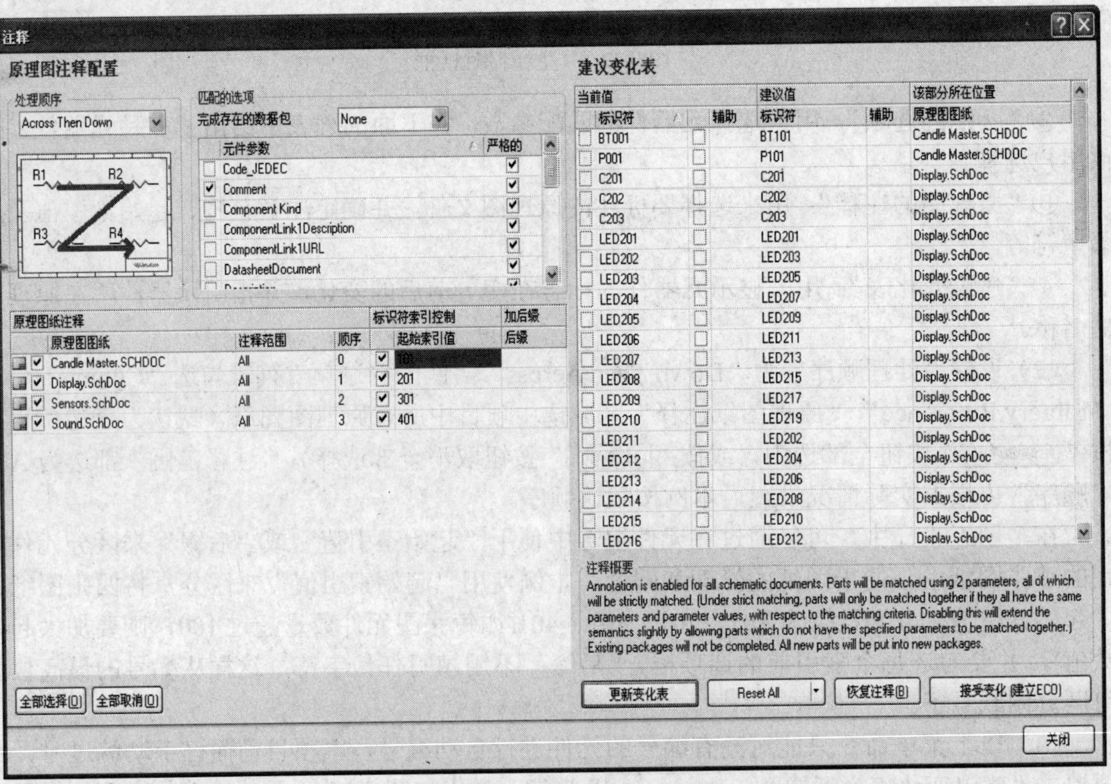

图5-80　元件编号变化列表

（5）单击“接受变化(建立ECO)”按钮，弹出图5-81所示的“工程变化订单（ECO）”对话框。

（6）单击“工程变化订单（ECO）”对话框下的“使变化生效”按钮，则“工程变化订单（ECO）”对话框变为如图5-82所示。

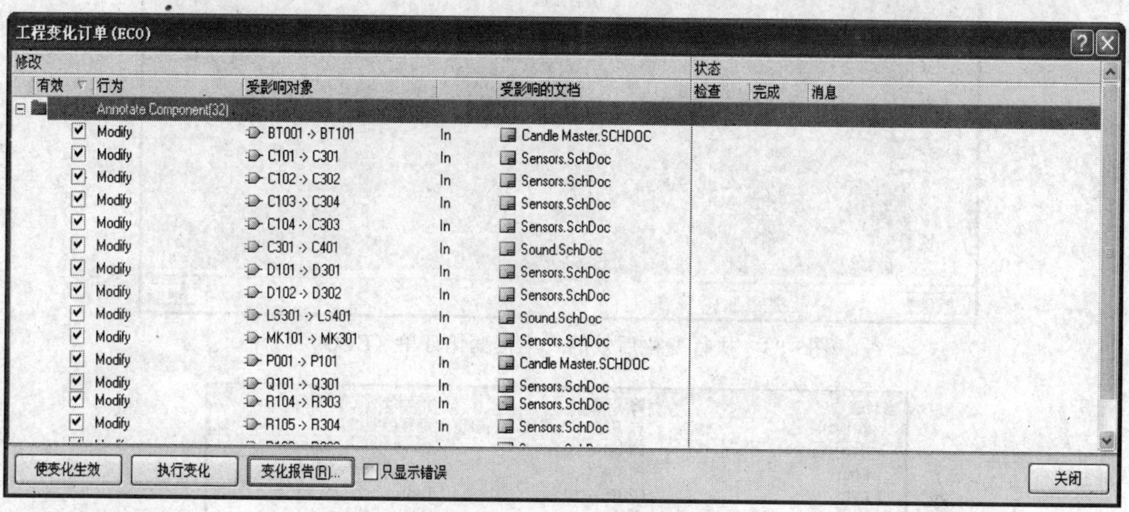

图5-81　“工程变化订单（ECO）”对话框

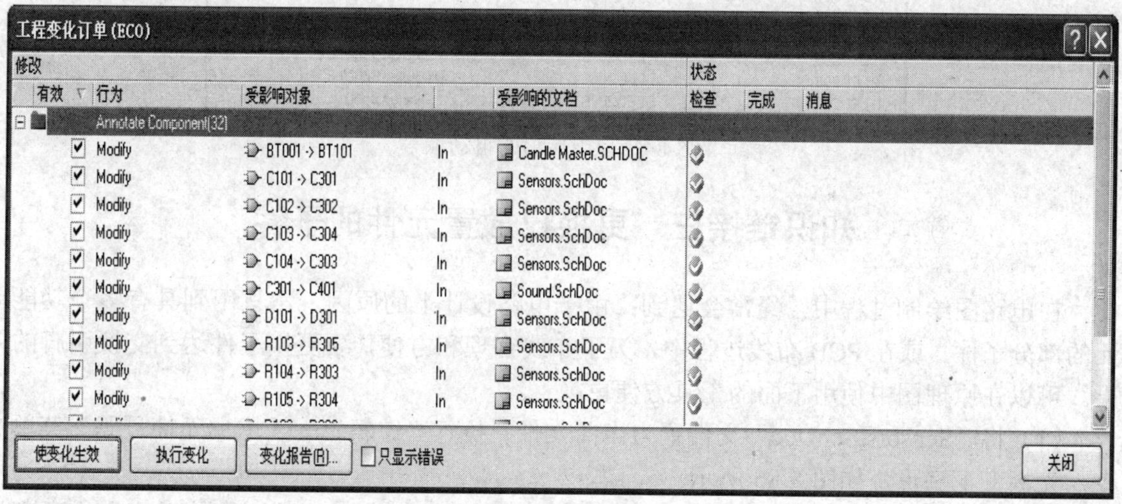

图5-82　变化生效的“工程变化订单（ECO）”

（7）单击“工程变化订单（ECO）”对话框下“执行变化”按钮，则“工程变化订单（ECO）”如图5-83所示，同时在项目文件夹内有每个原理图生成文本格式ECO变化文件。如不满意可以用这些文件恢复原来的编号。

（8）“工程变化订单（ECO）”对话框下“变化报告(R)...”按钮，可以生成PDF、Excel等格式的变化报告。

如步骤（2）中为每个原理图分别使用后缀A、B、C、D后，则自动编号结果如图5-84所示。

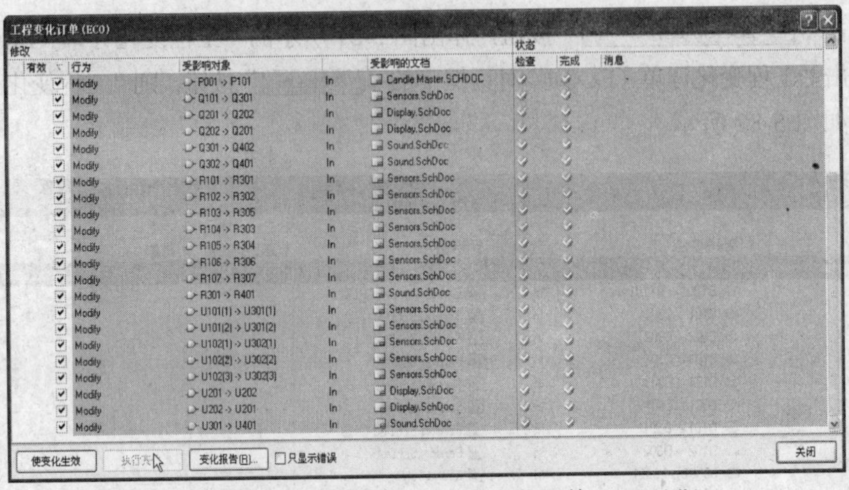

图5-83　执行变化后效的“工程变化订单（ECO）”

当前值		建议值		该部分所在位置
标识符	辅助	标识符	辅助	原理图图纸
BT001		BT101A		Candle Master.SCHDOC
P001		P101A		Candle Master.SCHDOC
C201		C201B		Display.SchDoc
C202		C202B		Display.SchDoc
C203		C203B		Display.SchDoc
LED201		LED201B		Display.SchDoc
LED202		LED202B		Display.SchDoc
LED203		LED203B		Display.SchDoc
LED204		LED204B		Display.SchDoc
LED205		LED205B		Display.SchDoc
LED206		LED206B		Display.SchDoc
LED207		LED207B		Display.SchDoc

图5-84　使用后缀的自动编号

知识链接三　更换已放置元件的子件

在电路图绘制过程中，经常会遇到：由于电路设计上的原因，常只用到具有多个功能单元的部分子件，或在 PCB 布线过程中，为了布线合理和方便，要更换子件达到交换引脚的效果。可以在原理图中使用下面的工具方便更换：

（1）将“Sensors.SchDoc”文件置为当前文件，执行“编辑”→“增加元件号码”菜单命令，光标变十字形，如图 5-85 所示。

（2）将光标移到想更换的元件子件上单击左，则该子件自动递增，多次单击则在所有子件中循环变更。本例移到 U101A 上单击一次则自动递增为 U101B，如图 5-86 所示。

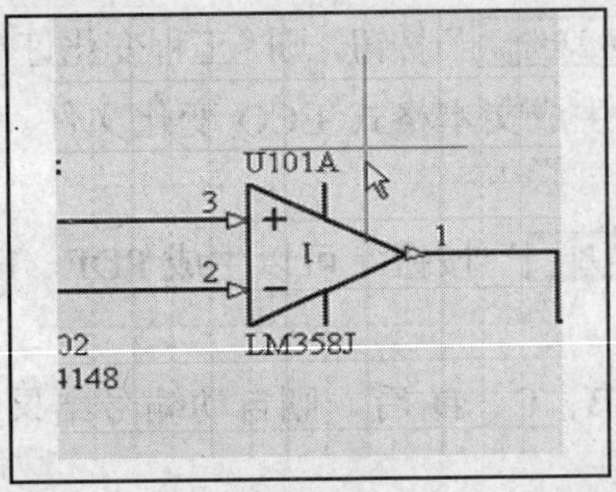

图5-85　更换子件命令状态的光标

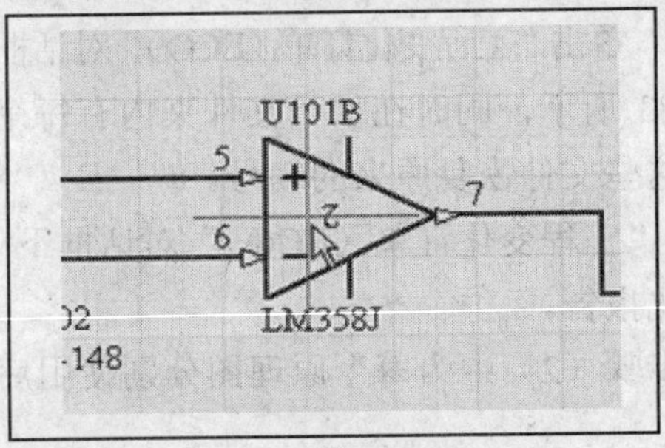

图5-86　更换后的U101A的子件

项目学习评价

一、检测题

1. 什么是层次原理图？
2. 什么是图纸符号？什么是端口？什么是网络标号？
3. 层次原理图有哪几种常见的模式？
4. 自上而下层次原理图设计的基本步骤是什么？
5. 怎样进行层次原理图的切换？
6. 怎样更换已放置元件的子件？
7. 下面图5-87~图5-91是以CD4511为核心的8路抢答器电路，所用元件列表如表5-2所示。请按图例用简单层次图方式画出原理图，注意总线端口的表达方式及各子图间总线的连接。

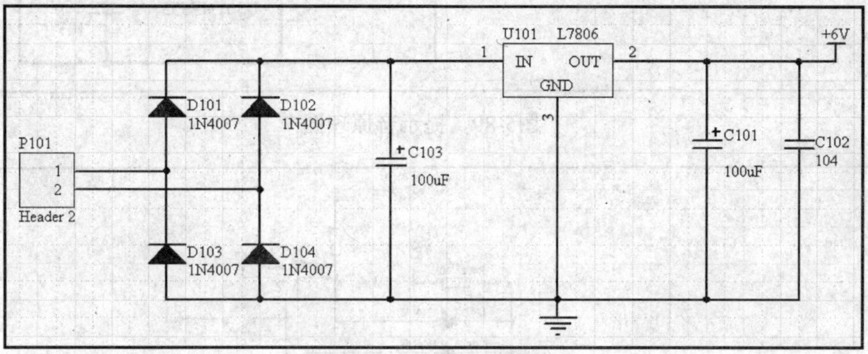

图5-87　电源原理图

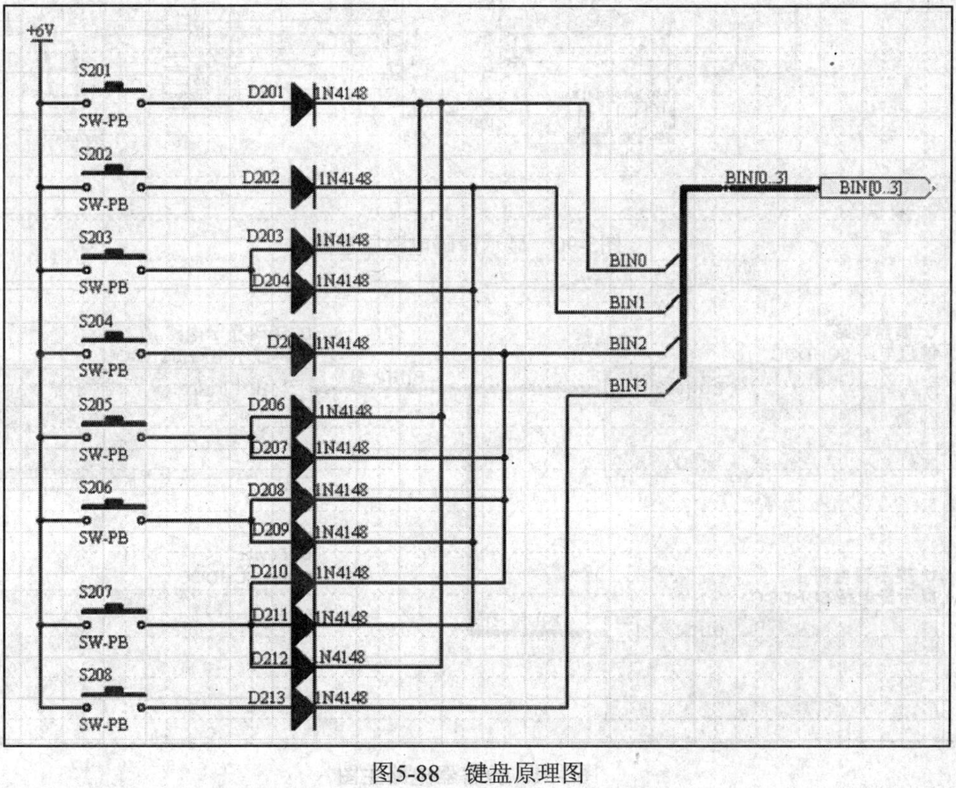

图5-88　键盘原理图

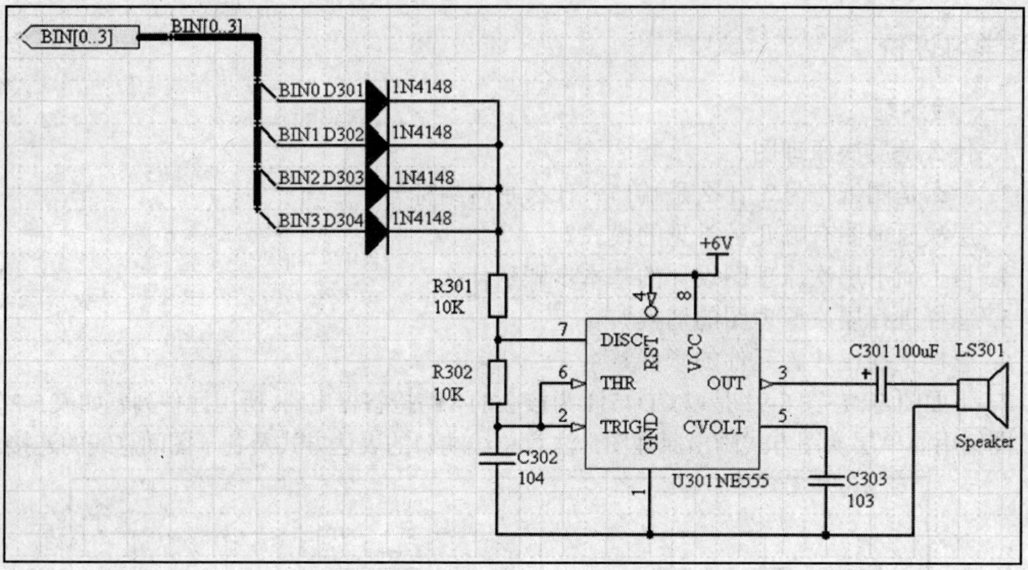

图5-89　提示音原理图

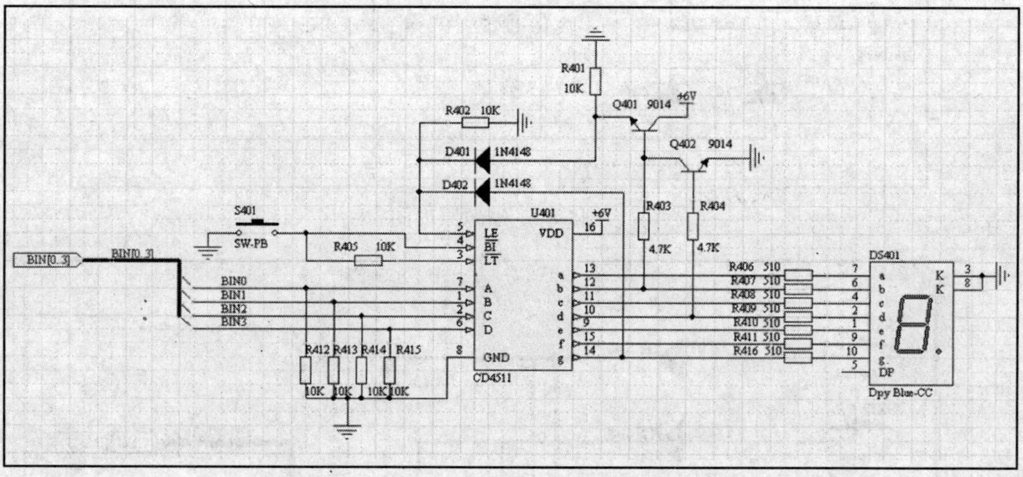

图5-90　显示译码电路原理图

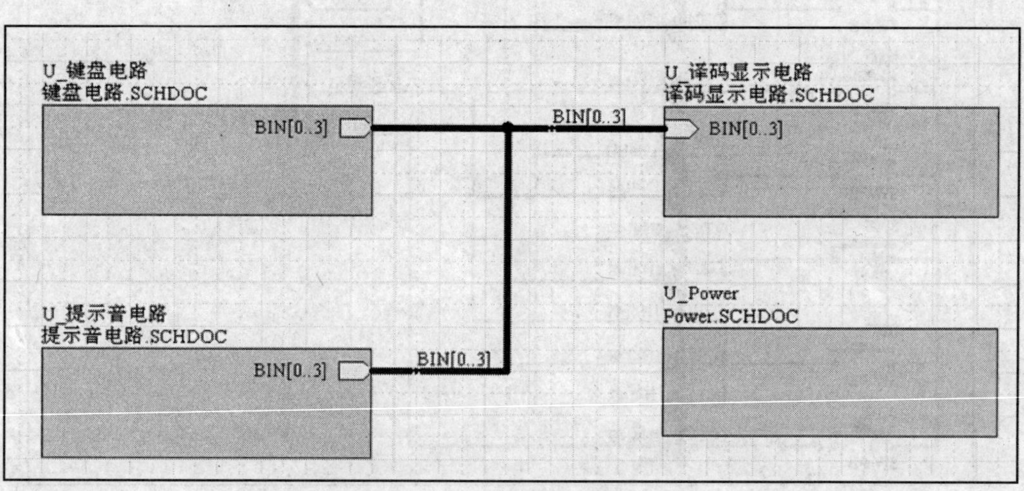

图5-91　抢答器电路主图

表5-2　CD4511抢答器电路元器件列表

元器件名称	元器件编号	封装形式	所 在 库
Res2	R301~R416	AXIAL-0.4	Miscellaneous Devices.Intlib
1N4148	D201~D402	DIO7.1-3.9x1.9	Miscellaneous Devices.Intlib
IN4007	D101~D104	DIO10.46-5.3x2.8	Miscellaneous Devices.Intlib
Cap Pol2	C301、C101、C103	CAPPR2-5x6.8	Miscellaneous Devices.Intlib
Cap	C102、C302~303	CAPR2.54-5.1x3.2	Miscellaneous Devices.Intlib
9014	Q401~402	BCY-W3/E4	Miscellaneous Devices.Intlib
SW-PB	S201~S401	SPST-2	Miscellaneous Devices.Intlib
IN4007	电源 D1~8	DIO10.46-5.3x2.8	Miscellaneous Devices.Intlib
Speaker	LS301	PIN2	Miscellaneous Devices.Intlib
Header 2	P101	HDR1X2	Miscellaneous Devices.Intlib
LM7806	U101	TO220ABN	ST Power Mgt Voltage Regulator.IntLib
NE555	U301	T03B	TI Analog Timer Circuit.IntLib
CD4511	U401	N16E	FSC Interface Display Driver.IntLib
Dpy Blue-CC	DS401	LEDDIP-10/C15.24RHD	Miscellaneous Devices.IntLib

二、项目学习评价表

评 价 内 容		是 否 掌 握	
		掌握	未掌握
1. 掌握图纸符号、图纸入口及图纸连接符的放置与属性设置			
2. 掌握“自上而下”和“自下而上”层次原理图的设计及利用图纸连接符进行原理图的设计方法			
3. 掌握用 Projects 面板右键菜单建立项目及为项目添加已有文件方法			
自我评价及感受			
老师评价			

项目六　生成原理图报表及相关文件

项目情景展示

网络表是含有原理图或印制电路板图中元件之间连接关系信息的文本文件，是原理图编辑器与印制电路板图编辑器之间的信息接口。本项目通过设计如图 6-1 所示的"流水灯"原理图，来学习如何生成网络表，如何生成和读懂电子线路设计中的各种报表，以及如何打印输出原理图。

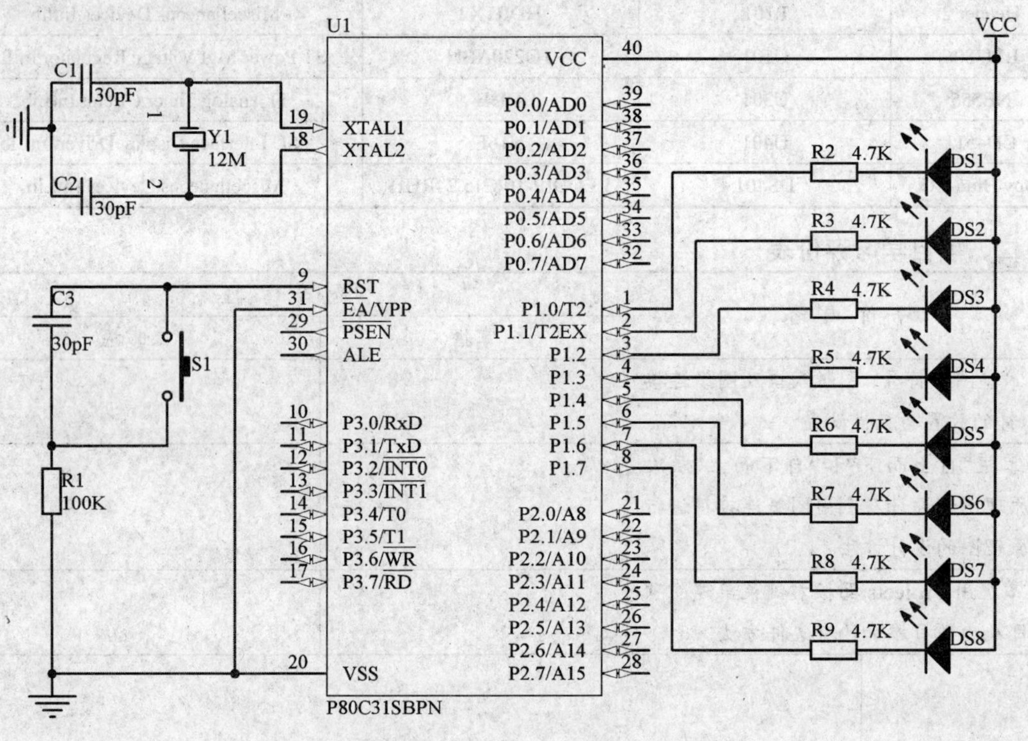

图6-1　"流水灯"原理图

项目学习目标

学 习 目 标		学习方式	学时
技能目标	1. 建立"流水灯"工程文件、原理文件及印制板文件。 2. 根据提供的电路图及元件表，绘制"流水灯"原理图。 3. 根据原理图生成网络表，能看懂网络表所包含的内容。 4. 根据原理图生成元件报告预览及 Excel 格式的材料清单报表	讲授、学生练习	3
知识目标	1.了解工程编译的概念及学习查看系统信息。 2.了解原理图打印的方法	讲授、自习	1

任务一　建立“流水灯”工程及相关文件

在硬盘的学生工作目录下建立“项目六”文件夹，本项目中所有文件均保存在“项目六”这个文件夹中。

在“项目六”文件夹中，新建一个名称为“流水灯.PrjPCB”的Protel PCB工程文件；新建一个名称为“流水灯.SchDoc”的原理图文件；新建一个名称为“流水灯.PcbDoc”的印制板文件。项目文件结构如图6-2所示。

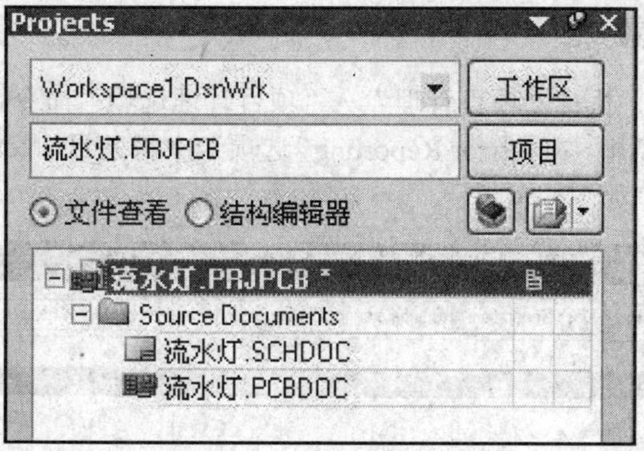

图6-2　项目面板

任务二　绘制“流水灯”原理图

一、放置元件

（1）绘制“流水灯”原理图所需的元件见表6-1。

表6-1　绘制流水灯原理图所需的元器件

元件名称	元件编号	封装	库文件	数量
电容	C1-C3	RAD-0.3	Cap	1
发光二极管	DS1-DS8	LED-0	LED0	8
电阻	R1-R9	AXIAL-0.4	Res2	9
开关	S1	SPST-2	SW-PB	1
80C51 8-Bit 单片机芯片	U1	SOT129-1	P80C31SBPN	1
晶体振荡器	Y1	BCY-W2/D3.1	XTAL	1

（2）从原理图元件库中找出元件并放置到原理图图纸中。以上元件中，“80C51 8-Bit 单片机芯片”这个元件属于“Philips Microcontroller 8-Bit.IntLib”原理图库文件（在默认安装的DXP情况下，该原理图库文件在“C:\Program Files\Altium2004 SP2\Library\Philips”目录下可以找到，需要将此原理图库安装到Protel DXP 2004系统中方能使用），其他元件都在“Miscellaneous Devices.IntLib”原理图库文件中。

二、绘制“流水灯”原理图

按照图 6-1 将元件移动到相应位置，然后使用导线将元件连接起来，并放置相应电源和地。

任务三　编译工程及查看系统提示信息

原理图绘制完毕后，可通过 Protel DXP 2004 软件的编译功能查看绘制的原理图是否正确。编译通过后，才能进行网络表等文件的生成。

一、编译工程设置

在原理图编辑界面，执行“项目管理”→“项目管理选项”命令，弹出“Options for PCB Project”（项目选项）对话框，在“Error Reporting”选项卡中将条目“Nets with no driving source”的模式改为“无报告”，如图 6-3 所示。

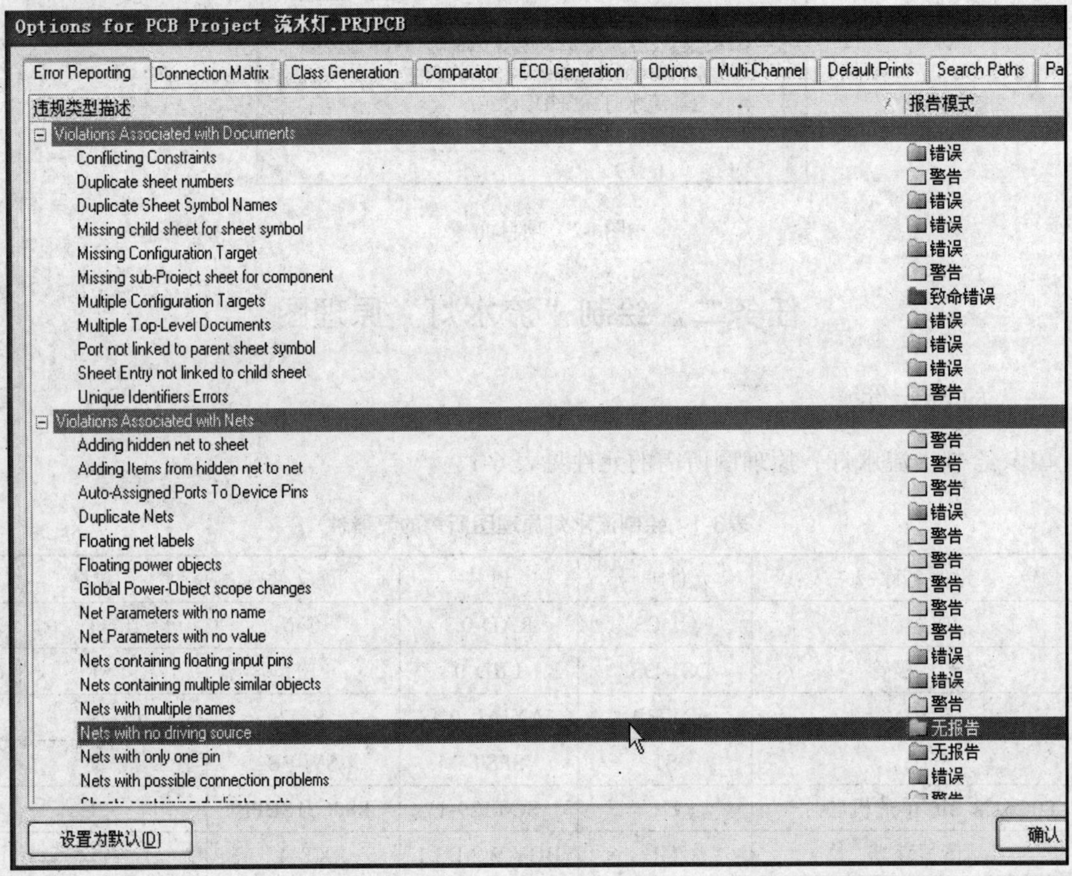

图6-3　项目选择对话框

二、编译

执行“项目管理”→“Compile Document 流水灯.SchDoc”命令，对当前原理图进行编译，弹出如图 6-4 所示的“Messages”面板，即编译信息报告（电气规则检查报告）。

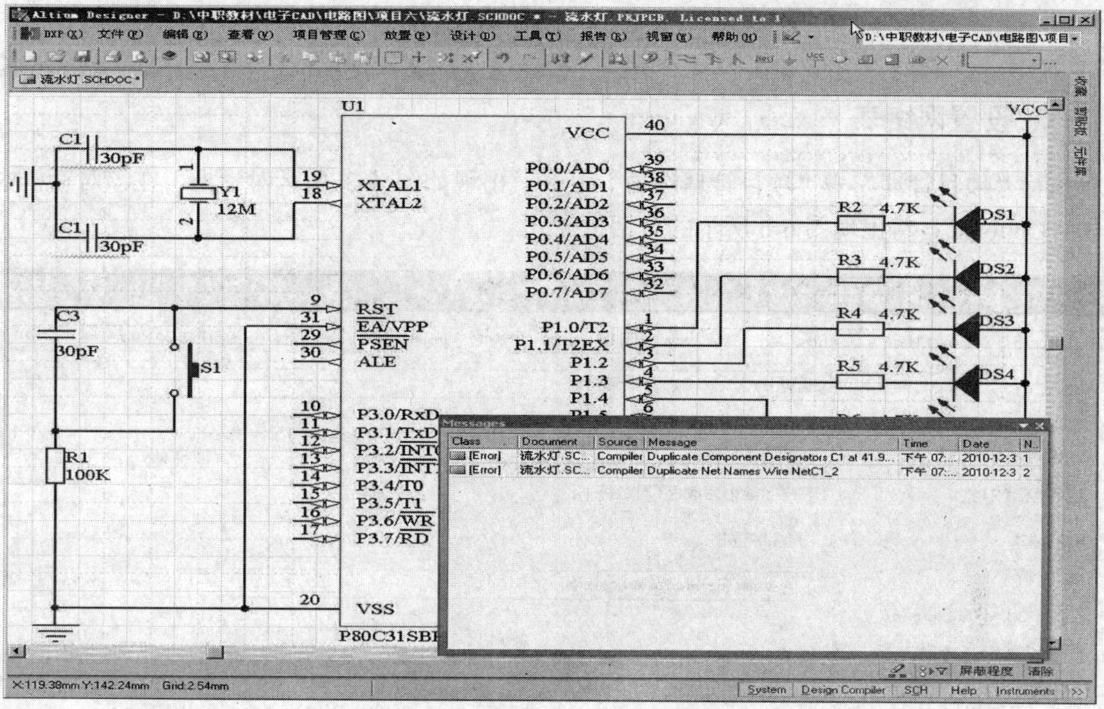

图6-4　有“Error”信息时的“Meesage”面板

从该报告中可以看到“Messages”面板最后有一条“Error”（错误）信息，指出电路有重复的元器件标示“C1”，还给出了出错对象的位置信息。

三、改错

根据提示的错误信息，可以看出原理图中重复的C1标识用红色波浪线标出，按照系统提示要求修改原理图（不能重名）。

说明：在工程编译的错误类型中，“Error”（错误）属于比较严重的信息，需要查找出错误原因并进行相应修改。“Warning”（警告）属于不严重的信息，如某个引脚没有正常连接，很多时候“Warning”并不是实质性的问题，一般可以忽略该信息。

四、再次编译原理图

单击DXP 2004主界面右下角的“System”，选择“Messages”，打开“Messages”面板，其内容已为空，如图6-5所示，说明经过修改，原理图绘制正确。

图6-5　无错误信息时的“Meesage”面板

任务四　生成网络表

一、设置网络表

执行“项目管理”→“项目管理选项”命令，出现如图 6-3 所示对话框，在该对话框中单击“Options”，将出现图 6-6 所示的对话框。

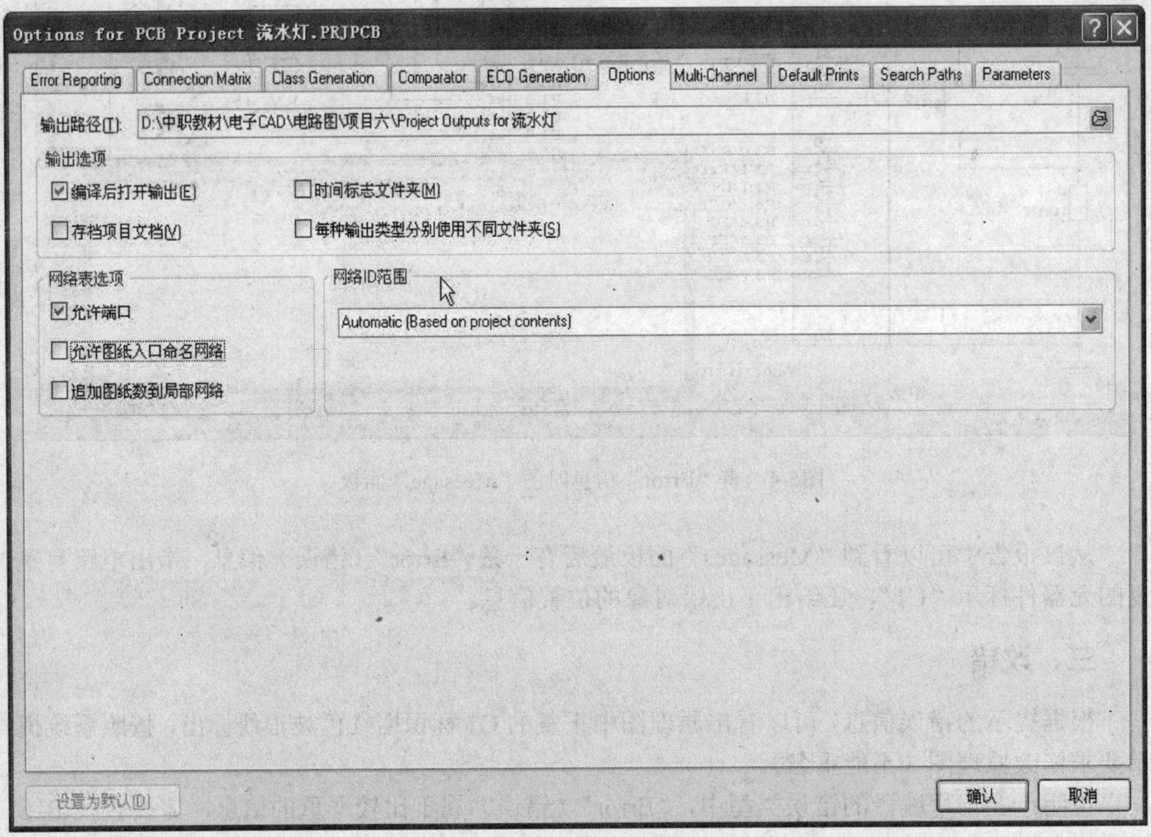

图6-6　设置网络参数表

网络表在图 6-6 对话框中进行设置，可以设定网络表的输出路径，在本例中使用项目默认路径。对话框“网络表选项”区域有三个选项。当项目中只有一张原理图（非层次结构）时，选第一项；项目为层次结构设计时，选第二、三项。本例只有一张原理图，选择第一项，单击“确认”按钮，完成网络表设置。

二、生成网络表

（1）执行“设计”→“设计项目中的网络表”→“Protel”命令，即可生成当前项目的网路表，网络表名称为“流水灯.NET”，该网络表自动加载到本例中的工程项目“流水灯.PRJPCB”工程项目文件中，如图 6-7 所示。

（2）打开“流水灯.NET”网路表文件，即可查看所生成的网络表内容，如图 6-8 所示。

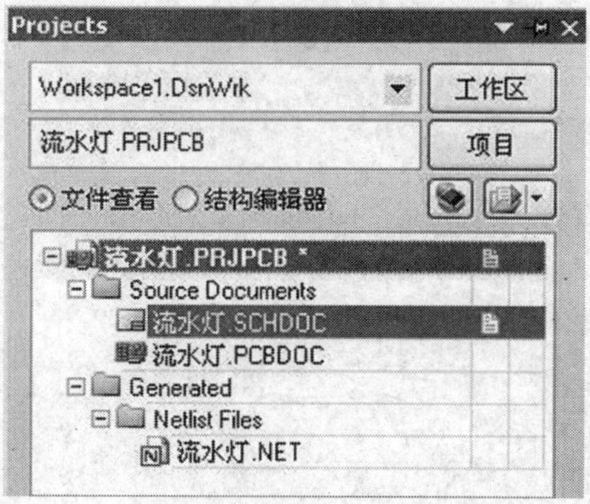

图6-7　项目面板

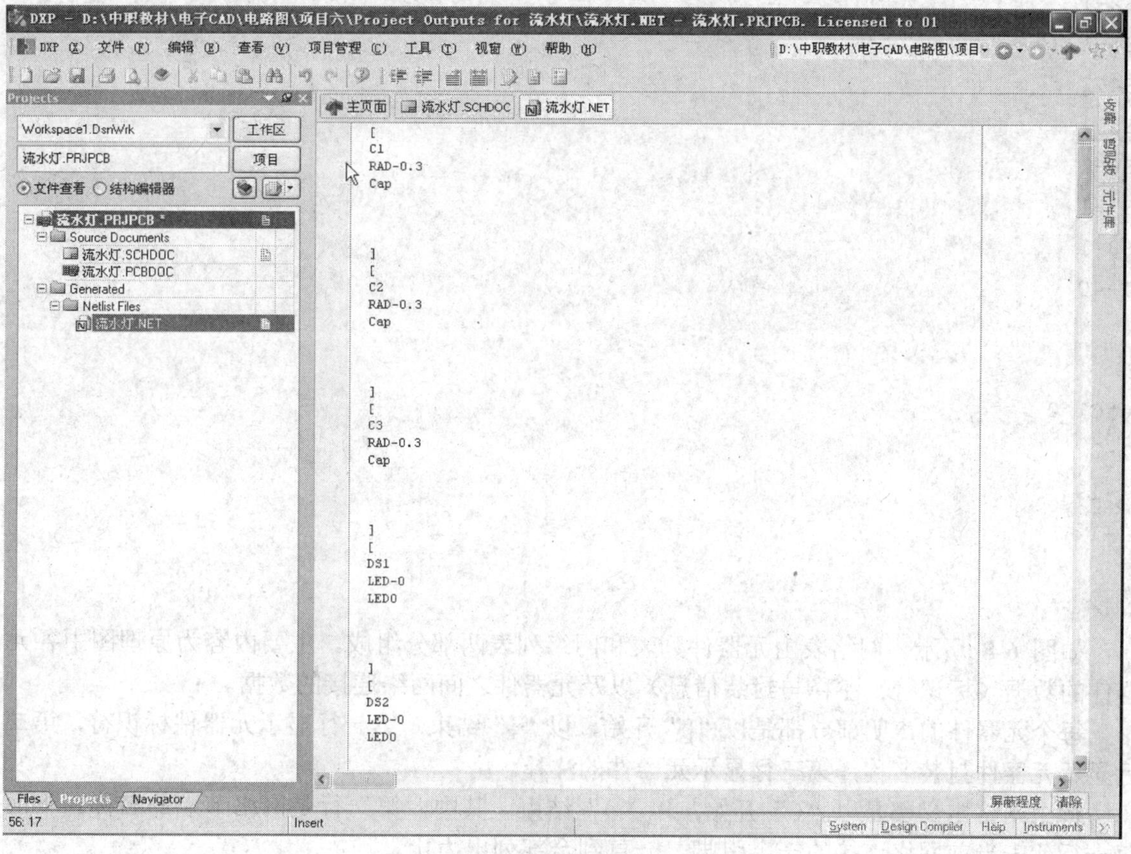

图6-8　生成的网络表

三、网络表说明

以下是网络表中的一部分内容，类似部分以“……”代替。

```
[
C1
RAD-0.3
Cap
```

```
]
[
C2
RAD-0.3
Cap

]
......
(
VCC
DS1-1
DS2-1
DS3-1
DS4-1
DS5-1
DS6-1
DS7-1
DS8-1
U1-40
)
(
NetC1_2
C1-2
U1-19
Y1-1
)
......
```

如图 6-8 所示，网络表由元器件列表和网络列表两部分组成。主要内容为原理图中各元器件的数据（标识符、注释与封装信息）以及元器件之间网络连接的数据。

每个元器件的声明部分都是以“[”开始，以“]”结束。第一行显示元器件标识符，第二行显示元器件封装名称，第三行显示元器件的注释。

每个网络定义都是以“(”开始，以“)”结束。其中，第一行是网络节点的名称，下面每一行代表当前网络连接的一个引脚，一直到全部列出为止。

任务五　生成材料清单报表

材料清单报表主要报告 Protel 项目中使用元器件的型号、数量、引脚等信息，该报表可以用于印制板装配或元器件采购等用途中。生成材料清单报表的方法如下：

一、打开“材料清单报表”对话框

执行“报告”→“Bill of Materials”命令，弹出的“材料清单报表”对话框如图 6-9 所示。

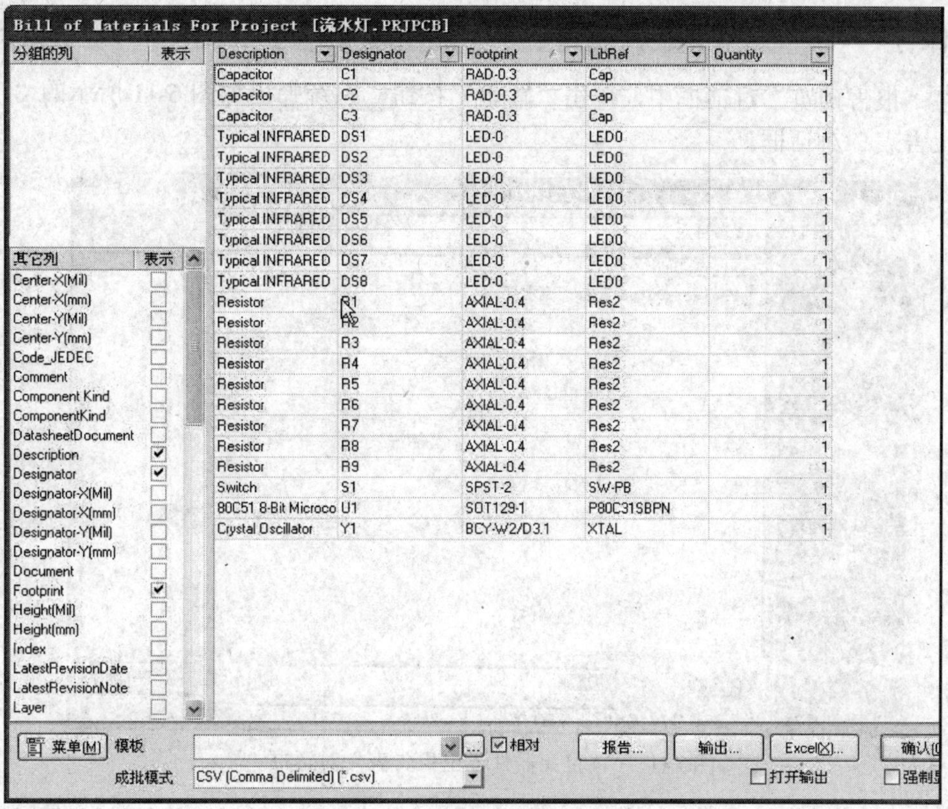

图6-9 项目“材料清单报表”对话框

二、生成元器件“报告预览”表

在图 6-9 所示的“材料清单报表”对话框中，单击“报告”按钮，生成元器件“报告预览”表，如图 6-10 所示。

图6-10 “报告预览”对话框

三、保存

（1）在“报告预览”对话框中，单击“输出”按钮，系统弹出如图 6-11 所示的“项目元器件导出报告表”对话框。

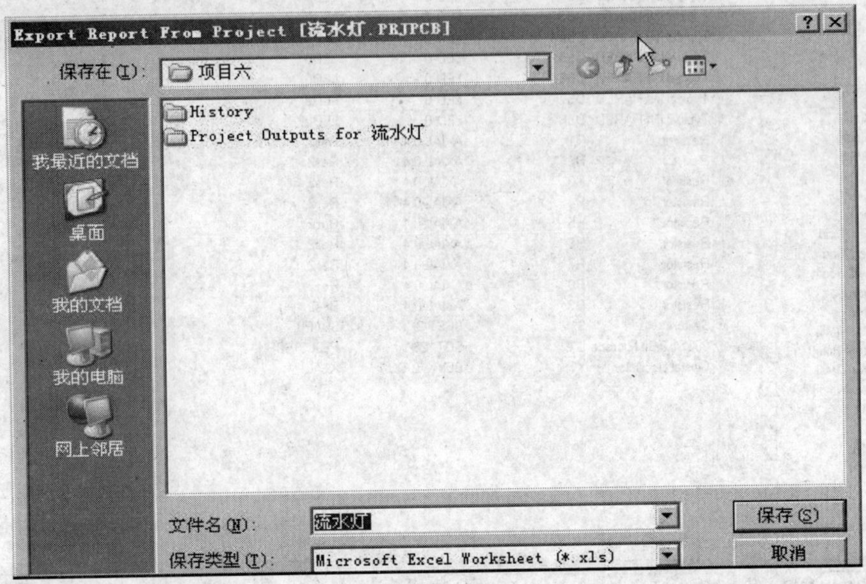

图6-11 “项目元器件导出报告表”对话框

（2）在“项目元器件导出报告表”对话框中，单击“保存”按钮，即可采用默认的文件格式（Excel 文件格式）将元器件报表导出到表格文件中，在这个操作后图 6-10 所示的“报告预览”对话框中原来灰色的“打开报告”按钮变成黑色。单击“打开报告”按钮后系统将直接调用 Excel 程序，将所生成的“流水灯.xls”表格文件打开，图 6-12 是打开后的元器件表格文件（说明：只有当计算机系统中安装了 Excel 程序才能够实现这个功能）。

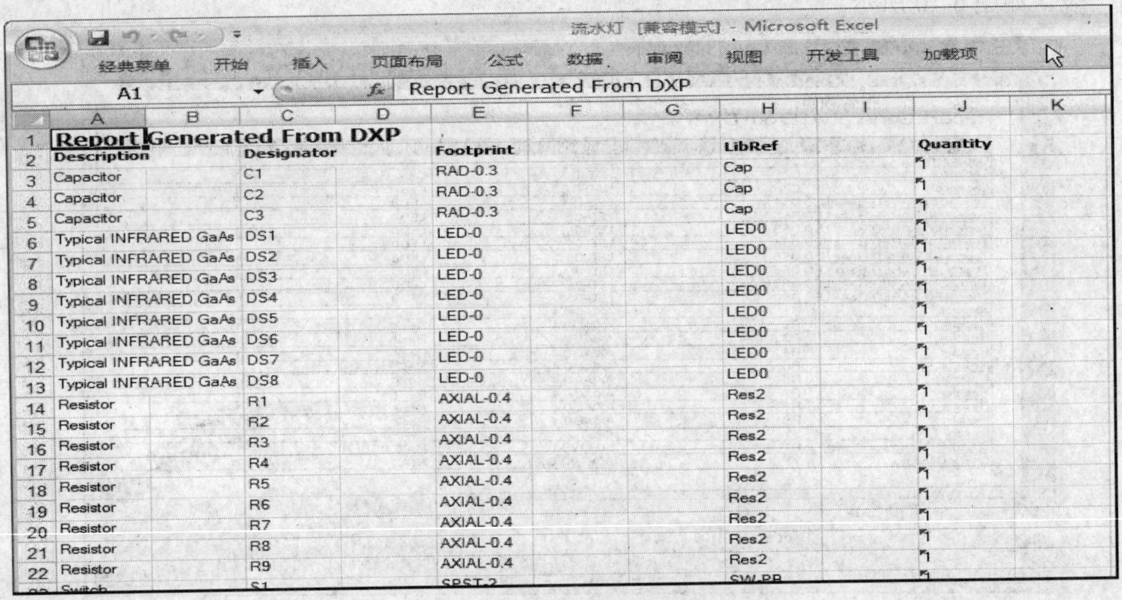

图6-12 Excel文件格式的元器件报表

知识链接　原理图预览与打印

在连接有打印机的环境下，可以将原理图打印输出，其方法如下：

执行“文件”→“页面设定”菜单命令，系统将弹出“原理图打印输出”属性对话框，如图 6-13 所示。在该对话框中设置原理图打印输出的各类选项，可以直接打印原理图，也可以预览原理图。

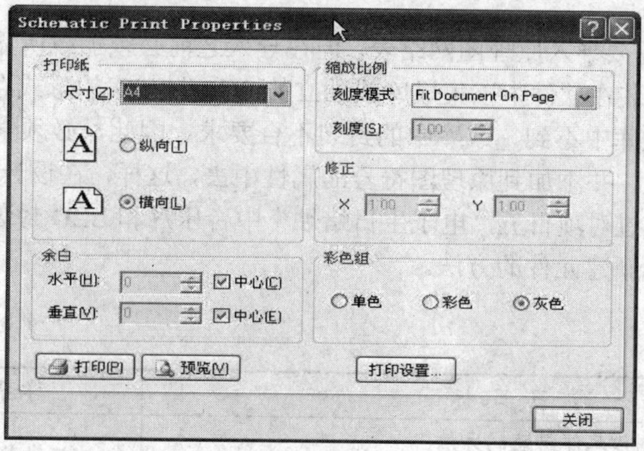

图6-13　“原理图打印输出”属性对话框

项目学习评价

一、检测题

1. 能否独立完成“流水灯”原理图设计？
2. 什么是网络表？网络表有什么作用？
3. 简述材料清单报表的作用。
4. 能否通过“流水灯”原理图生成印制板图？

二、项目学习评价表

评 价 内 容	是 否 掌 握	
	掌握	未掌握
1. 根据原理图生成网络表，能看懂网络表所包含的内容		
2. 根据原理图生成元件报告预览及 Excel 格式的材料清单报表		
3. 了解工程编译的概念及查看系统信息		
4. 了解原理图打印的方法		
自我评价及感受		
老师评价		

项目七　元件封装的制作

项目情景展示

在设计 PCB 时需要导入原理图网络表，但在导入之前必须加载所需的各种元件封装所在的库。大部分元件封装在软件中以集成库或独立的 PCB 封装库的形式存在，但也常有部分元件封装在软件自带的库中不到，或库中的封装不合要求。因此，必须学会制作元件封装或对现有的封装进行修改，并添加到原理图符号的属性中去，这样，在设计 PCB 时才能正确地导入网络表。本项目通过对项目五“电子生日蜡烛”中音乐片和 LED 封装的制作，来学习和掌握新建元件封装库和新建元件的方法。

项目学习目标

学习目标		学习方式	学时
技能目标	1. 掌握制作元件封装的方法。 2. 掌握给原理图符号添加封装模型的方法。 3. 掌握更改元器件封装模型的方法	在教师的指导下按照教材进行上机操作	4
知识目标	1. 熟悉 PCB Library 面板的结构。 2. 了解直插式和表贴式元件的封装类型	学生阅读教材，教师答疑	

任务一　熟悉元件封装编辑器环境

一、创建元件封装库

一般在项目中创建项目元件封装库，其方法如下：

（1）打开“电子生日蜡烛.PRJPCB”项目，执行“文件”→“创建”→“库”→“PCB 库”菜单命令，如图 7-1 所示。或者在项目面板中“电子生日蜡烛.PRJPCB”项目上右击，在弹出的右键菜单中执行“追加新文件到项目中”→“PCB Library”命令，如图 7-2 所示。系统自动生成默认名为 PcbLib1. PcbLib 的 PCB 库文件，并自动打开元件封装库文件编辑器。

（2）保存元件封装库，并改名为“电子生日蜡烛.PCBLIB”，如图 7-3 所示。该库是一个空白库（里面有一个待编辑的元件，见图 7-5）。

二、PCB Library 面板

1. 启动 PCB Library 面板的方法

在 PCB 元件编辑器中常用的面板为“PCB Library”面板，启用该面板的方法是在图 7-3 中单击窗口右边栏“PCB Library”标签（如果被隐藏了，看不见，可单击窗口右下边标签栏中的“PCB”→“PCB Library”，（如图 7-4 所示），弹出的“PCB Library”面板如图 7-5 所示，在该面板中已包含一个名为 PCBCOMPONENT_1 的待编辑元件。

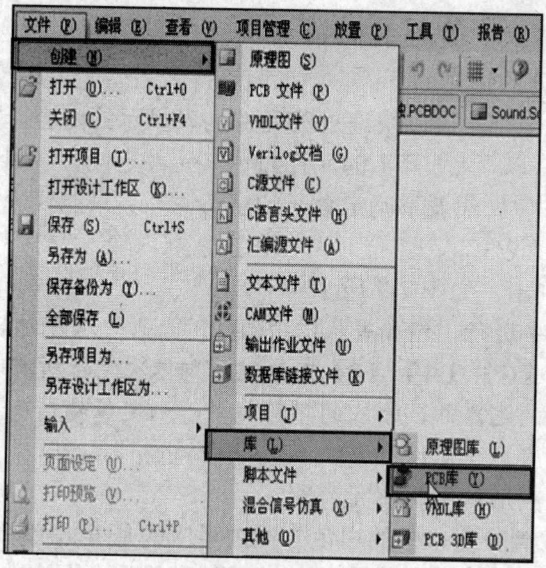

图7-1　主菜单创建PCB库文件

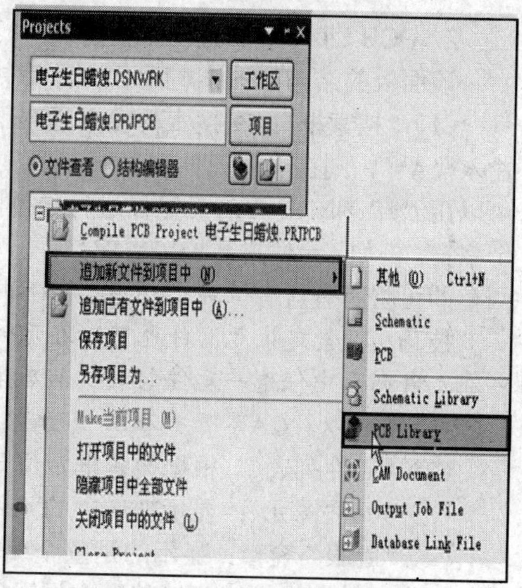

图7-2　右键菜单创建PCB库文件

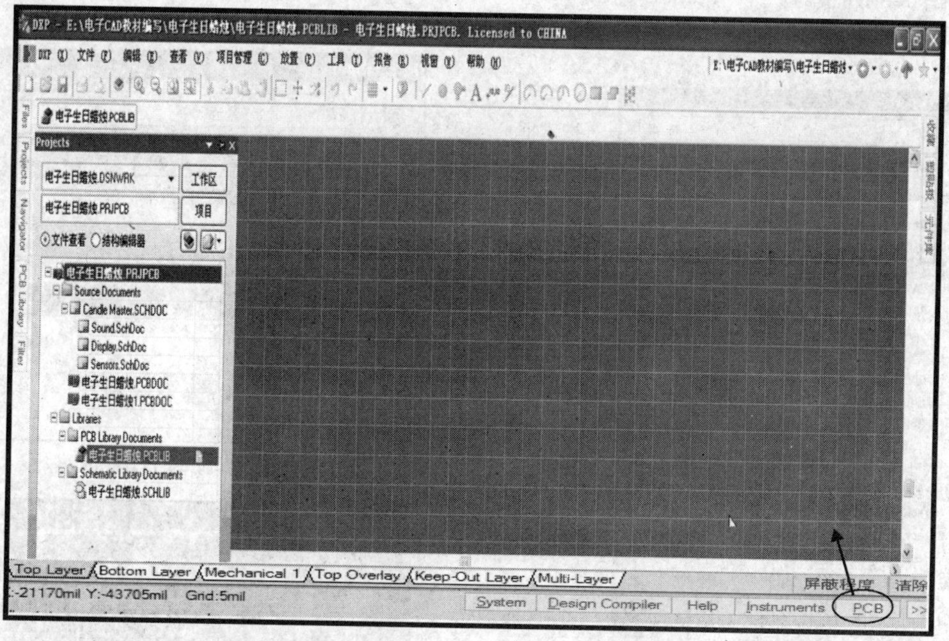

图7-3　元件封装库文件编辑器界面

图7-4　打开PCB库工作面板的操作

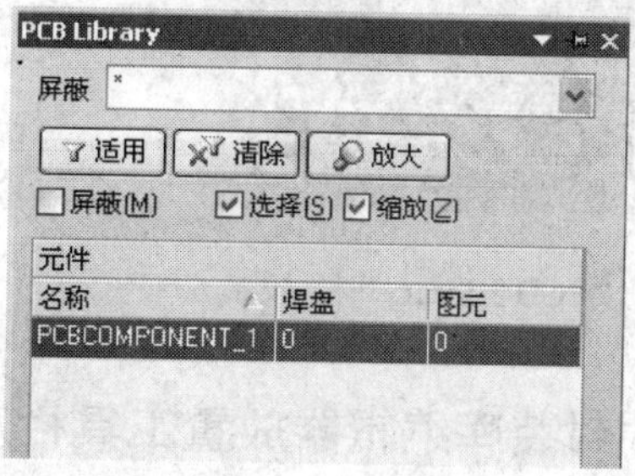

图7-5　“PCB Library”面板

2. PCB Library 面板的结构解释

该面板的结构如图 7-6 所示，面板中各部分的解释如下：

（1）“搜索框”：在搜索框输入适当的过滤字符，可以快速过滤元件列表显示的内容。如输入“A*”，则在下面元件列表框中只显示所有以“A”开头的元件封装。元件定位时，用户可以用“*”和“？”对元器件进行定位匹配，“*”代表不确定数目的字符“？”只能代表一个字符。例如，元件封装“BCY-W3”，若只记得“W3”，在定位时可以在搜索框内输入“*W3*”回车即可将所有含有“W3”的封装在列表中列出，如图 7-7 所示。

技巧：搜索定位元器件也可以在元件列表中进行，例如查找以“CAP”开头的元件封装，可在元件列表中任选一元件封装，然后依次按【C】、【A】、【P】三个键，则依次定位所有以“C”开头、以“CA”开头和以“CAP”开头的元器件，输入的字符越多，则定位越精确。

（2）“元件列表”：根据搜索框定位显示相应的元器件列表。

（3）“元件图元”：显示被选中的元件封装图形的所有图元。

（4）“鹰眼”窗口：显示的是整个编辑区，鹰眼窗口中的白色方框内对应的是编辑窗口显示的内容，单击白框，可以移动白框，则编辑窗口内跟随白框的移动、放大显示白框内的内容，如图 7-8 所示。

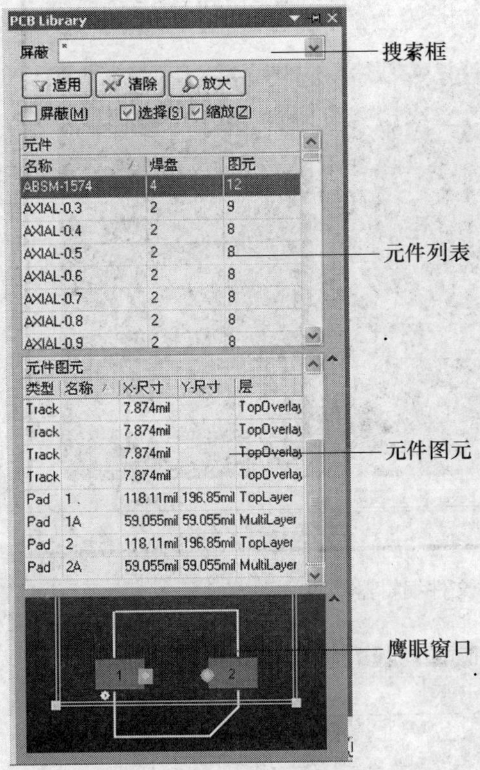

图7-6 “PCB Library”面板

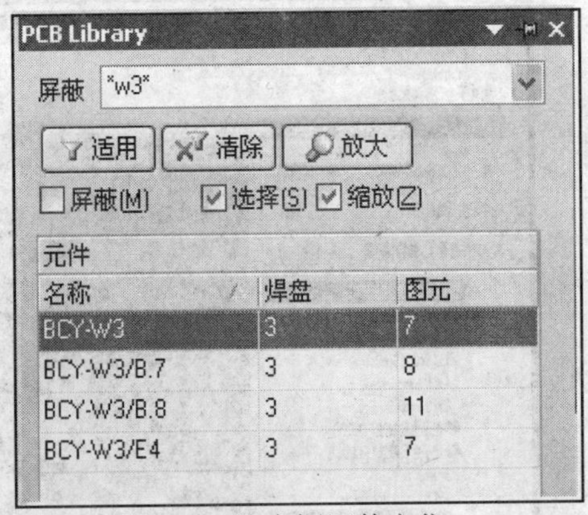

图7-7 搜索框器件定位

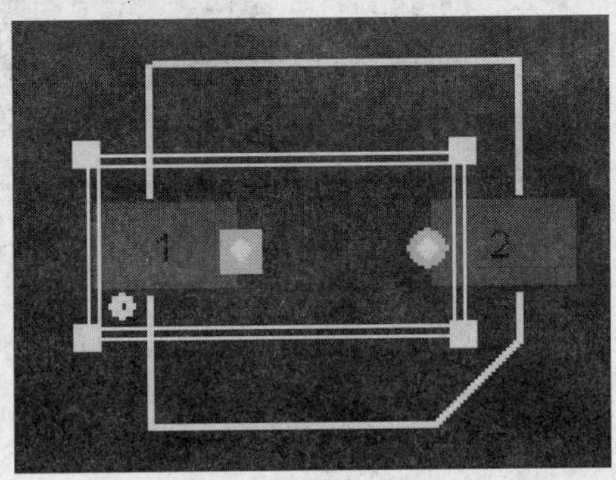

图7-8 鹰眼窗口

三、元件封装库编辑器放置工具栏及放置菜单

元件封装库编辑器放置工具栏各按钮的意义如图 7-9 所示，放置菜单如图 7-10 所示。

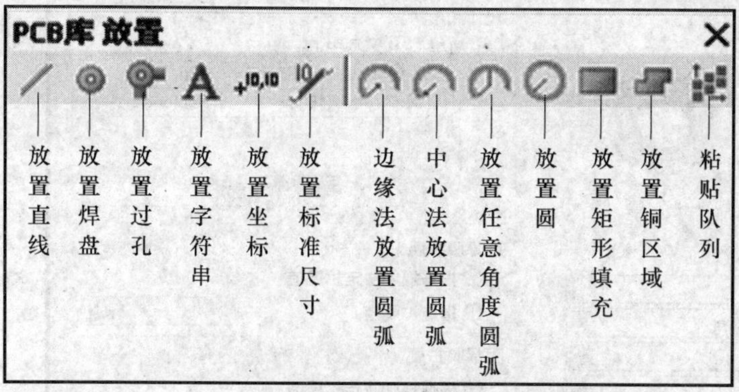

图7-9　元件封装库编辑器放置工具栏各按钮的意义

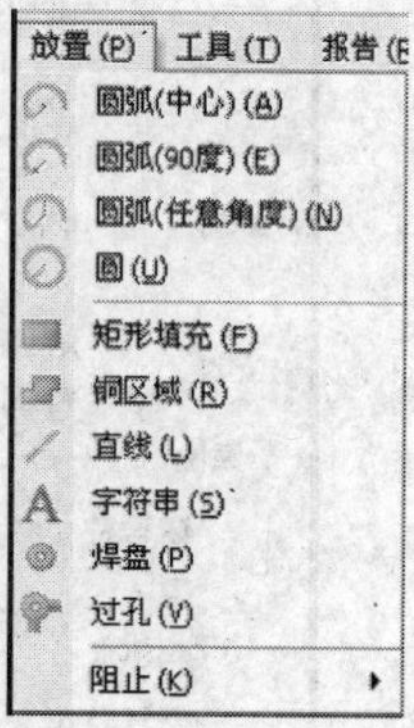

图7-10　封装库编辑器放置菜单

任务二　制作元器件封装

一、用绘制方法制作"生日快乐音乐片"

项目五制作了"生日快乐音乐片"的原理图符号，现在制作它的封装。该元件在电路板上采用立式安装，在音乐片基板上焊上 6 个脚，再竖直安装在电路主板上，6 个管脚一字排列，封装名命为 SIP-6-2。

（1）更改 PCB 封装名称。将项目五的"电子生日蜡烛.PCBLIB"置为当前文件，执行"工具"→"元件属性"菜单命令，或在 PCBLibrary 面板双击"PCBCOMPONENT_1"封装元件，弹出图 7-11 所示的"PCB 库元件"属性对话框，将名称文本框内容修改为"SIP-6-2"，确认后退出。

图7-11　"PCB库元件"属性对话框

（2）放置焊盘。将窗口放大至适当，捕捉网格设置为 100mil，执行"放置"→"焊盘"菜单命令，或单击放置工具栏上的"◎"按钮，则浮动光标上带一焊盘。

（3）编辑第一焊盘属性。按【Tab】键，弹出如图 7-12 所示的"焊盘"属性对话框，孔径设为"30mil"、尺寸和形状中 X 和 Y 尺寸都设为"60mil"、形状设置为"Rectangle"、标识符设置为"1"，其他属性不变，按快捷键【Ctrl】+【End】将光标定位到原点处，点左键放置第一个焊盘。1 脚一般用矩形焊盘，与其他焊盘相区别，以形成安装特殊标志。

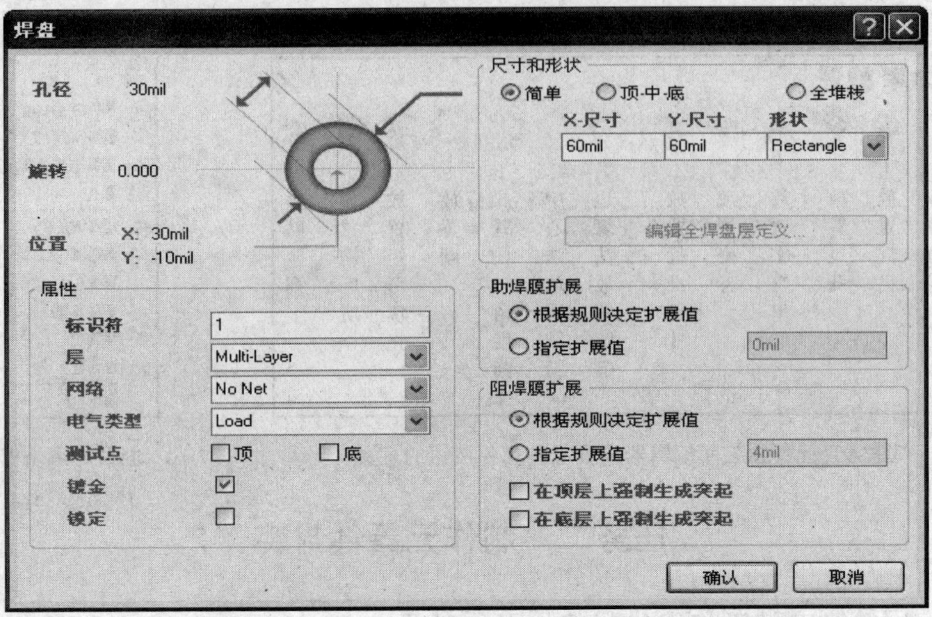

图7-12 “焊盘”属性对话框

（4）放置所有焊盘。再按【Tab】键弹出焊盘属性对话框，将形状设置为“Round”，其他属性不变，依次放置焊盘 2、3、4、5、6，如图 7-13 所示，其中 1、2、3 脚间隔 200mil,其他脚间隔为 100mil。

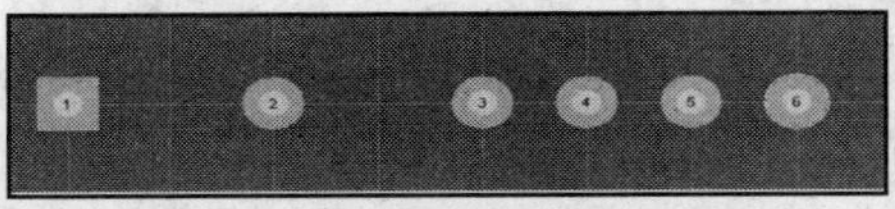

图7-13 放置好的盘

（5）绘制封装外形。按【G】键，在弹出的网格选择菜单中将捕捉网格设置为“50mil”，单击编辑窗口下“Top Overlay”层标签，将“Top Overlay”置为当前工作层。执行“放置”→“直线”菜单命令，或单击放置工具栏中的“ ”图标，光标为十字状，进入画直线状态。在坐标（-50，50）位置单击开始，依次移到（750，50）、(750，-50)、(-50，150）单击，最后回到（-50，50）单击“确定”，绘出一个封闭的矩形外框，并在（50，50）至（50，-50）间绘一短线，在一脚形成一特殊标志。绘制完成后如图 7-14 所示，单击“保存”按钮则封装绘制完成。

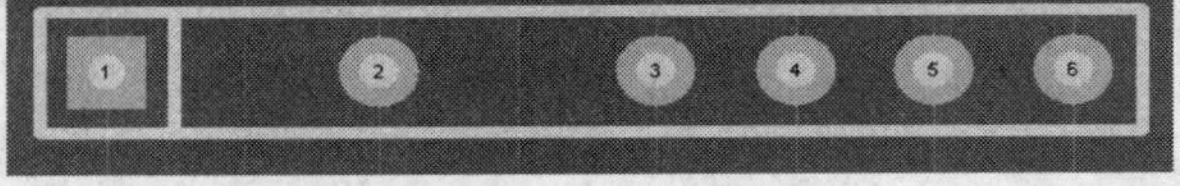

图7-14 绘制完成的SIP-6-2封装

提示：

（1）每个元件都有一个参考点，参考点坐标为（0，0），一般参考点设置在封装的第一引脚，这样在 PCB 编辑器中放置封装时，封装则在光标附近，易于放置定位。前面放置 1 脚时放置在原点就是这个目的，如果在绘制时没把 1 脚放在原点也不要紧，可以执行“编辑”→

“设置参考点”→“引脚 1”菜单命令，即把坐标原点移到 1 脚上。

（2）放焊盘时，鼠标不要频繁单击，否则可以在同一位置连续放置两个以上焊盘，新手可能没有留意焊盘序号变化，焊盘重叠也不知道。这样的封装导入 PCB 文件中，在线 DRC 检查提示出错，而找不到原因。

二、用修改系统自带封装的方法创建符合设计要求的 LED 封装

1. 打开集成库文件

Protel DXP 以后的版本，原理图符号和对应的封装都集成在一起，不像以前版本那样将原理图符号与封装分开加载。这样的优点是，只要库加载一次，就不会造成加载网络表时出现找不到封装的现象，但集成库不能像单独的原理图库和封装库那样可以直接打开和编辑，打开封装库的方法如下：

（1）抽取源文件。执行“文件”→“打开”菜单命令或单击主工具栏上“”图标，在弹出的选择文件对话框中选中 Protel DXP 2004 安装目标文件夹里的 Library 文件夹下的“Miscellaneous Devices.IntLib”集成库，弹出“抽取源码”和“安装”对话框，要打开集成库中的封装库，单击“抽取源(E)”按钮，则源原理图元件模型库和封装模型被建立，并存到 Library 文件下的新增文件夹（Miscellaneous Devices）中。

其中，原理图库被提取并列在 Projects 面板中，PCB 库不自动加在 Projects 面板。

（2）打开元件封装库文件。在元件封装库编辑界面，执行打开命令，选中 Protel DXP 2004 安装目标文件夹里的 Library 文件夹下的“Miscellaneous Devices.PcbLib”（图 7-15），单击“打开”按钮，即可打开封装库。再启动 PCB Library 面板，在面板选择一个封装，则该封装就会被调入元件封装编辑器中，如图 7-16 所示。

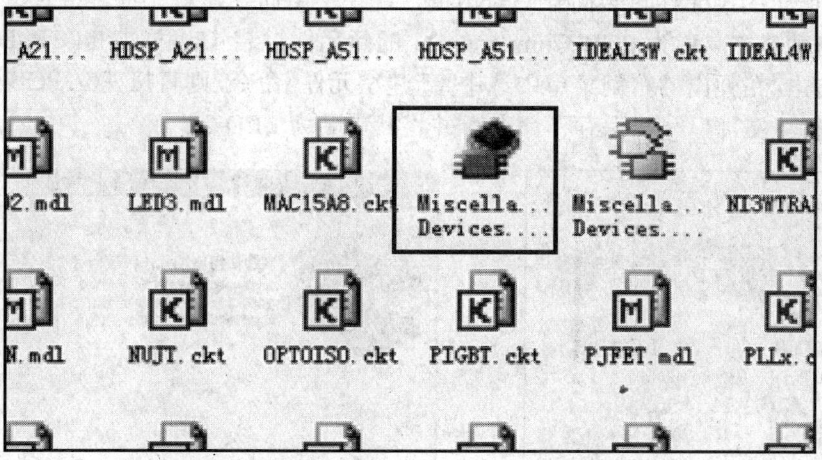

图7-15　Miscellaneous Devices.PcbLib源文件夹

2. 制作特定的 LED 封装

LED 封装在 Miscellaneous Devices.IntLib 集成库中，分别为 LED-0 或 LED-1，如图 7-17 所示，都为卧式安装，而本项目中 LED 为立式安装，故要自己制作或将这两种封装中的一个进行修改。本例采用修改方式，学习对已有封装进行修改的步骤。

修改的方法，可以用类似项目五中编辑 NE555 原理图符号方式，先在 PCB 文件中放置 LED 封装，再复制封装，在 PCBLibrary 面板元件列表中贴封装，再将粘贴的封装置为当前文

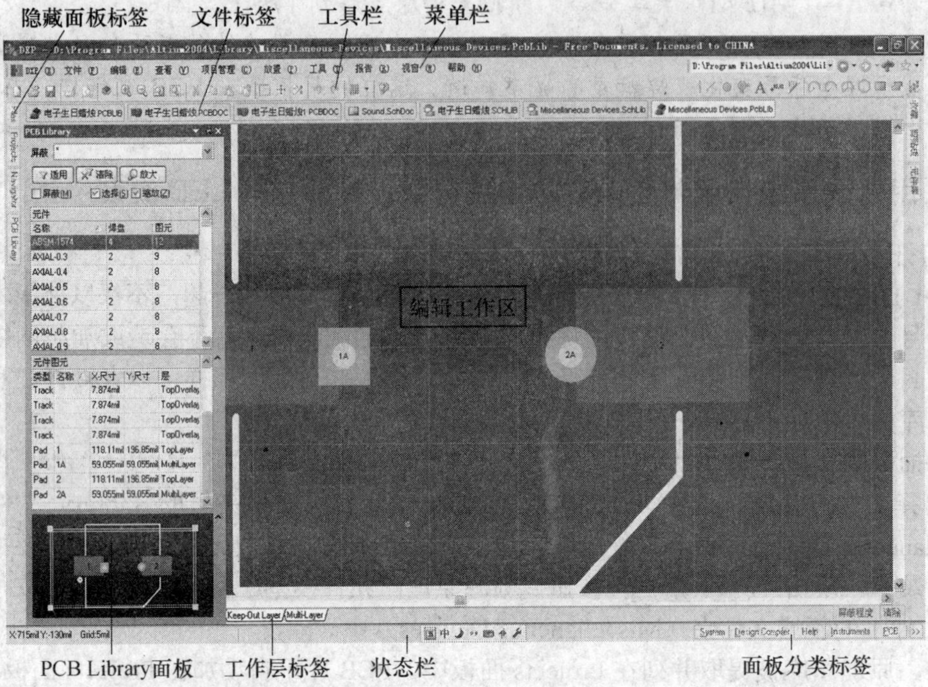

图7-16　文件PCB库编辑界面

件，进行编辑修改。本例学习另一种编辑修改元件封装的方法，方法如下：

（1）将“电子生日蜡烛.PCBLIB”置为当前文件，执行“工具”→“新元件”菜单命令，弹出图 7-18 所示的“元件封装向导”对话框，现在不用向导建新元件，故按“取消”按钮，则系统自动建立名称为 PCB Component_1 的新元件封装（也可以在 PCB Library 面板的元件列表中右击，在弹出的右键菜单中选中“新建空元件”命令，则直接建立 PCB Component_1 新元件）。执行“文件”→“保存”命令，并将其更名为 LED-2。

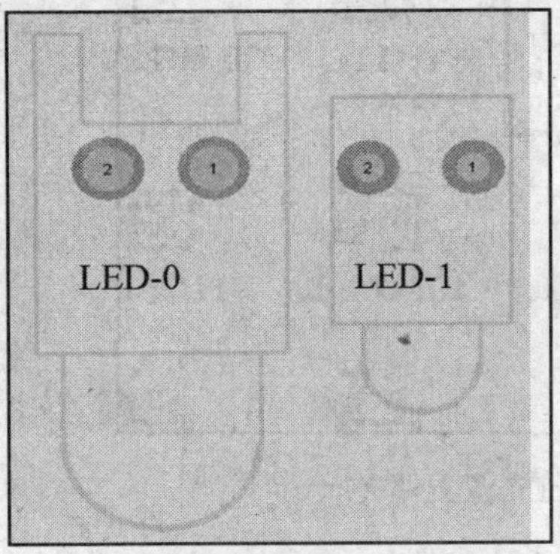

图7-17　软件自带的LED封装

图7-18　“元件封装向导”对话框

（2）在 LED-2 的编辑界面执行执行“文件”→“打开”菜单命令或单击主工具栏上“ ”图标，在弹出的选择文件对话框中选中 Protel DXP 2004 安装目标文件夹里的 Library 文件夹下的“Miscellaneous Devices.PcbLib”。在 PCB Library 面板选中 LED-0，将 LED-0 置为当前文件，按【Ctrl】+【A】键选择全部对象（也可执行“编辑”→“选择”｜“全部对象”菜单命令），按【Ctrl】+【C】键，光标变为十字状，将光标移到 1 脚，左击选取复制参考点。

（3）单击编辑窗口上的“电子生日蜡烛.PCBLIB”标签，将（1）建立的 LED-2 元件置为当前文件，按【Ctrl】+【V】，光标上浮动 LED-0 封装图形，按【Ctrl】+【End】键将光标称到原点，单击确定，则 LED-0 封装图形粘贴在工作窗口中，如图 7-19 所示。

（4）删去元件外形图元件。

执行“编辑”→“选择”→“区域外对象”菜单命令，光标变为十字，用光标框选（按左键不动并拖动光标）两焊盘，则选中了焊盘外的所有图元，按【Delete】键，则删去了这些图元，只留下两焊盘。

（5）将捕捉网格设置为“50mil”，TopOverlay 置为当前工作层，执行“放置”→“圆”菜单命令，或单击放置工具栏中的“ ”图标，光标变为十字，移光标到坐标为（-50，0）点，左击确定圆心，水平移动光标到坐标为（50，0）点，左击确定半径，画一个圆心在（-50，0）半径为 100 的圆。

（6）将捕捉网格设置为“5mil”，并双击焊盘 2 打开属性对话框，将焊盘 2 形状设置为“Rectangle”，并画一过（-65，0）的短线，执行“放置”→“矩形填充”菜单命令，或点击放置工具栏中的“ ”图标，在焊盘 2 左边拖一矩形填充，结果如图 7-20 所示，保存，该封装制作完毕。

图7-19 粘贴完成的LED-0封装图形

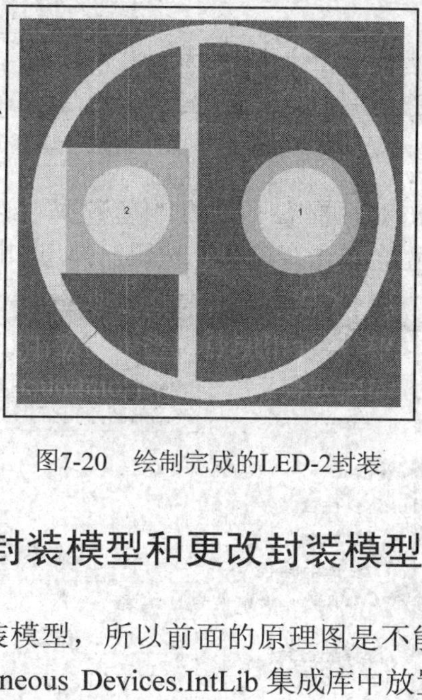

图7-20 绘制完成的LED-2封装

任务三 给原理图符号添加封装模型和更改封装模型

前面绘制的音乐片原理图符号没有添加封装模型，所以前面的原理图是不能正确导入 PCB 文件的，还有 LED 原理图符号是从 Miscellaneous Devices.IntLib 集成库中放置的，其封装不符合的要求，重新编辑了一个新的 LED-2 封装，现在也要进行封装更换。添加和更改封装模型，可以在原理图编辑器中或原理图库编辑器中进行，两种方法对封装库的要求略有不同，下面分别介绍。

一、给音乐片原理图符号添加封装模型

（1）将“电子生日蜡烛.SCHLIB”库文件置为当前文件，并在 SCH Library 面板中将“生日快乐音乐片”元件选中置为当前编辑元件。

（2）单击 SCH Library 面板中的“[编辑]”按钮，弹出如图 7-21 所示的音乐片符号元件属性对话框。

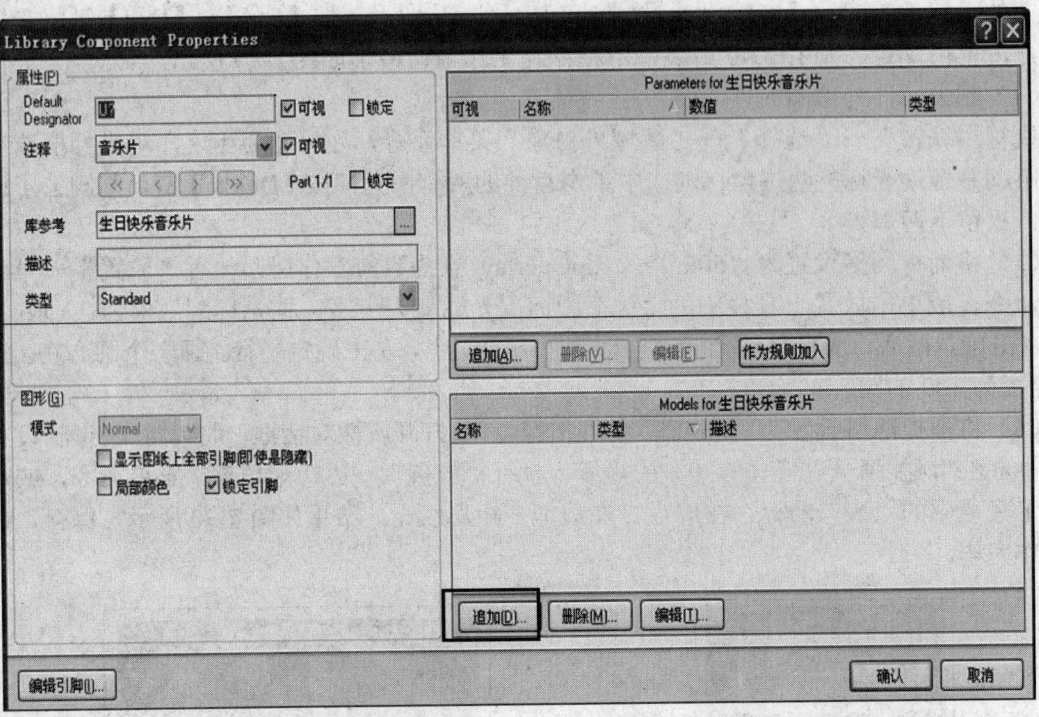

图7-21　“音乐片符号”属性对话框

（3）单击对话框右下角的“[追加(D)...]”按钮，弹出添加模型对话框，在下拉列表中选中 Footprint 模型，单击“确认”按钮，弹出如图 7-22 所示的“PCB 模型”选择对话框。

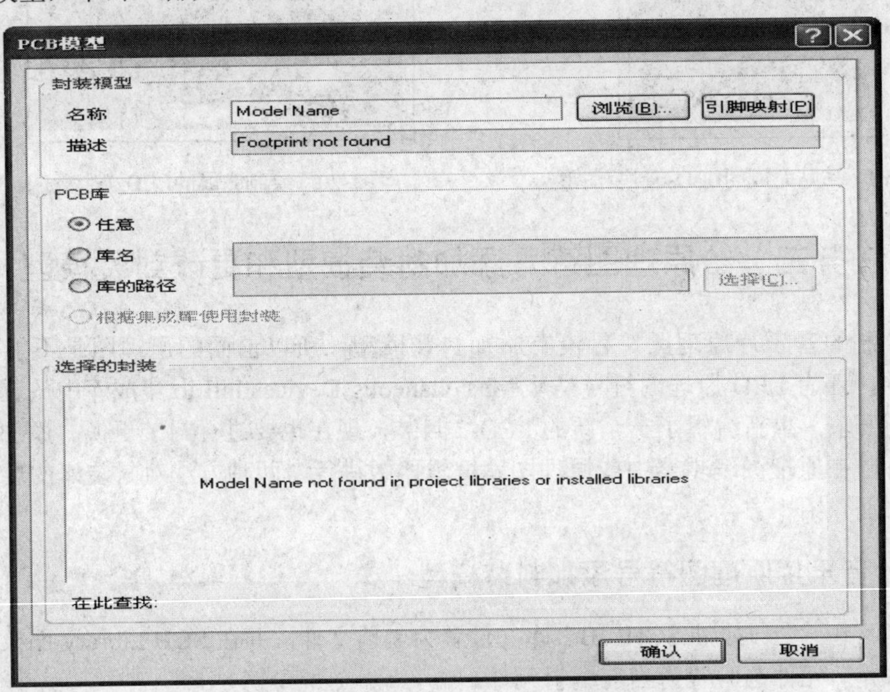

图7-22　“PCB模型”选择对话框

（4）在对话框中“封装模型”选项组中“名称”文本框中直接输入封装名称“SIP-6-2”，在“PCB 库”选项组中选中“任意”选项，如封装所在的库在项目中，或不是项目中的库文件，但项目已加载，则 PCB 模型对话框中会显示该模型的图形，下方同时显示封装所在库的路径，如图 7-23 所示；也可以不输入封装名，单击“浏览(B)...”按钮，弹出图 7-24 所示的“库浏览”对话框，则项目中的 PCB 库及项目加载的 PCB 库在库的下拉列表中出现（加载的集成库 Footprint View 不会出现在列表中），在这些库中手动查找到 SIP-6-2 封装，单击“确认”按钮返回图 7-23 所示的对话框中。

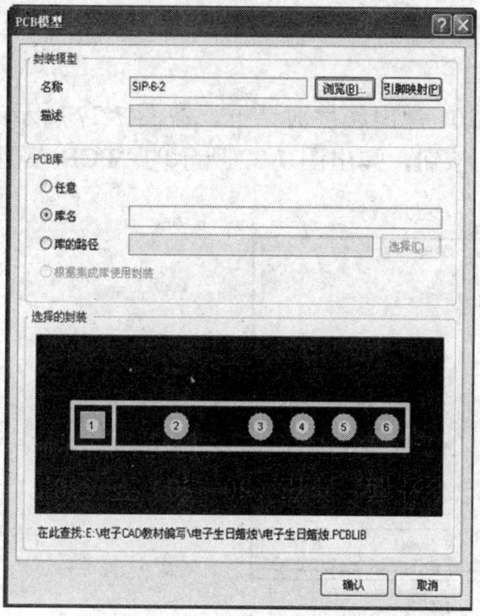

图7-23　找到的元件封装显示在PCB模型对话框

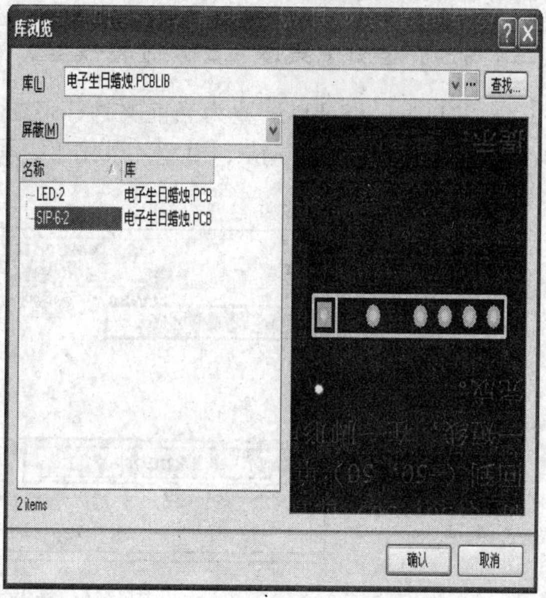

图7-24　“库浏览”对话框

（5）单击“引脚映射(P)”按钮，在图 7-25 所示的对话框中，查看原理图元件符号引脚与 PCB 封装焊盘的对照关系，双击管脚后的列表框可以编辑其对应关系。

（6）更新原理图符号到原理图，执行“工具”→“更新原理图”菜单命令，或在 SCH Library 面板元件列表中，选取右键菜单中的“更新原理图图纸”命令，弹出如图 7-26 所示对话框，单击“OK”按钮，原理图符号及属性更新到项目原理图库中。

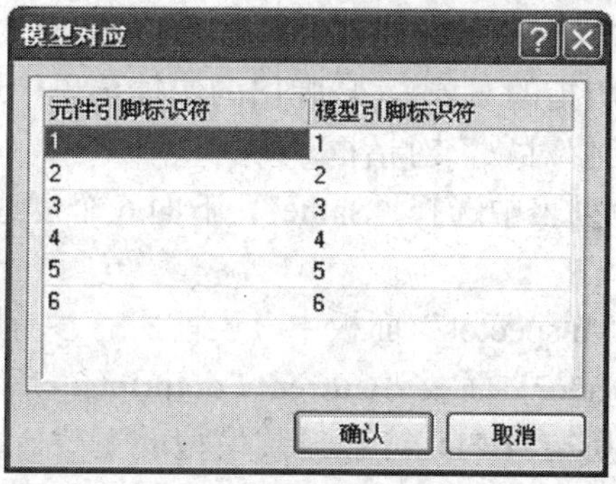

图7-25　“模型对应”对话框

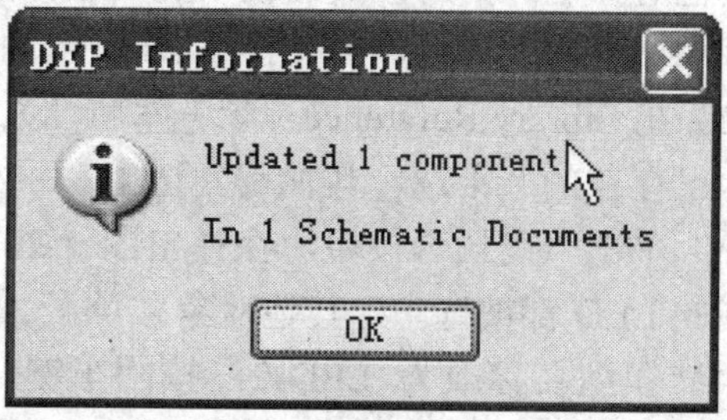

图7-26　更新确认对话框

提示：

（1）如在项目库或项目加载的库中没有找到封装模型，则在图 7-22 中的 PCB 库选项组中选中“库的路径”，单击“选择(C)...”按钮，在弹出的对话框中找到相应的库，则相应的库路径出现在“库的路径”后的文本框中，在“封装模型”选项组中“名称”文本框中输入封装名称，如“DIP-8”，则相应封装出现在“PCB 模型”对话框中，下方同时显示封装所在库的路径。

（2）在原理图库中为原理图符号添加封装模型，只能浏览 PCB Library 库，不能浏览集成库，只有在原理图中为原理图符号添加封装模型时，才能浏览集成库。

二、在原理图中更改 LED 封装模型

（1）将 Display.SchDoc 置为当前文件，双击 LED201 弹出属性对话框，在图 7-27 所示的模型对话框中选中“Footprint”模型，单击“编辑(T)...”按钮，弹出图 7-22 所示的“PCB 模型”选择对话框。

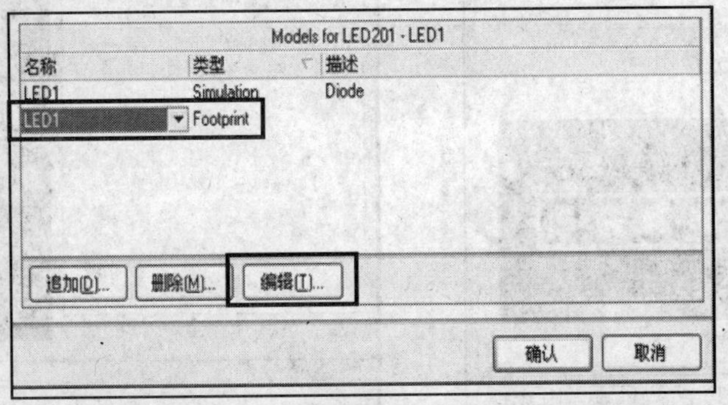

图7-27　模型编辑对话框

（2）下面更改封装模型的步骤与给“生日快乐音乐片”原理图符号添加封装模型的更改方法相同，不过在图 7-24 所示的库浏览对话框中，项目加载的集成库也出现在列表中，故这里也可以从集成库的 Footprint View 中选用封装模型。

三、批量更改 LED 封装模型

如果原理图中有大量相同原理图符号更改相同的封装，一个一个地更改不是一个好方法，可以采用批量更改。

（1）在 LED201（可以是任意一个 LED）上右击（光标一定要在元件体上，不要放在标号等其他对象上，否则查找的就不是元件，而是光标所指的对象），从弹出的快捷菜单中选择“查找相似对象”命令，弹出图 7-28 所示的“查找相似对象”对话框。

（2）在 Library Reference（参考库属性）右边下拉列表中选择“Same”，下面 6 个复选框，“清除已存在的”不选，其他都勾选上。

（3）单击“确认”按钮，在弹出图 7-29 所示的“Inspector”面板中，当前所有参考库属性相同的 LED 都被选中，其他对象被屏蔽。将“Inspector”面板“Current Footprints”后文本框中封装模型名称改为 LED-2，按回车键，即完成所有 LED 符号封装模型的更改。关闭“Inspector”面板。工作区的屏蔽状态可以单击工作区右下角的“清除”按钮清除，如图 7-30 所示。

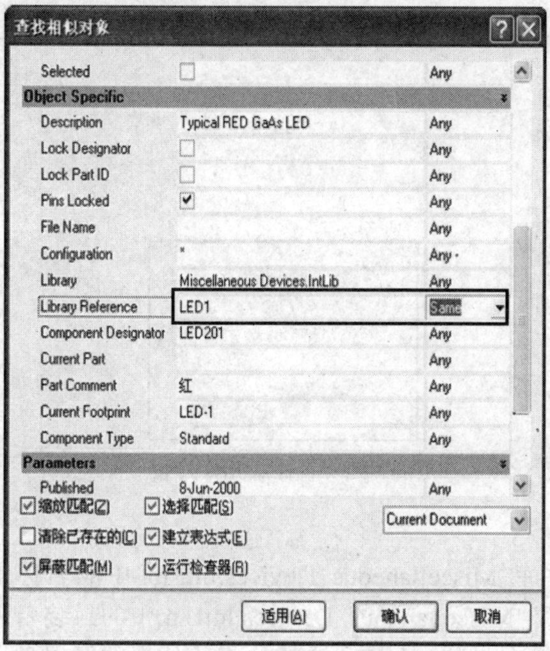

图7-28 “查找相似对象”对话框

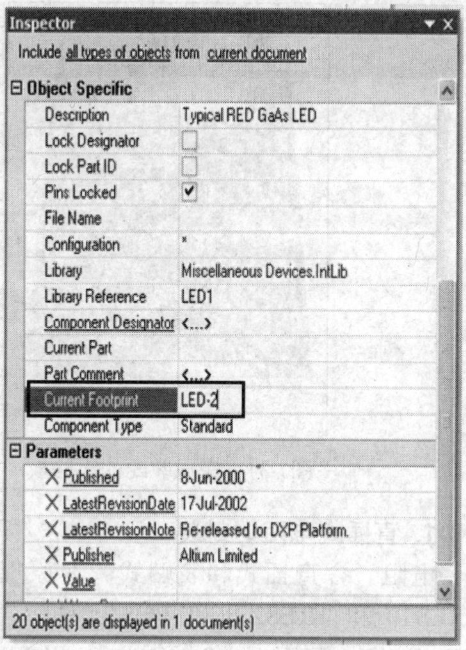

图7-29 “Inspector”面板

图7-30 屏蔽清除按钮

提示：批量更改封装也可以这样进行，本例 LED 从集成库取出、放置到原理图中，集成库中对应封装为 LED-0，前面在项目 PCB 库中重新编辑了 LED-2 封装，与集成库中封装名不同。如果把它也命名为 LED-0，虽然与集成库中封装同名，但它们不在同一个库中是可行的。这样就不需用上述方法更换封装，原理图自动更改为在项目 PCB 库绘制的 LED-0 封装。因为原理图在搜索封装时，项目本身的库具有最高优先权，先搜索项目本身的库，再去搜索加载的库。所以两库中有同名的封装，优先用项目 PCB 库的封装。

知识链接　元件的封装简介

元件封装是实元件的外形尺寸、引脚直径及各脚间距等，它是元件引脚和 PCB 上焊盘保持一致性的保证。不同元件可以采用相同的封装，同一个元件也可以采用不同的封装。

元件封装分为直插式和表贴元件（SMT）两大类。直插式元件与表贴元件外形分别如图 7-31 所示。

一、直插式元件封装

直插式元件也称为通孔式元件或针脚式元件等，直插类元件装配时，要将元件针脚插入焊盘导孔中，再进行焊接。由于焊盘导孔贯穿整个电路板，所以在其焊盘属性对话框中，Layer 板层属性为 MultiLayer。直插式元件封装如图 7-32 所示。下面主要以用量最广的直插式电阻、电容、二极管等为例进行介绍。

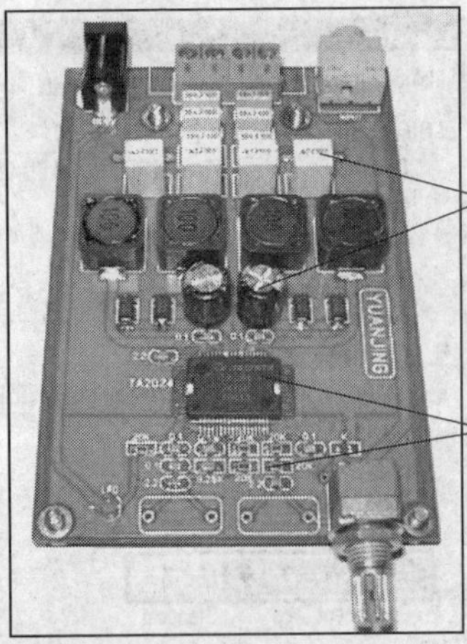

图7-31　完成装配的电路板

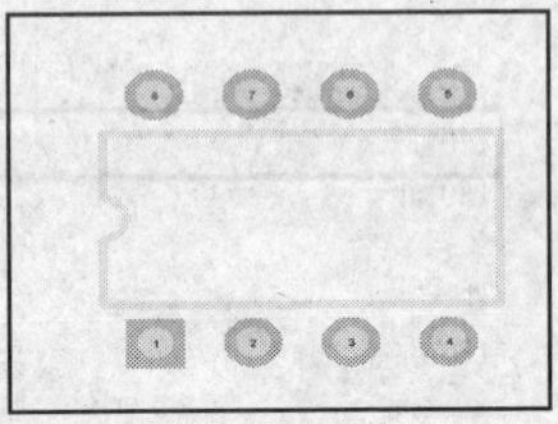

图7-32　直插式元件封装

1. 直插式电阻的封装

电阻（含直插式和表贴式）在原理图元件库 Miscellaneous Devices.IntLib 中的名称是“RES1”和“RES2”，在 PCB 元件库（封装库）Miscellaneous Devices.IntLib 中的封装名为 AXIAL-0.3～AXIAL-1.0。含义： AXIAL 表示轴向封装，只有两个在一条直线上的两焊盘，0.3 表示焊盘间距为 300mil(100mil=2.54mm)。

2. 电容的封装

电容（含直插式和表贴式）在原理图元件库 Miscellaneous Devices.IntLib 中的名称是“Cap”、“Cap2”、“CapPol1”、“CapPol2”、“CapPol3”等。

无极性电容“Cap”在 PCB 元件库(封装库)Miscellaneous Devices.IntLib 中的封装名为 RAD-0.1～RAD-0.4，后缀的数字乘以 1000 就是焊盘的间距，单位为 mil，其封装图形如图 7-33 所示。

径向极性电容“CapPol1”在 PCB 元件库（封装库）Miscellaneous Devices.IntLib 中的封装有 CAPPR1.27-1.27×2.8、CAPPR5-5×5（表示引脚孔间距离为 5mm，电容的直径×高为 5 mm×5 mm）等，其形式如图 7-34 所示。

图7-33　无极性电容的封装

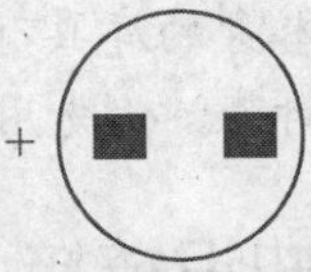

图7-34　有极性电容的封装

3. 二极管的封装

二极管（含直插式和表贴式）在原理图元件库 Miscellaneous Devices.IntLib 中的名称是“Diode”，在 PCB 封装库中的封装形式为“DIEDE-0.4”和“DIEDE-0.7”（后缀数字乘以 1000 表示焊盘的间距，单位是 mil。）

4. 三极管、场效应管的封装（略）

二、表贴式封装

1. 表贴式元件的封装形式

表贴式封装的焊盘只限于表面板层，即底层和顶层。在其焊盘属性对话框中，Layer 板层属性为单一表面。表贴封装如图 7-35 所示。

图7-35　表贴式元件封装

2. 表贴元件规格

零件规格即零件的外形尺寸，SMT 发展至今，业界为方便作业，已经形成了一个共同遵守的制造标准。

表贴元件的尺寸规格有英制与公制两种表示方法，见表 7-1。

表7-1　贴片元件尺寸规格的英制和公制表示方法

示例元件	英制表示法	公制表示法	尺寸（mm）
元件一	1206	3216	长 3.2±0.20、宽 1.6±0.15
元件二	0805	2012	长 2..0±0.20、宽 1.25±0.15
元件三	0603	1608	长 1.6±0.15、宽 0.8±0.15
元件四	0402	1005	长 1.0±0.10、宽 0.5±0.10

（1）在上面未提及零件的厚度，在这一点上因零件不同而有所差异，在生产时应以实际测量值为准。

（2）以上介绍的主要是针对电子产品中用量最大的电阻（排阻）和电容（排容），其他如电感、二极管、晶体管等因用量较小且形状多种多样，在此不作讨论。

（3）随着电子产品集成度的不断提高，标准零件逐步向微型化发展，如今最小的零件标准已经是 0201 了。

项目学习评价

一、检测题

1. 创建元件封装通常有哪两种方法?其步骤是什么?

2. 给原理图元件添加封装的方法有哪几种?其步骤是什么?

3. 创建一个“个性化集成库”，在该库中把项目五创建的“生日快乐音乐片”（原理图元件）与在本项目中创建的“生日快乐音乐片”的封装集成，并对项目四创建的三极管“NPN1”添上封装（用 BCY-W3/E4）放在该库中。

二、项目学习评价表

<table>
<tr><td rowspan="2">评价内容</td><td colspan="2">是否掌握</td></tr>
<tr><td>掌握</td><td>未掌握</td></tr>
<tr><td>绘制法创建元件封装</td><td></td><td></td></tr>
<tr><td>修改自带封装创建新封装的方法</td><td></td><td></td></tr>
<tr><td>给原理图元件添加封装的方法</td><td></td><td></td></tr>
<tr><td>自我评价及感受</td><td colspan="2"></td></tr>
<tr><td>老师评价</td><td colspan="2"></td></tr>
</table>

项目八　电子生日蜡烛单面板的设计

项目情景展示

任何一个电子产品的设计，都要从电原理设计到物理实现，最终成为一个具体的电子产品。PCB 设计就是实现该过程的重要环节，PCB 设计的水平直接与产品的生产效率和品质密切相关。

在项目五中设计了电子生日蜡烛的电原理图，现在根据它来设计出 PCB 图，并以此为例，详细介绍 PCB 单面板的设计方法。

项目学习目标

学习目标		学习方式	学时
技能目标	1. 掌握 PCB 板的几种创建方法。 2. 掌握 PCB 编辑环境设置。 3. 掌握在原理图及 PCB 中更改与修改元件封装方法。 4. 掌握向 PCB 传递信息的不同方法。 5. 掌握 PCB 设计规则设置方法。 6. 了解 PCB 布局的基本方法和原则。 7. 掌握自动布线和交互布线的基本方法和原则。 8. 掌握交互布线的基本技巧及 PCB 板后续操作	在教师的指导下按照教材进行上机操作	8

任务一　熟悉 PCB 编辑器

PCB 编辑器可以通过创建或打开 PCB 文件启动。PCB 编辑器界面包括菜单栏、工具栏、编辑工作区、工程面板、状态栏及各种面板按钮等，如图 8-1 所示。

（1）主菜单栏：显示了供用户选用的菜单操作，如图 8-2 所示。在 PCB 设计过程中，通过使用菜单中的命令，可以完成各项操作。

（2）PCB 标准工具栏：提供了一些基本操作命令，如打印、缩放、快速定位、浏览元器件等。其与原理图编辑环境中的标准工具栏基本相同，如图 8-3 所示。

（3）配线工具栏：提供了 PCB 设计中常用的图元放置命令，如焊盘、过孔、文本编辑等；还包括几种布线方式，如交互布线连接、使用灵巧交互布线连接，如图 8-4 所示。

（4）过滤工具栏：使用该工具栏，根据网络、元件标号等过滤参数，可以使符合设置的图元在编辑窗口内高亮显示，明暗的对比和亮度可以通过右下方的“屏蔽层”按钮来进行调节。过滤工具栏如图 8-5 所示。

（5）导航工具栏：用于指示当前页面的位置，借助所提供的左右按钮可以实现 Protel 系统中所打开的窗口之间的相互切换。导航工具栏如图 8-6 所示。

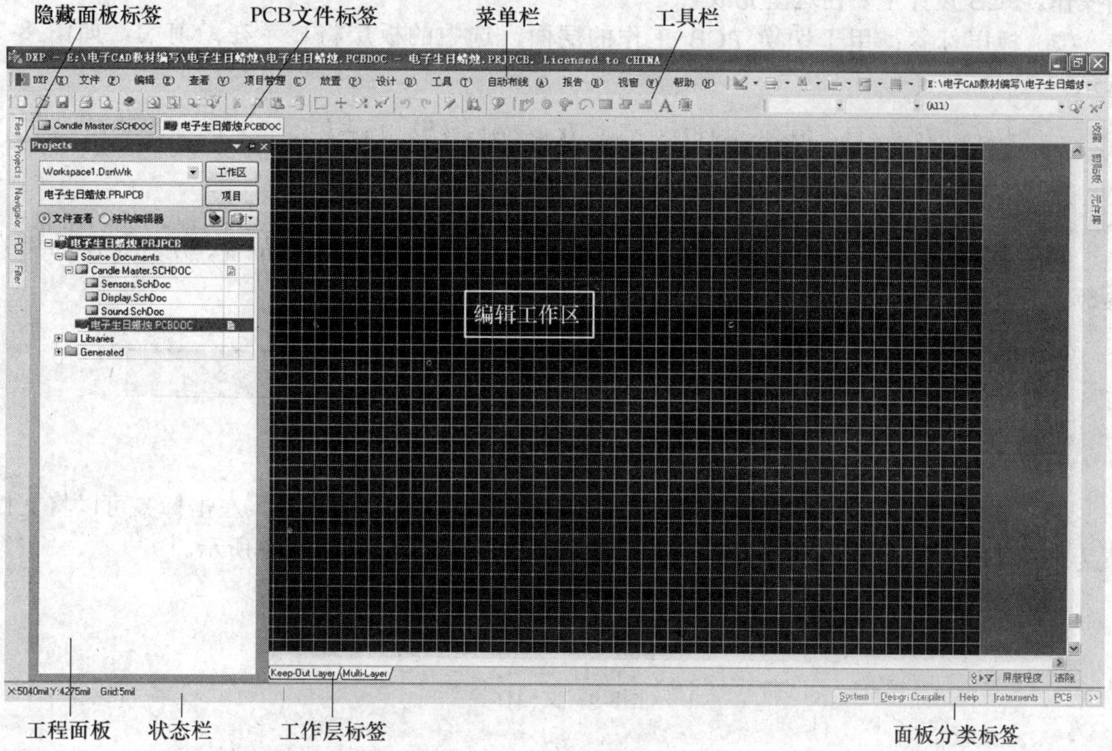

图8-1　PCB编辑环境

图8-2　PCB编辑环境主菜单

图8-3　PCB标准工具栏

图8-4　PCB配线工具栏

图8-5　过滤工具栏

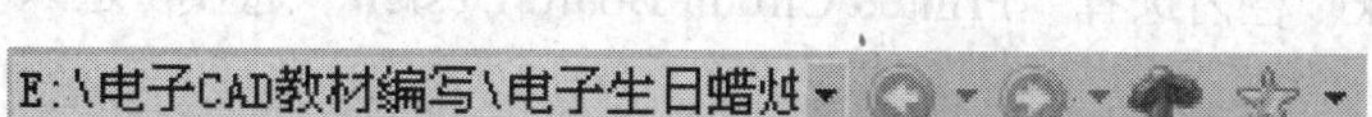

图8-6　导航工具栏

（6）PCB 编辑窗口：即进行 PCB 设计的工作平台，用来进行与元器件的布局、布线有关的操作。PCB 设计主要在这里完成。

（7）板层标签：用于切换 PCB 工作的层面，选中的板层将显示在最前端，如图 8-7 所示。

图8-7　板层标签

（8）状态栏：用于显示光标指向的坐标值、所指向元器件的网络位置、所在板层的相关参数，以及编辑器当前的工作状态，如图 8-8 所示。

图8-8　状态栏

（9）文档标签：每个打开的文档在设计窗口顶部都有自己的标签，左击标签可以将文档置为当前文档，右击标签可以关闭、修改或平铺打开的窗口，如图 8-9 所示。

图8-9　文档标签

任务二　创建 PCB 文件

本项目电路板为半径 65mm 圆形电路板。在 Protel 2004 系统中，可以采用两种方法来创建 PCB 文件：一是使用系统提供的新建电路板向导；二是自行创建。下面分别介绍这两种方法创建 PCB 文件的过程。

一、使用电路板向导创建 PCB 文件

使用电路板向导创建 PCB 文件，可以创建一些现成的工业标准模板 PCB，也可以快捷地设置电路板参数，创建自定义一些形状规则的电路板。它可以使得 PCB 的创建变得非常简单。

（1）启动创建 PCB 的向导。启动向导有两种方法：

方法一：利用“Files”面板启动创建 PCB 向导。在“Files”面板的底部，“根据模板新建”栏中，选择“PCB Board Wizard”，如图 8-10 所示。如看不到“根据模板新建”栏，单击如“Files”面板上面栏目的“ ”按钮，将上面栏目折叠起来就可以看到。

方法二：利用 Protel 2004 系统的主页面启动创建向导。

① 单击导航工具栏上的“ ”按钮，进入 Protel DXP 主页面，如图 8-11 所示，在主页面的“Pick a task”栏内选择“Printed Circuit Board Design”选项，进入 PCB 设计页面，如图 8-12 所示。

② 在设计页面中，单击“PCB Documents”栏最下面的“PCB Document Wizard”即可打开新建电路板向导，如图 8-13 所示。

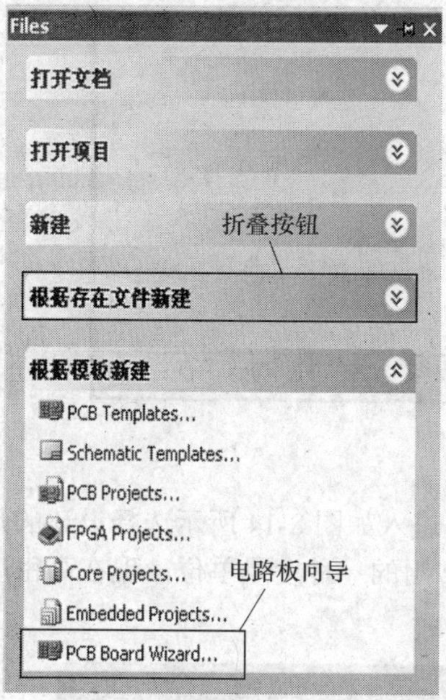

图8-10　利用Files面板启动向导

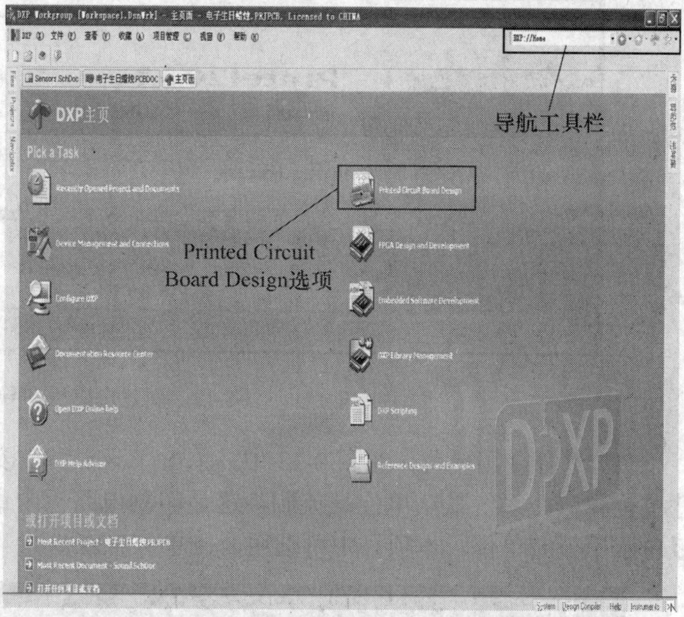

图8-11　DXP主页面

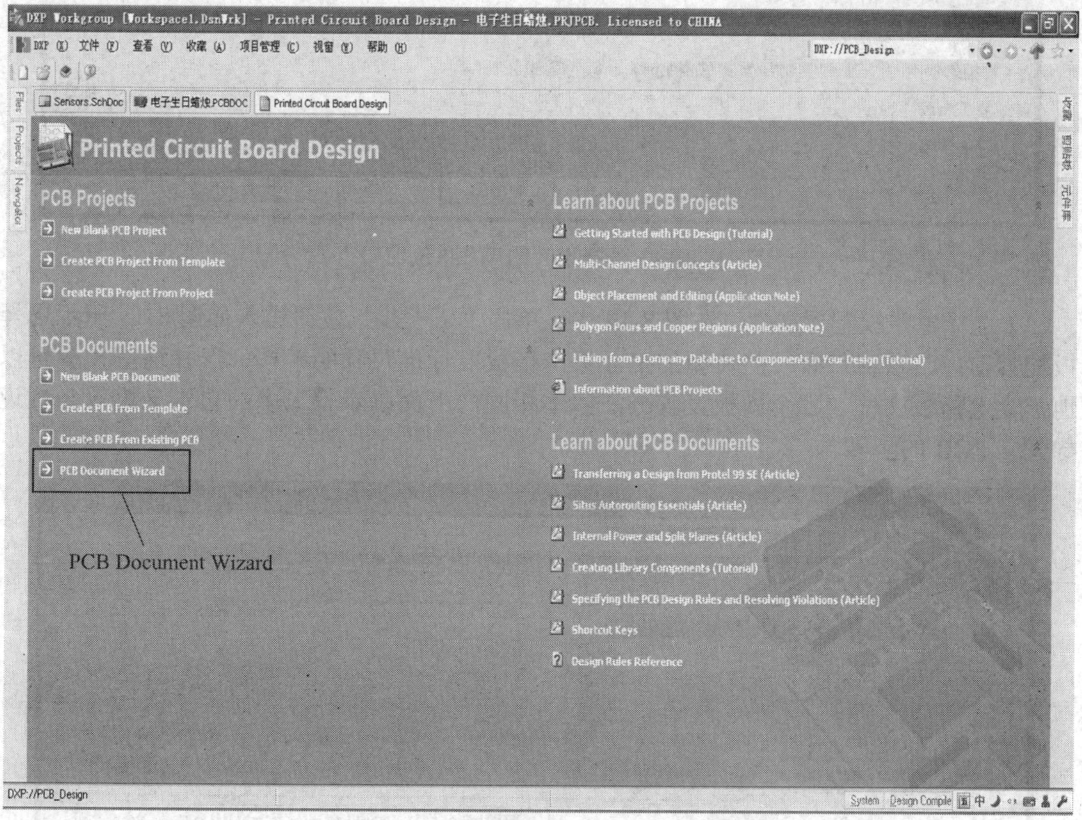

图8-12　PCB设计页面

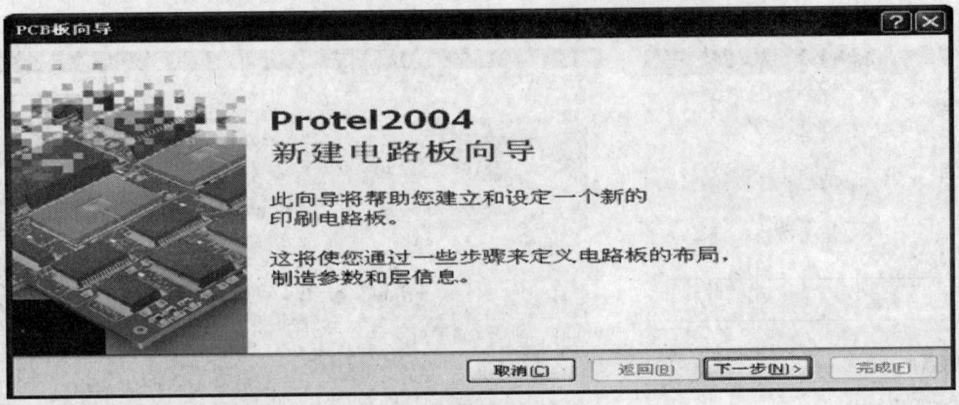

图8-13　新建电路板向导

（2）选择使用单位。在图 8-13 中，单击“下一步”按钮进入如图 8-14 所示选择设计的尺寸单位窗口。系统默认单位是英制，这是印制电路板中最常用的一种度量单位，现在高密度板也常用公制单位。本项目中可选用公制单位。

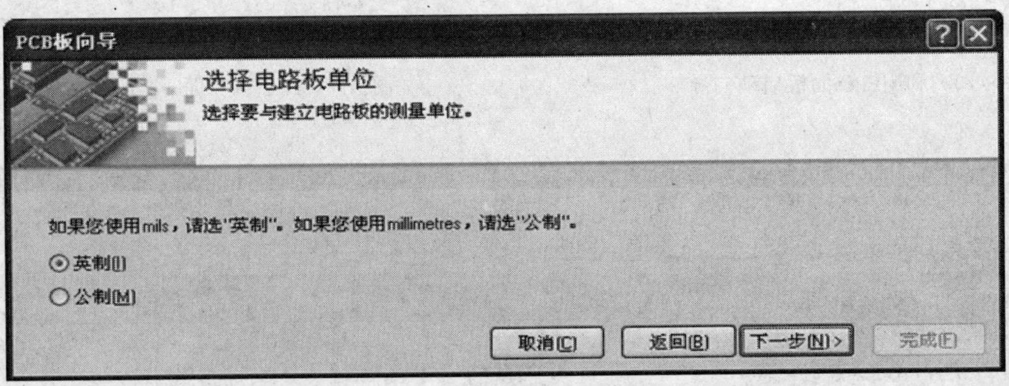

图8-14　选择设计的尺寸单位窗口

（3）选择电路板配置文件。在图 8-14 中，单击“下一步”按钮进入如图 8-15 所示选择电路板配置窗口，该窗口有一些典型的工业板卡模板及标准尺寸的模板，选择这些模板可以方便地建立电路板文件，各个模板设置方法基本相同。下面以步骤最多的自定义模板为例说明向导建立 PCB 的步骤。

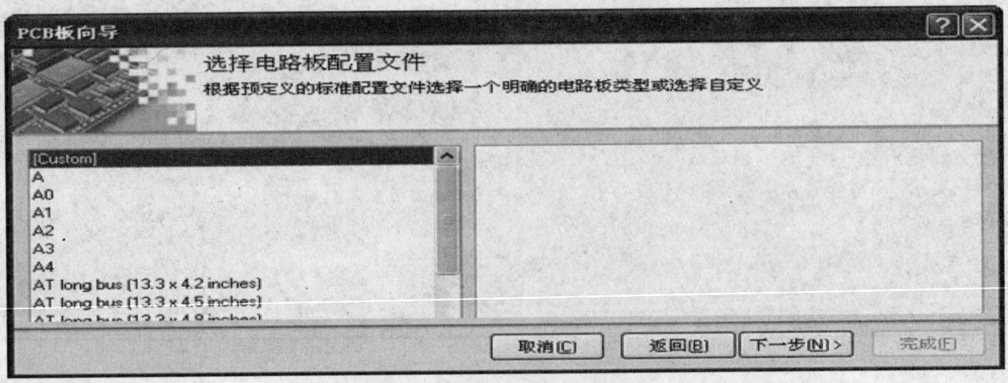

图8-15　选择电路板配置文件

（4）选择电路板详情。在图 8-15 中，选择窗口最上面的“Custom”，单击“下一步”按钮进入如图 8-16 所示的选择电路板详情窗口。

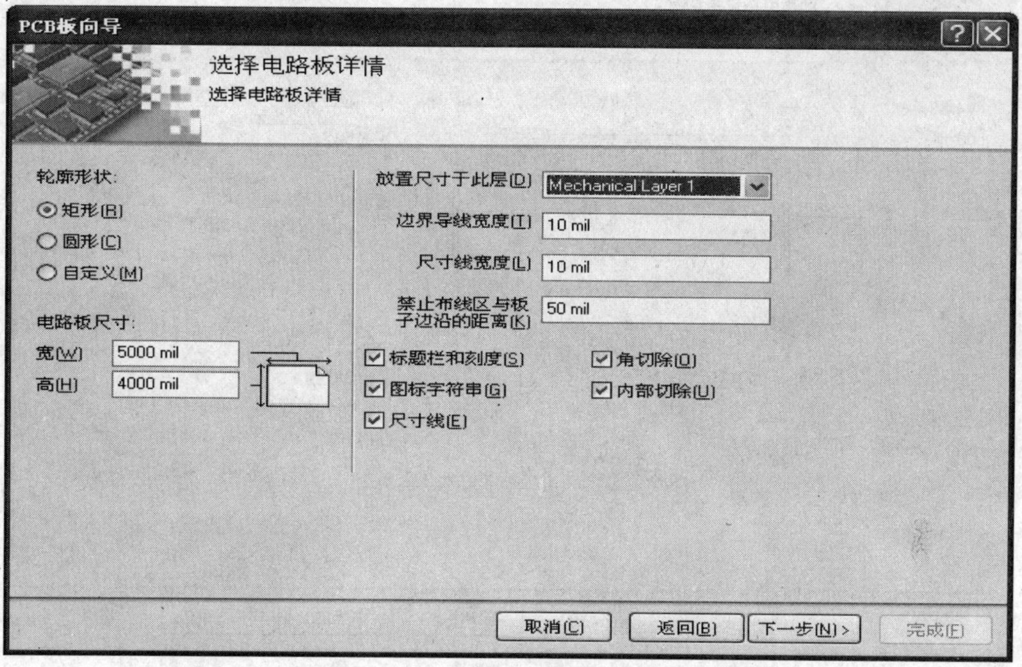

图8-16　选择电路板详情

在该窗口中，用户可以自行设置 PCB 的各项参数，下面详细介绍。

① “轮廓形状”：有“矩形”、“圆形”、“自定义”三个选项，一般常用“矩形”，但本项目选用“圆形”、半径设置为 60mm 比较适合制作要求。

② “电路板尺寸”：上面的“轮廓形状”的选择决定了尺寸设置；“矩形”有宽度和高度两个尺寸设置，“圆形”只有半径尺寸设置；“自定义”也有宽度和高度两个尺寸设置。尺寸在相应的文本框内输入。

③ “放尺寸于此层”：单击右边的下拉按钮，选择尺寸标注的机械层。

④ “边界导线宽度”和“尺寸线宽度”一般采用系统默认值。

⑤ “禁止布线区与板子边沿的距离”：也可采用系统默认值。

⑥ “标题栏和刻度”：勾选该项，系统将在 PCB 图纸上添加标题栏和刻度栏。

⑦ “图标字符串”：勾选该项，系统将在 PCB 图中加入图标字符串，并放置在钻孔视图层，在 PCB 文件输出时会自动转换成钻孔数据。

⑧ “尺寸线”：勾选该项，工作区内将显示 PCB 尺寸标注线。

⑨ “角切除”：勾选该项，单击“下一步”按钮会进入角切除窗口，如图 8-17 所示，在该窗口可以完成对板四角切角尺寸的设置。

⑩ “内部切除”：勾选该项，单击“下一步”按钮，在角切除窗口后进入内部切除设置窗口，如图 8-18 所示。左下方一组数据设置切除窗口位置，右上方一组数据设置切除窗口的大小尺寸。

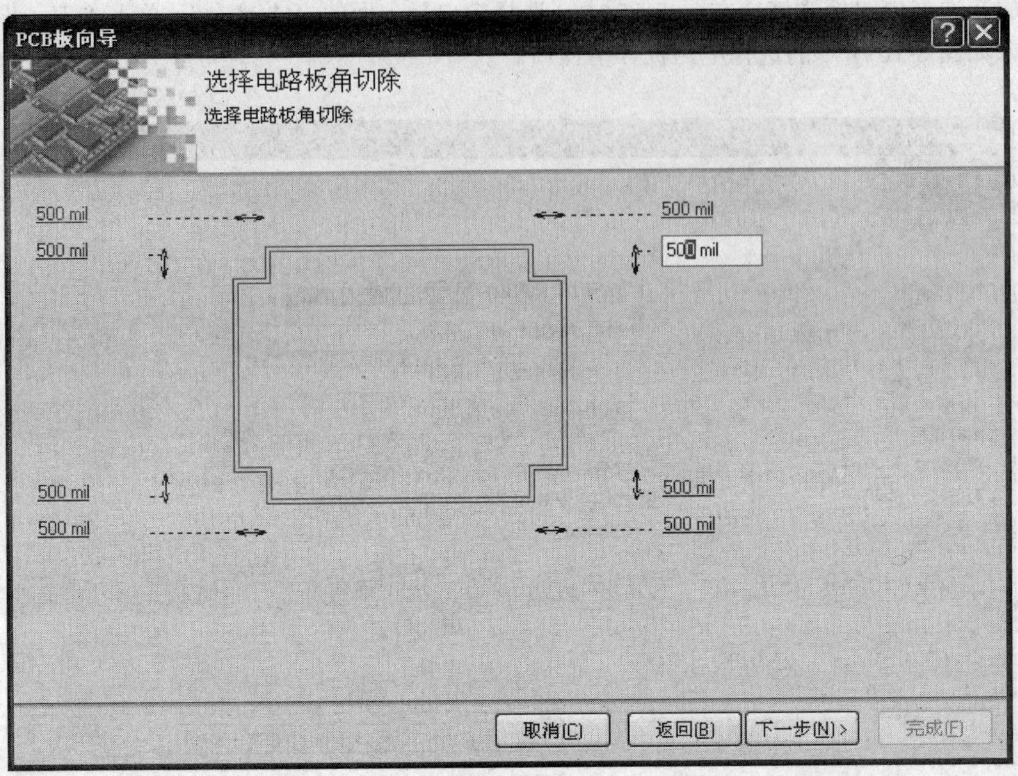

图8-17 切角设置窗口

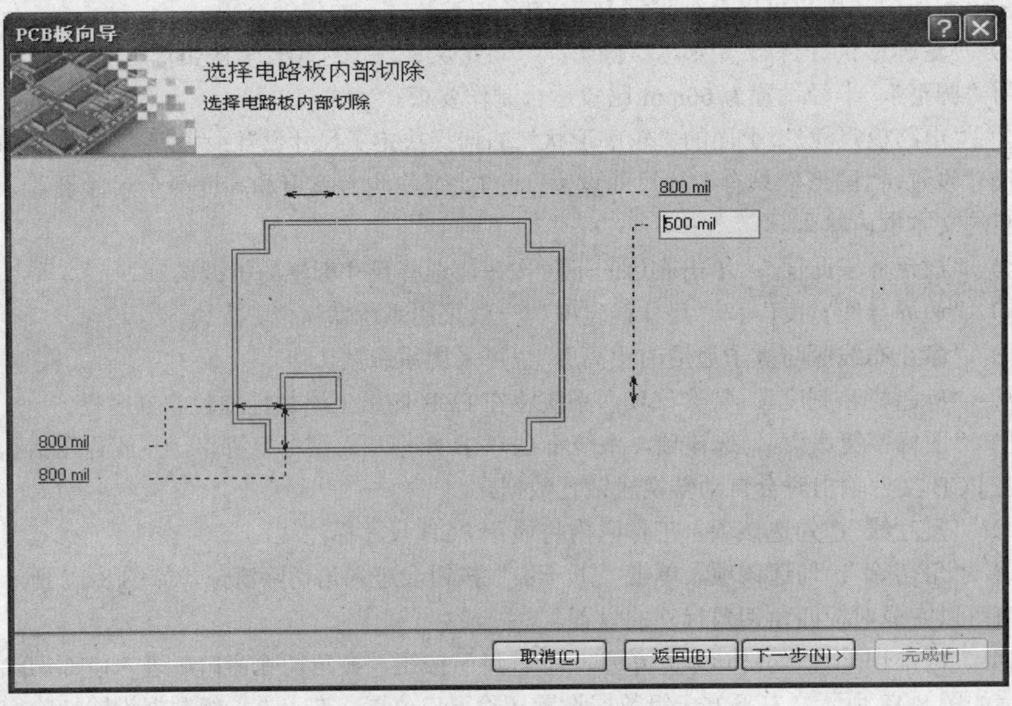

图8-18 内部切除设置

（5）选择电路板层。在图 8-16 中单击“下一步”按钮，进入电路板层设置窗口，分别对“信号层”和“内部电源电层数量”进行设置，如图 8-19 所示。系统默认为 4 层面板，信号层和内电层分别为 2 层。

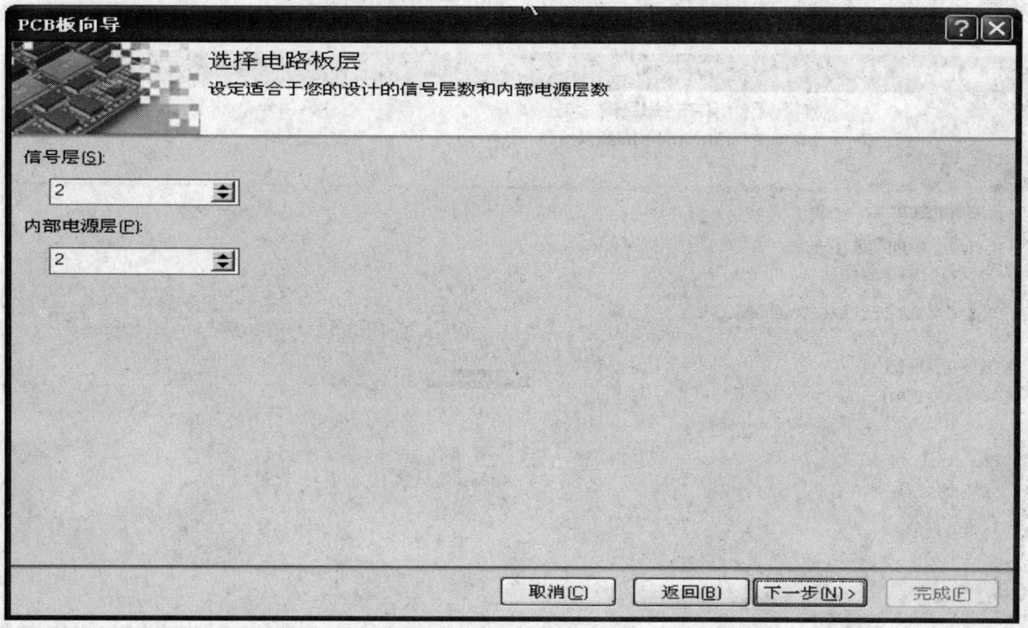

图8-19　电路板层设置

本项电路板层，信号层设置为 2 层（这里只能设置 2、4、6 等双数层），内电层设置为 0。

（6）选择过孔风格。在图 8-19 中单击“下一步”按钮，进入选择过孔风格窗口，用于对过孔进行设置，本项目选默认第一项即可，如图 8-20 所示。

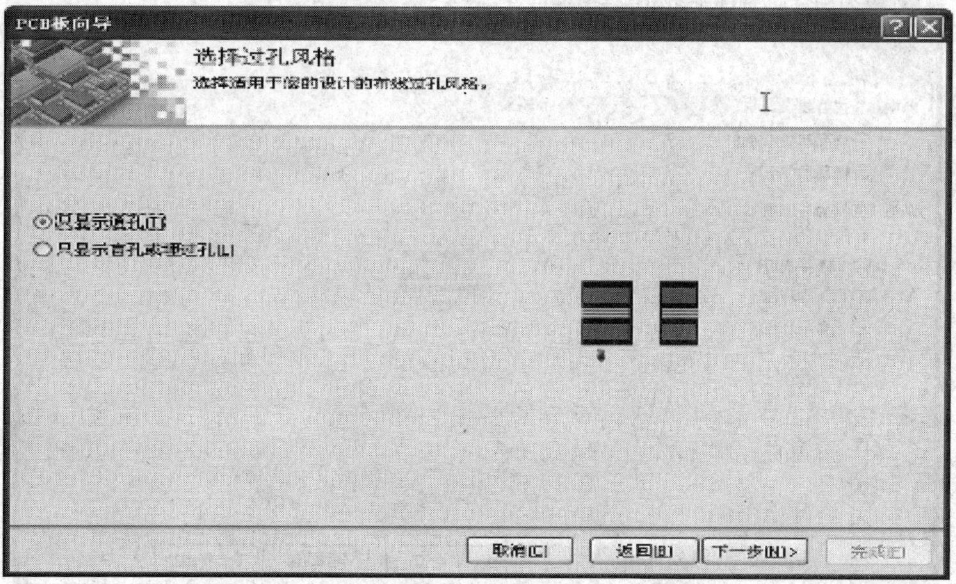

图8-20　选择过孔风格

（7）选择元件和布线工艺。在图 8-20 中单击“下一步”按钮，进入选择元件和布线工艺窗口，如图 8-21 和图 8-22 所示。该窗口用于设置所设计的 PCB 是表贴元件为主，还是以通孔元件为主，表贴元件是放在两面还是单面，通孔元件相邻焊盘间允许通过的导线数是一根、两根还是三根等。本项目选通孔元件，相邻焊盘间导线数选两条。

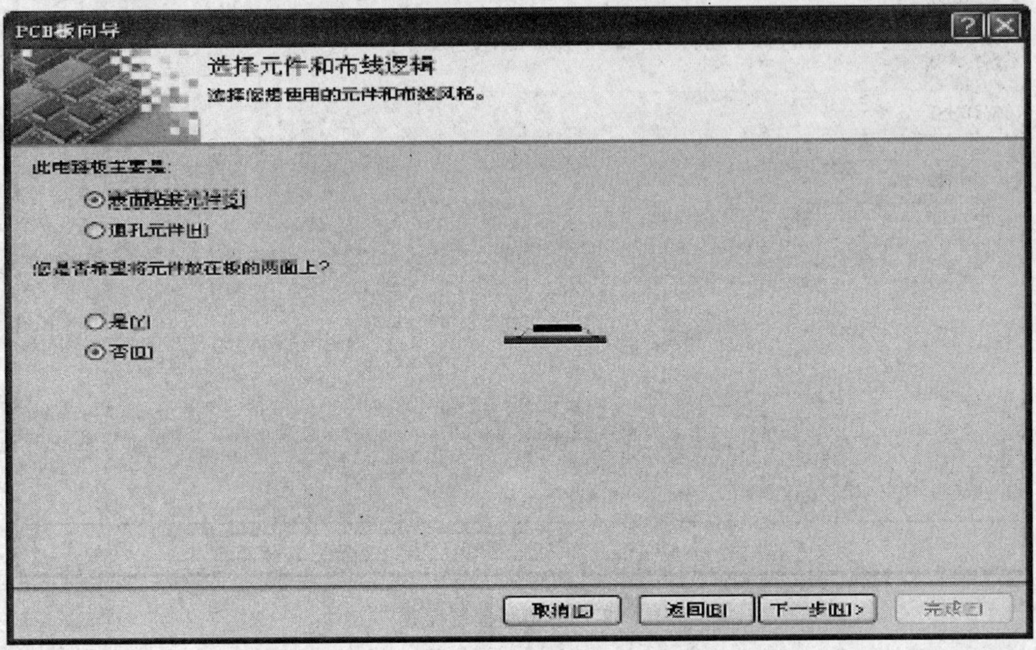

图8-21　板子以表贴元件为主的设置

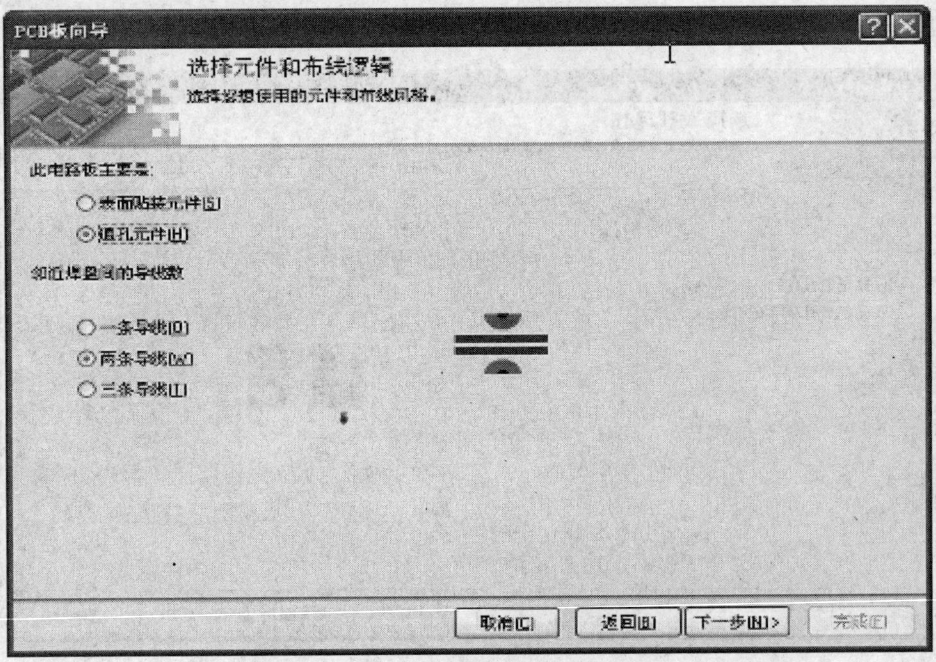

图8-22　板子以通孔元件为主的设置

（8）选择默认导线和过孔尺寸。在图 8-22 中单击“下一步”按钮，进入选择默认导线和过孔尺寸窗口，该窗口用于设置 PCB 的最小导线尺寸、最小过孔最小过孔宽、最小过孔孔径和最小间隔，如图 8-23 所示。本项目用默认选项即可。

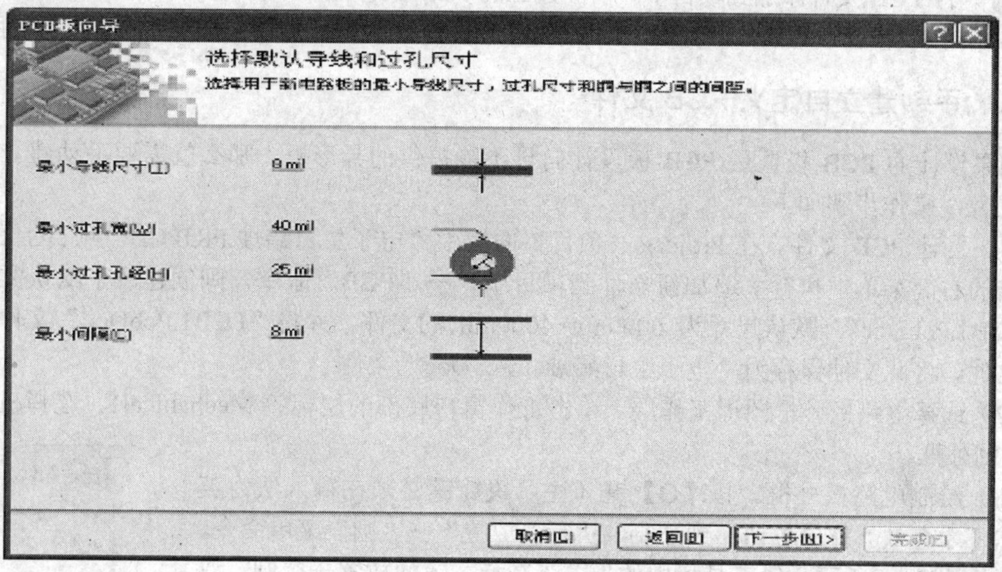

图8-23　选择默认导线和过孔尺寸

（9）完成电路板向导。在图 8-23 中单击“下一步”按钮，进入电路板完成向导窗口，如图 8-24 所示，表示所创建的 PCB 文件的各项设置已经完成。单击“完成”按钮，系统可根据前面的设置生成一个默认名为“PCB1.PcbDoc”的新 PCB 文件，同时进入 PDB 设计环境，如图 8-25 所示。此文件还是在内存中，并没有保存在硬盘中。没有保存的 PCB 文件是不能导入网络表数据的。

图8-24　完成PCB创建

图8-25　完成向导的电路板

（10）保存并更改文件名称。单击主菜单中的“ ”按钮，弹出保存路径选择对话框，选择本项目文件夹“电子生日蜡烛”，并保存为“电子生日蜡烛.PCBDOC”文件。其他保存方法前面已介绍，在此不赘述。

（11）将 PCB 文件添加到项目中。前面建立的 PCB 文件是一个自由文件，并没有添加到指定项目中，按项目五中的任务五步骤（3）方法将“电子生日蜡烛.PCBDOC”文件添加到项目中。

二、手动建立自定义 PCB 文件

如果设计的 PCB 板框是 PCB 板设计向导不能提供的异形板，那么就需要手动建立新的 PCB 文件，操作步骤如下：

（1）创建 PCB 文件。在 Projects（项目）面板中“电子生日蜡烛.PRJPCB”项目上右击，在弹出的右键菜单中执行“追加新文件到项目中”→“PCB”命令，则创建一个默认文件名为“PCB1.PcbDoc”，默认尺寸为 6000mil×4000mil 的文件，并将“PCB1.PcbDoc”文件置为当前文件。将此文件保存为“电子生日蜡烛 1.PcbDoc”文件。

（2）选择电路板外框图形工作层。单击工作窗口底部的层标签 Mechanical1，选择机械层 1 画板的外框。

（3）绘制电路板外框。按【Q】键（注：快捷键必须在输入法为英文状态下才有效）将单位切换到公制，执行“放置”→“圆”菜单命令，或单击如图 8-26 所示一般工具栏中的“ ”图标，随便放置一个圆，双击圆打开如图 8-27 所示的“圆弧”属性对话框，为了绘图方便，将中心坐标设置为（100mm，100mm），半径设置为 60mm，关闭对话框，所示的绘好外框。

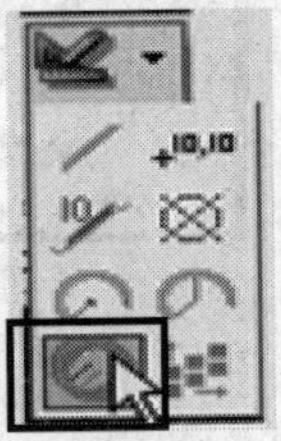

图8-26　一般工具栏

（4）绘制禁止布线区。单击工作窗口底部的层标签 Keep-Out Layer，按（3）绘制一中心在（100mm，100mm），半径为 58.5mm 的圆，为了自动布线方便，可以执行“编辑”→“原点”→“设定”菜单命令，光标变成十字形，将光标移到圆心（100mm，100mm）处单击（为了准确移动，可将捕捉光栅设置为 1mm），即将坐标原点设置在板框中心处。绘制的 PCB 板框如图 8-28 所示。

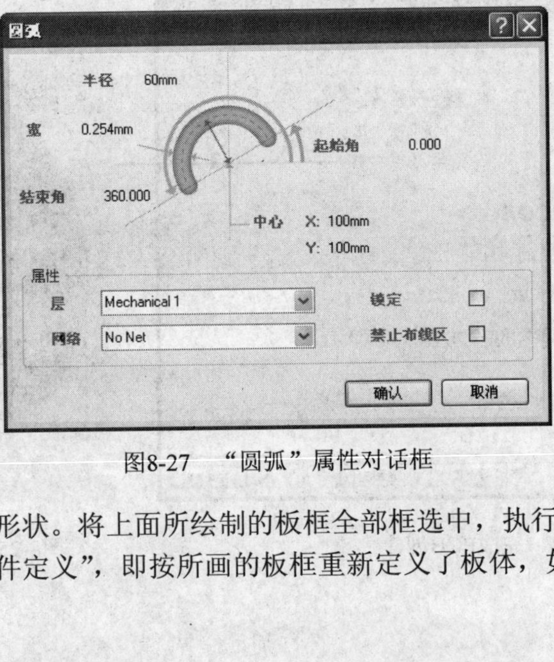

图8-27　“圆弧”属性对话框

（5）重新定义板体形状。将上面所绘制的板框全部框选中，执行“设计”→“PCB 板形状”→“根据选定的元件定义”，即按所画的板框重新定义了板体，如图 8-29 所示。

图8-28　绘制的PCB板框

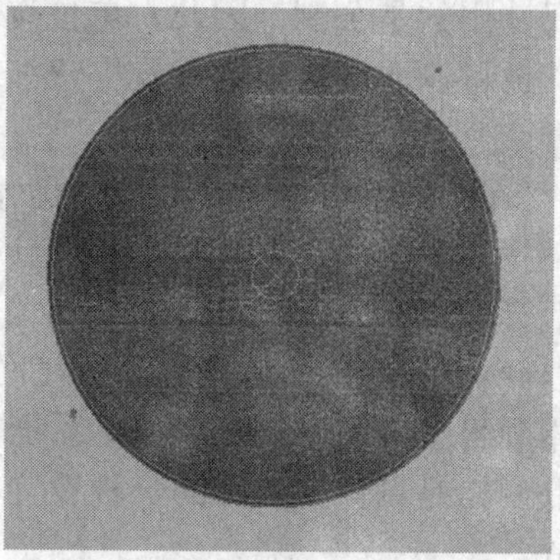

图8-29　重新定义的板体

任务三　设置 PCB 的编辑环境

PCB 编辑环境的设置主要包括 PCB 选项设置、PCB 板层次颜色设置、添加图纸模板、PCB 板层数设置等。在用向导创建的电路，这些设置大多自动或在向导步骤中已设置好，而手动创建的或由机械图导入的电路板，在板框和板体定义好后，还要进行以上相应设置，才能更好地设置 PCB 图。

一、PCB 板选项设置

执行“设计”→“PCB 板选项”菜单命令，弹出如图 8-30 所示的“PCB 板选择项”对话框，可以对测量单位、网格、图纸等参数进行设置。

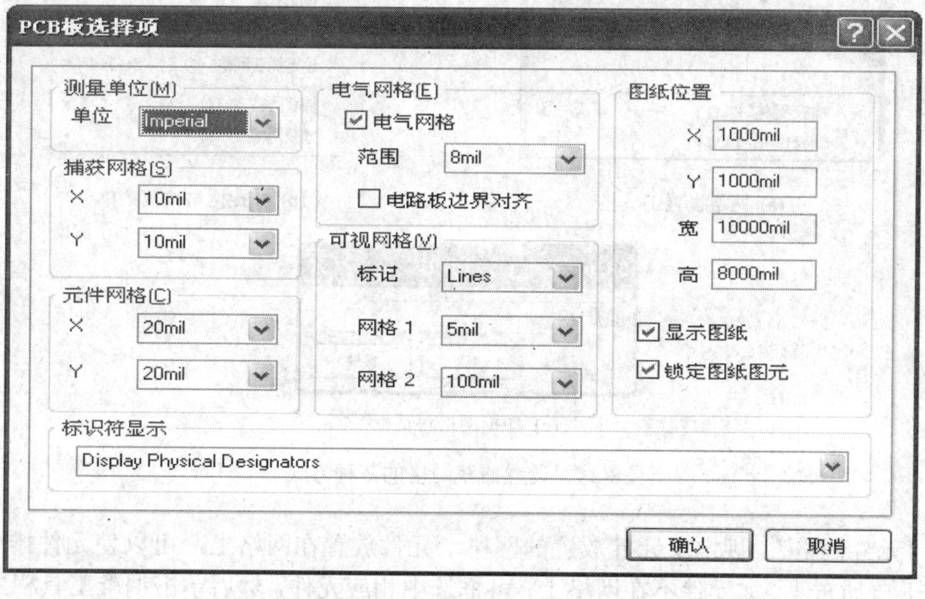

图8-30　“PCB板选择项”对话框

（1）“测量单位”：设置 PCB 板面设计的度量单位。单击选项右侧的下拉列表框，可选择英制单位（Imperial）或公制单位（Metric）。一般通孔元件尺寸用的是英制，现在高密度板元件尺寸用的是公制，因此，单位选择与所选用的元件有关，本例中用英制。在 PCB 编辑窗口，也可以通过执行“查看”→“切换单位”菜单命令或按【Q】快捷键在公制和英制中切换。

（2）“捕获网格”：是光标每次移动的最小距离，正确的设置有利于精确定位。单击选项右侧的下拉列表框，可设置其大小，也可手动填写。一般捕获网格设置为管脚距离的约数（例如，一般管脚距离为 100mil，网络有 25mil、50mil、100mil，这样，网格就是管脚距离的约数），这样所有元件引脚焊盘容易放在网格上。它可以按照需要分别设置 X 轴和 Y 轴的捕捉网格。本项目（电子生日蜡烛）用系统默认的设置，即 X 轴和主轴都为 10mil。

捕获网格是设计中常用的一种设置，在设计中常要根据需要随时变动。一般有以下三种设置方式：

① 在 PCB 设计窗口中，单击网格工具“”图标弹出图 8-31(a)所示网络选择菜单；

② 按快捷键【G】弹出图 8-31(b)所示的捕捉网格选择菜单选择；

③ 还可以按【Ctrl】+【G】组合键弹出图 8-31(c)所示的对话框手动填写捕捉网格。

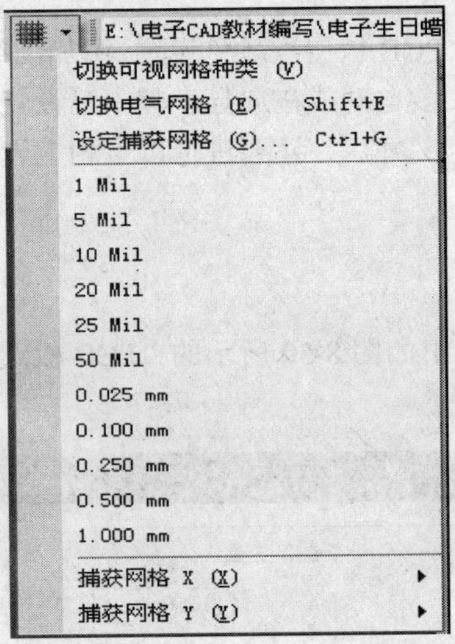

(a) 网格设置工具栏

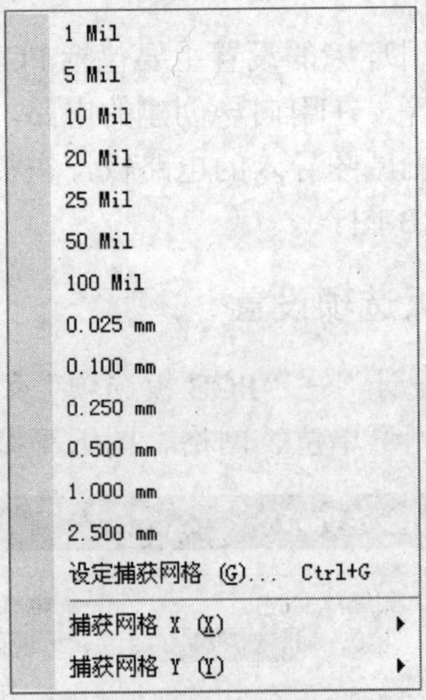

(b) 捕捉网格快捷菜单

(c) 捕捉网格对话框

图8-31　设置捕获网格的三种方式

（3）“元件网格”：规定了元件放置的网格，元件放置在网格上，可以使元件排列整齐美观，有利于自动布线。如元件不在网格上，可框选中相应元件，然后单击调准工具栏中的“”图标，即可将选中的元件移到最近元件网格上，如图 8-32 所示。元件网格与捕捉网格一样可以在 X 轴与 Y 轴上分别设置。本例用系统默认值。

（4）“电气网格”：与原理图中电气网格作用相同，当光标处在电气网格范围内，能自动跳到电气对象，电气网格作用优先于捕捉网格。这个值也一般用系统默认值。

提示：怎样连接到一个不在网格的对象上呢？由于电气网格优于捕捉网格，当电气网格打开时，就可以容易连接到一个非网格对象。用快捷键【Shift】+【E】可以打开或关闭电气网格功能，此快捷键在原理图中也适用。

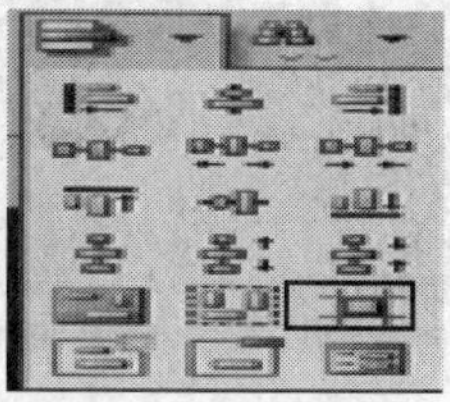

图8-32 调准工具栏

（5）“可视网格”：系统提供两种可视网格作为布线和移动的可视参考，可以根据工作任务需要设置。两种网格是为了适应窗口的不同放大水平面而设置的，如工作区上看不到可视网格，则说明放大水平要么过大，要么过小。可视网格的形状可在“标记”下拉列表中设置为“线”（Line）式或“点”（Dots）式，一般默认为“线”式。

（6）“图纸位置”：图纸在 Protel 2004 的 PCB 编辑器中是一个特殊的画图功能，可以在输出时为板图加上图纸，便于图纸的管理。当建立一个新的 PCB 文件时，默认的 10000mil×8000mil 大小的图纸自动地建立了。

图纸的显示与否，取决于“显示图纸”复选框，选中时显示图纸衬板。系统默认图纸衬板为黑色，当图纸加载有模板，是看不到模板的，必须在“板层和颜色”对话框中将“Sheet Area Color”设置为白色（在本任务＼二进行学习），才能看到图纸模板。

为了防止修改图纸，勾选“锁定图纸图元”复选框，可以锁定图纸的原始图素。

X、Y 给出图纸左下角的坐标；“宽”、“高”分别给出图纸的宽度和高度。

二、板层和颜色的设置

板层和颜色的设置主要是设置要显示的板层和各板层显示的颜色。Protel 工作层面虽然多达 74 层，但在实际设计中使用的并不会有这样多，设计中常显示的也是部分板层，因此正确的板层和颜色设置，可以使我们在设计 PCB 的过程中能便捷地在各板层间切换，提高工作效率。

执行“设计”→“PCB 板层与颜色”菜单命令，弹出如图 8-33 所示的“板层和颜色”对话框。设置的详细内容如下：

（1）设置信号层与内电层。信号层与内电层的使用与否，在图层堆栈管理器中进行设置，在此对话框通过对应层后的复选框的勾选来控制其是否显示。

（2）设置机械层的层数。只要在机械层框“有效”栏中，选中某一层的复选框，该层即初设置启用，在 PCB 编辑窗口下才会出现相应层标签。用同样的方法可以选择其他机械层，取消选中即可撤消该层的启用，PCB 编辑窗口下相应层标签也就不显示。

（3）设置屏蔽层、丝印层、其他层和颜色体系栏中的某些层。与机械层的启用方法相同。

（4）设置各层的显示颜色。单击各层右侧的颜色框，即可弹出如图 8-34 所示的“选择颜色”对话框，选中某一合适颜色，确认后，即可达到设置相应层显示颜色的目的。板层颜色如调乱了，不利于正确区分各层，这时可用图 8-33 所示对话框右下角的“默认颜色设定”和“类颜色设定”按钮还原为系统的设置。

注意：“默认颜色设定”和“类颜色设置”对应的系统颜色是不同，一般用“类颜色设置”，“Sheet Area Color”系统的“类颜色设置”为黑色，要将其设置为白色，这样才能看到 PCB 图纸模板。

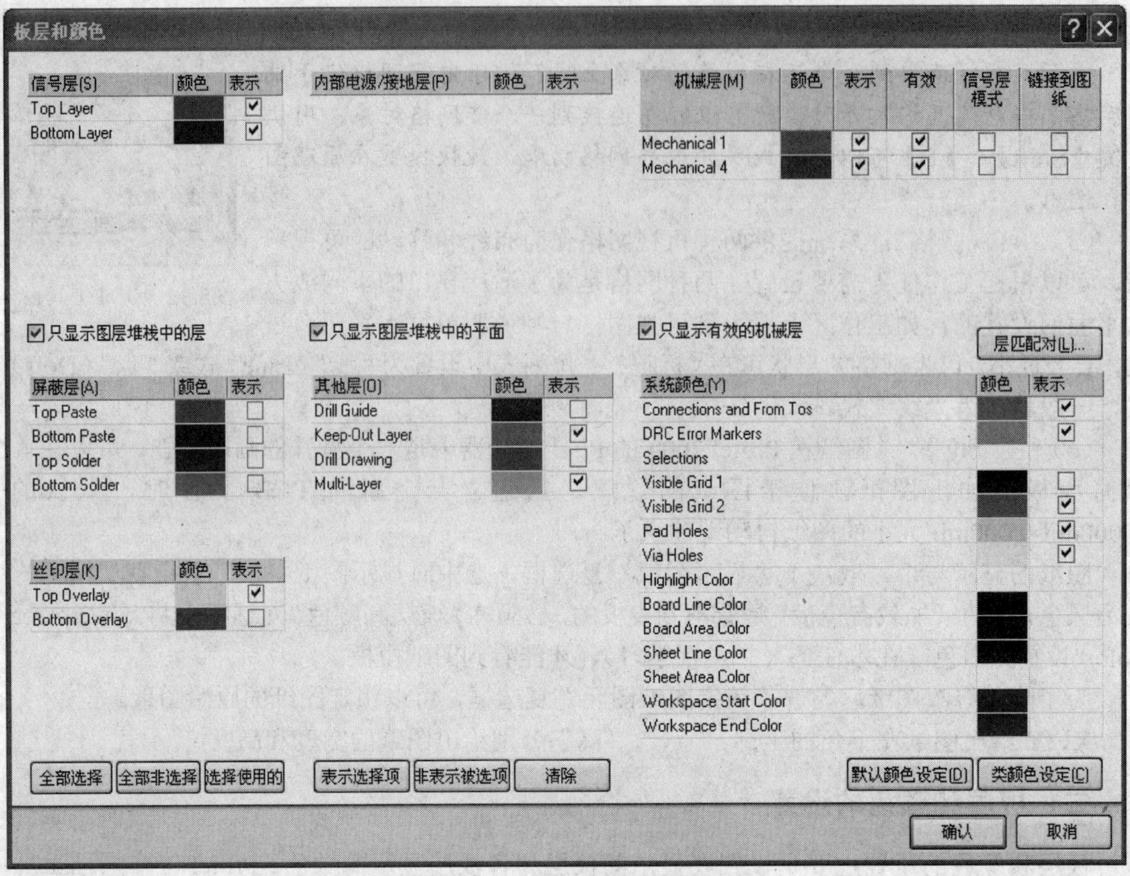

图8-33 “板层和颜色”对话框

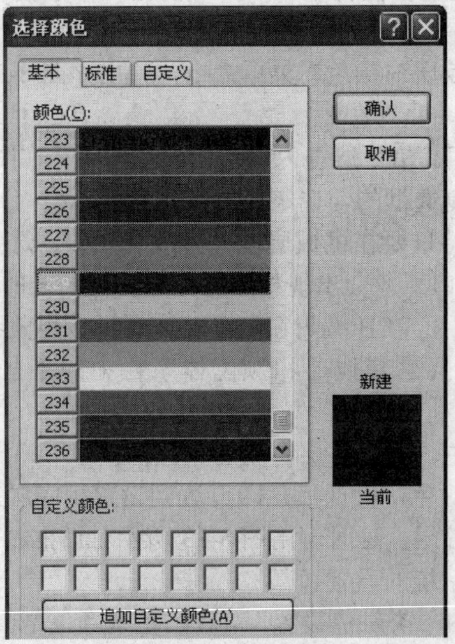

图8-34 “选择颜色”对话框

三、板层管理

印制电路板的板层，从绘制 PCB 的角度看，重要的是信号层和内电层等工作层面。Protel DXD 2004 的 PCB 编辑器为用户提供了功能强大的板层堆栈管理器，在板层堆栈管理器内可以进行添加、删除工作层，还可以更改各个工作层的顺序。用向导建立的 PCB，板层可以在向导中设置；手动建立的 PCB，信号层和内电层的添加、删除在板层堆栈管理器中进行，当然用向导创建好的电路板，如要更改板层设置，也可用堆栈管理器修改。设置板层的具体操作如下：

（1）执行“设计”→“层堆栈管理器”命令，弹出如图 8-35 所示的“图层堆栈管理器”对话框。

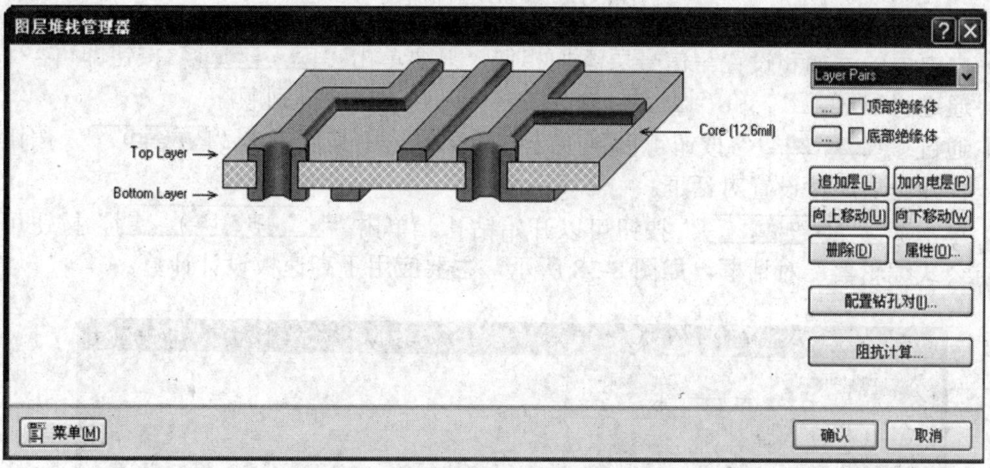

图8-35　“图层堆栈管理器”对话框

（2）在图中选中“Top Layer”层，单击“追加层(L)”按钮可以增加一个信号，再单击一次，则又增加一信号层，如图 8-36 所示。

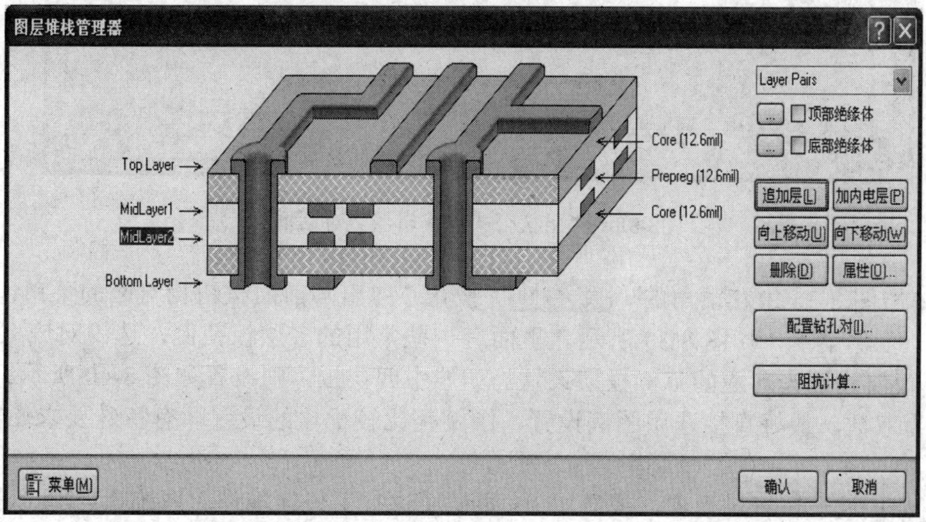

图8-36　添加了两信号层图例

（3）双击“MidLayerl”弹出如图 8-37 所示的“编辑层”对话框，可以对编辑层名称和铜厚度进行设置。

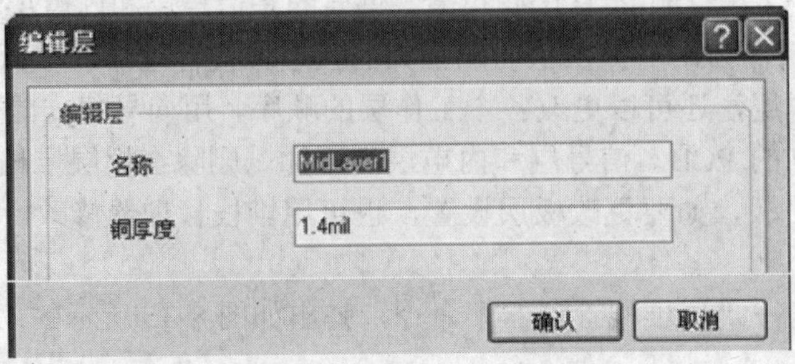

图8-37　编辑层对话框

（4）内电层的添加和设置与信号层添加相似，只要单击“加内电层(P)”按钮即可。

（5）通过“向上移动(U)”和“向下移动(W)”按钮可以修改层的排列顺序。

（6）通过“删除(D)”按钮可以删除选中的层，选中某层单击“属性(O)...”按钮，与双击层一样弹出层属性设置对话框。

（7）单击“配置钻孔对(I)...”按钮可以开始钻孔。单击“阻抗计算...”按钮可以打开“阻抗公式编辑器”对话框，如图 8-38 所示，主要应用于高速板设计计算。

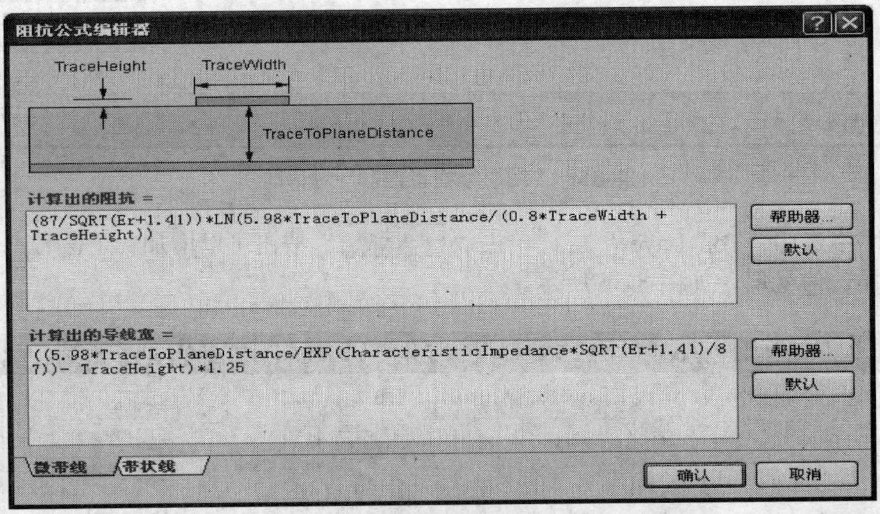

图8-38　“阻抗公式算编辑器”对话框

（8）单击图 8-36 中左下角的“菜单(M)”按钮，弹出与前面按钮相对应的菜单，在菜单最上方有一范例菜单，如图 8-39 所示。里面有一些常用的多层板范例，选中对应菜单，可以将 PCB 板层设置为对应的范例板层设置。如选中四层板，则设置如图 8-40 所示。多层板层数一般为双数，最好直接选用图例设置，图例是比较优化的设置，有特殊要求还需自己设置。

注意：如板层已进行过设置，或在 PCB 报层中进行了任何操作，系统就会阻止范例的应用，并弹出板层已设置过的对话框。

（9）勾选“顶部绝缘体”和“底部绝缘体”复选框，可以为顶层和底层添加绝缘层。

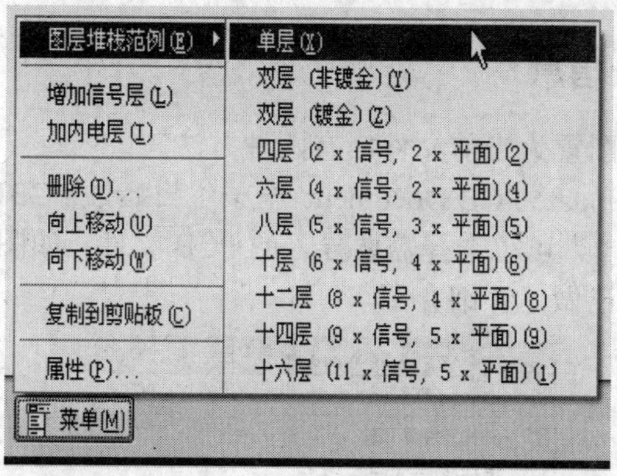

图8-39 层堆栈编辑菜单

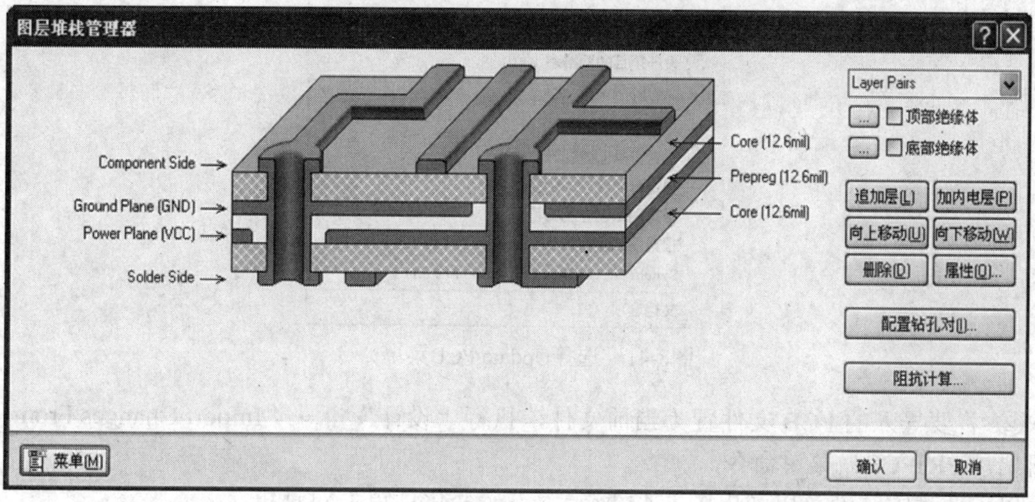

图8-40 四层板范例

任务四 传递设计信息到 PCB 文件

传递设计信息就是将原理图文件中元器件连接关系、元器件的封装等信息导入 PCB 文件中，为元器件布局和布线做好准备。传递设计信息到 PCB 文件中，可以用原理图与 PCB 间的双向同步方式进行，也可以通过网络表传递信息，本书主要介绍前者。

一、加载相关原理图元件库和 PCB 封装库

在将原理图信息传递到空白 PCB 之前，应当确认与原理图和 PCB 相关联的所有的库均处于加载可用状态。如果使用的是集成元件库，那么所有封装都已经指定、包括在内了。如果使用的是独立的原理图元件库和 PCB 元件库，就需要将带有需要的封装器件的库加载到 PCB 库列表中。

在项目七，我们自制了“电子生日蜡烛”所需的“LED1”和“生日快乐音乐片”的封装。按项目七的方法给该项目所需的所有元件加载封装。

提示：由于 PCB 设计是要实现我们的设计，所以项目一定要已经编译通过，并且将原理图中的所有错误修复，才能去传递设计信息到 PCB。

二、从原理图传递设计信息

（1）将项目任一原理图置为当前文件，有两种方法：

① 执行“设计”→“Update PCB Document 电子生日蜡烛.PCBDOC”（项目中有多个 PCB 文件，就会有多个类似菜单，可以选择需要导入的 PCB 文件，如图 7-41 所示）菜单命令。该方法在项目六的任务六中已做了详细介绍。

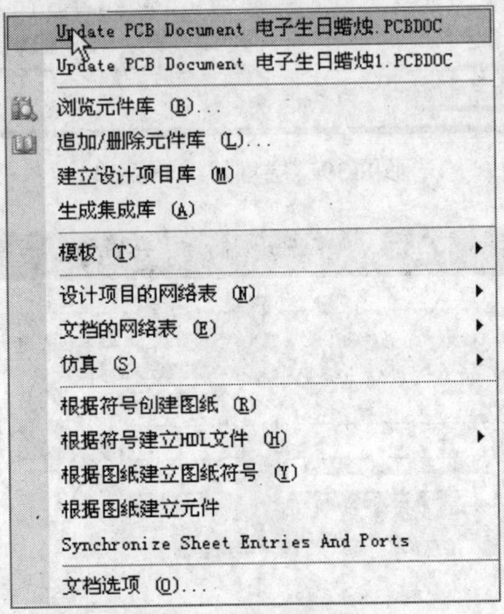

图8-41 选择Update PCB菜单命令

② 将要导入的 PCB 文件置为当前文件，执行“设计”｜→“Import Changes From 电子生日蜡烛.PRJPCB”菜单命令。

以上两种方法都可以弹出图 8-42 所示“工程变化订单”对话框。

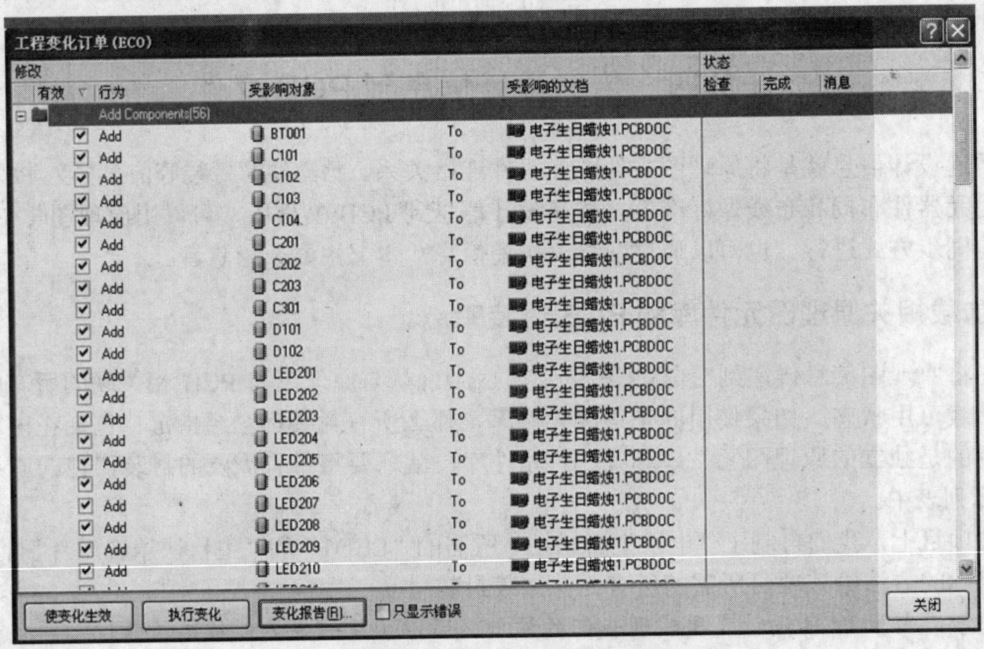

图8-42 “工程变化订单”对话框

（2）在图 8-42 所示的对话框中，列出了项目中所有的元件信息，每个对象左边有个加载复选框，可以通过勾选或不勾选，选择是否要加载导入。单击“使变化生效”按钮，系统对所有元件信息和网络信息进行检查，注意“状态”栏的变化：如果所有变化有效，检查状态列出绿色勾选状态，说明信息传递没有错误，如图 8-43 所示；如某对象传递中有错误，则相应行状态显示红色叉，并在消息栏列出错误类型。

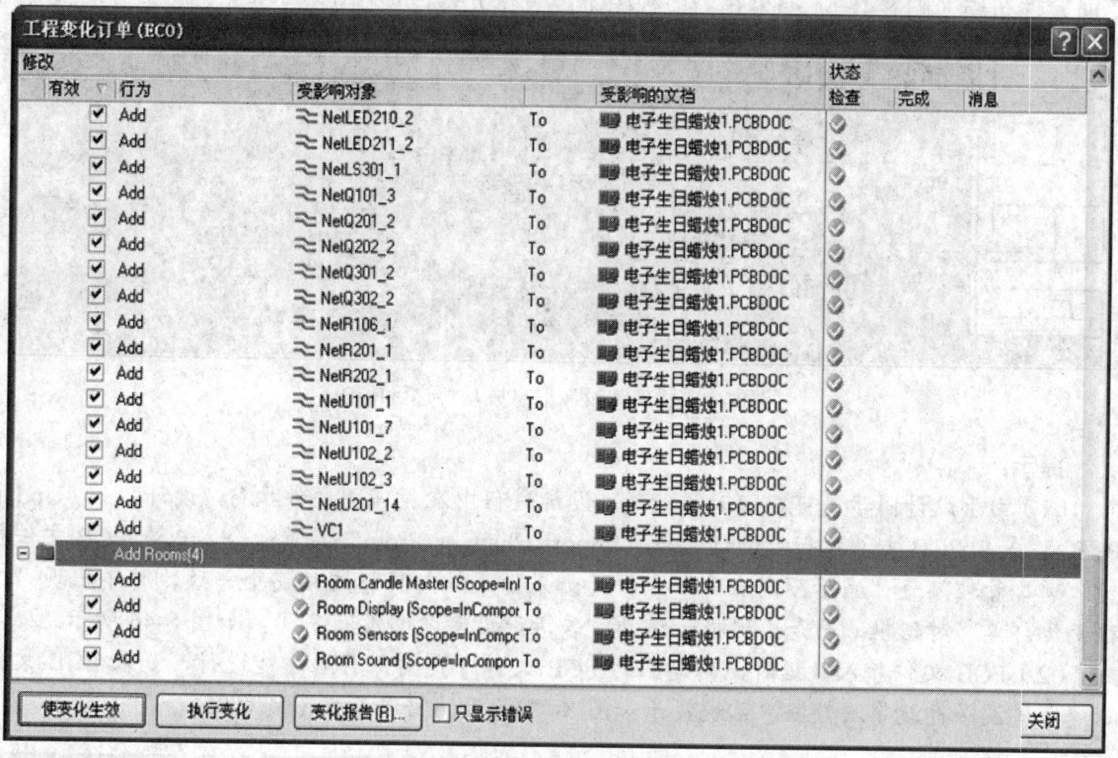

图8-43　项目改变检查报告

（3）若有错误，查看错误类型，关闭对话框，检查“Messages”面板（图 8-44），如面板没打开，可单击编辑窗口下方 System 面板，在弹出的标签中选择。在 Messages 面板中，没有错误的加载项前都有“Extra”字符，没有该字符的即是错误项。排除所有错误才可进行下面步骤。

图8-44　“Messages”面板

（4）重复（1）~（3），直到解决所有问题，即图 8-45 所示的“Messages”面板中对话框状态栏全都是绿勾，没有红叉，即可进行下面步骤。

（5）单击图 8-43 对话框中“执行变化”按钮，将所有元件信息和网络信息变化传递到PCB，完成后，状态栏添加“完成”标记（绿色对勾）。

（6）如果需要，单击“变化报告(R)...”按钮，会弹出 PDF 格式报告文件。单击“关闭”按钮，关闭对话框。目标 PCB 打开，元件、连接的网络关系及层次设计时依据子图产生的 Room 一并出现在板子的右端，按原理图设计的各个子图，Room 以及封装类型排列好，准备后面元件布局（图 8-45）。如果在当前视图不能看见元件，使用热键【V】、【D】显示。

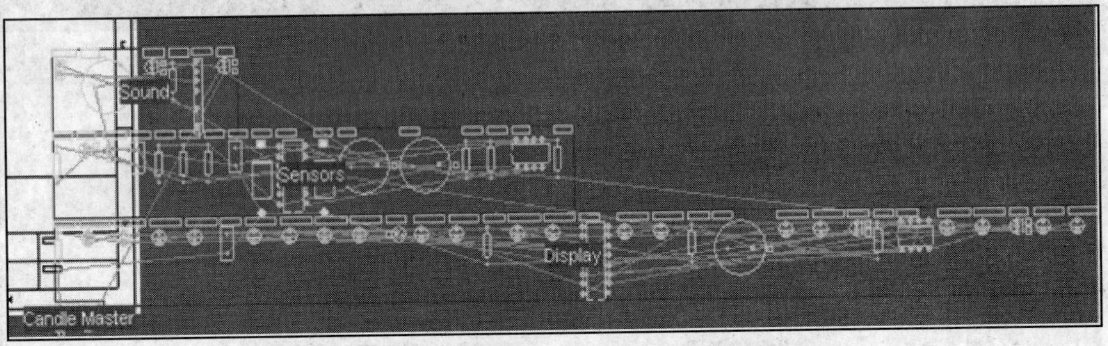

图8-45　原理图设计信息成功传递到PCB

提示：

（1）由于设计同步是可以随时进行的，设计过程中在原理图文件执行“设计”→“Update PCB ”或在 PCB 文件执行“设计”→“Import Changes From”菜单命令，或在 PCB 文件执行“项目管理”→“显示不同点”命令时，如果源文档与目标文档完全一致，将不出现“工程变化订单”对话框，而是出现提示信息，告诉设计者之间没有不同，如图 8-46 所示。

（2）PCB 文件导入数据时，新建立的 PCB 文件一定要保存后才能进行，如果 PCB 文件刚建立还没保存就导入数据，系统提示如图 8-47 所示的错误而找不到原因。

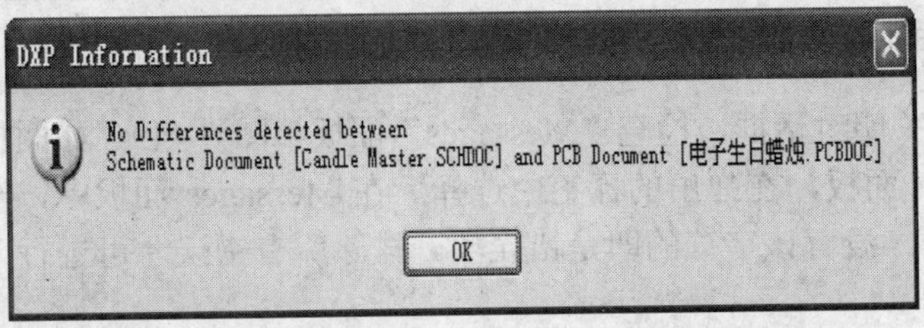

图8-46　提示设计文档之间没有不同的提示信息

图8-47　不能加载数据的错误提示

三、解决传递过程中的错误

当从菜单中执行“设计”→“Update PCB”命令，同步器快速检查原理图在传递设计信息时可以发生的问题。检查内容有：没有元件标号的元件、重复标号的元件、未指定封装的元件，以及当前 PCB 编辑器中是否有有效的封装。

逐项解决这些警告：重新标注元件标号、查出遗漏的封装以及检查加载的库等。

从原理图传递信息到 PCB 时的常见错误一般可分为两类：

（1）元件封装——丢失元件（Footprints Not Found XX）：“XX”为封装名称。其原因通常是在网络表的元件信息中丢失封装（这种情况不会指出封装名），忘记将所需的元件库加入当前库表，当前库列表中没有合适的元件封装则会在后面指出封装名“XX”。

（2）引脚遗漏（Node Not Found）——通常是新封装与老封装不匹配，即原理图元件的引脚号与 PCB 元件脚号定义不一致。

例如，晶体管元件的管脚，原理图库中描述成“E、B、C”，PCB 库中可能描述成“1、2、3”。同样情况，如二极管，在原理图中常定义为“A、K”，PCB 库中定义为“1、2”。这样原理图符号与 PCB 封装引脚定义不同，就会产生错误。

对于这情况，可以修改 PCB 封装来匹配原理图，也可以修改原理图符号来匹配 PCB。

如果使用的是集成库，情况就简单多了。在集成库中，原理图的元件符号带有定义好的 PCB 封装，只要加载集成库，原理图编译通过，传递到 PCB 中就不会有问题。

提示：从 Protel DXP 开始，引脚遗漏类错误在 ECO 对话框内不再有提示，如果没注意这方面错误，导入 PCB 可能难以察觉。Protel 2004 的元件属性对话框中含有元件引脚编辑器，在前面建立封装时已经介绍过。可以进行原理图元件符号与 PCB 封装焊盘之间的对应情况的编辑，使它们相匹配。所以如果注意了引脚匹配问题，加载了相应的封装库就不会出现这样的问题。

任务五 PCB 规则设置

PCB 设置规则是设计过程中的一个重要组成部分，先布板后检查的做法已经不可能满足当今的设计需求。当今的设计不但要求将指定的需求应用到个别的网络、元件或板区域，还要求考虑到那些诸如串扰、反射和网络长度等问题。为了成功完成这类设计，需要一个能监视和测试这些要求的工具。Protel 2004 通过定义设计规则来实现这项工作，只要设计违背规则，检查工具就会查到违规的地方。

因此，设计规则要在开始设计 PCB 前设置好，设置的设计规则要体现设计者的设计思想。手工布线和自动布线过程中注意到这些设置的规则并加以遵循，全部的 PCB 设计工作就都可以按照设计者的要求进行了。

一、设计规则概述

在 PCB 编辑器，执行“设计”→“规则…”菜单命令，弹出如图 8-48 所示的“PCB 设计规则和约束编辑器”对话框。编辑器右面板中的列表依赖于左面板中所选择的规则类。左面是一个树控件，选中顶部的“Design Rules”项，对应右面板中将排列出整板的所有规则。下面列举了 10 个大类规则，每选一个规则类，右面板中就会列出相应于该类的规则。如果单击某类规则小“+”号下面的某条具体规则，则对话框右面将列出该条规则的详细定义信息，如图 8-49 所示。

Protel 2004 的设计规则非常丰富，几乎覆盖设计任务的全过程。这些规则涉及间距、对象几何形状、布局、并行问题、阻抗控制、信号完整性、布线优先级和布线拓扑等。

规则分为 Electrical（电气规则）、Routing（布线规则）、SMT（SMT 元件规则）、Mask（阻焊规则）、Plane（内部电源层规则）、Testpoint（测试点规则）、Manufacturing（制造规则）、High Speed（高速电路规则）、Placement（布局规则）和 Signal Integrity（信号完整性规则），如图 8-50 所示。

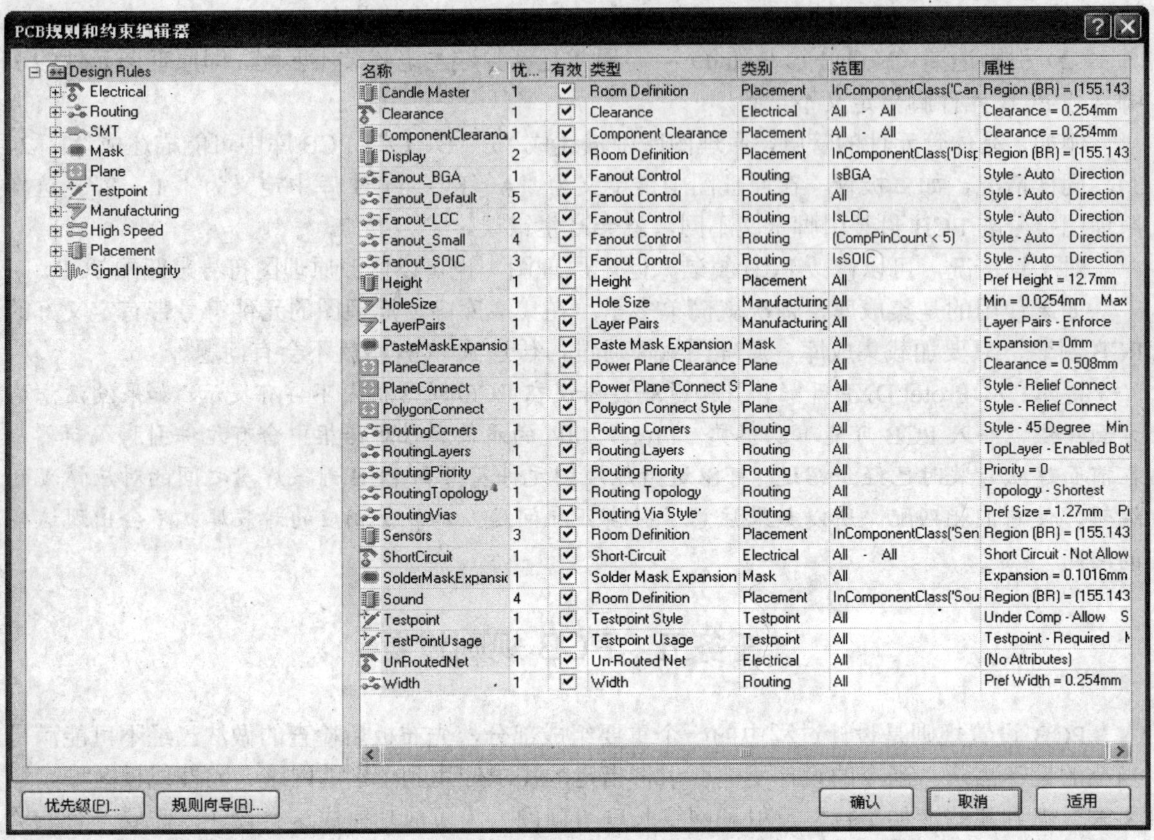

图8-48 “PCB规则和约束编辑器”对话框

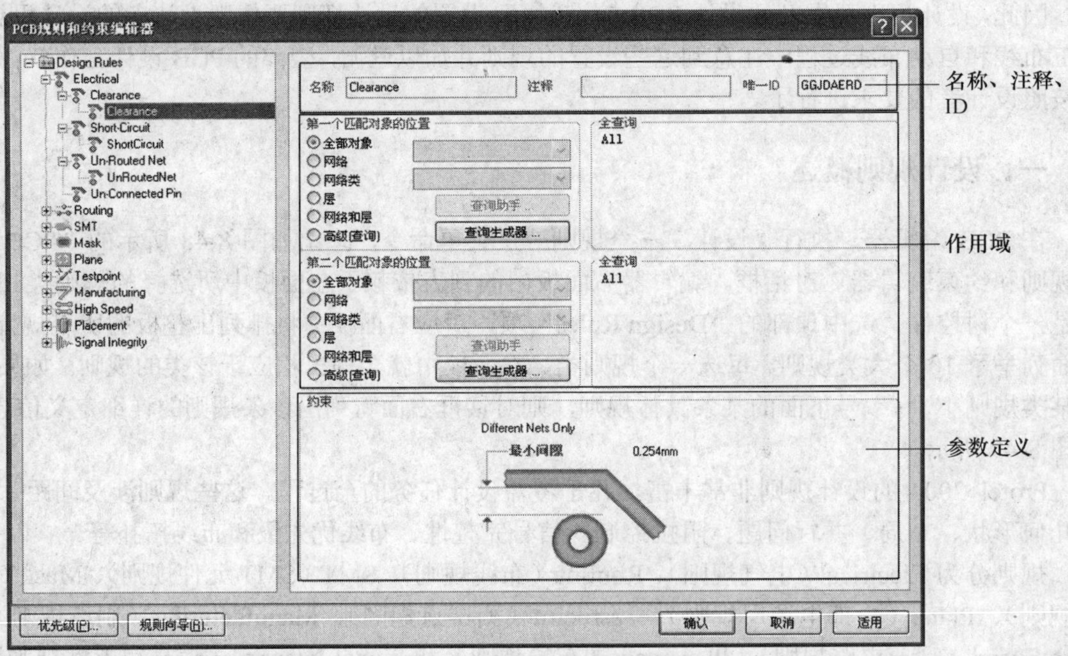

图8-49 具体规则的详细定义信息

每个规则的种类在对话框左边的设计规则树控件中列出。在规则的类别名称上双击，或者单击其左边的“+”号，即可展开这一类规则的详细列表，单击需要要设置的规则行，进行这个规则的设置。如果要添加规则，可在自己选择的规则类别名称上右击，从弹出的快捷菜单（图 8-51）中选择“新建规则”命令，右面板中将会显示新规则设置界面。如果需要删除规则，也可以从快捷菜单中选择“删除规则”命令。规则还可以导入、导出、给出规则报告，这些都是在该快捷菜单中进行。

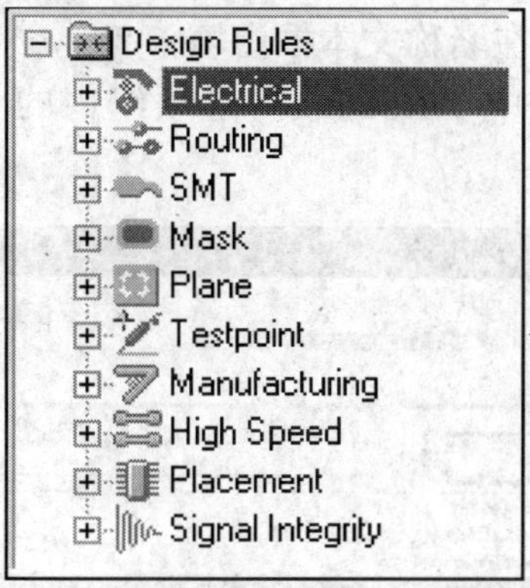

图8-50　设计规则的分类

图8-51　关于规则的快捷菜单

所有的规则都有三个基本组成部分：规则名称、规则作用域和具体规则参数定义。

规则名称位于右面板的上部，可由自己命名。名称后面跟随注释，可对具体规则加以说明。此外还可以给出规则的 ID 号。

提示： *每一条规则都有自己的名称，在建立时自动指定一个默认的名称，在用浏览模式设置规则时，规则的名称将被显示，使用恰当的名称可以简化规则管理过程。*

规则作用域在面板的中间部分设置。每一条规则都有一个作用域定义它的应用范围，规则作用域精确地定义了规则的应用范围：大到整个板，小到单个的焊盘。对同一对象可以定义多个规则，例如，规则为安全间距的应用范围是整个板，而第二安全间距的应用范围是独立的网络，此时规则系统会按一定的层次结构和优先级别排列，优先级别最高的规则被优先采用。

具体规则参数设置于右面板的下部，相对各个不同的规则，有不同的规则设置情况，具体设置在具体规则中介绍。

在规则作用域进行目标对象的设置，设置到同类对象可以使用 Query 查询系统，这些查询可以用手写输入，可以在编辑器下拉列表中直接选择，也可以用高级工具 Query Builder 建立。

设计规则按照作用域分类又可以分为一元规则和二元规则。一元规则应用于一个对象，或一组对象中的每个对象；二元规则应用于两个对象，或一组中的对象和另一组中的对象之间。如布线线宽规则是一个一元规则的例子，它单独应用于规则作用域所标定的每个线段；间距约束是二元规则的一个例子，它应用于一组中的铜对象和另一组中的铜对象之间，它们是由两条规则作用域标识的。当配置一个一元规则时，建立一个规则作用域；当配置一个二元规则时，建立两个规则作用域。

规则设置有多种方法，这里主要学习利用向导设置规则。

二、利用向导设置规则

PCB 设计，根据设计要求有很多设置规则。如果没特殊要求，则系统给出一些必要的默认规则设置；如果有自己特殊要求，则要自行设置。下面以将电源类布线线宽设置为 30mil 为例说明规则设置方法。

（1）将“电子生日蜡烛.PCBDOC”置为当前文件，执行“设计”→“规则向导”命令，弹出如图 8-52 所示的“新规则向导”对话框。

（2）单击“下一步”按钮，进入选择规则类型对话框，在名称文本框内填入“Power Width”，注释可自行填入规则说明，并在下面规则选择框内选中“Routing”选项组内的“Width Constraint”规则，如图 8-53 所示。

图8-52　“新规则向导”对话框

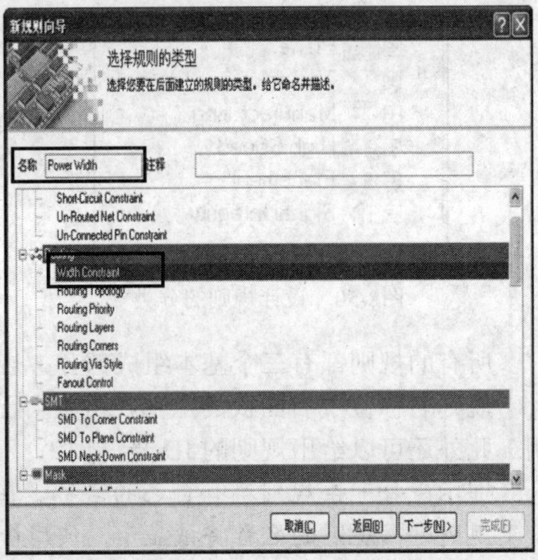

图8-53　“选择规则的类型”对话框

（3）单击“下一步”按钮，进入规则范围选择对话框，这里选择“几个网络”复选框，如图 8-54 所示。

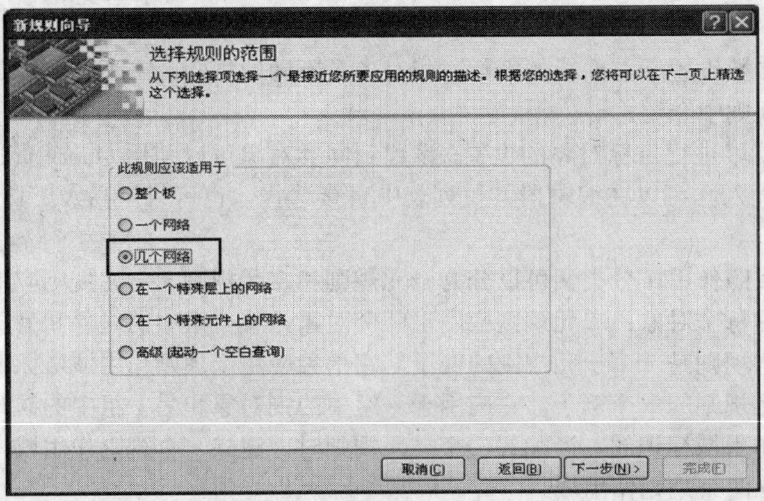

图8-54　“选择规则的范围”对话框

（4）单击“下一步”按钮，进入“高级规则范围”设置对话框，对话框已列出了 4 个预设的匹配并集（OR）关系的网络对象。默认都显示为第一个网络“+6V”，现在在第二个网络对象后点击下拉列表，选中“GND”，下面两个对象后面同样在下拉列表中分别选中“NetC201_1”、“NetC301_1”网络，如图 8-55 所示。

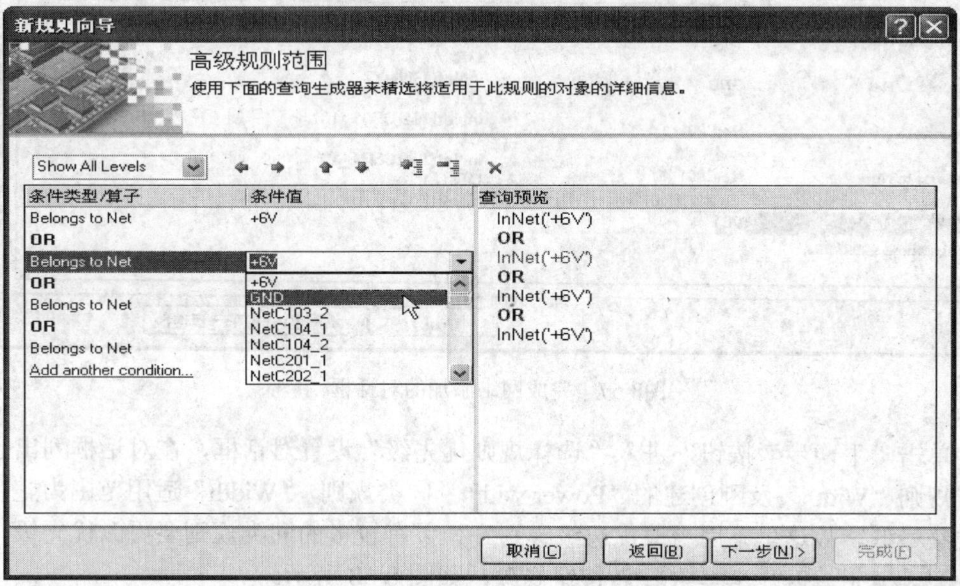

图8-55　“高级规则范围”设置对话框

（5）单击“Add another condition”添加匹配对象下拉列表，选择“Belongs to Net”，用上面同样的方法在后面对象列表中选中 VC1（图 8-56），最后添加完多个网络结果，如图 8-57 所示。

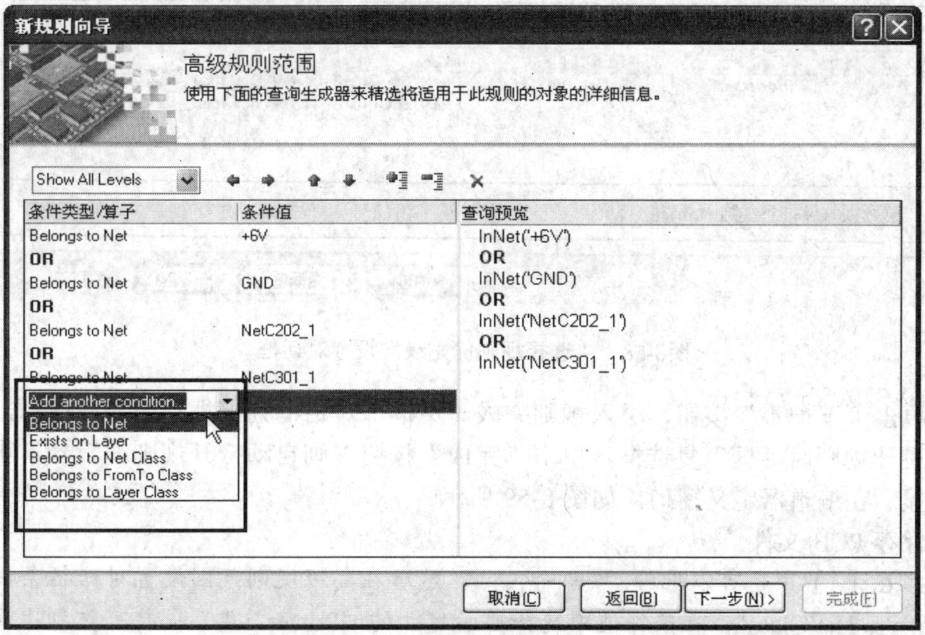

图8-56　添加匹配对象

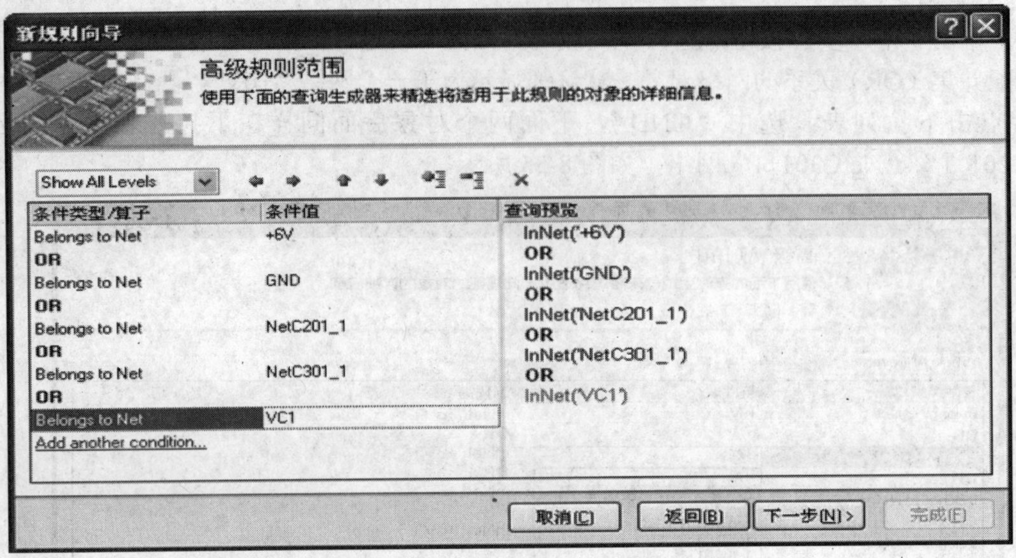

图8-57　完成网络添加的对话框

（6）单击“下一步”按钮，进入“选择规则优先级”设置对话框，在对话框列出了系统默认布线规则“Width”及刚创建的“Power width”同类规则，“Width”适用范围为整个电路板，优先级最低，故这里不用更改优选级级别。如果有较多的同类规则要更改优先级，可用单击“减小优先级(D)”和“增加优先级(I)”按钮修改，如图 8-58 所示。

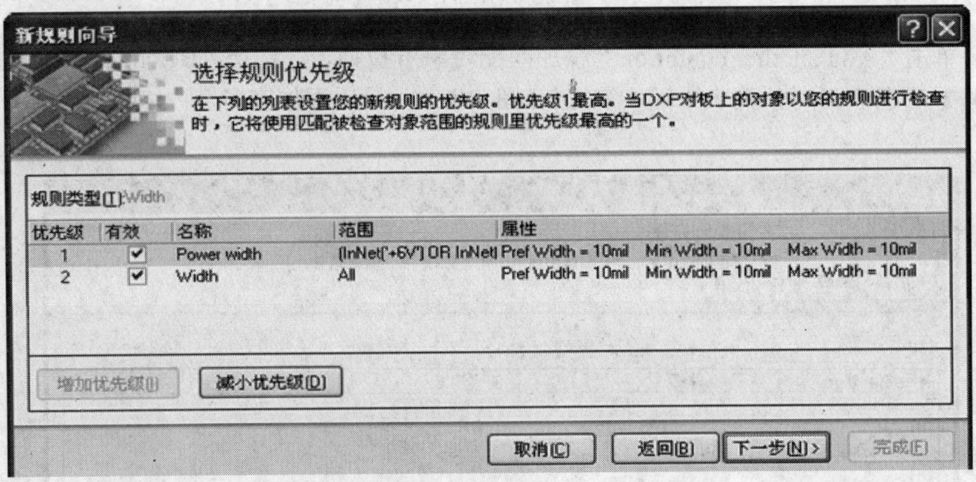

图8-58　“选择规则优先级”设置对话框

（7）单击“下一步”按钮，进入规则完成对话框，对话框列出规则的详细信息，如选中“启动主设计规则对话框”复选框，单击“完成”按钮，则自动打开规则编辑器，刚设置的规则详情显示在编辑器定义窗口，如图 8-59 所示。

（8）保存 PCB 文件。

提示：在（3）中也可以选择“一个网络”，然后在高级规则范围设置对话框条件类型选择“Belongs to Net Class”，在条件值中选择前面建立的“Power”类，同样可达到上面的设置效果。这里充分体现了类的建立，可以使规则设置更方便。

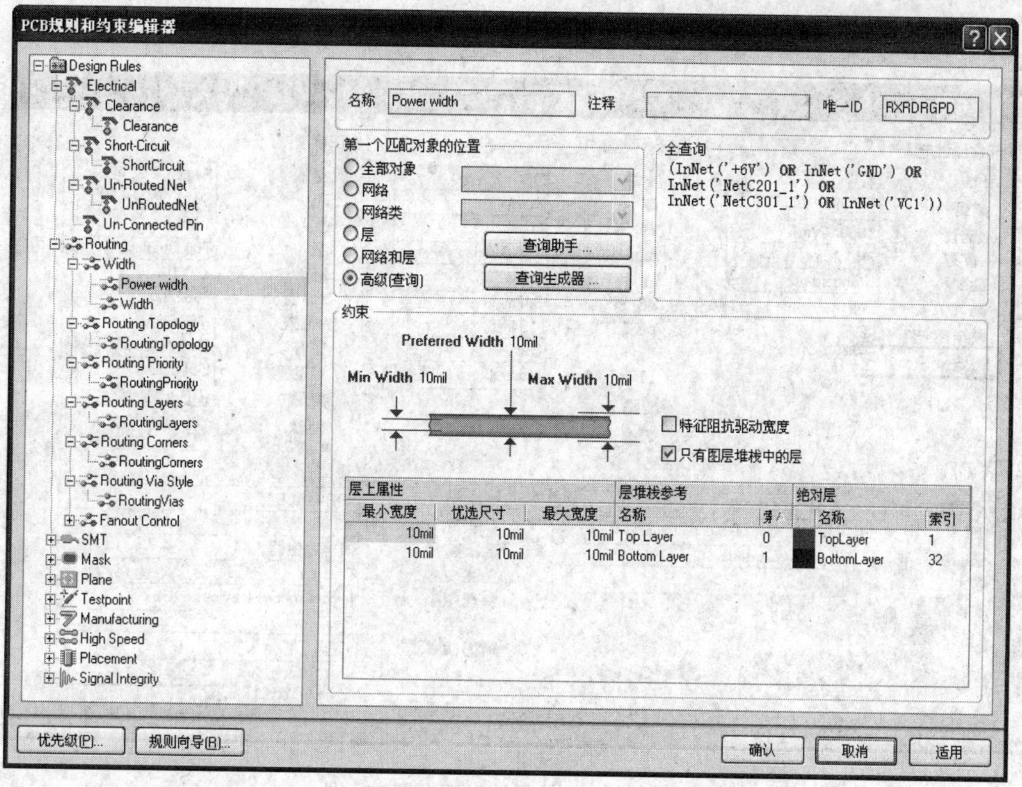

图8-59　规则详情定义对话框

任务六　PCB 布局

PCB 的边界和禁止布线层一经确定，并且成功地传递原理图设计信息后，系统就会自动将元件调入到工作区中。封装排列在板框的右边，并且带有连接信息，同时也包含原理图设计中表达的结构信息（在层次原理图中获取元件的逻辑组）。

在印制线路板的设计过程中，元件布局是一个关键步骤，布线的难易以及最终产品的电气性能在很大程度上取决于元件的布局质量。

PCB 布局的主要目标：在板上布局所有元件；避免违背设计原则；布局元件使布线得以完成。

设计者既可以用交互布局工具下手动布局，也可以通过自动布局器自动布局，或者综合使用这两种布局技术。

一、掌握布局规划及基本原则

（1）保证结构安装需要。首先，要考虑与结构相关的配合装配问题。如按键、发光管、接插件、电位器、可调电感电容等元件，需要按照结构设计师的规划，首先将它们放置到板上准确的定位位置上，使用光标的坐标位置（状态栏显示）和测量工具（执行“报告”→“测量距离”命令测量对象间距离）帮助定位。并将它们锁定在固定的位置，以防移动其他对象时误操作，使具有装配关系的元件偏离应有的位置。锁定的方法：在需要锁定的元件上双击，进入如图 8-60 所示的元件属性对话框。

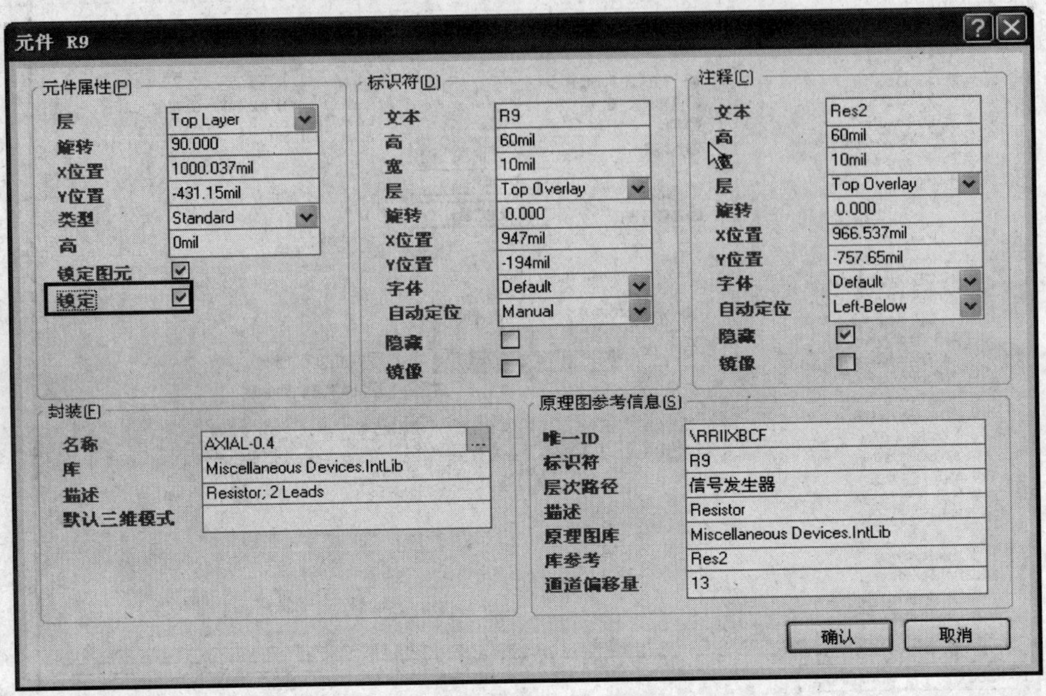

图8-60　在元件属性对话框锁定元件

元件属性对话框中设有“元件属性”、“标识符”、“注释”、“封装”、“原理图参考信息”5个选项区域。

①“元件属性”选项区域的设置及功能：

a.“层”下拉列表框：用于设置组件的放置层。

b.“旋转”文本框：用于设置组件的放置角度。

c.“X位置”文本框：用于设置组件放置的X坐标。

d.“Y位置”文本框：用于设置组件放置的Y坐标。

e.“类型”下拉列表框：用于设置组件放置的形式，可以为标准形式或图形方式。

f.“锁定图元”复选项：勾选此项即将组件作为整体使用，不允许将组件和管脚拆开使用。

g.“锁定”复选项：勾选此项即将组件放置在固定位置。

②“标识符”选项区域的设置及功能：

a.“文本”文本框：用于设置组件的序号。

b.“高”文本框：用于设置组件文字的高度。

c.“宽”文本框：用于设置组件文字的宽度。

d.“层”下拉列表框：用于设置组件文字的所在层。

e.“旋转”文本框：用于设置组件文字放置的角度。

f.“X位置”文本框：用于设置组件文字的X坐标。

g.“Y位置”文本框：用于设置组件文字的Y坐标。

h.“字体”下拉列表框：用于设置组件文字的字体。

i. “自动定位”下拉列表框：用于设置组件文字的布局方式。

j. “隐藏”复选项：用于设置是否隐藏组件的文字。

k. “镜像”复选项：用于设置组件封装是否反转。

③ “注释”选项区域的设置用于对组件注释文字的设置。

④ “封装”选项区域的设置及功能：

a. “名称”文本框：用于设置组件的封装形式。

b. “库”文本框：显示封装所在的库名称。

c. “描述”文本框：显示封装的说明描述。

d. “默认三维模式”文本框：用于显示封装的三维模型。

⑤ “原理图参考信息”选项区域中的设置用于所有档库的相关设置。

在元件属性选项组中选中“锁定”复选框，将元件锁定。如果需要，执行“工具”→“优先设定”命令，在“Protel PCB”下“General”选项卡，勾选“保护被锁对象”复选框，如图8-61所示，则所有被锁定的对象均不被移动。如果不勾选此项，则在移动被锁定的器件时，系统给予确认提示对话框。

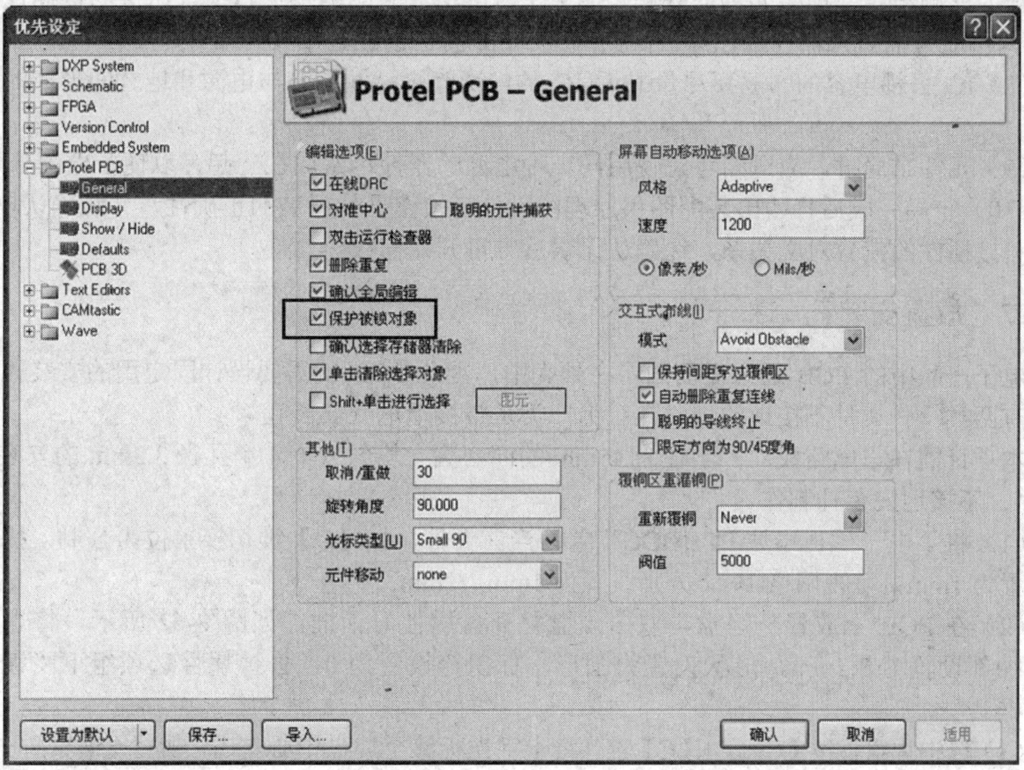

图8-61　保护被锁定对象设定

（2）根据结构图和生产加工时所须的夹持某些元件的特殊要求，设置禁止布线区。

（3）布局操作的基本原则

① 遵照“先大后小，先难后易”的布置原则，即重要的单元电路、核心元器件应当优先布局。

② 布局中应参考原理框图，根据单板的主信号流向规律安排主要元器件。

③ 布局应尽量满足：总的连线尽可能短，关键信号线最短；高电压、大电流信号与低电压、小电流的弱信号完全分开；模拟信号与数字信号分开；高频信号与低频信号分开；高频元器件的间隔要充分。

④ 相同结构电路部分，尽可能采用“对称式”标准布局。

⑤ 按照均匀分布、重心平衡、版面美观的标准优化布局。

⑥ 一般 IC 器件布局时，栅格应为 50mil~100mil；小型表面安装器件，如表面贴装元件布局时，栅格设置应不小于 25mil。

（4）同类型插装元器件在 X 或 Y 方向上应朝一个方向放置。同一种类型的有极性分立元件也要力争在 X 或 Y 方向上保持一致，便于生产和检验。

（5）发热元件要一般应均匀分布，以利于单板和整机的散热，除温度检测元件以外的温度敏感器件应远离发热量大的元器件。

（6）元器件的排列要便于调试和维修，即小元件周围不能放置大元件、需调试的元器件周围要有足够的空间。

（7）BGA 与相邻元件的距离大于 5mm。其他贴片元件相互间的距离大于 0.7mm；贴装元件焊盘的外侧与相邻插装元件的外侧距离大于 2mm；有压接件的 PCB，压接的接插件周围 5mm 内不能有插装元器件，在焊接面其周围 5mm 内也不能有贴装元器件。

（8）IC 去耦电容的布局要尽量靠近 IC 的电源管脚，并使之与电源和地之间形成的回路最短。

（9）元件布局时，应适当考虑使用同一种电源的器件尽量放在一起，以便于电源分隔。

（10）布局完成后打印出装配图供原理图设计者检查器件封装的正确性，并且确认单板、背板和接插件的信号对应关系，经确认无误后方可开始布线。

二、放置安装孔

电子产品中的 PCB 通常需要固定在外壳中，因此 PCB 就需要设计固定用的安装孔。安装孔有两类：一类是不接地的纯通孔；另一类是带接地电气安装孔。

本项目需在与电路板同心半径为 45mm 的同心圆上均匀放置 4 个孔径 3.2mm 的安装孔。

1. 不接地安装孔制作

（1）将“电子生日蜡烛.PCBDOC”置为当前文件，按【Q】键切换单位为公制，捕捉网格设置为 1mm，可视网格 1、2 分别设置为 1mm、2mm。

（2）在 PCB 上放置一焊盘，双击焊盘打开盘属性对话框，如图 8-62 所示，将焊盘内外孔径都设置为 3.2mm，形状设置为圆形，标识符设置为 0，去掉属性选项组下“镀金”复选框。

（3）选中焊盘，按【Ctrl】+【C】键，将十字光标移至焊盘中心左击，执行“编辑”→“特殊粘贴”命令，弹出图 8-63 所示“特殊粘贴”对话框，单击“粘贴队列...”按钮，弹出图 8-64 所示的设定粘贴队列对话框，“放置变量”中“项目数”文体框填写“4”，“文本增量”文体框填写“0”，“队列类型”选“圆型”，“圆形队列”中“间距（角度）”文本框填写“90”，单击“确认”按钮关闭对话框。

（4）将光标移至原点（可按【Ctrl】+【End】），单击确认圆心，再将光标移至（0，45）处单击，则在半径 45mm 的圆上均匀粘贴 4 个焊盘，将开始放置的焊盘删去，结果如图 8-65 所示。

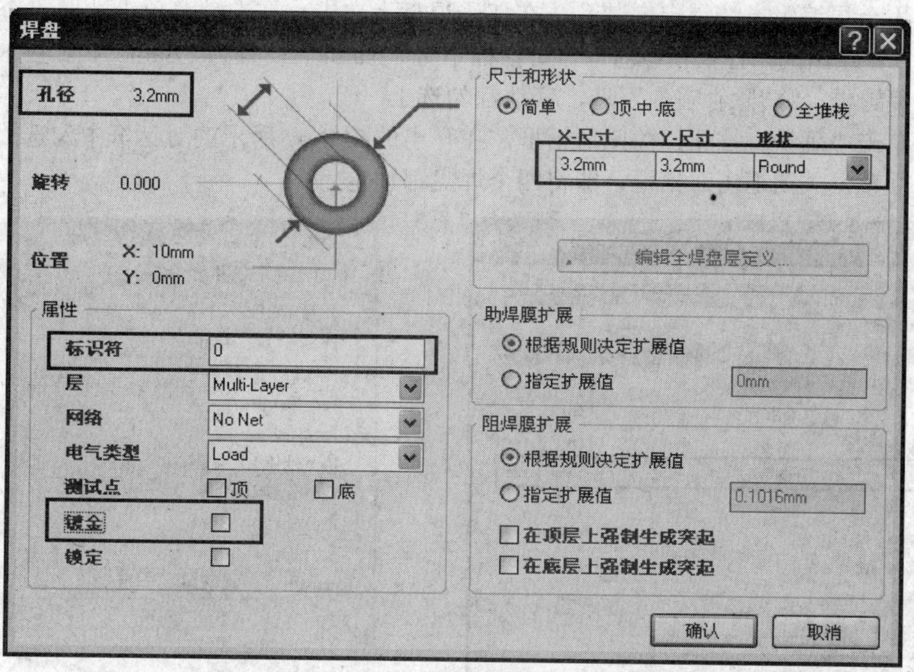

图8-62 用作安装孔的焊盘属性设置

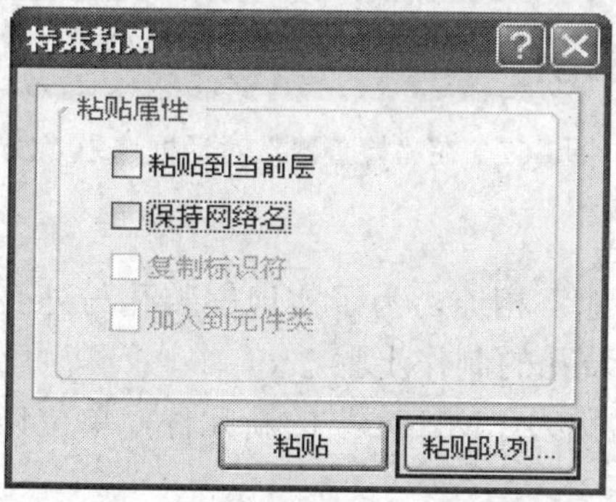

图8-63 “特殊粘贴”对话框

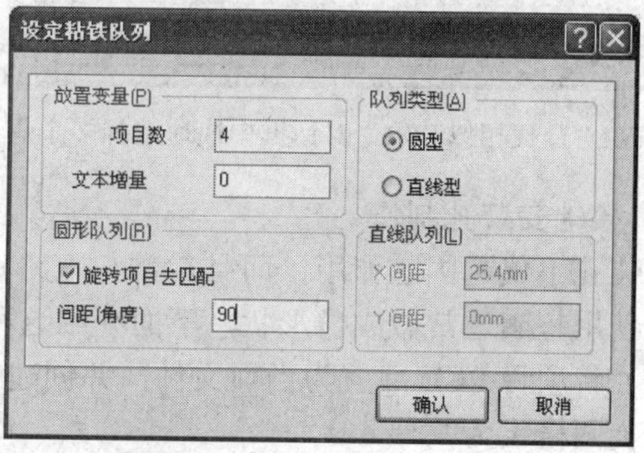

图8-64 设定粘贴队列对话框

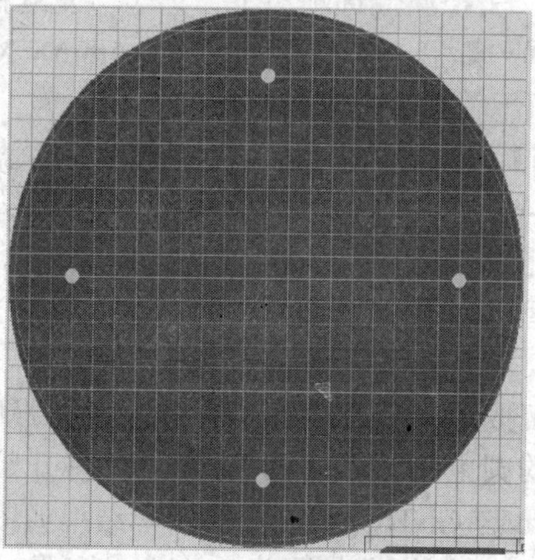

图8-65 放置好的安装孔

（5）用全局编辑方法锁定安装孔。在任一焊盘上右击，在右键菜单上选取“查找相似对象”命令，在弹出的“查找相似对象”对话框中将“Name”设置为“Same”，如图 8-66 所示。下面 6 个复选框，“清除存在”不选，其他都勾选上。

（6）单击“确认”按钮，关闭对话框，在弹出的图 8-67 所示的对话框中勾选“Locked”复选框，回车，关闭退出对话框，即将四个焊盘都锁定。

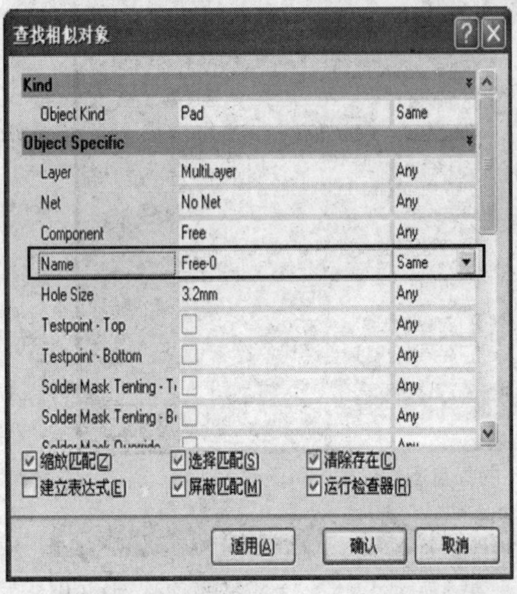

图8-66　在“查找相似对象”对话框中快速选择多个焊盘

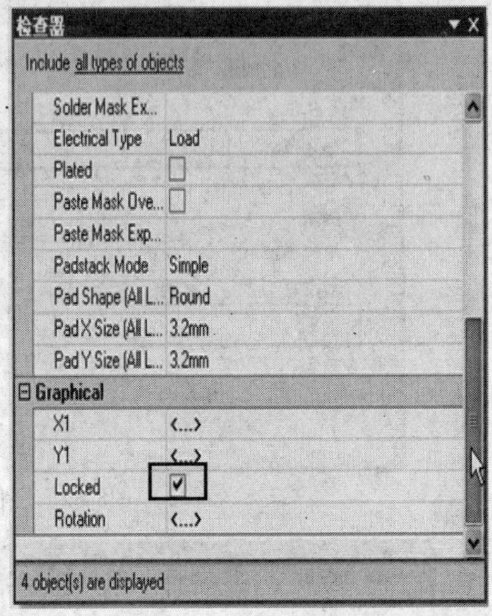

图8-67　在“检查器”对话框选中“Locked”

2．接地安装孔制作

安装孔不仅起固定作用，而且常常与电路板“地”相连。为了实现安装孔与外壳的良好配合，使用垫圈通常做成◎形状，下面介绍这种安装孔的制作步骤。

（1）将项目 PCB 库置为当前文件，并创建一名称为“MHOL”的新元件，单位切换为公制，捕捉网格设为 0.1mm。

（2）在工作区原点放置一焊盘，并将孔径设为 3.2mm，X、Y 尺寸设为 6.5mm，形状设为 Round，名称设置为 GND，去掉属性选项组下“镀金”复选框，如图 8-68 所示。

（3）再在工作区原点放置一焊盘，并将孔径设为 0.5mm，X、Y 尺寸设为 0.5mm，形状设为 Round，去掉属性选项组下“镀金”复选框。

（4）选中焊盘，按【Ctrl】+【C】键，将十字光标移至焊盘中心左击，执行“编辑”→“特殊粘贴”命令，弹出图 8-63 所示“特殊粘贴”对话框，单击“粘贴队列...”按钮，弹出图 8-64 所示的设定粘贴队列对话框，“放置变量”中“项目数”文体框填写 8，“文本增量”文体框填写 0，“队列类型”选“圆型”，“圆形队列”中“间距（角度）”文本框填写 45，单击“确认”按钮关闭对话框。

（5）将光标移至原点（可按【Ctrl】+【End】），单击确认圆心，再将光标移至（0，2.4）处单击，则在半径 2.4mm 的圆上均匀粘贴 8 个焊盘，将开始放置的焊盘删去中，然后在 TopOverlay 放一半径为 3.3mm 与 GND 焊盘同心的圆，结果如图 8-69 所示。

（6）将“电子生日蜡烛 1.PCBDOC”置为当前文件，按【Q】键切换单位为公制，捕捉网格设置为 1mm，可视网格 1、2 分别设置为 1mm、2mm。

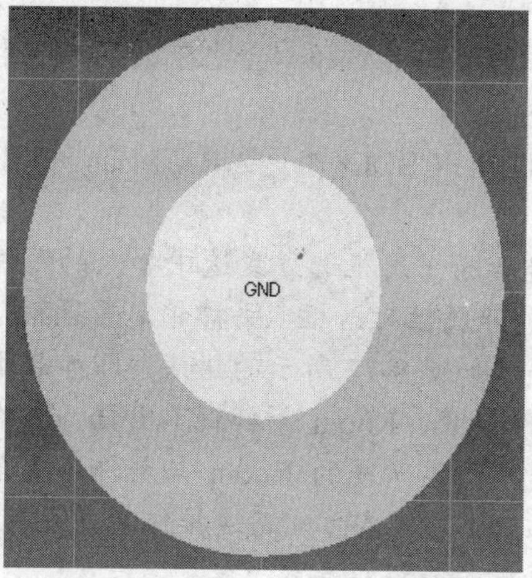

图8-68　用作安装孔的大焊盘

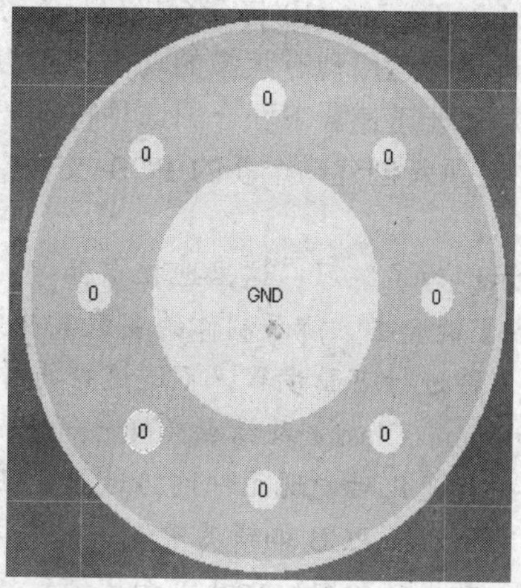

图8-69　绘制好的3.2mm安装孔元件

（7）在元件库面板中，选中“电子生日蜡烛.PCBLIB”，在图 8-70 中双击“MHOL”元件，在图 8-71 所示的放置对话框中，标识符文本框填入“HL0”，单击“确认”按钮退出对话框。

（8）按图 8-63 所示“特殊粘贴”方法进行复制定位。在图 8-64 对话框中“项目数”文体框填写 4，“文本增量”文体框填 1，“队列类型”选“圆型”，“圆形队列”中“间距（角度）”文本框填 90。粘贴完成后同样删去开始放置的“HL0”，并用查找相似对象方法将四个安装孔锁定。

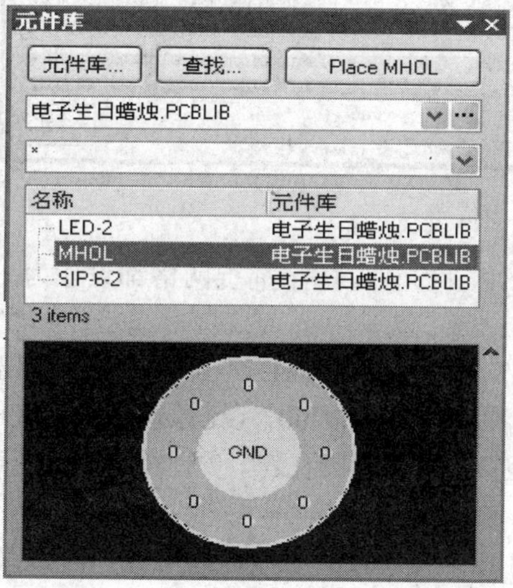

图8-70　在库面板中选中安装孔元件

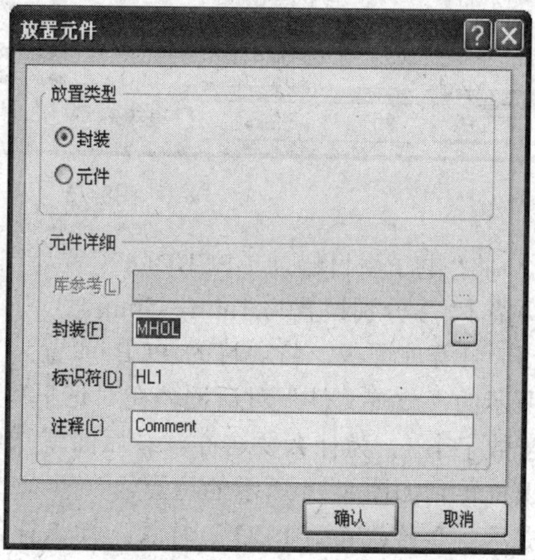

图8-71　放置元件对话框

三、特殊布局要求的处理方式

例如，本项目要求 LED201~220 均匀布局在两个半径分别为 30mm 和 53mm 的同心圆上。Protel 2004 系统只有直角坐标系统，没有极坐标系统，用手工是很难做到的。其他 EAD 软件

（如 PADS Powerpcb）有极坐标系统，用手工是可以很容易做到的，即将推出的 Protel 最新版本 Altium Designer10 将会有极坐标系统新功能。

不过灵活运用现有版本的功能也可以轻松做到，如果运用得好，会比在极坐标下用手工方式布局还要迅速。下面介绍这种特殊要求的布局技巧。

（1）重新创建一个新的 PCB 文件“电子生日蜡烛 1.PCBDOC”，要求与前面一样的板型尺寸。

提示： 为了练习，这里也把前面导入的数据全部删除（用框选方式选中导入的元件，按【Delete】键删去，前面制作的安装孔锁定了，必须打开属性对话框，去掉锁定复选框，再选中删去）再进行下面步骤。不过这样再导入数据会提示如图 8-72 所示的错误，即加载元件类（Component Class）及结点（Node）出现错误，元件封装、Room 等加载不出错。忽略这些错误，执行变化后发现元件网络连接是正确的，只是元件类所属的 Room 与元件不重合。由此可以看出，在 PCB 编辑器中删去的只是元件封装、Room 等实体，而连接信息并没有删去，再次导入数据就会因已加载过而出错，因此一般不要删去数据再导入。

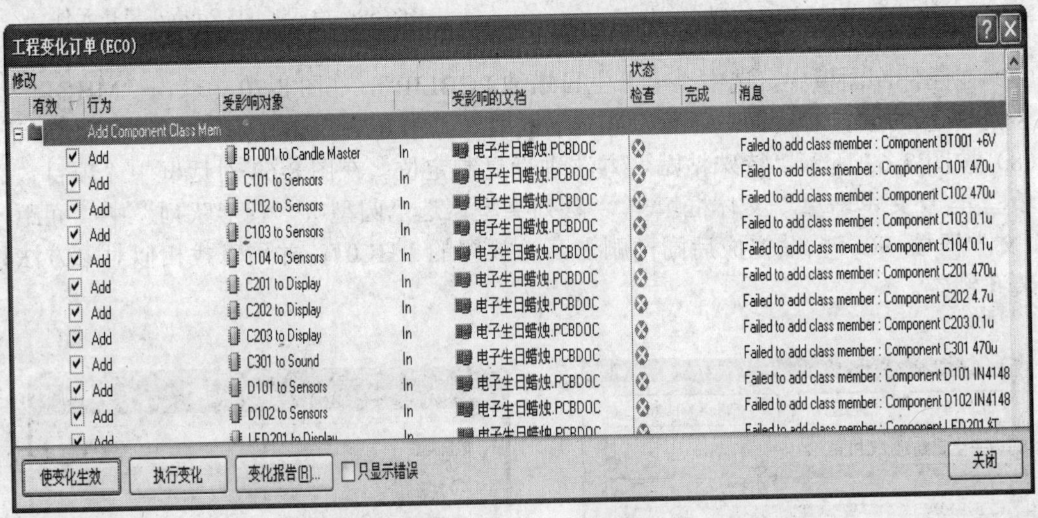

图8-72　导入数据的错误

（2）将“电子生日蜡烛 1.PCBDOC”置为当前文件，将元件网格、捕捉网格都设置为 1mm，可视网格 1、2 分别设置为 1mm、5mm。

（3）打开库面板，将项目的 PCB 库置为当前库，选中库中 LED-2 封装，双击弹出如图 8-73 所示的“放置文件”对话框，在对话框中标识符填入“LED200”（比原理图中 LED 最小标识符数字小 1，为什么要这样，看后面就知道原因），注意 1 脚在左、2 脚在右，为了美观，将标识符转到如图 8-74 所示的位置。

提示： 开始放置的 LED-2 封装，标识符设为 LED200，是为了后面粘贴我们所需要的元件，标识符是从我们希望的数码开始的。

（4）选中 LED200 封装，按【Ctrl】+【C】键，将十字光标移至封装 2 脚左击，执行“编辑”→“特殊粘贴”命令，弹出特殊粘贴对话框，单击“粘贴队列...”按钮，弹出设定粘贴队列的对话框，“放置变量”中“项目数”文体框填写“10”，“文本增量”文体框填写“1”，“队列类型”选“圆型”，“圆形队列”中“间距（角度）”文本框填“36”，单击“确认”按钮，关闭对话框。

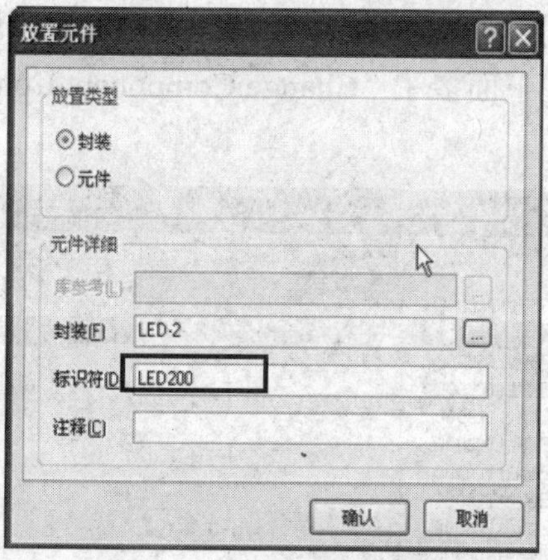

图8-73 “放置元件”对话框

图8-74 放置的LED封装

（5）将光标移至原点（可按【Ctrl】+【End】），单击确认圆心，再将光标移至（0，30）处单击，则在半径 30mm 的圆上均匀粘贴 10 个 LED-2 封装，且标识符依次递增，如图 8-75 所示。

（6）再次执行“编辑”→“特殊粘贴”命令弹出特殊粘贴对话框，单击“粘贴队列...”按钮，弹出“设定粘贴队列”的对话框，对话框内容不变，单击“确认”按钮关闭对话框。

（7）将光标移至原点（可按【Ctrl】+【End】），单击确认圆心，再将光标移至（0，53）处单击，则在半径 53mm 的圆上均匀粘贴 10 个 LED-2 封装，且标识符依次递增，如图 8-76 所示。

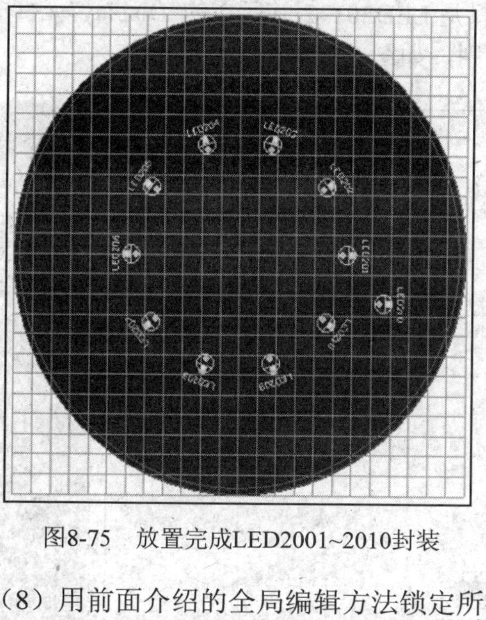

图8-75 放置完成LED2001~2010封装

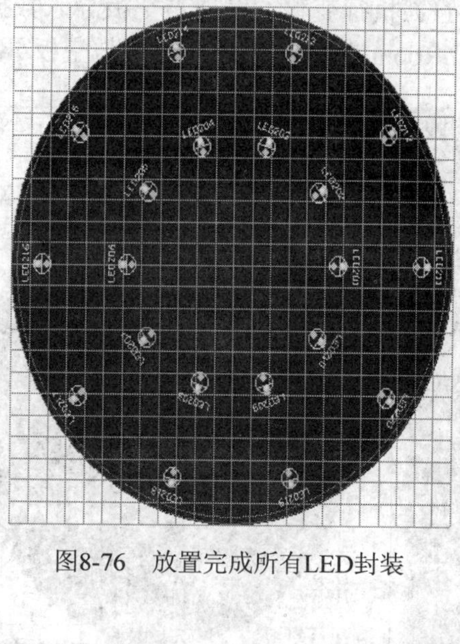

图8-76 放置完成所有LED封装

（8）用前面介绍的全局编辑方法锁定所有封装。

提示：开始放置的 LED-2 封装标识符设为 LED200，目的是为了后面粘贴所需要的元件标识符，从希望的数码开始。

（9）导入数据。执行“设计”→“Import Changes From 电子生日蜡烛.PRJPCB”命令，弹出提示信息，发现 PCB 文件已有元件标识符与项目原理图中相同，问是否想尝试匹配其余部分的标识符，选择“Yes”则匹配其余部分，选择“No”则中止处理。

（10）选择“Yes”弹出 ECO 对话框，发现与前面空白 PCB 文件导入数据时相比，在“Add Components”栏下没有出现 LED201~220，而在下面多了“Change Component Comments”栏，列出了刚添加的 LED-2 封装，如图 8-77 所示。

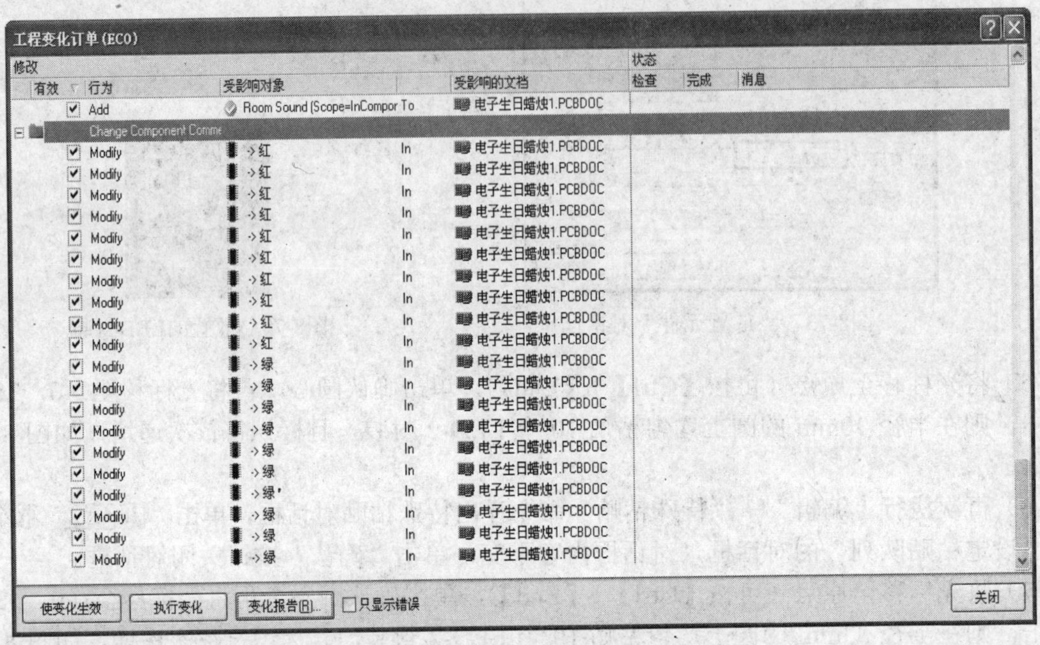

图8-77　有修改项的ECO对话框

（11）执行变化，发现与空板导入数据相比，只是 LED201~220 所在的“Display”元件类，不在“Room Display”中，其他与空板导入没有区别，如图 8-78 所示。

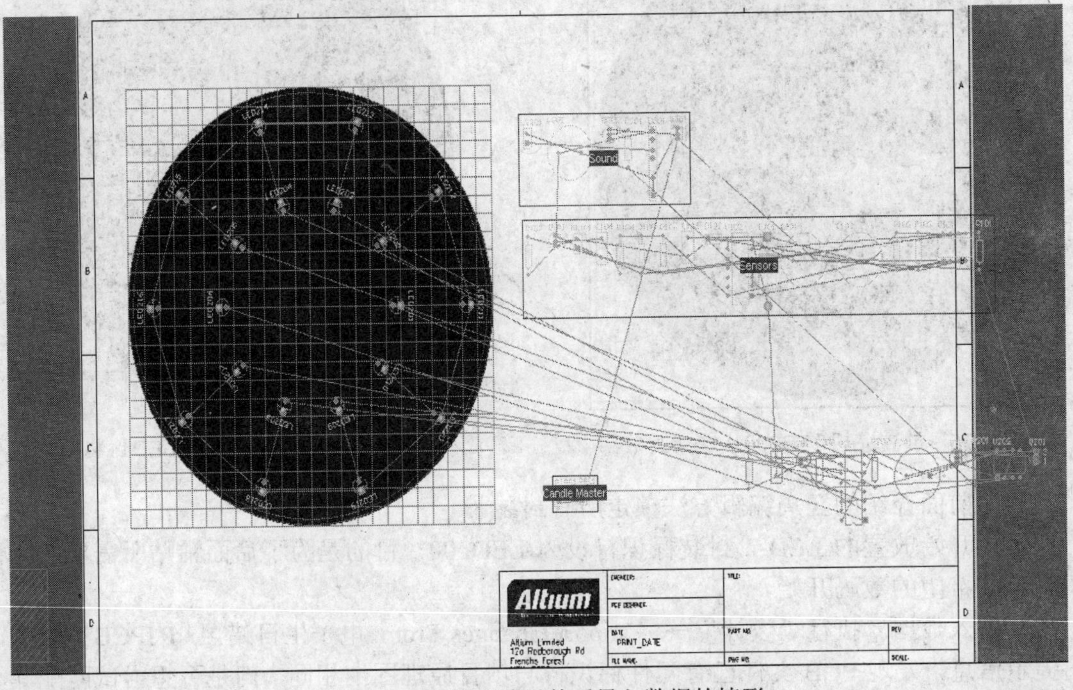

图8-78　PCB板预放元件后导入数据的情形

（12）放置安装孔。步骤如前面接地安装孔放置过程，这里根据要求旋转 5 只安装孔，并均匀处在两 LED 中间，故在图 8-64 所示的设定粘贴队列对话框，“放置变量”中“项目数”文体框填写“20”，“文本增量”文体框填写“1”，“队列类型”选“圆型”，“圆形队列”中“间距（角度）”文本框填写“18”，放置半径设为“45mm”，然后均匀间隔删去 15 只，注意修改标识符，结果如图 8-79 所示。

（13）锁定安装孔。安装孔主要的焊盘，在查找相似对象时，很可能查到的不是安装孔这个元件，而是元件的某个图元，如焊盘等，因此可采用这种方式：在 PCB 任意处右击，在弹出的快捷菜单选择“查找相似对象”（或直接按【Shift】+【F】键），光标变为十字形，将光标移向安装孔，左击，在出现的选择对象菜单中，选中“Component HL5”，如图 8-80 所示。

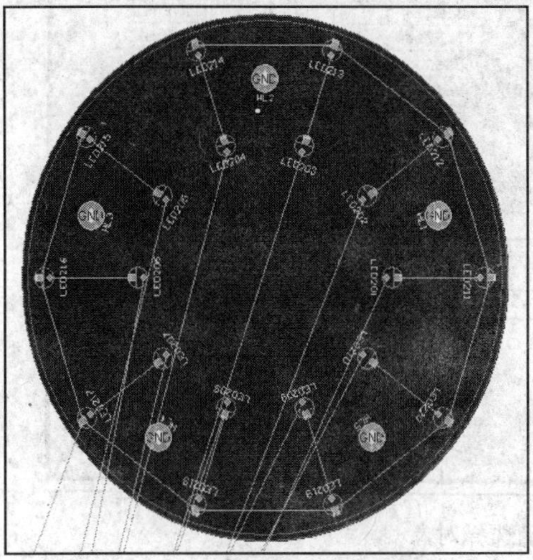

图8-79　放置好安装孔电路板

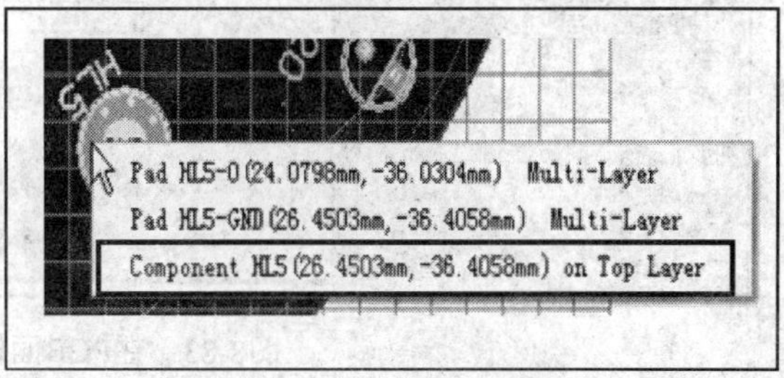

图8-80　准确查找元件对象

（14）在弹出的如图 8-81 所示的“查找相似对象”对话框中，在“Footprint”后下拉列表中选中“Same”，去掉“清除存在”复选框的选择，其他复选框保持选中，单击“确认”按钮，弹出图 8-82 所示的“检查器”对话框，在“Graphical”下面勾选“Locked”复选框，回车再关闭对话框，即锁定所有安装孔。

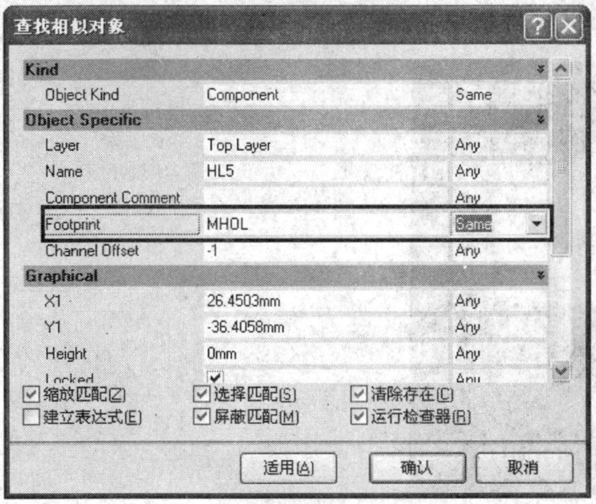

图8-81　“查找相似对象”对话框

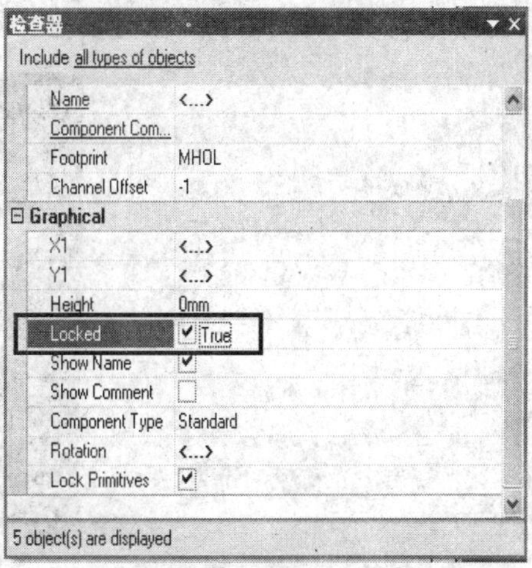

图8-82　“检查器”对话框

提示：本例要选择的元件不多，也可以在 PCB 面板最上方的类选择下拉列表中选择“Components”，元件类下面的列表中选择“All Components”，在元件列表中，拉动滚动条，找到安装孔，如“HL”双击，即可打开“HL1”属性对话框，进行设置。其他元件依此类推，如图 8-83 所示。

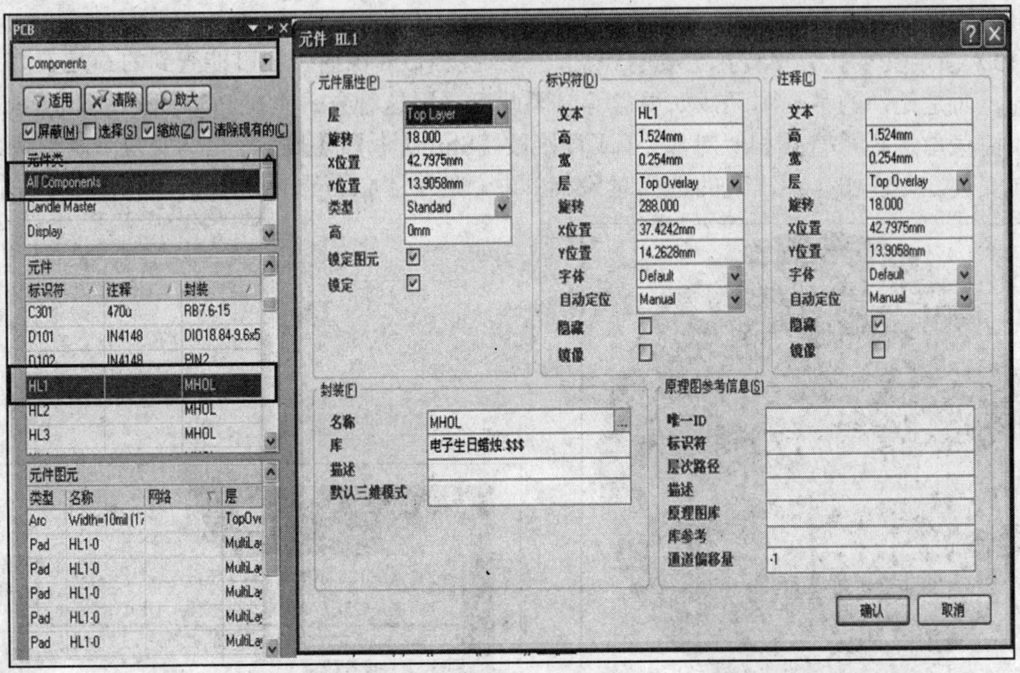

图8-83　在PCB面板准确选择对象

四、在 PCB 中更改元件封装

更换元件封装不仅可以在原理图中更换再更新到 PCB 中，也可以直接在 PCB 板中更改封装再更新原理图。例如，本项目导入数据后，发现 4 个电源滤波电容器没必要使用集成库所添加的封装，故在项目中创建了 RB5-10.5 封装，要更换原来的 RB7.6-15 封装。

（1）在“电子生日蜡烛 1.PCBDOC”工作窗口中，选中要更改的 RB7.6-15 封装，如图 8-84 所示，双击打开“元件”属性对话框，如图 8-85 所示。

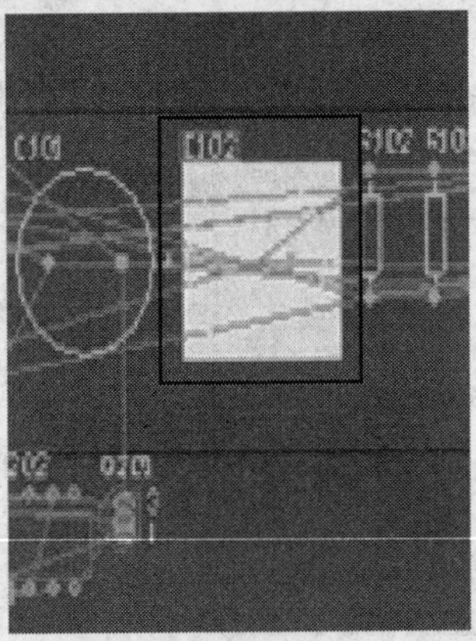

图8-84　选中要更换的元件封装

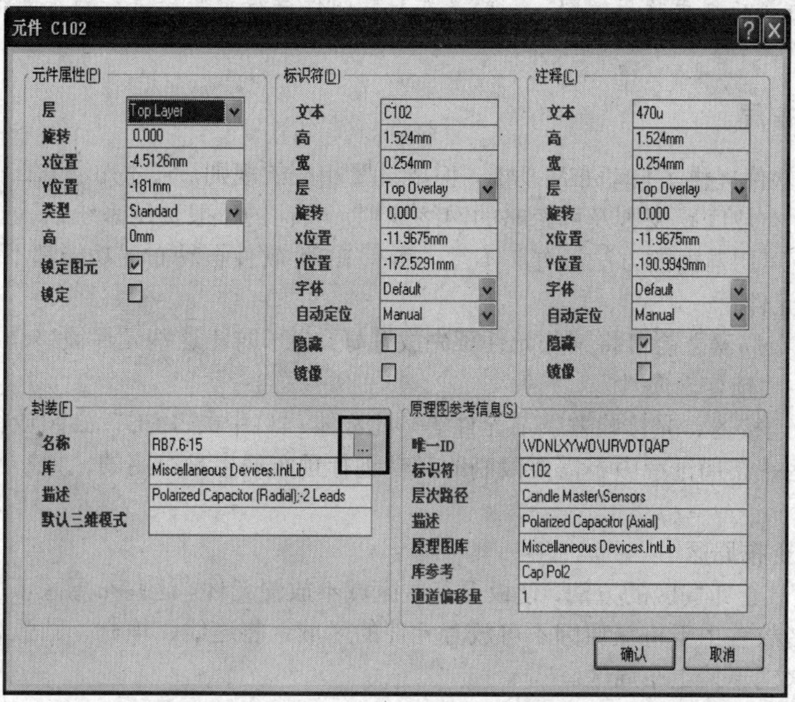

图8-85 “元件”属性对话框

（2）单击封装组件下名称后的“...”按钮，弹出库浏览对话框，与原理图中更换封装模型方法相同，在库下拉列表中选中项目 PCB 库即“电子生日蜡烛.PCBLIB”，在其中选中 RB5-10.5，依次退出对话框，即更换完毕。

（3）其他 3 个元件用同样方法更换，同样把所有 RAD-0.2 更改为 RAD-0.1。

（4）为了使原理图与 PCB 文件保持一致，执行“设计”→“Update Schematisc in 电子生日蜡烛.PRJPCB”，弹出提示信息框，单击“Yes”弹出更新信息的提示框。

（5）单击“Yes”弹出图 8-86 更新变化 ECO 对话框，单击“执行变化”按钮，关闭对话框，则 PCB 已与原理图同步。

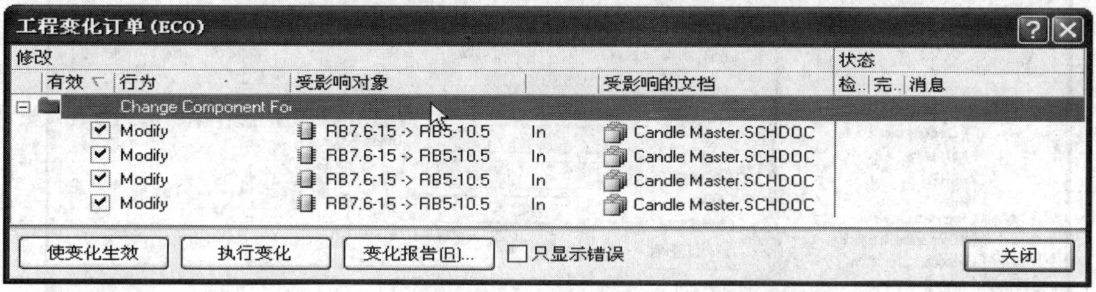

图8-86 更新变化ECO

提示：

（1）较多同样元件可以用全局编辑方法更换，即在全局编辑编辑的检查器中，在“Footprints”文本框直接更改为 RB5-10.5，因要更换的封装在项目 PCB 库中，系统首先查找的就是要更换的。

（2）PCB 更新后再更改原理图，一般是在封装组件进行更新后进行的。网络表却不能这样反向更新。

五、自动布局

Protel 设计软件提供了自动布局功能，但要设置相应的规则，它才知道怎么做。在一般设计中主要是元件布放间距规则及可忽略的网络规则，其他的一般使用系统默认规则就可以，如有特殊要求，可用前面的方法设置。不过，所有 EDA 软件自动布局功能都不能令人满意。

1. 预布局元件

在运行自动布局器之前可将某些元件预先放置好，为了防止这些元件被移动，应在元件属性对话框中选中“锁定”属性。

除了像边缘连接器、光接收器调节元件等，比如本项目中的 LED，必须放在面板的特定区域外，对那些在布局过程中不需要限制的元件进行预布局也是有用的，如一些主要的中心集成电路。

2. 使用禁止布局区

可以用创建禁止布局区的方法，使板上某些区域不放置元件。这些布局区可以放置在连接器的旁边，或者放在由于机械原因不可放置元件的区域。将连线、填充、圆弧和多图边形放在禁止布线层来创建禁止布局区。

3. 忽略较大网络

较大网络会影响全局的速度和质量，其原因是重放置一个网络的计算量与网络大小的平方成正比。像电源和地这样的大网络在整个布局过程中的地位并不重要，在全局布局过程中忽略这些网络。这个设置在规则对话框的 Placement 规则组 Net to Ignore Design 中设置。

（1）设置网格。本项目中元件主要是通孔元件，脚距一般为 100mil 倍数的元件，将元件网格 X、Y 方向都设为 25mil，捕捉网格两个方向都设为 5mil，可视网格 1、2 分别设为 10mil、50mil。

（2）设置布局规则。在规则编辑器控制树中，Placement 规则组下面 Nets to Ignore（可忽略的网络规则）中新建一规则，将“+6V、GND、VC1”并集添加到规则中，如图 8-87 所示。其他布局规则用系统默认值或本例不设置。

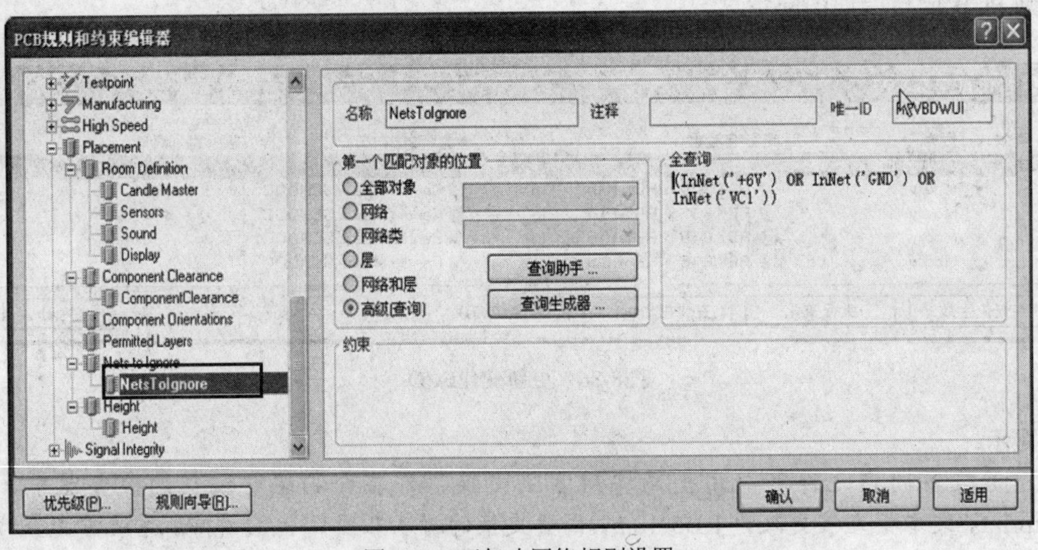

图8-87　可忽略网络规则设置

（3）执行“工具”→“放置元件”→“自动面布局…”命令，弹出自动布局对话框，默认为分组自动布局模式。这种模式将元件依据连接分为簇，然后考虑元件几何形状，用几何学方法布放簇。这种模式适用于元件较少（少于 100）的情形。单击“确认”按钮，关闭对话框，则自动布局，结果如图 8-88 所示。

（4）从效果看，这种模式结果并不令人满意。再试试另一种模式。在自动布局对话框中选择“统计式布局”，在弹出的对话框中分别填好电源网络为“+6V”、接地网络为“GND”、网格尺寸“25mil”，单击“确认”按钮，执行自动布局，结果如图 8-89 所示。

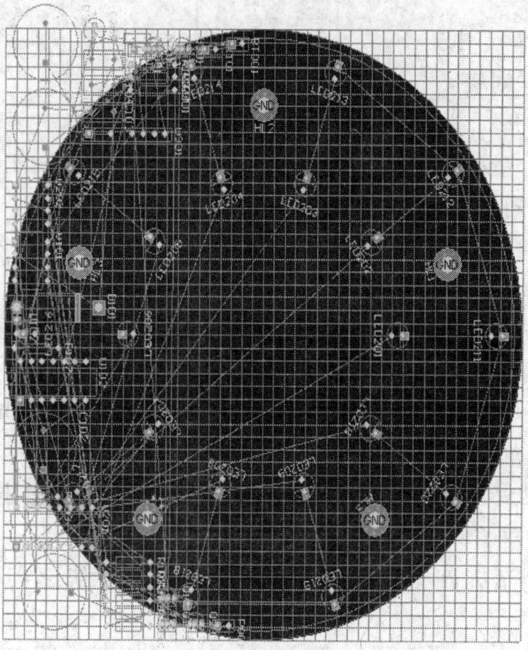

图8-88　分组模式自动布局结果

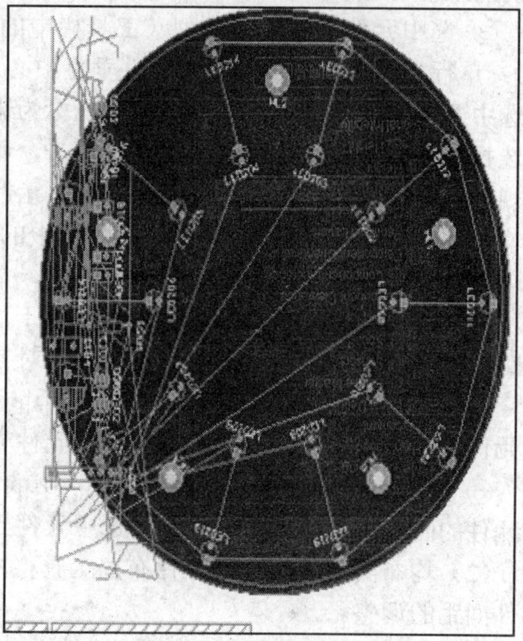

图8-89　统计模式自动布局结果

从两种自动布局结果看，都不能令人满意。要获得较好的布局效果，还是要用下面的交互布局。

六、交互布局

交互布局是指只对元件进行布局的方法，是在大部分主要元件位置布局定位已完成并锁定后，再运用自动布局器和手动调整，才能达到最佳方案。因此主要还是靠手动布局。要提高手动布局效率，还得借助交互布局工具来移动和排列元件。

1．交互布局工具

交互布局工具在原理图与 PCB 编辑器中有相似的菜单和工具栏，但由于 PCB 与原理图布局要求不同，则工具数量略有差异，而对应相同的工具使用方法是相同的，它们操作的都是众多对象，要先选择要操作的对象，再执行相应命令。

交互工具在原理图与 PCB 编辑器中都是执行“编辑”→“排列”命令来提供，也可直接通过实用工具栏中的“ ”按钮打开如图 8-90 所示的“调整工具”工具栏，使用工具栏上的按钮（注：原理图中的菜单和工具栏，在没选中对象时是灰色不可用状态，而 PCB 中始终处于可用状态）。交互工具按功能可分为以下几类：

（1）对齐类工具。工具栏中的一系列对齐工具，使设计者快速实现元件排列布放，元件排列整齐工整。

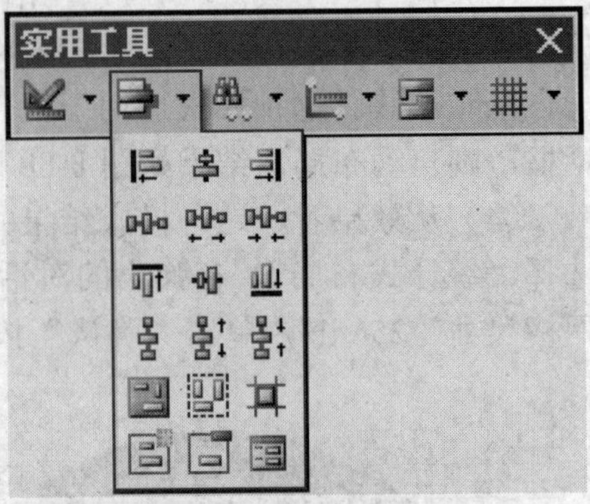

图8-90 元件布局工具栏

① 选中元件左对齐排列（工具栏中的“”按钮）：以选中的元件最左边的边为参点，以元件的间距规则允许的间距移动选中元件到左边参考点对齐。

② 选中元件右对齐排列（工具栏中的“”按钮）：以选中的元件最右边的边为参点，以元件的间距规则允许的间距移动选中元件到右边参考点对齐。

③ 选中元件垂直中心排列（工具栏中的“”按钮）：单行放置选中元件，选中元件垂直中心水平对齐。先选中要操作的元件组，单击按钮后光标为十字形，提示选择一个参考元件，在参考元件上左击，则参考元件在最左边排头，其他元件以元件的间距规则允许的水平间距，垂直中心与参考元件垂直中心水平对齐。

④ 选中元件水平中心排列（工具栏中的“”按钮）：单列放置选中元件，选中元件水平中心垂直对齐。先选中要操作的元件组，单击按钮后光标为十字形，提示选择一个参考元件，在参考元件上左击，则参考元件在最下面排头，其他元件以元件的间距规则允许的垂直间距，水平中心与参考元件水平中心垂直对齐。

⑤ 选中元件顶部对齐排列（工具栏中的“”按钮）：以选中的元件最顶部的边为参点，以元件的间距规则允许的间距移动选中元件到顶部参考点对齐。

⑥ 选中元件底部对齐排列（工具栏中的“”按钮）：以选中的元件最底部的边为参点，以元件的间距规则允许的间距移动选中元件到底部参考点对齐。

（2）均布类工具。这是元件布局工具栏中的系列调整元件间距工具，使设计者快速实现元件间距的调整。

① 选中元件水平等间距排列（工具栏中的“”按钮）：在最左和最右元件之间等间距分布选中元件。其垂直位置不变。

② 选中元件垂直等间距排列（工具栏中的“”按钮）：在最顶和最底元件之间等间距分布选中元件。其水平位置不变。

③ 增加选中元件的水平间距（工具栏中的“”按钮）：用指定的X元件放置网格的距离增加元件参考点之间的水平间距。

④ 减小选中元件的水平间距（工具栏中的“”按钮）：用指定的X元件放置网格的距离减小元件参考点之间的水平间距。

⑤ 增加选中元件的垂直间距（工具栏中的“”按钮）：用指定的Y元件放置网格的距离增加元件参考点之间的垂直间距。

⑥ 减小选中元件的垂直间距（工具栏中的“”按钮）：用指定的Y元件放置网格的距离减小元件参考点之间的垂直间距。

（3）移动类工具。这是元件布局工具栏中的系列用于元件移动的工具，使设计者快速实现元件移动。

① 区域内部排列（工具栏中的“”按钮）：在指定的矩形内排列选中的元件。先选中要操作对象组，单击按钮，光标为十字形，单击定义矩形的第一角，移动鼠标单击定义矩形的对角。选中元件排列在该矩形内（此菜单命令在“工具”→“放置元件”菜单下面）。

② Room 内部排列（工具栏中的“ ”按钮）：将那些隶属于 Room 的元件排列在 Room 内。单击按钮，然后在 Room 上单击，属于这个 Room 的元件就会在 Room 内排列（Room 在布局规则中建立并添加隶属于这个 Room 中的元件，该菜单命令也在“工具”→“放置元件”菜单下面）

③ PCB 外排列：这个只有菜单命令，也在“工具”→“放置元件”菜单下面。选中操作对象组，执行该命令，则选中的元件（不包括锁定元件）移动到 PCB 框外部排列。

④ 移动元件到网格（工具栏中的“ ”按钮）：移动元件到最近的元件布局网格点上。布局网格在“设计”→“PCB 板选择项”中设置，同样锁定的元件不被移动。

（4）元件联合工具。这是元件布局工具栏中的几个用于元件联合操作的工具。联合是希望作为一个整体工作的元件设置，当在联合中的元件被移动时维持它们在联合中的相对位置，使得布局更加高效。该组菜单命令在“工具”→“转换”菜单下。

① 建立元件联合（工具栏中的“ ”按钮）：选中希望放在联合中的元件，单击按钮，元件联合自动建立。移动联合中的任意一个元件时，联合中的所有元件都保持它们之间的相对位置同时移动。

② 从联合中移出元件（工具栏中的“ ”按钮）：单击按钮，光标为十字形，移动光标到联合体中的任一元件，左击，弹出如图 8-91 所示的选择移除的元件对话框，选中要移除的元件，单击“确认”按钮，关闭对话框，则选中的元件就从这个联合中移除。

③ 解散联合：只有菜单命令，没有工具栏。执行“工具”→“转换”→“删除全部元件联合”命令，则所有建立的联合都解散，所有联合在的元件又变成了独立体，可以自由移动。

（5）综合排列工具。综合排列元件（工具栏中的 按钮）：选中希望操作的元件组，单击按钮，弹出图 8-92 所示的“排列对象”对话框，对话框中综合了前面的对齐和均分工具，对过对水平和垂直两个方向对齐和均分等排列方式的选择组合，可以一次性实现两类操作。

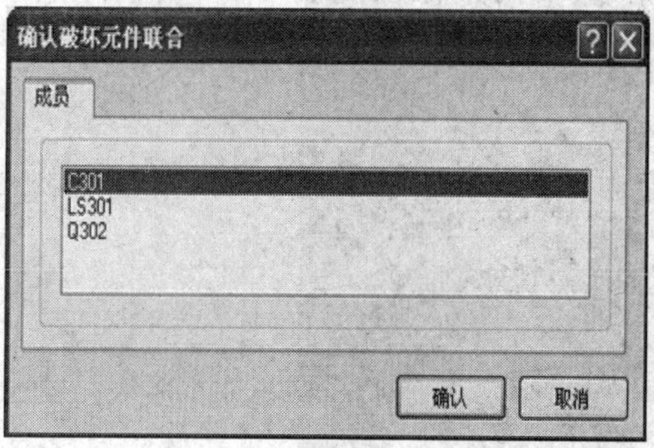

图8-91　选择移除联合体的元件

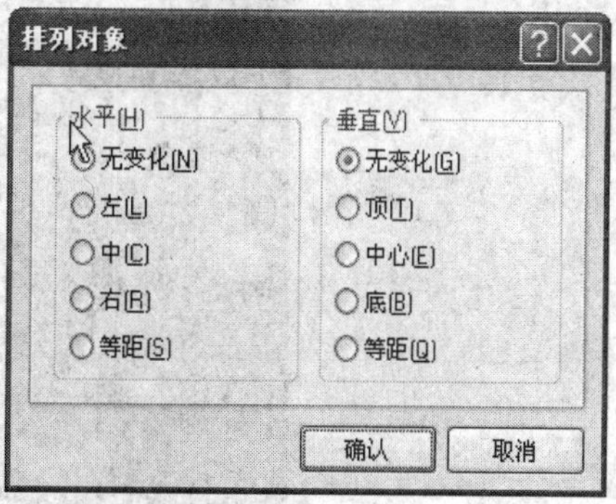

图8-92　“排列对象”对话框

（6）元件文本定位工具。在布局中常要旋转元件，布局完成后，为了美观和装配识别时方便，要把元件标识符与元件相对位置一致放置。如果一个个地调整，是很费时间的，使用这个工具可以迅速完成这项操作。操作方法是：先选中希望操作的对象组，然后执行“编辑”→“排列”→“定位元件文本位置”命令，弹出图 8-93 所示的对话框，可以分别对“标识符”和“注解”进行 9 种定位操作，单击“确认”按钮，则所选中的元件文本就以选定的排列方式统一排列好。

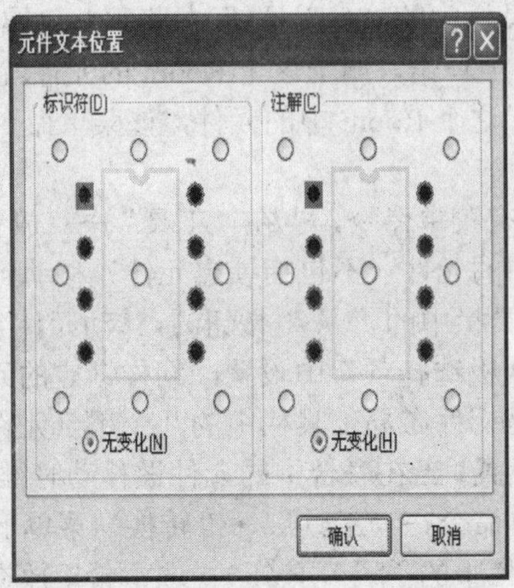

图8-93　元件文本位置定位对话框

2．交互布局实例操作

（1）本项目原理图为层次图，导入时系统已按层次图关系建立了四个元件类Room，同一Room中的元件关系紧密，所以应当一个一个Room地布局，不要一次性把所有元件都移到PCB中，这样在众多元件中找关系密切的元件不很容易。现在首先把光标移到Display Room上按左键不放，则Room及其中的所有元件跟随光标一起移动，将Room及元件移至希望放置的位置放下，如图8-94所示。

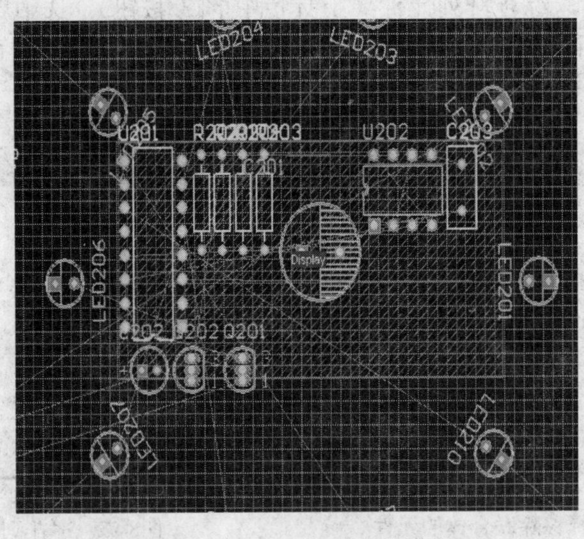

图8-94　移动Room到电路板中布局

（2）在Room上左击选中Room，按"Delete"键删去Room，利用交互工具手动移动元件布局，结果如图8-95所示。

（3）重复（1）和（2），将所有元件按一个一个Room顺序进行交互布局，利用交互布局工具将元件布放整齐均匀，结果如图8-96所示。注意，这并不一定是最终布局，在后面布线中，随时可以根据布线要求进行调整。

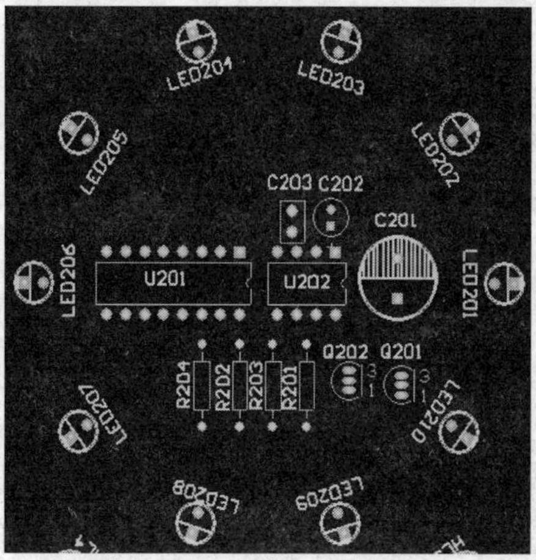

图8-95　Display Room布局结果

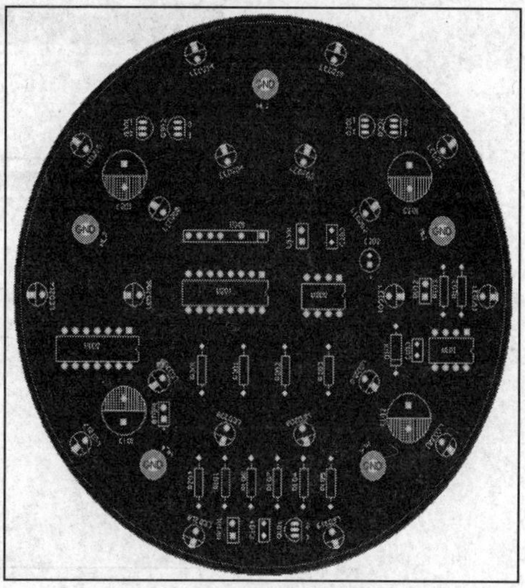

图8-96　完成所有元件的布局

七、交互布局常用的操作技巧

（1）灵活变换可视网格显示风格。导入数据后 PCB 各元件间以飞线方式显示。飞线线条与线型网格线型差不多，系统默认网格为线式显示。因此布局时如果网格为线型，不易通过飞线看出各元件的连接关系，这时可在“PCB 板选项”中将可视网格设置为点式（Dots），则飞线较易看清。

（2）灵活运用智能连接线显示功能。器件布局的基本原则是优化连接线，理想情况是保持每一连接线最短化，从而减小直线长度。

Protel 2004 具有智能连接线显示的动态连接功能。当移动一个或一组器件时，除了本身的连接线以外，其他连接线将被临时隐藏。在移动器件过程中，这些飞线被重新分析并且建立连接，使设计者很容易选择适当的布局位置。

同样，可以执行“查看”→“连接”→“隐藏所有连线”先隐藏所有飞线，在移动器件时，所有相关连接线被显示和重新连接。

在移动器件过程中，基于长度的动态连接长度分析器将通过绿色（优）和红色（弱）显示布局的质量。系统推荐将元件向绿色显示方向移动。

（3）旋转和翻转元件。元件放置过程中常需改变放置方向，使元件连接尽可不出现交叉现象。

元件可在元件浮于光标上时旋转、按空格键逆时针方向旋转、按【Shift】+空格键顺时针旋转。元件旋转角度在优选项对话框 General 页中设置，如图 8-97 所示。

如果旋转一组元件，选择元件，执行“编辑”→“移动”→“旋转选择对象…”命令，提示输入一个旋转角度，然后光标为十字形，选择一个旋转参考点，单击“确认”按钮即旋转一组对象，

（4）对齐工具不仅可以应用于元件，也可应用于焊盘。因元件对齐是以元件参考点为依据的，当不同元件对齐时，焊盘不一定对齐，布线时走线并不是最短的。因此也可以按下【Shift】键，选择希望对齐的焊盘，执行对齐命令。如图 8-98 所示，左边为选中元件执行左对齐结果，右边为选中焊盘左对齐结果。

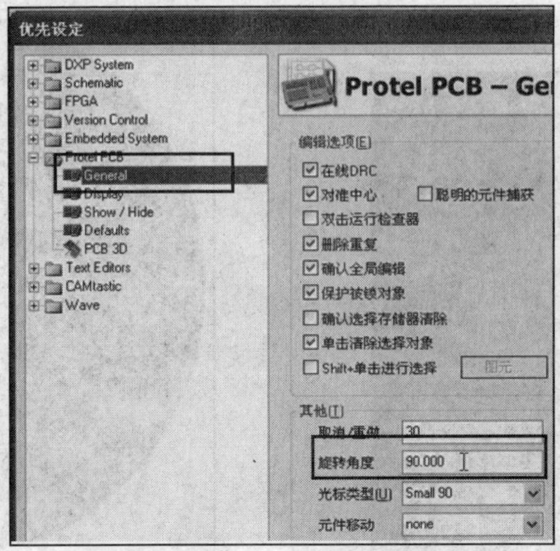

图8-97 设置旋转角度

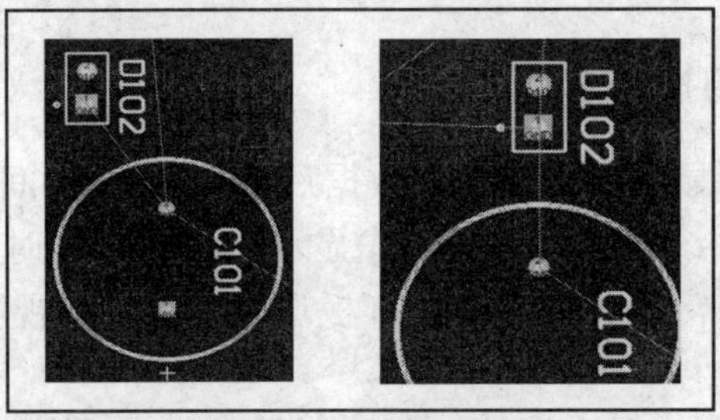

图8-98 焊盘对齐应用

（5）布线密度检查运用。PCB 编辑器提供了一个密度图，帮助设计者检查基于连线和网格的尺寸、过孔尺寸、层数等信息的布线密度。执行“工具”→“密度分析”命令，PCB 板就会以颜色代表密度图示显示，绿色代表稀疏，红色代表密集。如有大片红色，需要分析当前的元件放置，尽量减少这些红色区域；否则，意味着有可能没有为这个区域的元件留有足够的物理空间走线，在当前设计中可能布不通，该 PCB 可能需要更多的层。

当认为布局大体布好时，可以运行自动布线器，看看布线是否布得通，是否合理，如不满意，就要反复调整布局，再进行布线，直到合理满意为止。

（6）布局完成后，通常要执行移动元件到网格的命令，选择全部对象（按【Ctrl】+【A】键），执行移动元件到网格命令。这样做是为了获得更高的布线率。

八、设计规则检查

所有的设计规则，除了信号完整性规则，都可以在设计过程中在线（Online）检查或者一起进行批处理（Batch）检查，称为设计规则检查。执行“工具”→“设计规则检查…”菜单，弹出如图 8-99 所示规则检查对话框，在设计规则检查对话框，可以决定哪些规则使用在线检查，哪些规则使用批处理检查，或两者都使用。

要进行批处理检查，可单击“运行设计规则检查(R)...”按钮，如有违规，则弹出 Messages 面板，列出违规详细情况；如果希望为在线检查添加或删除规则类，可以在“在线”列相应的复选框进行选择，单击“运行设计规则检查(R)...”按钮，系统就会在设计过程中执行这些已经设置的检查。

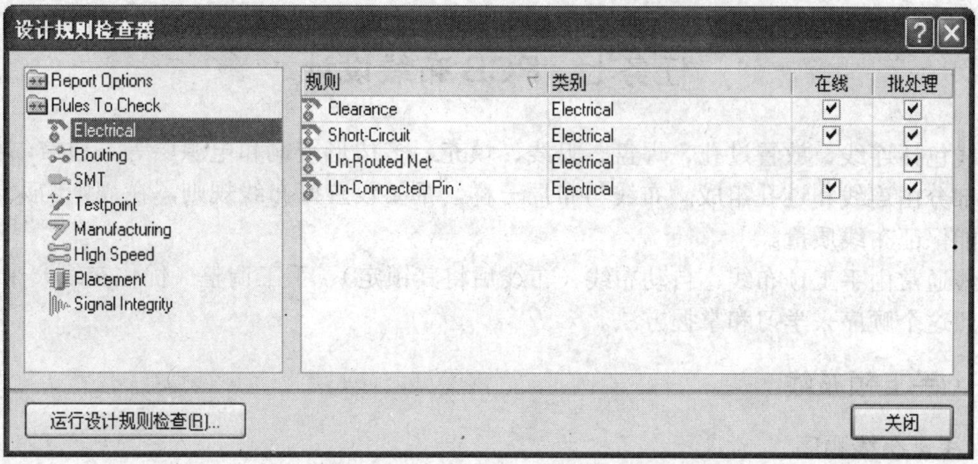

图8-99　设计规则检查设置

在设计过程中，要想使用在线 DRC 检查规则（在违规现象发生时显示冲突点），必须设置三个必要条件：第一，在 PCB 规则和约束编辑器对话框中启用这条规则；第二，在设计规则检查器中启用这条规则的检查；第三，确定整个 PCB 编辑器的在线 DRC 选项是打开的（执行“工具”→“优先设定…”命令，在参数 ProtelPCB 下 General 选项卡下选择“在线 DRC”）。

这样设置之后，一旦有违反规则发生，违规的对象就会以非正常颜色标记出来，默认的错误标记颜色为浅绿色。由这种方式可以看到规则被违背了，然后去解决这个冲突，或者修改板或者调整规则。

在线 DRC 并不能完全取代批处理 DRC，在 PCB 设计完成后，应当进行批处理 DRC 检查，验证 PCB 设计。

在设计规则检查器时，还可以设置批处理的 DRC 方式，可以检查在线 DRC 中的规则，也可以加上信号完整性分析规则。另外，还有一个选项可设置找到多少个冲突点 DRC 就停止运行，如图 8-100 所示。

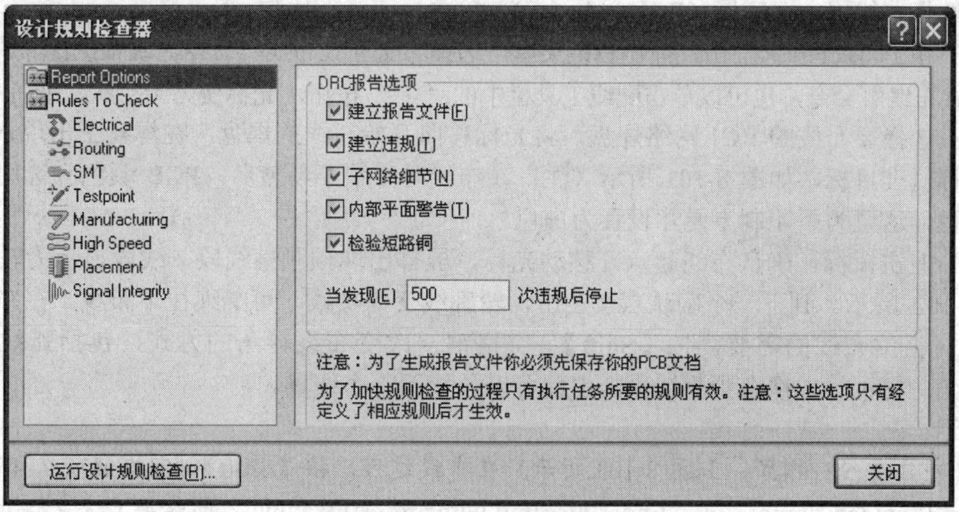

图8-100　“设计规则检查器”报告选项

任务七　PCB 布线设计

布线包括连线、放置过孔、焊盘、弧线、填充、多边形覆铜和电源层等。通常，物理连接的大部分由连线和过孔组成。布线与布局一样，都要设置好布线规则，在规则约束下进行布线才能保证布线质量。

布线通常由手工预布线、自动布线（布线后将其锁定）、手工调整（优化布线）来完成，下面按照这个顺序来学习和掌握方法。

一、手工预布线

1. 手工布线顺序

手工布线是先布通信号线还是先布通电源线？笔者认为，先布通信号线比较容易，其原因如下：

（1）若先布通电源线，对信号线布通率影响较大，不如先布通信号线再布电源线方便。还有种方法，就是正电源线和信号线同时进行布线。

（2）正电源线如果难布通，可以采用跳线，信号线尽量少用跳线。

（3）GND 电源线最后布通，或者不布线，用铺铜连通所有的 GND，这样做，不但可以提高绘图速度，也可以提高电路板的抗干扰能力。如果最后铺铜不能连接所有的GND，就把电源线和信号线改为跳线，让出铺铜连接到所有的 GND。

2. 手工布线步骤

（1）设置好电气及布线规则。本项目部分规则使用系统默认规则，在这里主要添加电源类布线宽规则，设置为最小值 10mil、优选值 30mil、最大值 50mil。这三个值设置不同大小，可以使布线灵活性更大，在一般情况下取优选值，特殊情况下可取最大值和最小值之间值。电源布线一是所有地方都要用一样的宽度，有些地方如果电流不大，则可采用小一点的宽度，可以提高通率。一般来说，线宽规则这三个值不要取得一样。

（2）在布线时将网格设置为点式（Dots），这样容易看到反映连接关系的飞线。同是在窗口下方选择布线层——底层（Bottom Layer），单面板布线在底层。

（3）在 PCB 工作区右击，弹出右键菜单，选择“交互式布线”命令，或者执行“放置”→“交互式布线”命令，也可以单击配线工具栏中的“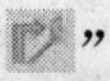”按钮，光标变为十字状，准备布线。

（4）选择要布线的 VC1 网络焊盘，将光标移向开始布线的焊盘，在焊盘上出现八角形，表示光标对准目标，如图 8-101 所示（注：在布线时眼睛不易疲劳，PCB 颜色应选用系统默认的黑色，这里为了印制方便才设置为白色）。

（5）左击鼠标，确认布线起点。移动光标，屏幕出现预测性线段，线段显示为轮廓线，如图 8-102 所示。到下一个确认点，左击，轮廓线变为实线，可继续往下布线。在布线过程中，随时根据布线的需要，按【Shift】+空格键，改变布线转角的方式，包括弧线转角和 45°转角。每种模式都有预测线段，由此可以预知下一个线段。

提示：

① 布线有 5 种模式，如图 8-103 所示。在布线过程，按【Shift】+空格键可在 45° End、45° End-Rounded Corner、90° End、90° End with arc、Any angle 之间转换，按空格键则在每种模式的开始和结束（Start 和 End）模式间转换。

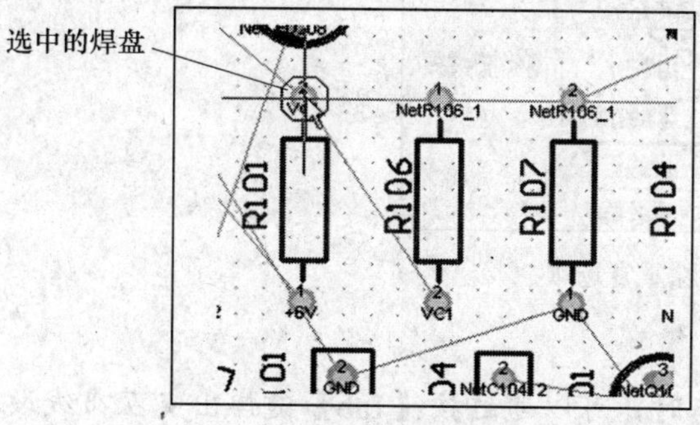

图8-101　选中开始布线目标

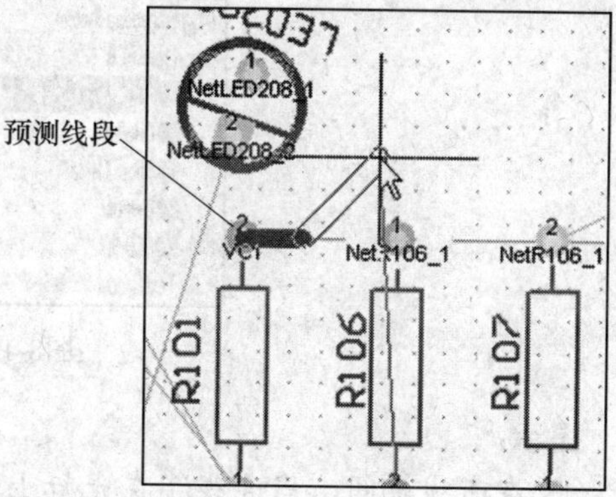

图8-102　前瞻式布线

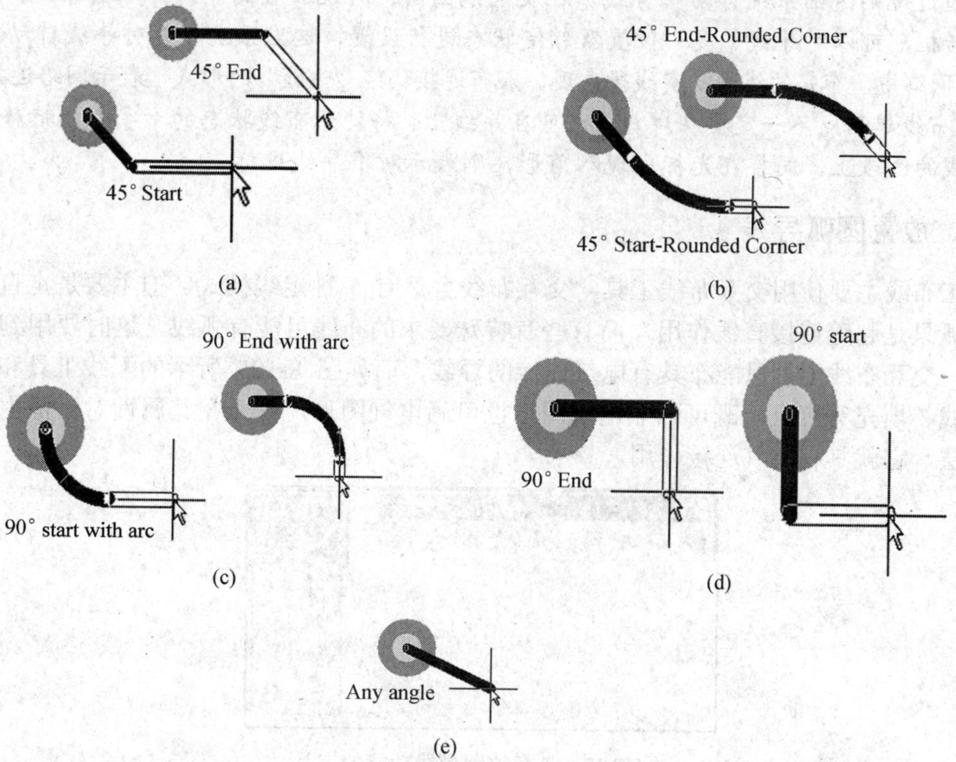

图8-103　布线的5种模式

② 好的设计习惯是，打开电气网格（用快捷键【Shift】+【E】打开或关闭电气网格），使连线可以轻松地连接到一个不在捕捉网格上的实体。打开在线 DRC。监控布线过程，违反规则的设计被立即显示出来。打开自动删除重复回路选项（在优先设定“ProtelPCB”→“General”编辑选项页下选中“删除重复”选项，如图 8-104 所示）。重布部分新线段，冗余线段将被自动删除。

（6）在布线过程中，走线需要变换层时，按快捷键数字键盘中的“*”、“+”、“-”键切换到另一信号层，编辑器会自动插入过孔。完成本次布线后，右击，结束这次布线。光标仍为十字形，浮在屏幕上，等待进入下一个布线起始点。如要退出布线状态，再次右击。

（7）用全局编辑锁定预布线。

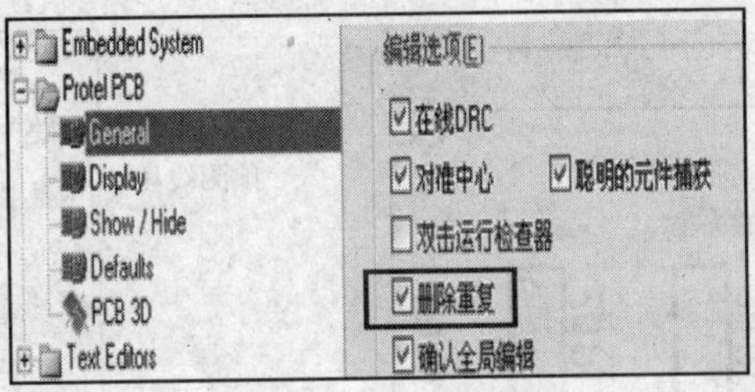

图8-104 删除重复选项

提示：

① 在布线期间，当连线浮在光标上的状态时，可以通过按【Tab】键弹出交互布线设置对话框，在对话框内可以在规则范围内（即最大与最小值间）修改线宽、过孔直径和过孔孔径。如超过规则范围系统自动修剪线宽在规则范围内。对已放置的导线，双击导线弹出导线属性对话框，可以对导线宽度、位置及锁定状态进行设置，这里系统不能对导线自动修剪。

② 网络中，布完的线段以实线段表现，未布连接仍经“飞线”的形式，表示网络连接关系。

③ 布线起始点不一定要在焊盘，也可在导线上，将处于布线状态的十字形光标移到希望开始布线的线段上，同样在光标出现八角形，则表示对准导线目标。

二、放置圆弧导线

手工布线主要使用交互布线工具，交互布线虽然有 5 种走线模式，但主要是走直线和折线，圆弧只是起着连接直线作用，而有些有特殊要求的布线可能有弧线，这时要用到放置圆弧命令。交互布线工具只能布具有电气连接的导线，而如图 8-105 所示的配线工具和实用工具中画线、填充等工具，既可画非电气图形也可画电气图形，只要在其属性对话框中将其放在信号层，它就具有电气连接作用。

图8-105 具有放置导线功能的工具

在本项目示例中，LED211~220 的负极都是连接在一起的，且处在同一个圆弧上，如果用放置圆弧导线工具来画则美观得多了。

1. 放置圆

（1）单击 PCB 工作窗口下层标签，切换到底层（Bottom）。

（2）执行“放置”→“圆”命令，或单击实用工具栏中的“◎”按钮，光标为十字形，在需放置圆心的位置（本例为原点位置，按【Ctrl】+【End】快捷键移至原点），左击确认圆心。

（3）移动光标至 LED211 的 2 脚，当出现八角形光标，则表示圆弧线与该脚准确连接，左击确认半径，则圆画好，且与 LED211~220 负极连接。为了确认连接正确性，可双击圆弧线，在圆弧属性对话框中，可以看到圆弧带上了 LED211~220 负极的网络标号，表示连接是正确的。这里也可以对线宽进行设置。

2．中心放置圆弧

（1）执行“放置”→“圆弧（中心）”命令，或点击实用工具栏中的“ ”按钮。

（2）光标将变成十字形，在圆心后，单击确定。

（3）将光标移动到合适位置，选择圆弧的半径，右击，如图 8-106 所示。

（4）移动光标在圆弧的开始和结尾处时都单击，确定圆弧起始位置和终止位置。

（5）完成圆弧的绘制后，在 PCB 图纸上右击取消画圆弧状态。绘制过程和结果如图 8-107 所示。

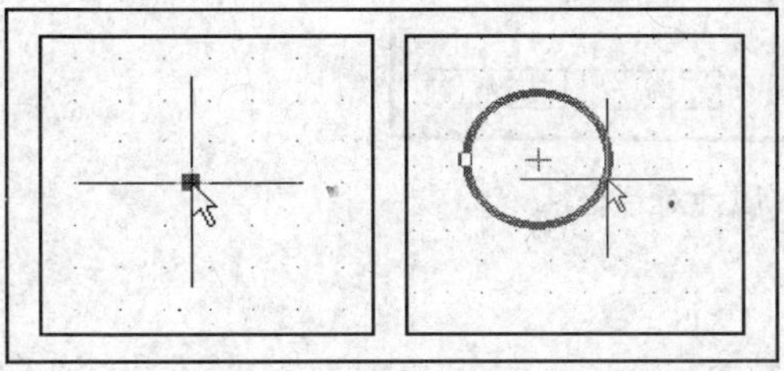

图8-106　确定圆弧圆心与半径

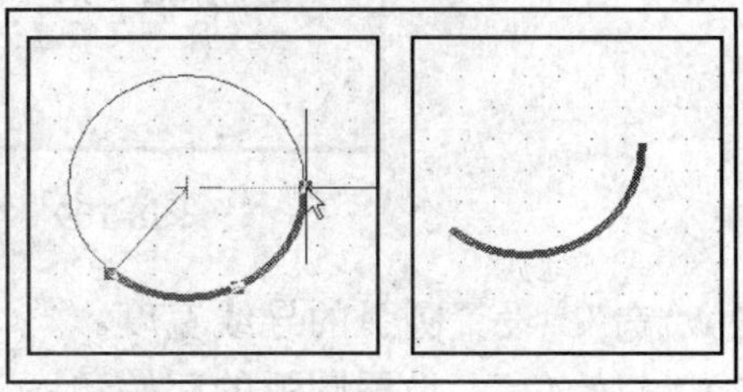

图8-107　确定圆弧起点与终点

3．边缘放置圆弧

（1）执行组件放置菜单命令“放置”→“圆弧（90 度）”，或在组件放置工具栏中单击“ ”按钮。

（2）选中放置圆弧导线后，光标将变成十字形，单击确定起点，移动光标，选择合适的圆弧终点位置后，单击，则一个 90° 圆弧完成。

完成圆弧的绘制后，在 PCB 图纸上右击取消画圆弧状态。如果要改变圆弧长度，可点选圆弧，圆弧出现三个控制点，点选两端控制点，拖动光标，可使圆弧沿原来半径拉长或缩短。绘制过程如图 8-108 所示。

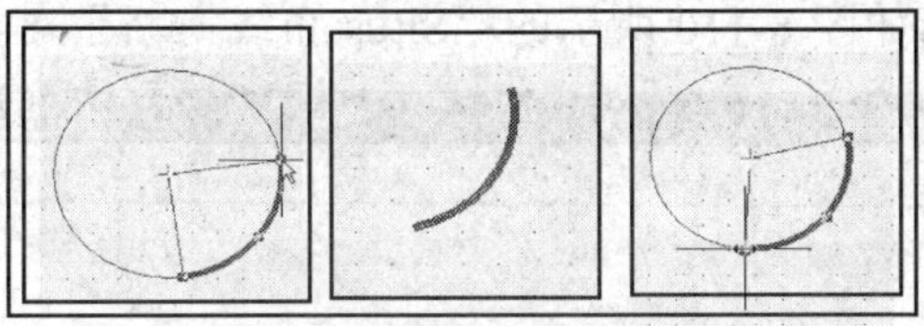

图8-108　边缘圆弧画法

4．任意弧放置

（1）执行组件放置菜单命令“放置”→“圆弧（任意角度）”，或在组件放置工具栏中单击“ ”按钮。

（2）选中要放置的圆弧导线后，光标将变成十字形，单击确定起点。

（3）移动光标进行圆弧中心的选取，在合适的圆弧中心位置处单击，结束圆心和半径的选取。

（4）起点和圆心定好后，使光标仍保持十字形，并在圆弧上移动，选择好圆弧终点后，单击。

（5）完成圆弧的绘制后，在 PCB 图纸上右击取消画圆弧状态。

5．设置圆弧导线属性

设置圆弧导线属性有两种方法：一种是在用光标放置圆弧导线时按【Tab】键，弹出圆弧属性对话框，如图 8-109 所示“圆弧”属性对话框；另一种是对已经在 PCB 上放置好的导线，直接双击该导线，也将弹出圆弧属性对话框。圆弧属性对话框中有如下几项设置：

（1）“半径”：设置圆弧的半径。

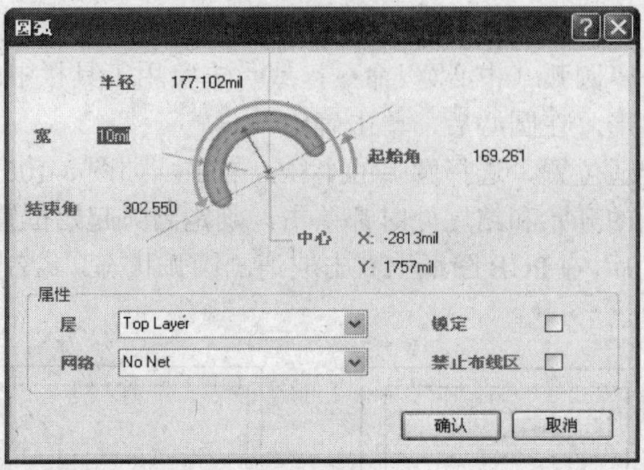

图8-109 “圆弧”属性对话框

（2）“宽”：设置圆弧的导线宽度。

（3）“起始角”：设置圆弧的起始角度。

（4）“结束角”：设置圆弧的终止角度。

（5）“中心 X”和“中心 Y”：设置圆弧的圆心位置。

（6）“层”下拉选项：选择圆弧所放置的层面。

（7）“网络”下拉选项：选择该圆弧段对应的网络名。

（8）“锁定”：设定放置后是否将圆弧的位置固定不动。

（9）“禁止布线区”：选择是否屏蔽圆弧导线。

三、自动布线

（1）在设置好布线规则和放置好预布线后，在 PCB 操作窗口下，执行主菜单“自动布线”→“全部对象”命令，弹出如图 8-110 所示的“Situs 布线策略”对话框。

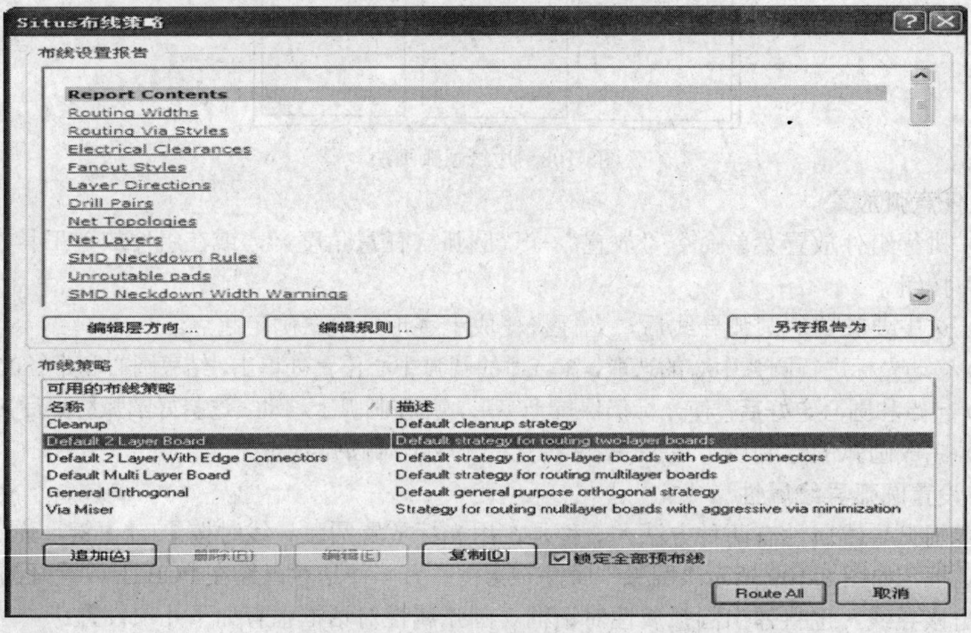

图8-110 “Situs布线策略”对话框

（2）对话框上面是设计规则列表，单击任一类规则，则该类所有规则都展开，显示出各规则详细设置供检查，如图 8-111 所示。如要修改某规则设置，则只要选中该规则，单击“编辑规则...”按钮即可打开该规则编辑器窗口。本项目虽是单面板，但还是在双层板自动布线，再在后面进行交互优化修改。只在一层自动布线很难布通。

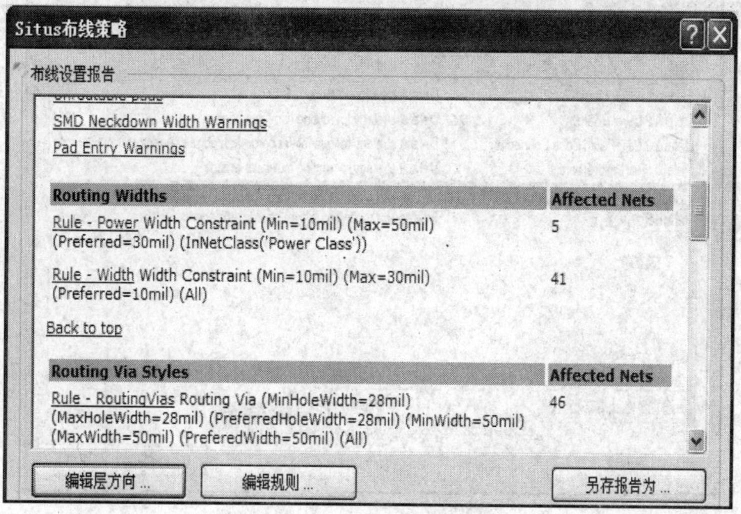

图8-111　展开的规则详情

（3）设置布线方向。为了减少印制导线间的电磁干扰，一般不同层布线尽可能垂直。系统默认底层为水平布线，顶层为垂直布线。如果改变布线方向设置，可以单击“编辑层方向”按钮，弹出图 8-112 所示“层方向”设置对话框，要改变默认值，可以按层后的当前设置对话框选择方向，如图 8-113 所示。

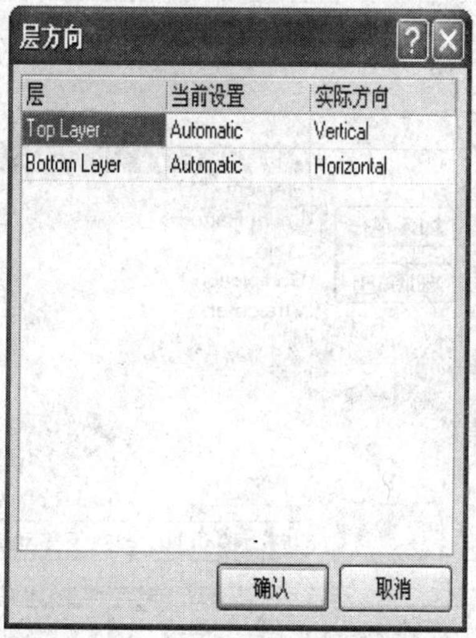

图8-112　“层方向”设置对话框

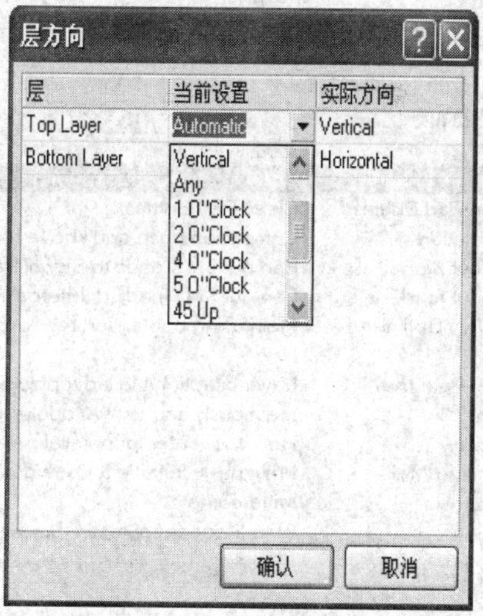

图8-113　“层方向”设置对话框

（4）设置布线策略。在 Situs 布线策略对话框下方是布线策略设置对话框，如图 8-114 所示。在表框中有 6 种默认布线策略：Cleanup（默认清除策略）、Default 2 Layer Board（双面板默认布线策略）、Default 2 Layer With Edge Connectors（四周带插件的双面板默认布线策略）、Default Multi Layer Board（多层板默认布线策略）、General Orthogonal（通用正交布线策略）、和 Via Miser（过孔策略）。这 6 种系统默认策略是不能删除和编辑的，如果要追加新的策略，可以单击“追加(A)”按钮，弹出图 8-115 所示的“Situs 策略编辑器”对话框。在“Situs 策略编辑器”对话框中，可以设置布线策略、布线速度等信息。

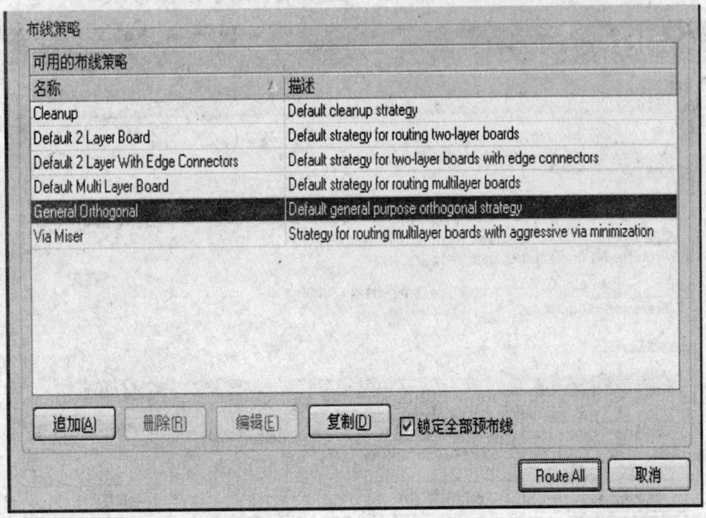

图8-114 “布线策略”设置表对话框

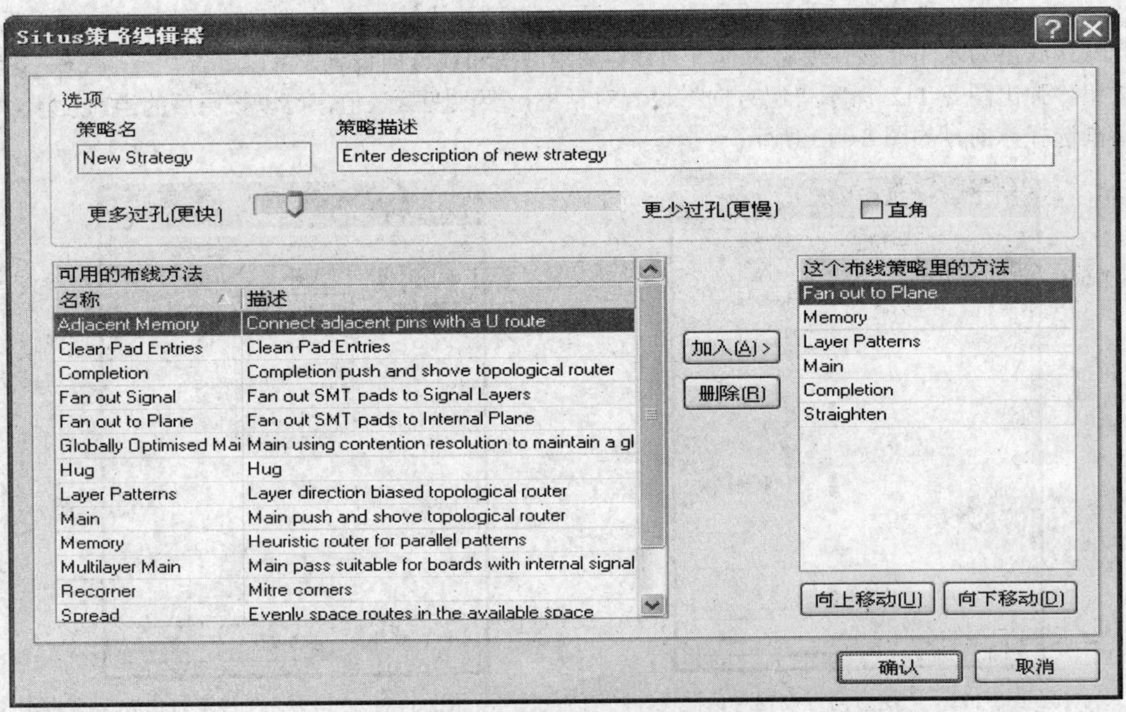

图8-115 “Situs策略编辑器”对话框

① “策略名”：设置策略名称。

② “策略描述”：策略简单说明，使我们知道该策略适用情形。

③ 过孔滑动条：用于设置布线过程中允许使用孔数目的多少。使用的过孔越多，自动布

线过程中限制就越少，布线速度越快。但过孔过多会使电路板变得复杂，易发生错误，成本也会提高。因此过孔设置要综合考虑。

④ “可用的布线方法”：有 14 种布线选项，可以单击“加入(A)>”和“删除(R)”按钮为当前布线策略增减选项，各选项含义如下

a. Adjacent Memory：相近元件采用存储器式的 U 形布线策略。

b. Clean Pad Entries：对焊盘引入线进行清理，使用该选项将使焊盘附件的导线更加规则有序。

c. Completion：选择此项表示采用绝对推挤式布线器，该布线方案是一种推挤策略，当出现无路可通的情况时，本方案将把先走的线推开，留出空隙给没有完成的连接，在进行复杂电路板布线时，这种布线方案是不可缺少的。

d. Fan out to Signal：适用于 SMD 焊盘，采用这种布线方案，将从 SMD 焊盘引出一段铜膜线段，并在铜膜线末端放置一个过孔连接至信号层。

e. Fan out to Plane：用于 SMD 焊盘，采用这种布线方案，将从 SMD 焊盘引出一段铜膜线段，并在铜膜线末端放置一个过孔连接至电源层。对于双层板，只是电源网络的 SMD 焊盘采用这种布线方案；对于多层板，所有的 SMD 焊盘都采用这种布线方案。这种布线方案具有自适应性能，在任何情况下，甚至电路板中没有 SMD 元件，也应该采用这种布线方案。

f. Globally Optimised Main：全局优化的挤式布线策略。

g. Hug：采用环抱布线方式。

h. Layer Patterns：在自动布线过程中，该布线方案将安排何时采用何种布线算法，以使整个电路板具有很高的布通成功率，一般情况下都采用这种布线方案。

i. Main；主要采用推挤式布线策略，即遇到障碍物时主要考虑推挤式布线。

j. Memery：适用于存储器元件的网络布线，类似存储器元件甚至电路板中无存储器元件都可以采用这种布线方案，建议任何情况下都采用这种布线方案。

k. Multilayer Main：适合有内部信号层板的布线。

l. Recorner：用斜切角方式布线。

m. Spread：在允许的空间范围内，导线采用均布方式放置。

n. Straighten：布线过程中采用直线策略，即导线轨迹尽量以直线方式展开。

⑤ “这个布线策略里的方法”栏里有 Fan out to Plane、Memery、Layer Patterns、Main、Completion、Straighten 6 个布线方法，我们可从“可用的布线方法”栏添加布线方法，也可以从这里删除布线方法，然后用“向上移动(U)”和“向下移动(D)”按钮调节这些方法的优先级。确认关闭对话框，回到布线策略对话框。

（5）规则与策略设置好后，单击“Route All”按钮，开始对 PCB 全局进行自动布线，在布线同时系统“Messages”面板会同时给出布线的状态信息，关闭该面，可以看到布线的结果，如图 8-116 所示。

四、掌握局部自动布线与撤消布线

在交互布线过程中为了提高布线速度可以对希望的局部进行自动布线，这时可以运用自动布线菜单的相应菜单。

（1）执行“自动布线”→“网络”命令，光标将变成十字形，选中需要布线的网络，单击，系统自动对选择的网络进行布线。如图 8-117 所示，选择 GND 网络布线。

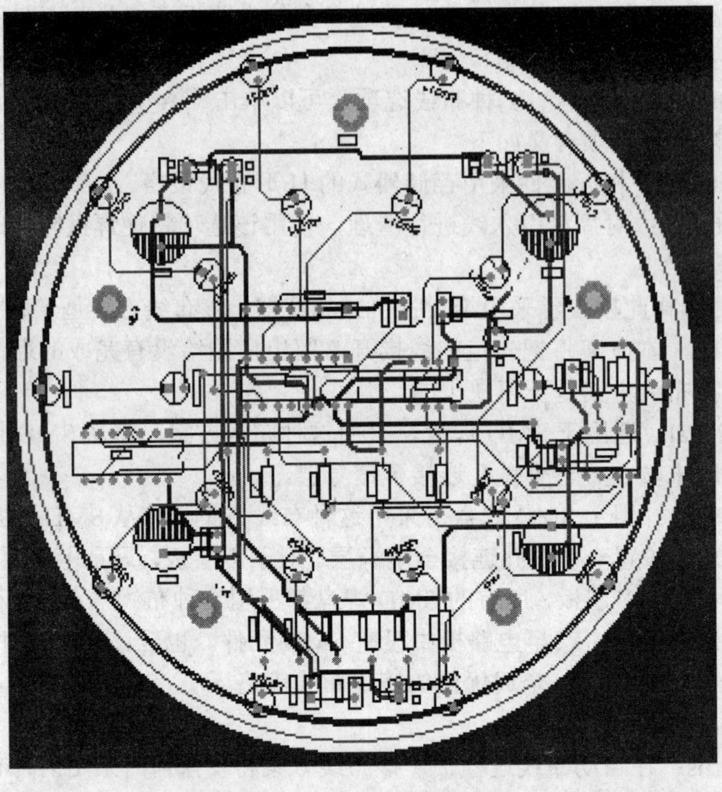

图8-116　全自动布线结果

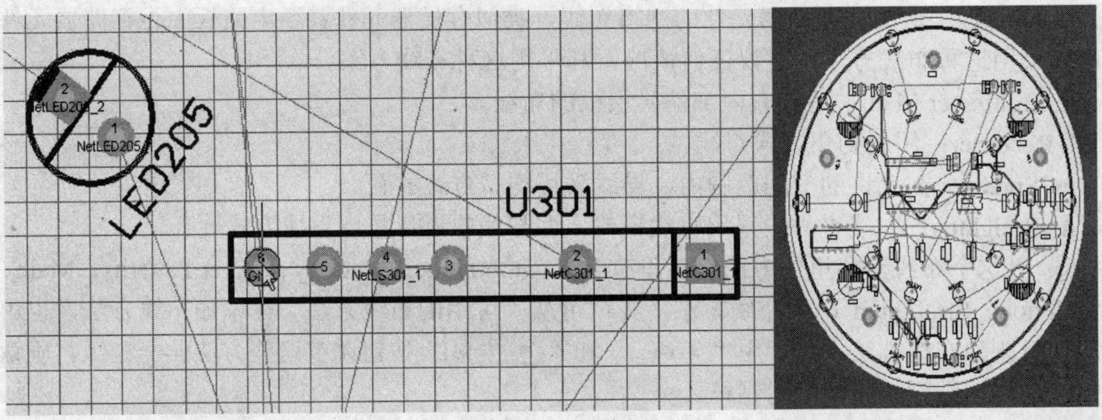

图8-117　对网络自动布线

（2）执行“自动布线”→“网络类”命令，在弹出的对话框中选择希望自动布线的网络类，单击“确认”按钮，关闭对话框，系统自动对该网络类所有网络布线。

（3）执行“自动布线”→“连接”命令，光标变成十字形，移动光标选择需要布线的两个焊盘，单击，系统会在这两个焊盘间进行自动布线。

（4）执行“自动布线”→“整个区域”命令，光标将变成十字形，拖动光标选择一个需要布线的矩形区域，系统对该区域自动布线。

（5）执行“自动布线”→“Room 空间”命令，光标变成十字形，把光标移到要布线的

Room 中，单击，则开始对给定的组件组合进行自动布线。

（6）执行“自动布线”→“元件”命令后，光标变成十字形，移动光标选择需要布线的特定组件，单击系统会对该组件进行自动布线。

（7）执行“自动布线”→“元件类”，弹出选择元件类对话框，选择自动布线的元件类，单击“确认”按钮，关闭对话框，则系统自动对该元件类所有元件组件布线。

在交互布线时常要撤消已布线段重新布线，可以执行“工具”→“取消布线”下各命令，各命令运用方法与上面局部自动布线命令相似，只是执行结果与布线相反，即取全部消或部分原来布线。

五、典型交互布线技巧

1. 不同宽度导线的绘制技巧

由于电路板上空间限制或其他特殊要求，一条导线上可能存在有不同宽度的几段。如图 8-118（a）所示，三极管 2 脚左边线段宽度为 50mil，如直接用同样宽度连接到三极管，则该线段与 1、3 脚的间隔较小，会违反安全距离规则，故在与 2 脚连接时用一小段 20mil 的线段过渡，其放置的方法如下：

（1）对有不同宽度要求的布线设置宽度规则时，最小值、优先值、最大值一定不要相同，希望布的所有线宽要在规则最小与最大值范围内，如本例最小值可设置为 10mil、最大值可设置为 60mil。

（2）在三极管左边 50mil 线段要与三极管连接时，在 2 脚前附近单击，确认前面布线，同时按【Tab】键，弹出交互布线对话框，将线宽改为 20mil，连接 2 脚。

（3）继续往前走一小段，确认布线，再按【Tab】键，将线宽改为 50mil，继续往下布线即可。结果如图 8-118（b）所示。

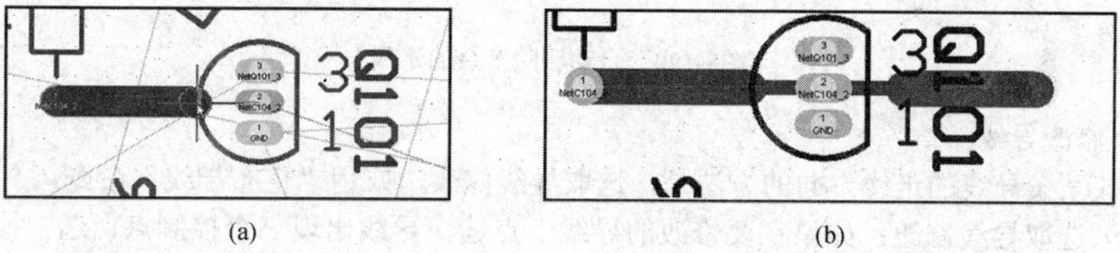

(a)　　　　(b)

图8-118　不同宽度导线绘制

2. 实用的删除重复布线（Loop Removal）功能

在手工布线时，有时会发现先前某些导线放置不理想，需要重新修改；或布线进行到一半时，发现走线不合理。在这两种情况下，都可将这些导线选中删除，然后重新布线。系统提供了一个功能强大的“Loop Removal”，它可以让设计者根本不必去理会那些不合理的布线，在重新布线的同时，可以删除以前的导线。在优先设定“ProtelPCB”→“General”编辑选项组下选中“删除重复”，可以打开删除重复回路功能。

1）自动清除已布导线

在图 8-119 所示实例中，在图 8-119（a）中三极管 3 脚一条段与 2 脚线段相交，因此在经过相交处用了不同的布线层——顶层，并形成了两个过孔，其实完全可以改变走线路径，去掉过孔和顶层走线。按图 8-119（b）重新布一条重复导线，当布完新导线后，原来导线与新导线形成的回路部分及该部分导线上的过孔自动删除掉了，结果如图 8-119（c）所示。

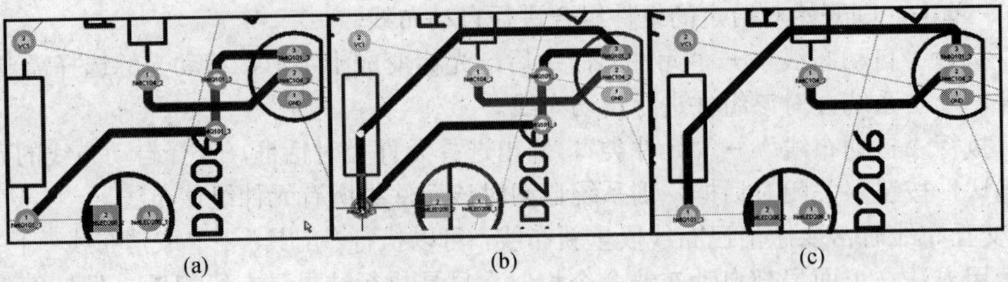

图8-119　自动清除已布导线

提示：该操作中，所布新导线的起点和终点必须在原来导线上，否则“Loop Removal”功能将不起作用。该功能不仅对同一工作层上导线起作用，对不同工作层上的导线也起作用，关键是要符合新导线的起点和终点在原来导线上规则就可以。

2）自动删除多余的走线

在图 8-120（a）中，导线本来要连接到电阻焊盘上，一不小心走线跑过了，如再拐过来连接到电阻焊盘上，肯定不美观，电磁特性也不会好的。但只要在原来导线上重新拉一条新导线，如图 8-120（b）所示，再连接到要连接的焊盘上，则多余的导线自动删除。结果如图 8-120（c）所示，注意起始点只要在原来导线上适当位置就可以。

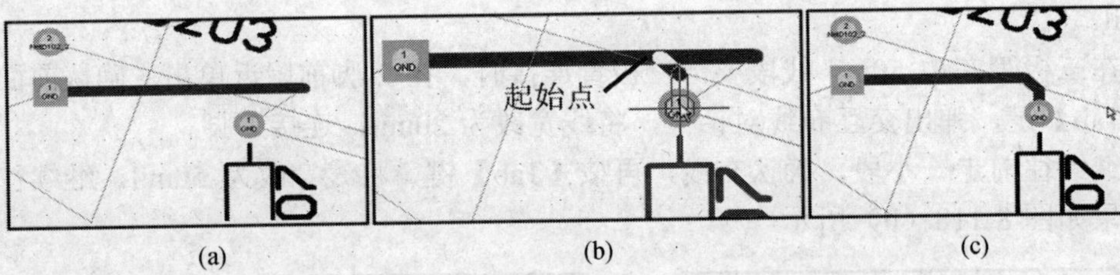

图8-120　自动删除多余的走线

3）修改导线

修改某条导线的走线方向的方法是，选取导线修改，或用“重布导线”命令。

（1）选取导线修改：如果在要修改的导线上点选，导线出现三个控制点，选中控制点并按住鼠标不放，拖动到合适位置即可。

（2）用“重布导线”命令：执行“编辑”→“移动”→“重布导线”命令，光标变为十字形，称动光标到希望修改的导线上，左击，则在光标处出现控制点，移动鼠标拖动到合适位置即可，如图 8-121 所示。本操作与选取导线修改方式的区别是，控点可由光标在导线任意位置选择，而选取导线修改方式则不能。

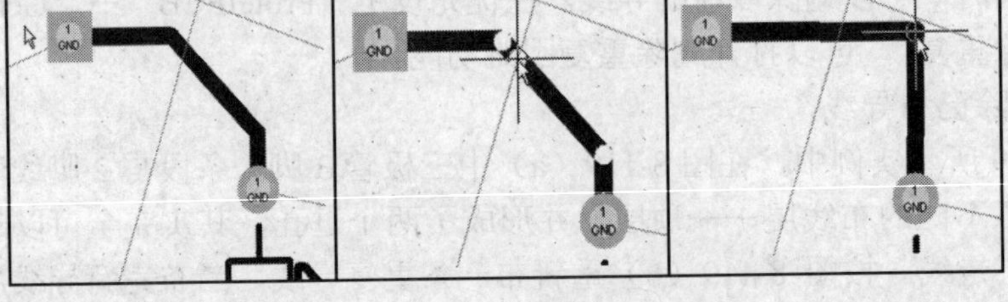

图8-121　用重布导线命令修改导线

六、掌握交互布线的三种模式

根据布线的不同要求，交互布线有三种不同的模式实现优化布线的各种需要。交互布线模式先优先设定“ProtelPCB”→“General”编辑选项页“交互式布线”选项组，再在模式后的下拉列表中选择，如图 8-122 所示。三种模式如下：

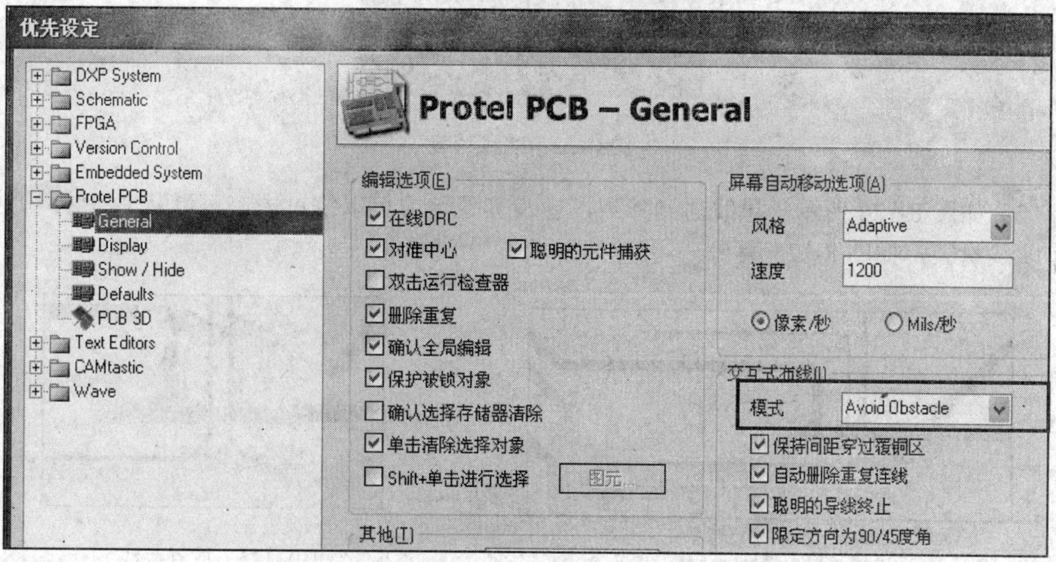

图8-122　交互布线模式选择

（1）“Ignore Obstacle”（忽略障碍）：可以在工作区内任何地方布线。如果所布线违反设计规则，那么在在线 DRC 打开的情况下，所布的线和相关的实体都会因错误而高亮显示。这种模式在重新布线中暂时违反设计规则时很有用，暂时产生的错误可在后续的布线中修正。

（2）“Avoid Obstacle”（避开障碍）：在这种模式下，布线不会违规。当光标移动到将会发生违规的地方时，线段会自动退回到符合设计规则的地方。这种模式使布线很轻松，不必小心翼翼地避免产生错误，PCB 编辑器只允许符合规则的布线产生。

提示：按住【Alt】键可临时从 Avoid Obstacle 模式转到 Ignore Obstacle 模式。

（3）“Push Obstacle”（推挤障碍）：在这种模式下，当移动光标时，所布的连线会推开挡路的已有连线，但它不能推开如过孔、焊盘和锁定的对象。

提示：布线时，用快捷键【Shift】+【R】可在三种模式之间循环切换。

七、单面板跳线绘制

现在稍复杂的电路板一般用双面板或多面板，双面板和多面板布通率很高，很少有跳线存在。但在一些要降低成本或业余制作的场合，单面板还在大量使用，单面板布通率不是很高，因此要用跳线进行连通。Protel 2004 在 PCB 编辑器中没有提供绘制跳线功能，虽然在元件库中提供了跳线元件，但系统提供的跳线是用长度只有 200mil 的 PIN2 封装代替，也可以用任何两脚的轴类封装，如电阻封装 AXIAL-0.4 等，但使用不是很方便，因此一般不用系统提供的跳线，而用一种变通的形式来代替。

1. 用轴类封装绘制跳线

（1）为了使跳线更加美观，可以在项目库中创建一跳线封装“Jump-0.4”，如图 8-123 所示。当然，为了适应不同的需要，可以创建几种长度不同的跳线，如“Jump-0.2”、“Jump-0.6”等，长度取 100mil 的整数倍。

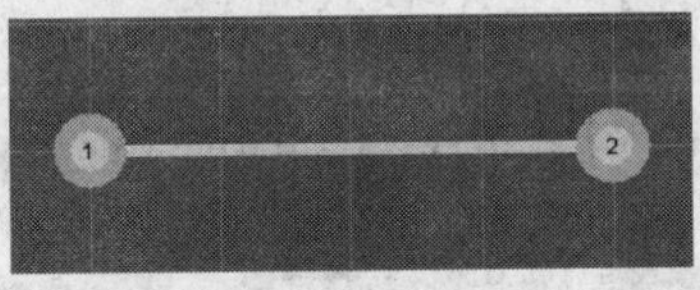

图8-123 跳线封装

（2）如图 8-124 所示，导线遇到障碍，也没其他地方可以绕过去，可以从 PCB 库中放置一个跳线封装，如图 8-125 所示。

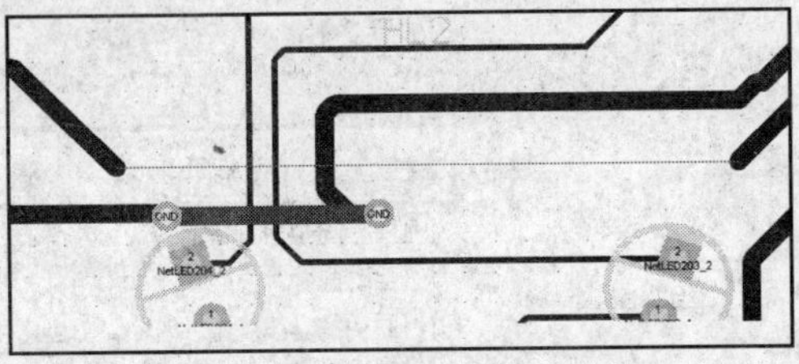

图8-124 遇到障碍的布线

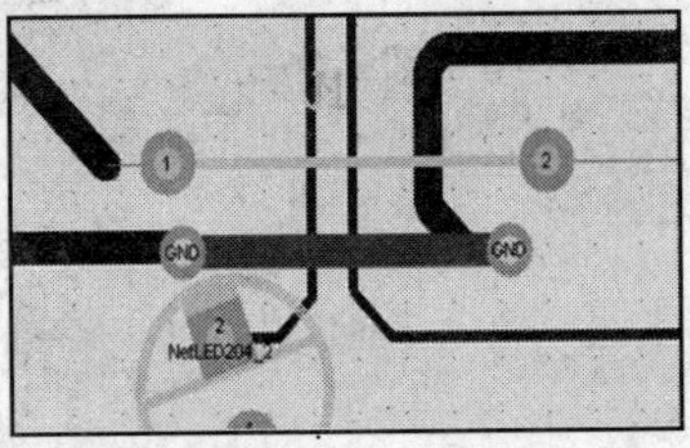

图8-125 放置跳线

（3）放上去的封装引脚没有网络，为了与“+6V”网络导线连接起来，要设置跳线两焊盘（双击），在弹出的焊盘属性对话框中（图 8-126），两焊盘添加相同网络“+6V”，再用交互布线工具将导线与跳线连接起来，结果如图 8-127 所示。

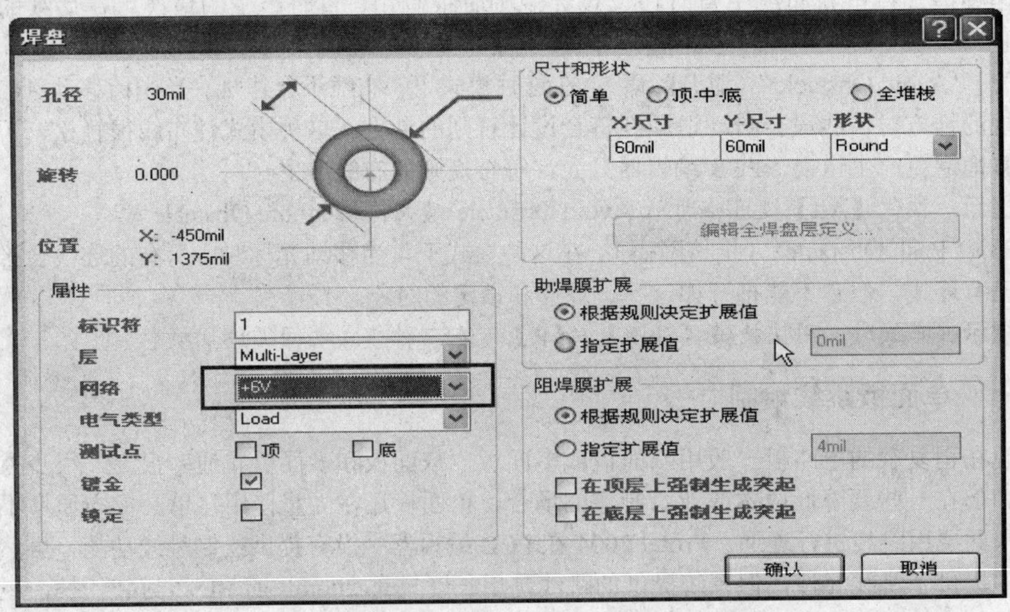

图8-126 为焊盘添加网络

提示：这种方法优点是跳线长度整齐规范，便于装配；缺点是规则检查时提示没有布通，且有飞线显示。

2．用顶层线布线再修改

（1）当导线不能绕过障碍，需要从障碍跳过去时，可按数字小键盘“*”，将布线由底层切换到顶层，系统自动在光标处生成过孔。

（2）在顶层布线，跳过障碍后，再切换到底层继续布线。

（3）在所有线布完成后，进行规则检查，没有错误再用全局方法把所有顶层布线改为“Top Overlay”，则在制造印制板时，在丝印层有跳线标记。为了识别方便，可在每个跳线处放置文字“J1”、“J2”，文字所属层设置为“Top Overlay”，如图 8-128 所示。

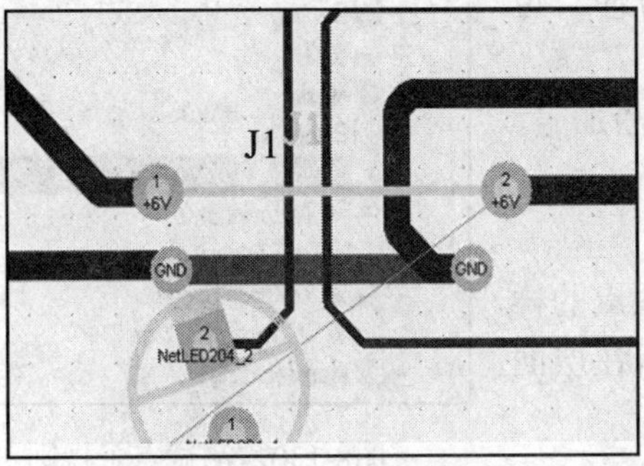

图8-127　绘制好的跳线

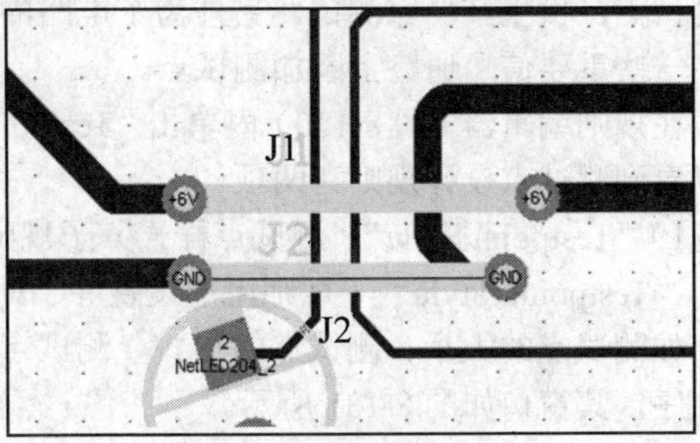

图8-128　顶层布线绘制的跳线

提示：这种方式一定要在所有线布完，规则检查通过后再更改顶层布线所属层，这样可以保证布线的完成整性；缺点是跳线长度可能不规整，不过在绘制跳线时注意坐标变化，也可做到使跳线长度为 100mil 的整数倍。

完成布线的 PCB 如图 8-129 所示。

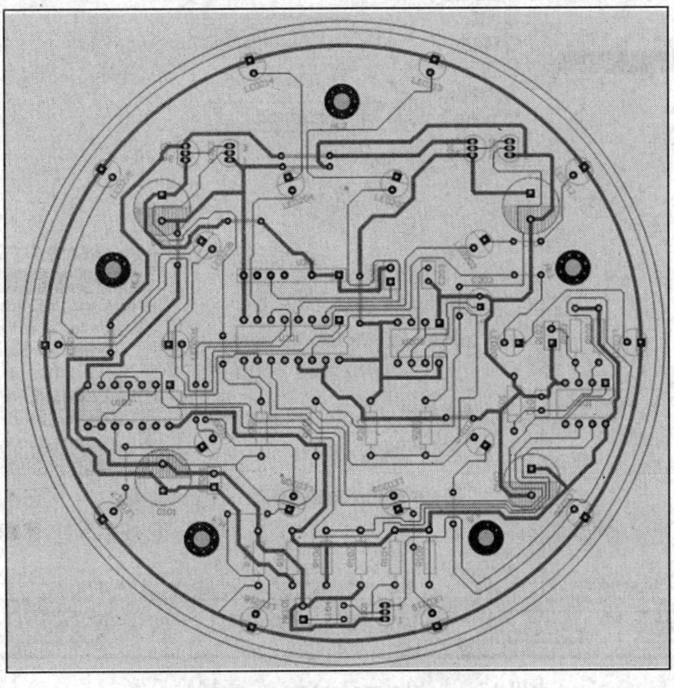

图8-129　完成布线的PCB

任务八　PCB 设计后续操作

PCB 在布线完成后，还有很多后续操作，通过这些操作可对 PCB 进行优化和验证。

一、添加测试点

1．设置测试点设计规则

出厂时都要用测试探针及各种仪器测试电路板，检验每条布线、过孔等是否有短路现象。因此必须在电路板设置一些测试点，供生产厂家测试，另外为了电路的调试方便，也要在一些重要信号通路上添加测试点。

在规则编辑器（图 8-130）内单击“Testpoint”前面加号，可以看到测试点设计规则有两项。

1）“Testpoint Style”（测试点样式）子规则

“Testpoint Style”子规则用于设置 PCB 中测试点的样式，如测试点的大小、测试点的形式、测试点允许所在层面和次序，其窗口如图 8-131 所示。

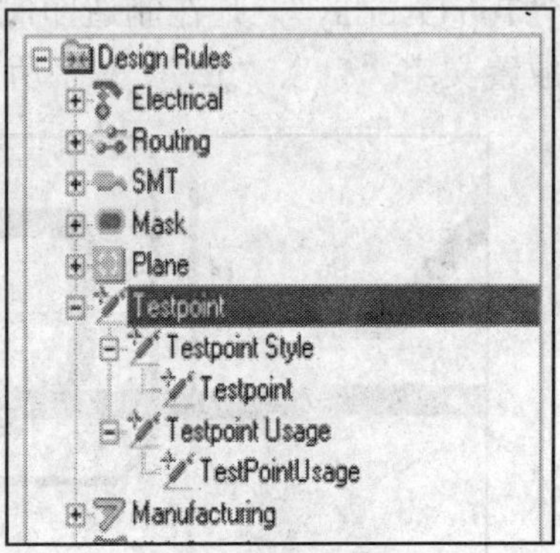

图8-130　测试点子规则

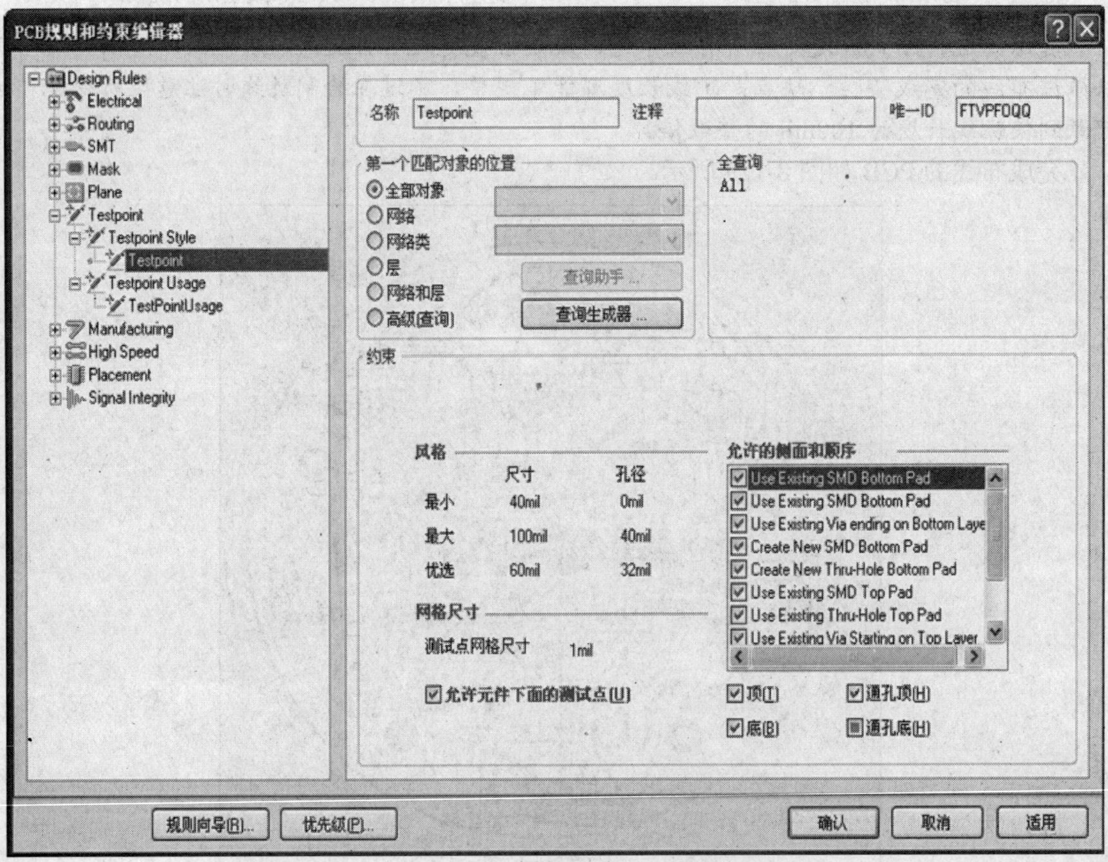

图8-131　“Testpoint Style”子规则设置

在规则的“约束”区域内，该设置对话框有如下选项：

(1)“尺寸”文本框：设置测试点的大小；“孔径”文本框：测试点的导孔大小。它们可以指定 Min （最小值）、 Max （最大值）和 Preferred（优选值）。

(2)“测试点网格尺寸”文本框：设置测试点网格大小，系统默认为 1mil。

(3)“允许元件下面的测试点”复选项：用于选择是否允许将测试点放置在元件下面。

(4)“顶”、“底”、“通孔顶”、“通孔底”复选项：选择将测试点放在哪些层面上。

当【允许元件下面的测试点】被勾选时，会出现【顶】和【通孔顶】，不被勾选时，将会出现【底】、【通孔底】复选项。

(5)“允许的侧面和顺序”复选框：设置所允许的测试点的放置层和放置次序，系统默认所有规则都选中。

2)“Testpoint Usage”（测试点使用）子规则

“Testpoint Usage”子规则用于设置测试点的有效性，其设置如图 8-132 所示。

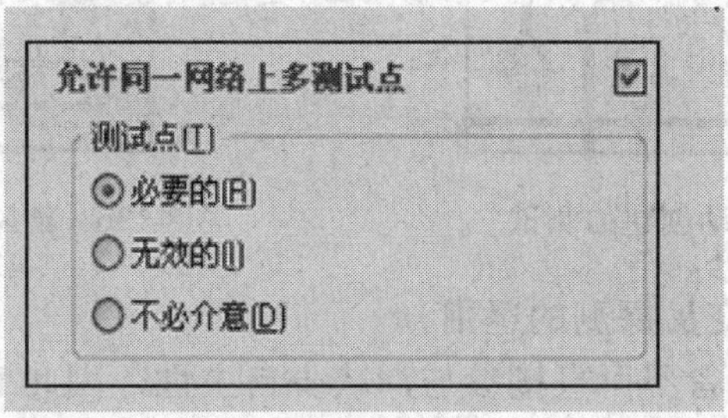

图8-132　测试点用法设置

(1)“允许同一网络上多测试点”复选框：表示可以在同一网络上放置多个测试点。

(2)“必要的”复选框：适用范围内的每一条网络布线都必须生成测试点。

(3)“无效的”复选框：适用范围内的每一条网络布线都不可以生成测试点。

(4)“不必介意”复选框：适用范围内网络可以生成测试点，也可以不生成测试点。本例采用系统的默认设置。

2. 自动搜索并创建测试点

(1) 执行“工具”→“查找并设置测试点”命令，弹出如图 8-133 信息窗口，表示系统将为电路板中的 46 条网络布线搜索并创建测试点。

(2) 确认信息窗口，信息窗口变为图 8-134 所示的信息窗口，提示查找的测试点数量及测试点类型。

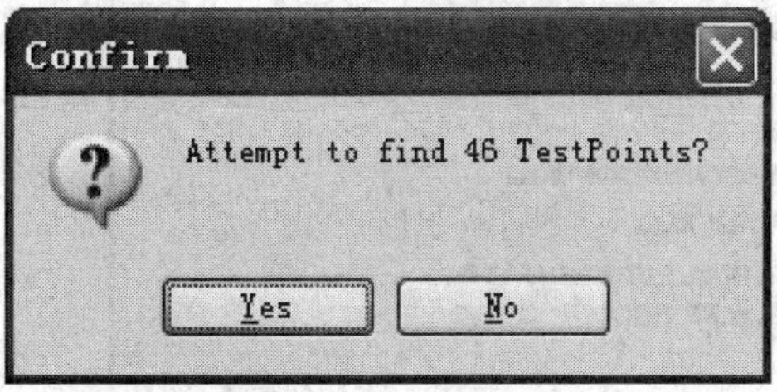

图8-133　查找测试点信息窗口

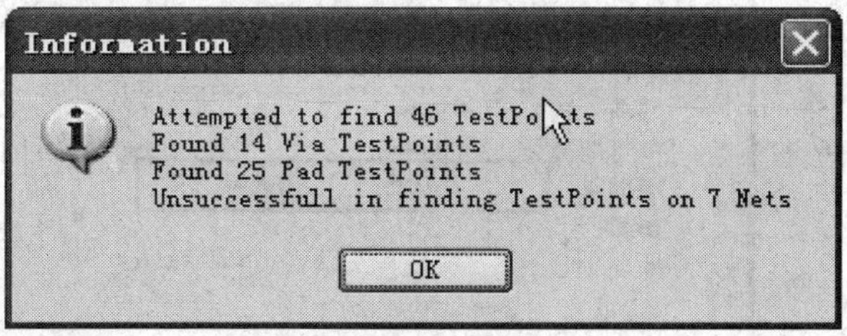

图8-134　测试点创建提示信息

（3）确认窗口，则测试点自动创建。如图 8-135 所示，测试点一般是在现有的焊盘或过孔上创建的，在测试点与一般焊盘在大小上略有区别，且添加了测试点标志。

（4）保存文件，创建的测试点被保存。

提示：创建的测试点如不合适也可以清除。当执行“工具”→“清除全部测试点”命令，系统弹出图 8-136 所示确认清除所有测试点确认对话框，确认后成功清除不合适的测试点信息对话框。

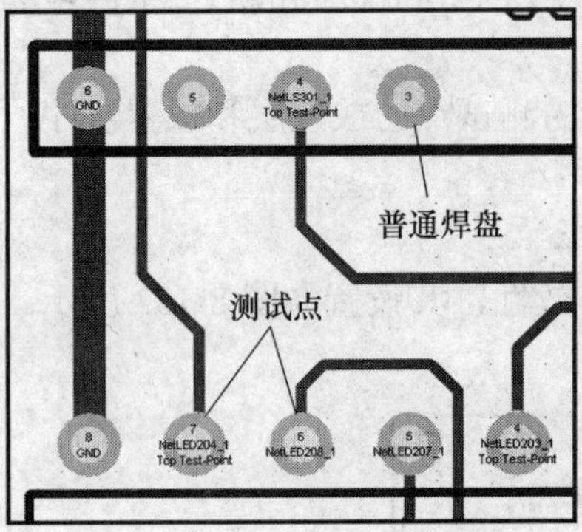

图8-135　系统自动创建的测试

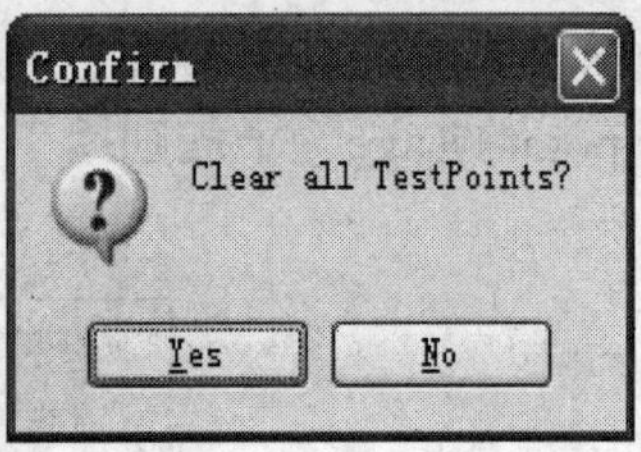

图8-136　清除所有测试点确认对话框

3．手动创建测试点（交叉探测的运用）

自动创建测试点，设计者不可直接参与，缺少自主性，因此 Protel 2004 提供了手动创建测试点的功能，其方法如下：

（1）设置测试点规则，在“Testpoint Usage”子规则中，修改测试点的有效性为“不必介意”。

（2）在原理图中执行“工具”→“交叉探测”命令或单击主工具栏中的“ ”按钮，光标为十字形，移至要设置测试点位置，左击，则 PCB 图中对应的焊盘高亮，其他所有对象屏蔽。

（3）双击焊盘，弹出焊盘属性对话框如图 8-137 所示。将“测试点”后的“顶”、“底”复选框选中。本例中测试点设置为顶层和底层双面的。此时“锁定”选项被选取并处于未被激活状态，说明此焊盘或过孔被锁定，单击“确认”按钮生成测试点。

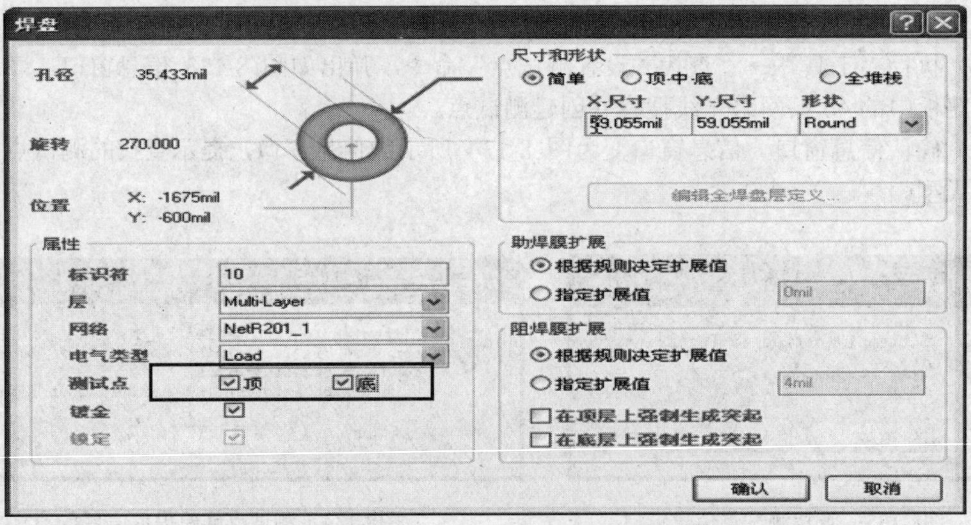

图8-137　手动设置测试点

二、添加泪滴焊盘

在电路板设计中，为了让焊盘更加坚固，防止机械制板时焊盘与导线之间断开，常在焊盘和导线之间用铜膜布放一个过渡区，形状像泪滴，故称补泪滴。其方法如下：

（1）在 PCB 布线完成后，执行“工具”→“泪滴焊盘”命令，弹出图 8-138 所示的“泪滴选项”对话框。

（2）在选项对话框按要求设置选项。该对话框有“一般”、“行为”、“目滴方式”三个设置区。

①“一般”区域选项如下：

a. “全部焊盘”复选框：用于设置是否对所有的焊盘进行补泪滴操作。

b. “全部过孔”复选框：用于设置是否对所有的过孔进行补泪滴操作。

c. “只有选定的对象”复选框：用于设置是否只对所选中的对象进行补泪滴操作。

d. “强制点泪滴”复选框：用于设置是否忽略规则约束，强制进行补泪滴，这项操作可能导致 DRC 违规。

e. “建立报告”复选框：用于设置补泪滴操作结束后是否生成补泪滴的报告文件。

②“行为”区域选项如下：

a. “追加”单选选项：选中该选项，表示进行的是泪滴的添加操作。

b. “删除”单选选项：选中该选项，表示进行的是泪滴的删除操作。

③ “泪滴方式”区域选项如下：

a. “圆弧”单选选项：选中该选项，表示以圆弧方式进行补泪滴操作。

b. “导线”单选选项：选中该选项，表示以导线方式进行补泪滴操作。

本例用系统默认设置。设置完成后，单击“确认”按钮即可进行补泪滴操作。使用圆弧方式补泪滴的操作结果如图 8-139 所示。

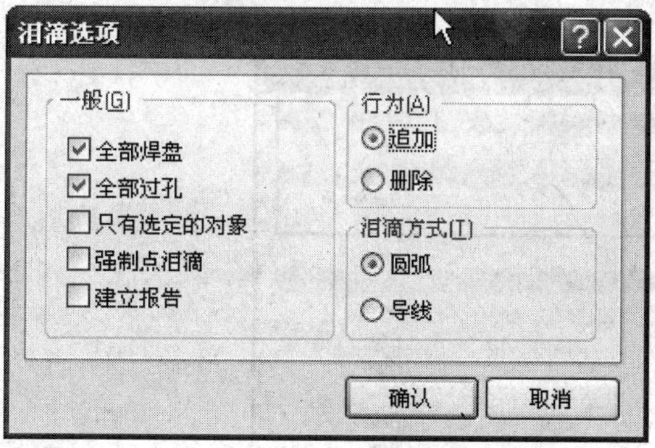

图8-138　“泪滴选项”对话框

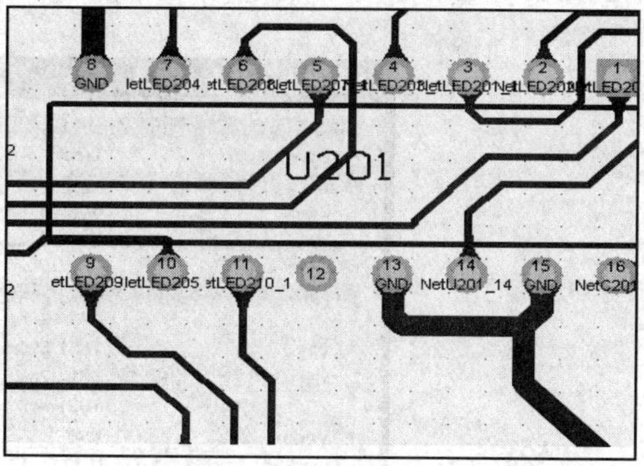

图8-139　完成的补泪滴操作

三、生成包络线（包地）

包地是为了保护某些网络布线不受噪声干扰，在这些选定的网络布线周围围绕一圈接地布线，这个外围线是没有网络的，如果需要，可以将其接地。其方法如下：

（1）将需要包地的对象选中。可以按住【Shift】键，逐一单击焊盘和连线，更好的方法是执行“编辑”→“选择”→“物理连接”命令，光标变为十字形。

（2）将十字形光标移到希望包地的物理连接铜线上的任一位置，左击，即选中该连接，如图 8-140 所示。

（3）执行“工具”→“生成按规定对象的包络线”命令，实现在选中对象的外围作包络线，如图 8-141 所示。

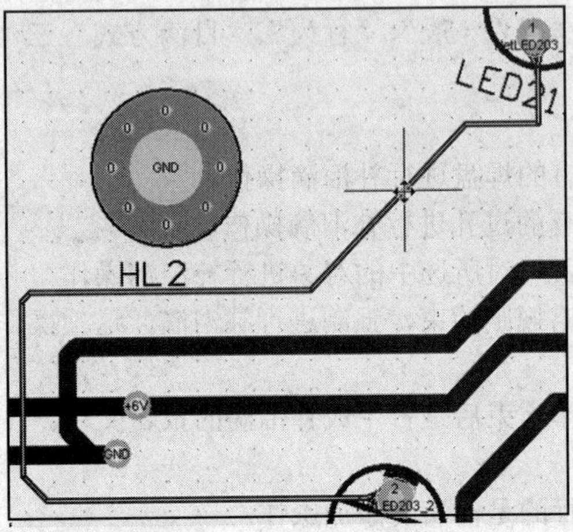

图8-140　选择物理连接

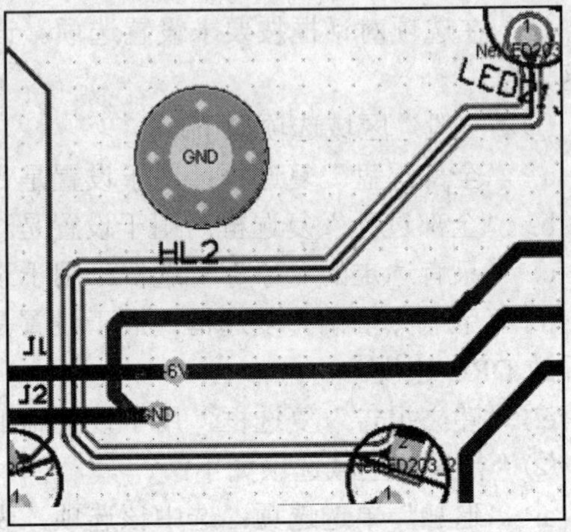

图8-141　屏蔽线包围选中的对象

（4）如要将包地连接到地，则选中包地中所有导线。包地由线段和弧连接而成，用点选方式很难全部选中，故用全局编辑方式选择包地。在包地上右击，选择右键菜单“查找相似对象”命令，在弹出的图 8-142 所示“查找相似对象”对话框中，“Object Kind”下拉列表中选中“Any”（因为包地中同时含有线段 Track 和弧 Arc）、“Layer”下拉列表选中“Same”，“Net”下拉列表中选中“Same”。

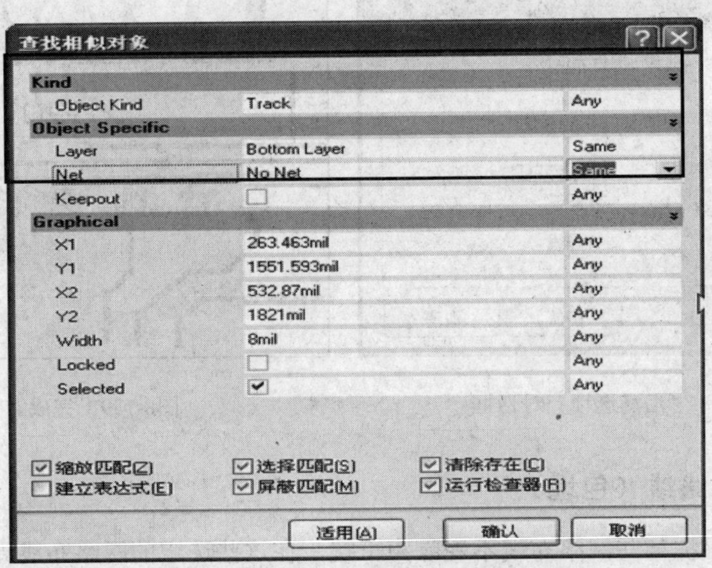

图8-142　全局选择包地对象

（5）单击“确认”按钮关闭对话框，在弹出的“检查器”对话框中，“Net”下拉列表中选中“GND”，回车，即包地所有对象添加“GND”网络，如图 8-143 所示。

（6）用布线工具将包地与“GND”网络连接起来，结果如图 8-144 所示。

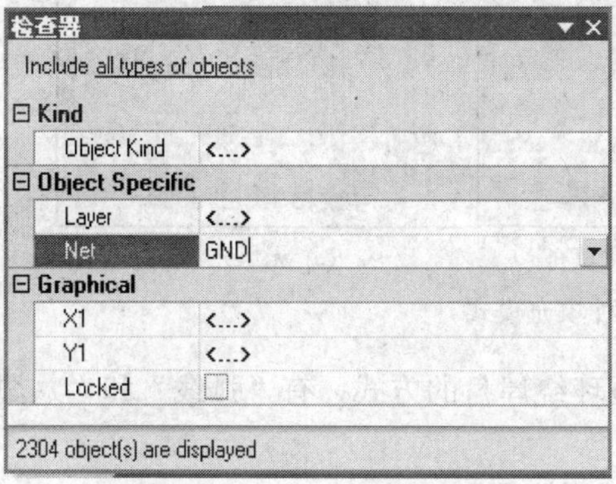

图8-143　全局查找的检查器

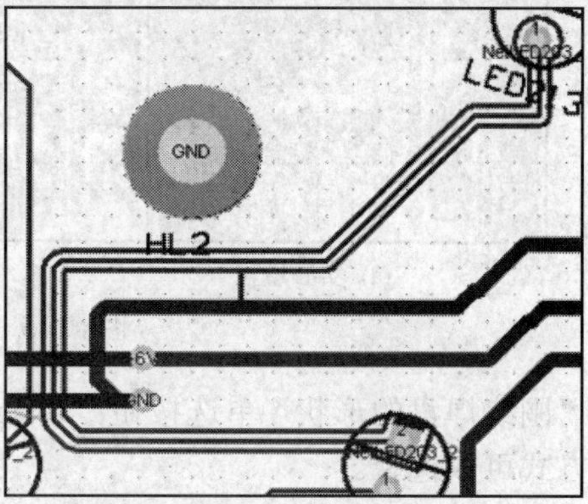

图8-144　连接到GND网络的包地

提示：包地的包络线宽只有 8mil，比系统默认布线宽度规则窄，如不修改规则，包地显示为浅绿色违规状态。

四、在信号层上建立覆铜区

在 PCB 设计中经常会遇到在信号层上放置覆铜区的情况，它可能是模拟电路中带网格的电源层，也可能是通过大电流的实心功率层，还可能是提供电磁屏蔽的实心接地层等。

通过放置多边形覆铜，可以在任何信号层上建立覆铜区。通过交互式的定义边界建立覆铜层，然后 PCB 编辑器对其进行填充，填充时会根据设计规则避开已有的对象。

1. 创建覆铜

（1）在布好线的 PCB 中执行“放置”→“覆铜…”命令，或单击配线工具栏中的“ ”按钮，弹出如图 8-145 所示的多边形覆铜设置对话框。

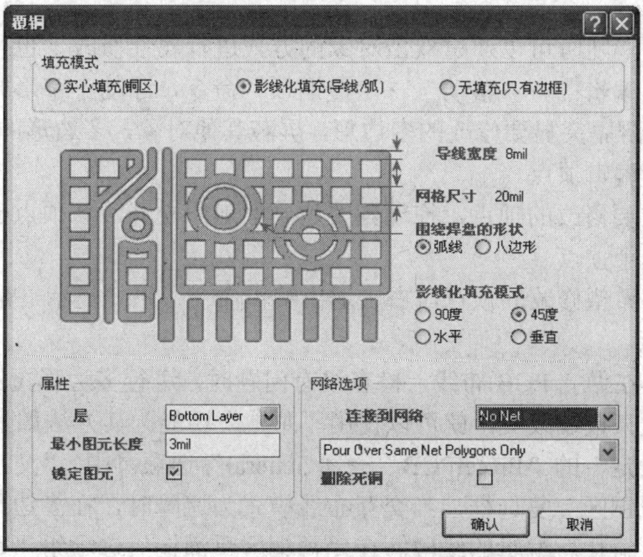

图8-145　多边形覆铜设置对话框

“填充模式”选项组中的单选按钮：分别有“实心填充”、“影线化填充”、“无填充”三种模式，三种模式图样如图 8-146 所示。

(a) 实心填充　　(b) 影线化填充　　(c) 无填充

图8-146　覆铜的三种填充模式

“围绕焊盘的形状”单选按钮：用于设置敷铜环绕焊盘的方式，有“弧线”和“八边形”两种方式可供选择。

“影线化填充模式”：有 90 度、45 度、水平、垂直四种。

“层”下拉列表：用于设置覆铜所在的层。

“最小图元长度”：用于设置最小敷铜线的距离。

“锁定图元”：用于设置是否将敷铜线锁定，系统默认锁定。

“连接到网络”：用于设置敷铜所连接到的网络，一般设计总将敷铜连接到信号地上。

“Pour Over Same Net”下拉列表：用于设置当敷铜所连接的网络和相同网络的导线相遇时，是否敷铜导线覆盖铜膜导线。

“删除死铜”：用于设置是否清除没有连接到指定网络的敷铜。

（2）本例设置为影线化填充模式，网格为 45 度，连接网络为“GND”，其他为系统默认。确认设置后，单击“确认”按钮，光标变为十字形，等待画多边形。

（3）在希望放置多边形起始点处单击。移动光标，在多边形的每个顶点单击，确定多边形的形状，直到多边形覆铜的边界定义完成。

提示：如果放置多边形时没有封闭，则在最后一个顶点按【Esc】键或右击时，多边形会自动封闭。

（4）覆铜完成后，随时可以通过双击对象的方式进行属性修改，也可以很方便地修改多边形的形状。使用“编辑”→“移动”→“覆铜顶”命令，浮动十字形光标出现在屏幕，单击要修改的多边形，屏幕突显要修改的多边形，屏蔽其他对象，多边形的顶点出现十字标记，光标浮在屏幕，等待编辑顶点。

（5）用鼠标按住要修改的顶点，拖动到要达到的地方松开，新顶点建立。又出现十字形光标，准备修改下一个顶点。

（6）修改完所有希望修改的顶点，右击退出编辑命令，系统提示“是否重建多边形”。

2. “犁地”功能

一般来说，应当在做完 PCB 布线，检查没有问题时，进行多边形覆铜。如果做了多边形覆铜以后，又要修改某根线改变，就可以使用“犁地”功能。其方法如下：

（1）在“优先设定”的“ProtelPCB”→“General”选项页中，“交互布线”选项组中选中“保持间距穿过覆铜区”复选框，当交互布线模式为避障时，在多边形上面编辑布线，多边形自动重新覆铜，避让新编辑的线段。在“覆铜区重灌铜”选项组“重新覆铜”下拉列表中选中“Always”选项，如图 8-147 所示。

（2）按一般交互布线方式在覆铜区走线，连线后，自动移去环路中的旧线段，按照设置自动完成多边形覆铜。

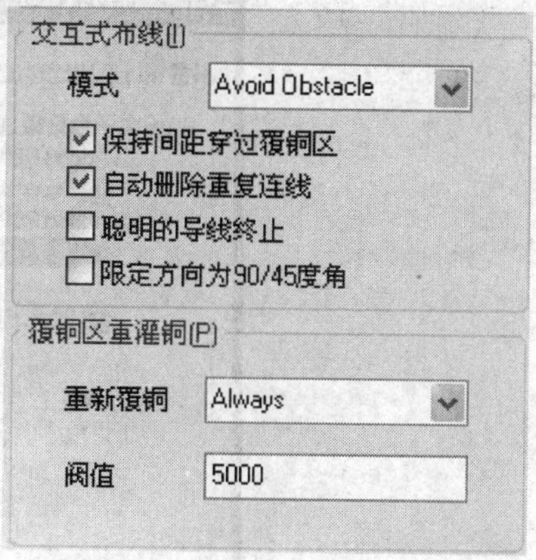

图8-147　实现犁地功能的设置

五、在电路板上放置字符

电路板布线完成后，为了管理电路板，通常要对电路板编号，并将编号印在电路板上；或者在电路板上放置商标、名称等。这些可以用放置文字来创建，文字可以放置在丝印层，也可以放置在铜膜上。PCB 上放置英文文字与原理图没什么区别，系统对英文支持很好；中文在原理图是支持的，可以像英文一样放置，而 PCB 环境对中文支持不是很好。如果用系统提供的放置文字功能放置，则不能正确显示中文，因此在 PCB 环境中放置中文必须使用中文插件。

六、验证 PCB 设计

对设计进行验证是确保设计正确、完备的一个必要过程。验证过程必须保证 PCB 在逻辑上与电气原理图的逻辑相匹配。同时，还需要保证板的物理功能符合要求，比如连线、焊盘、过孔等电气对象不违反间距规则，排除点与点之间未连接好、宽度错误、长度错误和一些影响制造工艺的因素等。

当设计者认为自己的设计已经完成了，要交付制造商生产之前，需进行完备的检查，确保无误。PCB 设计验证包括以下几项：

（1）常规则 DRC（前面已介绍过）。执行“工具”→“设计规则检查”命令，查看设计中定义的各类设计规则是必要的，将它们的“批处理”选项选中，产生报告，观察 Messages 栏中的报告结果，如果有错误，逐条更正。前面已强调过，对有跳线的单面板，如跳线是采用顶层导线修改得到的，DRC 应在导线修改之前进行，在检查没有错误之后再修改导线所在的层。

（2）PCB 物理连接产生的网络表与原理图逻辑产生的网络表对比检查。该检查不是必要的，因为随时可以进行设计文档之间的比较，即 PCB 与原理图之间的双向更新。PCB 网络与原理图网络间比较步骤如下：

① 执行“设计”→“网络表”→“从 PCB 设计输出网络表”命令，弹出确认信息框。单击“YES”关闭信息框，则“Exported*”网络表创建完成，它为自由文件，为了管理方便，将它追加到项目中。

② 在原理图中也创建好原理图络表，在原理图中执行“设计”→“设计项目的网络表”命令，即可产行项目网络表，该网络表在项目中（在层次图中，若选择“文档的网络表”，则创建的只是当前文档网络表）

③ 在原理图或 PCB 中都可执行“项目管理”→“显示不同点”命令，弹出图 8-148 所示“选择文件进行比较”对话框，勾选“高级模式”，单击“确认”按钮，则转换为图 8-149 所示的高级模式对话框。

④ 在高级模式对话框中选择希望比较的两个网络表，单击“确认”按钮，如有不同，则弹出图 8-150 所示的信息框，单击“Yes”按钮，则弹出图 8-151 所示的不同详细列表。单击“
”按钮，则弹出图 8-152 所示的交叉探查面板，单击面板中的不同点，即跳到相当的位置，检查纠正，直到无错误。

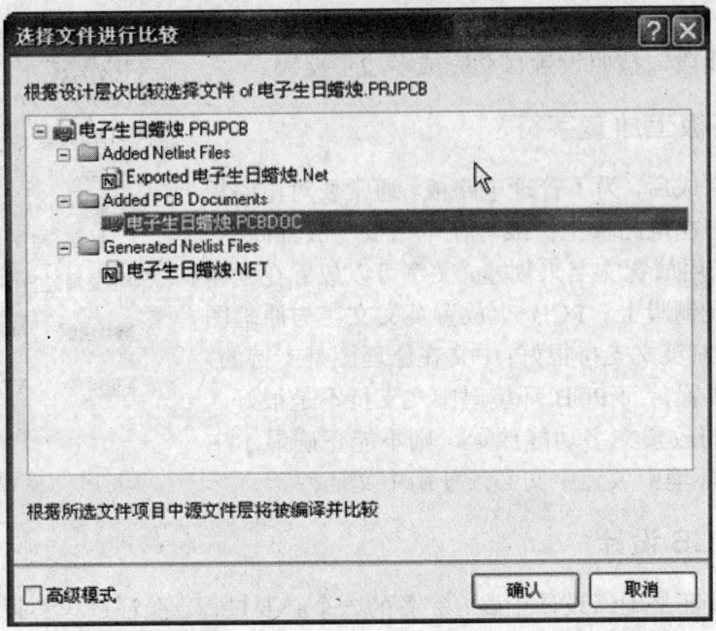

图8-148　“选择文件进行比较”对话框

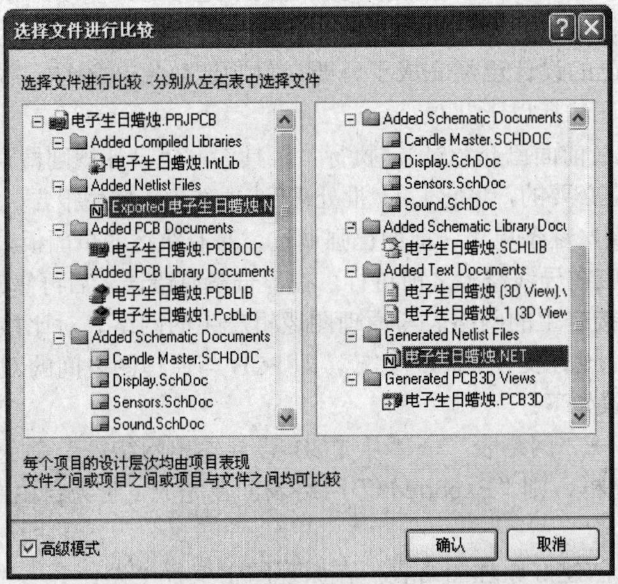

图8-149　文件比较高级模式对话框

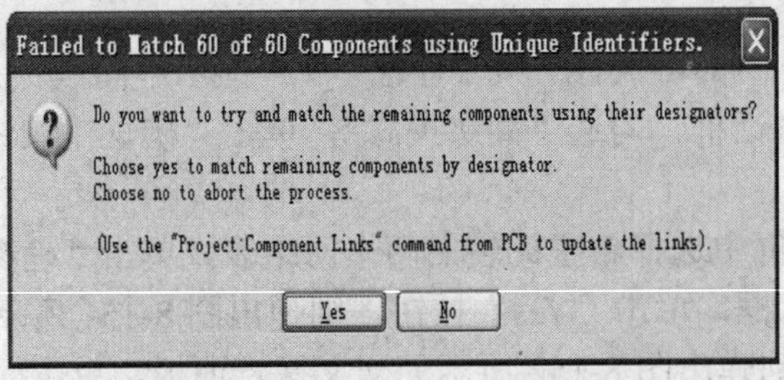

图8-150　比较文件有不同的信息框

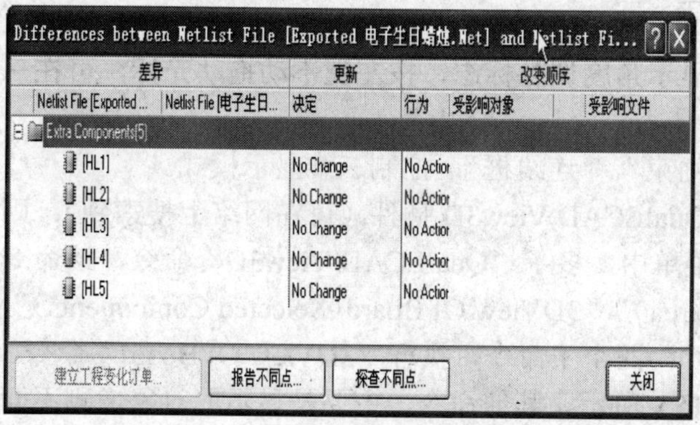

图8-151　文件差异列表

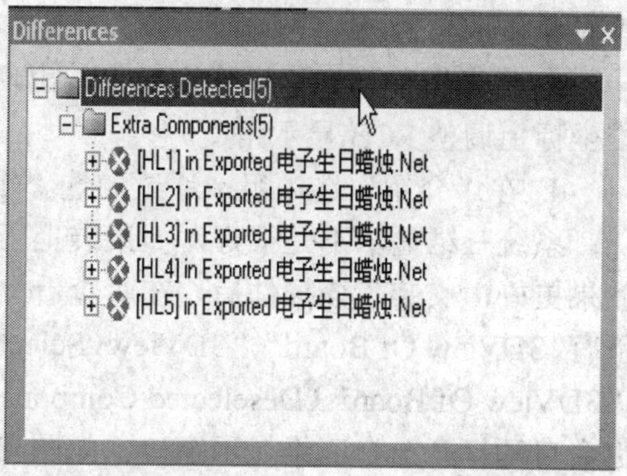

图8-152　交叉探查面板

（3）进行 PCB 信号完整性分析，检查板中信号的传递质量。可以根据信号完整性规则设置，运行 DRC 检查器，查看整板的违规情况，进行调整改进，也可进入信号完整性分析器，对关心的网络，查看波形，检查反射、串扰、边沿延时等多种情况。具体分析可参考相关书籍。

（4）进行三维结构检查。PCB 三维结构检查，可以查看 PCB 的实际效果，如果准确地建立了元件的三维模型，还可以验证装配问题，比如电路板元件安装完成后，是否可以装进外壳等。系统可以根据器件的标号前缀、封装和外框形状自动选择模型和结果信息来建立一个合适的简易器件模型。没有找到模型的器件将被自动地用灰色框代替。要建立准确的三维模型，需在三维建模软件中创建，再导入到系统中来。系统三维 PCB 视图显示步骤如下：

① 在希望要进行三维显示的 PCB 窗口，执行“查看”→“显示三维 PCB 板”命令，如有器件没有找到三维模型，则会弹出如图 8-153 所示信息框，单击“OK”按钮，则系统自动打开三维窗口，有三维模型的，就会在电路板上显示，没有的三维模型的，则以灰色框代替，或者只显示器件焊盘等，同时电路板布线也在电路板上显示出来，如图 8-154 所示。

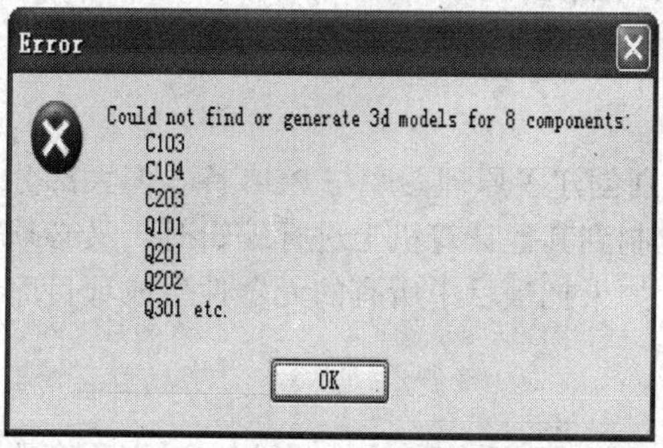

图8-153　没有三维模型器件提示框

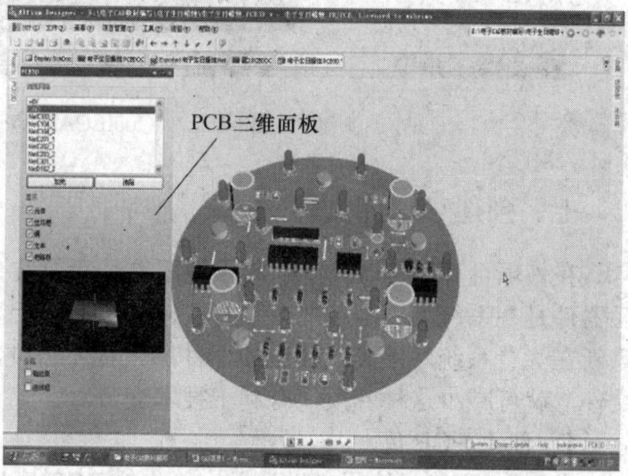

图8-154　PCB三维显示

② 在 PCB 三维面板（图 8-154）中，可以对三维视图显示方式进行调整：

a. 在上方浏览窗口，可以选择网络地，单击“ 加亮 ”按钮，进行高亮显示。

b. 在“显示”选项组，通过勾选复选框，控制元件、丝印层、印制导线、文本、电路板等对象显示与否。

c. 将光标移到三维操作窗口上，出现显示角度调整标志，按左键不动拖动光标，可在三维坐标上调整 PCB 显示角度。

d. 在“介绍”选项组，通过勾选“轴约束”、“连线框”，控制三维显示模式。

系统三维显示不是很好，如果装上了 QualECAD View3D 插件（可在网络上搜索到），则效果更好，安装了该插件后，在“查看”菜单中，多了“QualECAD View3D”命令，该命令下有“3DView Of Board”、“3DView（Select Area）”、“3DView Of Board（Selected Components）”、“3DView Of Board（Deselected Component）”四个子命令，执行“3DView Of Board”命令，也会自动打开一个三维显示窗口。如图 8-155 所示，其他命令，主要是显示的对象增删不同而已。该窗口也有控制面板，与系统的 PCB 三维面板相似，但控制选项更多。

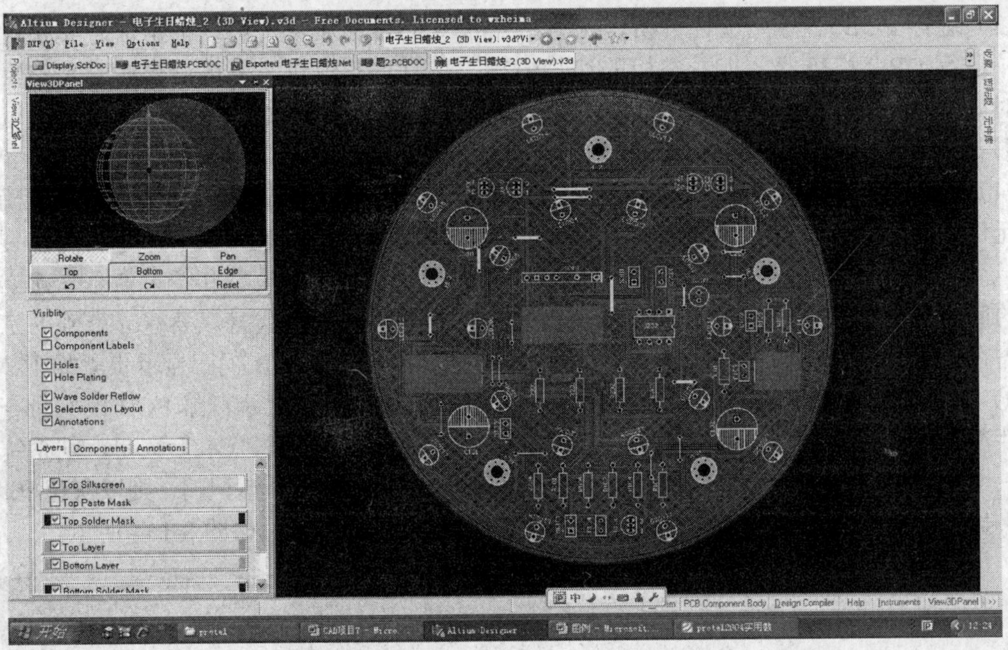

图8-155　QualECAD View3D显示窗口

七、创建项目库文件

在做项目开始，对找不到的原理图符号和封装分别创建了原理图库与 PCB 库，但大部分元器件是在系统库中加载的。这样，项目文件一旦复制到其他计算机上进行编辑时，又必须重新在大量系统库中查找相应的器件库，很不方便。如果把项目中所有的元器件生成项目库文件，就可减少这种麻烦，有利于技术交流。

1. 创建 PCB 库

在 PCB 窗口中执行“设计”→“生成 PCB 库”命令，则系统自动将项目 PCB 中所有器件封装生成项目 PCB 库，并加入到项目文件中。

2. 创建集成库

在 PCB 窗口中执行“设计”→“生成集成库”命令，当项目中有相同器件时，会弹出图 8-156 所示“复制的元件”信息框，对相同器件处理有三种不同的处理方式选项，一般默认为第一种方式。勾选“记忆回答并不再提问”，则项目原理图符号与其对应的封装自动创建集成库，并加入到项目文件中。

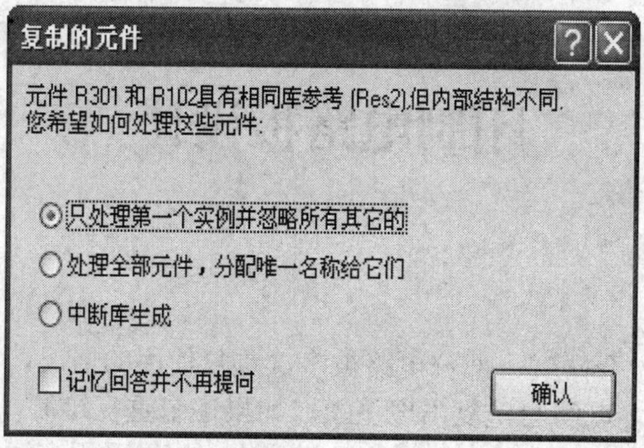
复制的元件
元件 R301 和 R102具有相同库参考 [Res2],但内部结构不同.
您希望如何处理这些元件:
只处理第一个实例并忽略所有其它的
处理全部元件，分配唯一名称给它们
中断库生成
记忆回答并不再提问
确认

图8-156 创建集成库“复制的元件”信息框

项目学习评价

一、检测题

将项目五练习中的 CD4511 抢答器设计成单面 PCB，规则及要求如下：

1．PCB 板框不大于 3500mil×4500mil。

2．用单面板设计。

3．创建 Power 网络类，该类包括电源模块所有导线及+6V、GND 网络。

4．电源模块所有导线及+6V、GND 网络导线线宽为 30mil ，其他网络线宽为 10mil。

二、项目学习评价表

<table>
<tr><td rowspan="2">评 价 内 容</td><td colspan="2">是 否 掌 握</td></tr>
<tr><td>掌握</td><td>未掌握</td></tr>
<tr><td>1. PCB 设计环境及设置</td><td></td><td></td></tr>
<tr><td>2. 传递设计信息到 PCB 文件</td><td></td><td></td></tr>
<tr><td>3. PCB 规则设置方法</td><td></td><td></td></tr>
<tr><td>4. PCB 布局方法</td><td></td><td></td></tr>
<tr><td>5. PCB 布线方法</td><td></td><td></td></tr>
<tr><td>6. 创建项目库的方法</td><td></td><td></td></tr>
<tr><td>自我评价及感受</td><td colspan="2"></td></tr>
<tr><td>老师评价</td><td colspan="2"></td></tr>
</table>

项目九　电流反馈型双通道功放双面印制电路板设计

项目情境展示

在设计电路时，经常会碰到一部分电路被多次重复使用的情况，如多通道功放、混频电路中的输入/输出通道等，可能会重复出现多次。如果逐个重复绘制，则很浪费时间。如果用复制粘贴方式，则元件编号会重复，也不是最佳方法。如果采用多通道设计功能，将极大地降低设计人员在多个相同通道的电路设计中的复杂程度。本项目通过对电流反馈型双通道功放双面电路板的设计，来学习和掌握这方面的知识和技能。

项目学习目标

学习目标		学习方式	学时
技能目标	1. 掌握重复多通道图纸符号标识符关键字及标注方式。 2. 掌握重复通道共有端口及各子图独立端口在连接网络及标注方式的不同。 3. 掌握重复通道布局及布线技巧，即选在 Room 内布局布线一个通道，然后用复制 Room 格式布放其他通道	学生根据教材的讲解及图示，用按图索骥的方式进行上机操作，教师指导	6
知识目标	认识多通道基本概念		

任务一　绘制原理图

本项目原理图中所用元器件封装见表 9-1。

表9-1　电流功放电路原理图所用元器件

元器件名称	元器件编号	封装形式	所在库
Res2	功放 R1~10，电源 R1~4	CR2012-0805	Miscellaneous Devices.Intlib
Res2	功放 R11~12	AXIAL-0.6	Miscellaneous Devices.Intlib
Cap	功放 C1、C3~6	RAD-0.3	Miscellaneous Devices.Intlib
Cap	功放 C2，电源 C3~4、C9~10	CAPR2.54-5.1x3.2	Miscellaneous Devices.Intlib
Cap Pol2	电源 C1~2、C7~8	RB-.3/.6	Miscellaneous Devices.Intlib
Cap Pol2	电源 C5~6	RB-.2/.4	Miscellaneous Devices.Intlib
1N4001	功放 D1~2	DIODE-0.4	Miscellaneous Devices.Intlib
IN4007	电源 D1~8	DIO10.46-5.3x2.8	Miscellaneous Devices.Intlib

（续）

元器件名称	元器件编号	封装形式	所 在 库
NE5532	功放 U1，电源 U3	SO8	ST Operational Amplifier.IntLib
TDA2030	电源 U2	TO-220-5V	自制
Speaker	LS1	SIP-2-2	Miscellaneous Devices.Intlib
LM7815	电源 U1	T03B	NSC Power Mgt Voltage Regulator.IntLib
LM7915	电源 U2		
LM358J	U101	693-02	Motorola Amplifier Operational Amplifier.IntLib
Trans3 Ideal	电源 T1	TRF_6	Miscellaneous Devices.IntLib
TAP-2	主图 RP1	TAP-2	自制
Header 3	主图 P1	BNC2	自制
注：功放表示“电流型功放.Schdoc”；电源表示“Power.SCHDOC”；主图表示“MAST.SCHDOC”；②在后面步骤中，已把网络标识的应用范围设置为 Auto matic，故不同子图网络标号可重复，系统自动把网络标号设为 Local，即本地有效			

一、绘制子图电路

（1）创建项目文件。前面学习了在 Projects 面板及主菜单创建项目及文件，现在学习另一种用 Files 面板创建项目及文件的方法，具体操作方法：

在学生训练文件夹里创建“多通道设计”文件夹，下面所有文件保存在该文件夹下。单击 Protel2004 工作区底部的“System”→“Files”标签，如图 9-1 所示，打开 Files 面板。在 Files 面板的“新建”选项组中，选择“Blank Project（PCB）”选项，如图 9-2 所示，建立一个空的 PCB 项目文件。

（2）在 Projects 面板刚建立的 PCB Project1.PRJPCB 文件名上右击，从弹出的快捷菜单中选择“保存项目”命令，如图 9-3 所示。将新项目重命名为“双通道功放.PRJPCB”。

图9-1　打开Files面板

图9-3　保存项目右键菜单

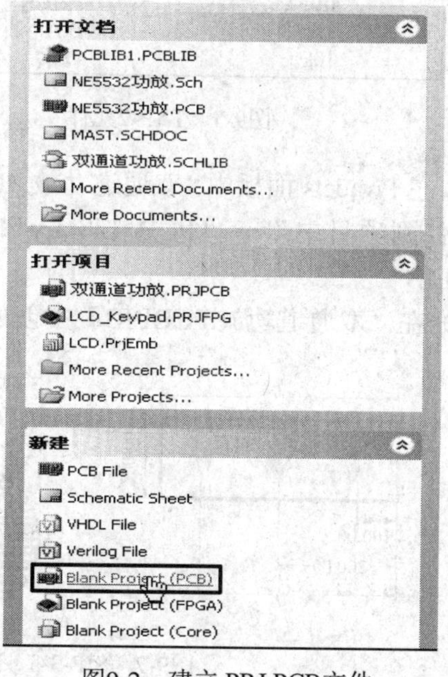

图9-2　建立.PRJ.PCB文件

（3）在 Files 面板的“新建”选项组中，选择“Schematic Sheet”，建立一个新的原理图文件，该文件自动以默认名“Sheet1.SchDoc”放在该项目中，并将“Sheet1.SchDoc”置为当前文件，如图 9-4 所示。

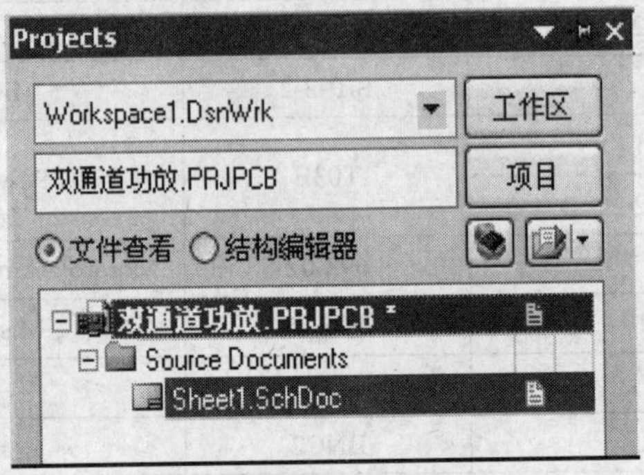

图9-4　新建的原理图

（4）在“Sheet1.SchDoc”文件上右击，从弹出的快捷菜单中选择“保存”命令（或直接单击主菜单上“ ”按钮）将其重命名为“电流型功放.SchDoc”。

（5）在 Projects 面板中“双通道功放.PRJPCB”项目上右击，从弹出的快捷菜单中执行“追加新文件到项目中”→“Schematic Library”命令，创建项目原理图库，并保存为“双通道功放.SCHLIB”。

（6）在“双通道功放.SCHLIB”中创建两子件“双联电位器”元件“TAP-2”，如图 9-5 所示。

（7）在“双通道功放.SCHLIB”中创建元件“TDA2030”，如图 9-6 所示。

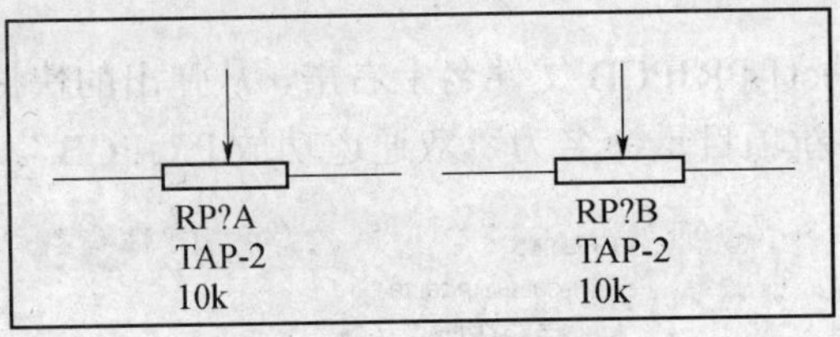

图9-5　TAP-2元件

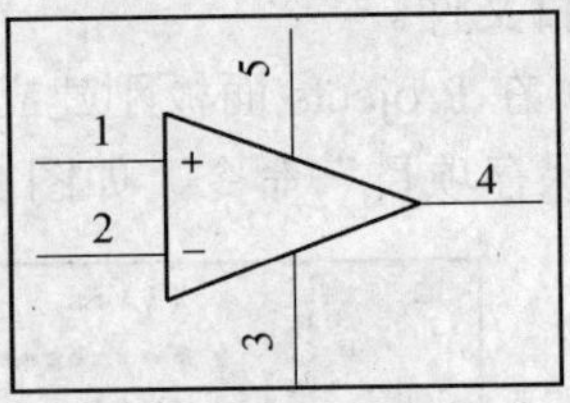

图9-6　TDA2030元件

（8）在 Projects 面板中“双通道功放.PRJPCB”项目上右击，从弹出的快捷菜单中执行“追加新文件到项目中”→“PCB Library”命令，创建项目原理图库，并保存为“双通道功放.PCBLIB”。

（9）在“双通道功放.PCBLIB”中创建封装如图 9-7~图 9-10 所示。

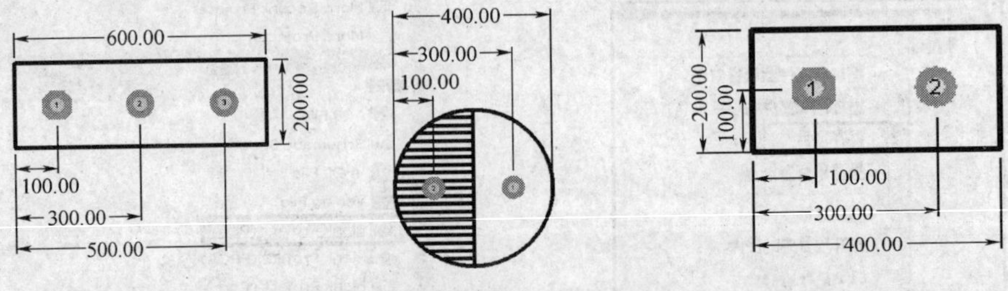

图9-7　SIP-3-3、RB.2/.4、SIP-2-2（单位mil）

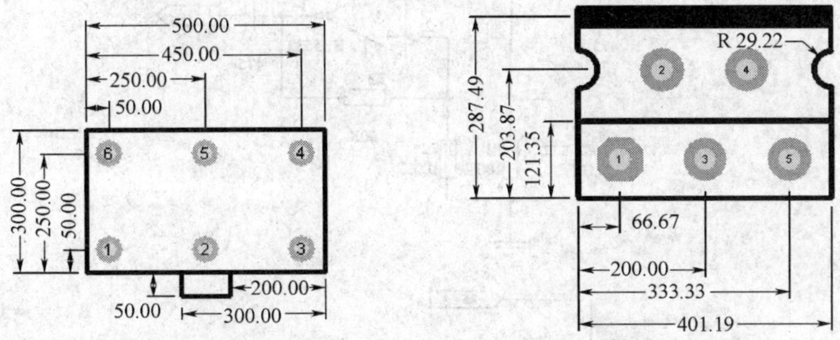

图9-8 TAP-2、TO-220-5V（单位mil）

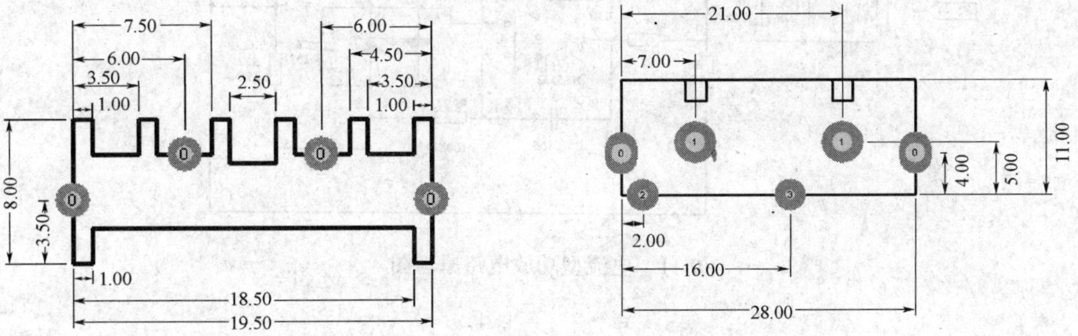

图9-9 TO220SR、BNC2（单位mm）

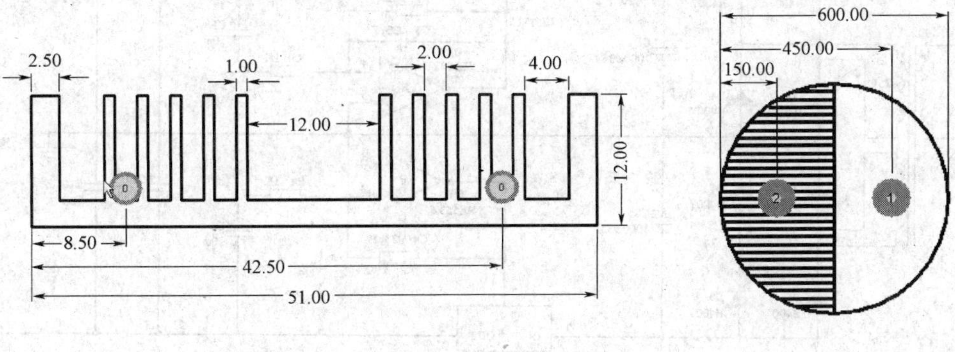

图9-10 TO510SR（单位mm）、RB.3/.6（单位mil）

（10）利用原理图绘制的常规方式绘制电流型功放原理图。电流型功放电路原理图如图9-11 所示（注意：电源网络始终是全局的，为了后面说明多通道设计中不同类型网络的标注方式，特将“+25V”、“-25V”电源用端口引出，作为多通道的共有网络；NE5532 电源管脚用项目五方法，隐藏并连接到“+15V”、“-15V”）。

（11）按上面类似方法在项目中添加“Power.SCHDOC”文件，利用原理图绘制的常规方式绘制电源原理图。伺服稳压电路电源原理图如图 9-12 所示。

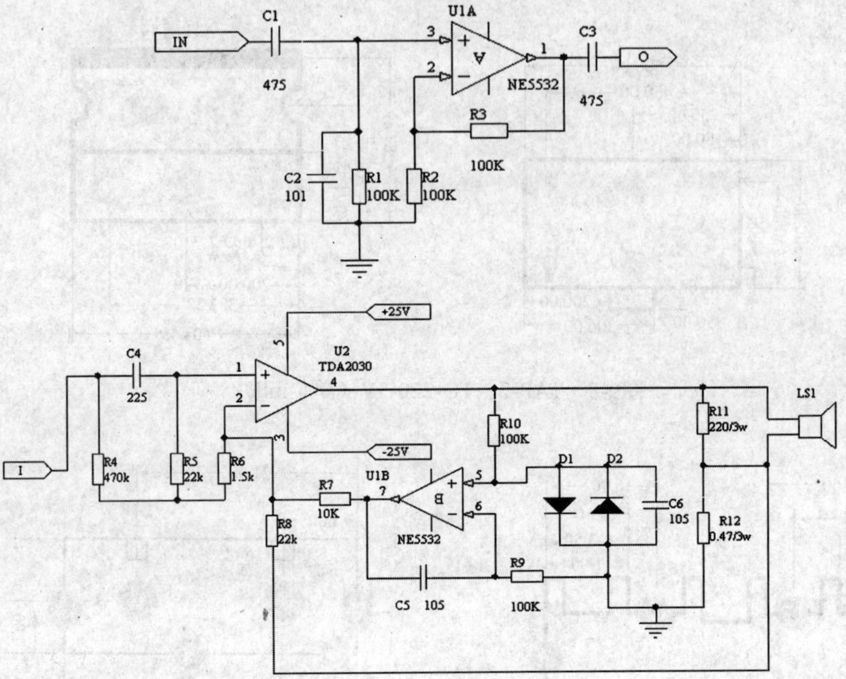

图9-11　电流型功放电路原理图

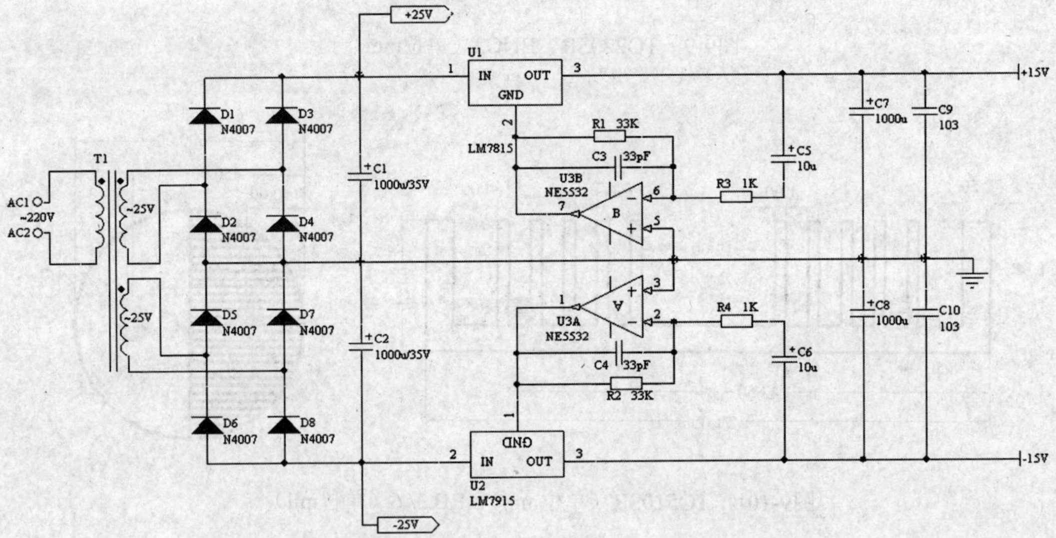

图9-12　伺服稳压电源电路原理图

二、建立图纸符号表示子图

像通常的层次设计图纸一样，多通道设计也是采用层次设计的，同样需要在根图上建立图纸符号表示子图。在这里网络标识的应用范围设置为 Automatic。下面重温在根图上建立图纸符号的操作步骤。

（1）用与前面建立子图同样的方法建立一张新原理图，重命名为“MAST.SCHDOC”。

（2）执行“设计”→“根据图纸建立图纸符号”命令，弹出“选择文档”对话框，如图9-13所示。将光标移至文件名“电流型功放.SCHDOC”文件上，单击选中该文件（高亮状态）。

（3）单击“确认”按钮，弹出如图9-14所示的转换输入/输出类型询问对话框，单击对话框中“No”按钮，系统自动生成代表该原理图的子图符号，如图9-15所示。

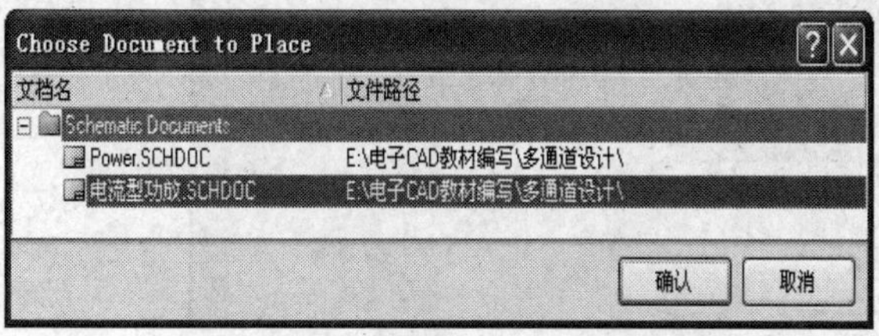

图9-13 “选择文档”对话框

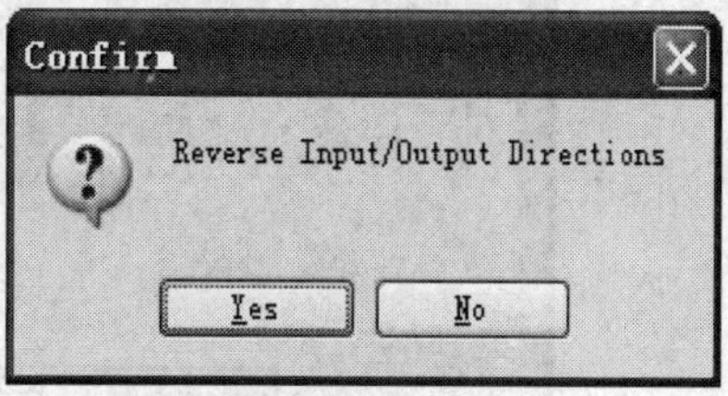

图9-14 转换输入/输出类型询问对话框

（4）在图纸上左击，将其放置在图纸上，放置后选中它可以调整图纸符号大小和位置。用同样方法将“Power.SCHDOC”文件生成的图纸符号放置在图纸上，并调整好图纸符号大小和位置，如图9-16所示。

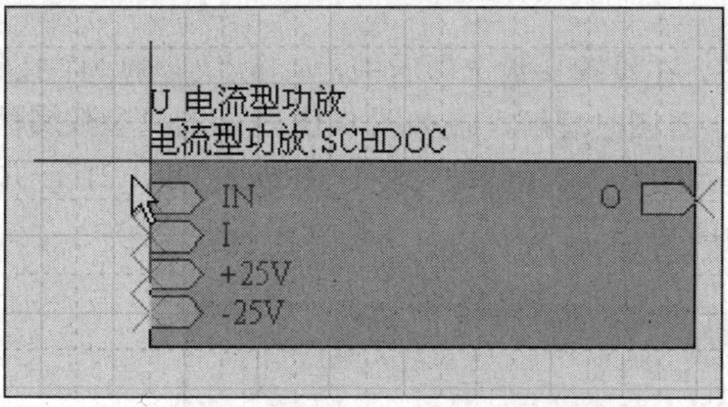

图9-15 放置代表子图的图纸符号

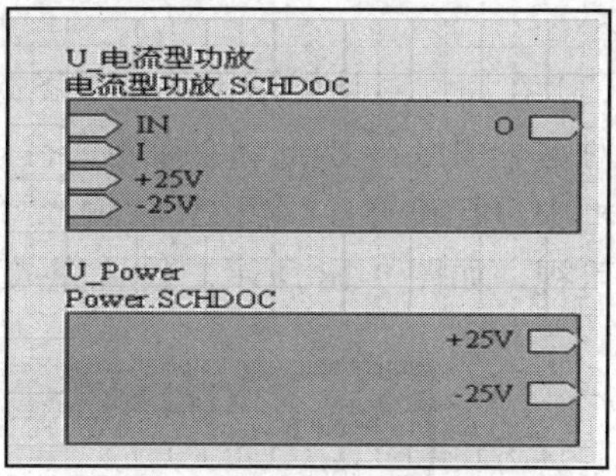

图9-16 由原理图生成的图纸符号

三、定义通道数量

如何让一个图纸符号代表所需的通道数，Protel 2004专门提供了Repeat Channel命令来实现这个功能。就是利用关键字“Repeat”来定义，命令格式：

Repeat（图纸符号名称，第一通道号，最后通道号）

具体步骤如下：

（1）在要重复的通道“电流型功放”图纸符号上双击，也可以在放置过程中，当图形浮在光标上时，按【Tab】键，弹出“图纸符号”属性设置对话框，如图9-17所示。

（2）在图纸属性对话框“属性”选项组中的“标识符”栏中输入关键字“Repeat（DL,1,2）”。其中“DL”是图纸符号的名字（图9-17）。这个句法的含义是，这个子图通过图纸符号“DL”要关联到“电流型功放.Schdoc”原理图两次。可以任意命名图纸符号，一般推荐使用短的名字。因为当项目编译时，图纸符号名和通道号将被加到元件的项目代号之后，如R1将变为R1_DL1。其他栏目可以不变。

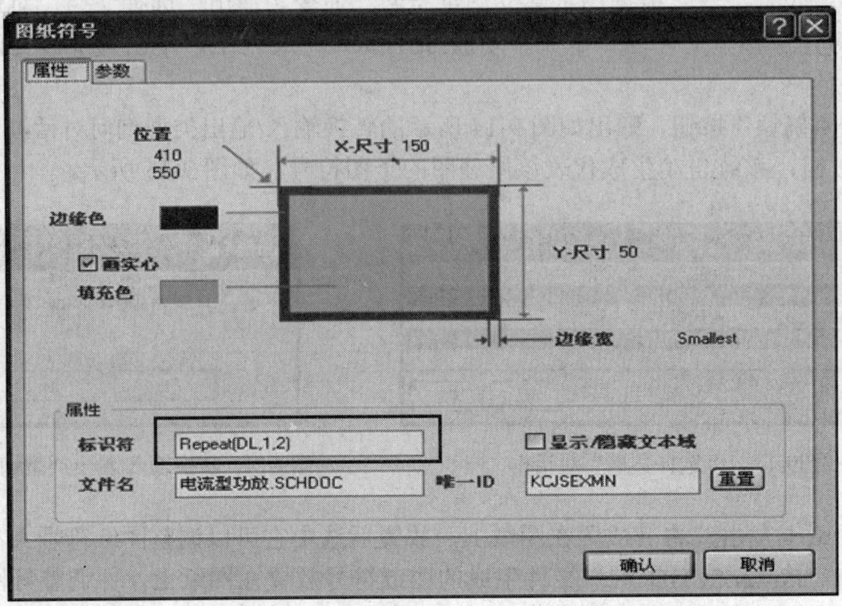

图9-17 “图纸符号”属性设置对话框

（3）在属性对话框顶部单击“参数”标签，在设置参数选项卡中，单击“追加(A)...”按钮，可以对这个图纸符号加一个描述字符串，便于看图时理解。在如图9-18所示的“参数属性”对话框中进行设置：“名称”栏输入“Description”，“数值”栏输入“Repeat(DL,1,2)”，并设置为可视，如图9-18所示。设置完成后，如图9-19所示。

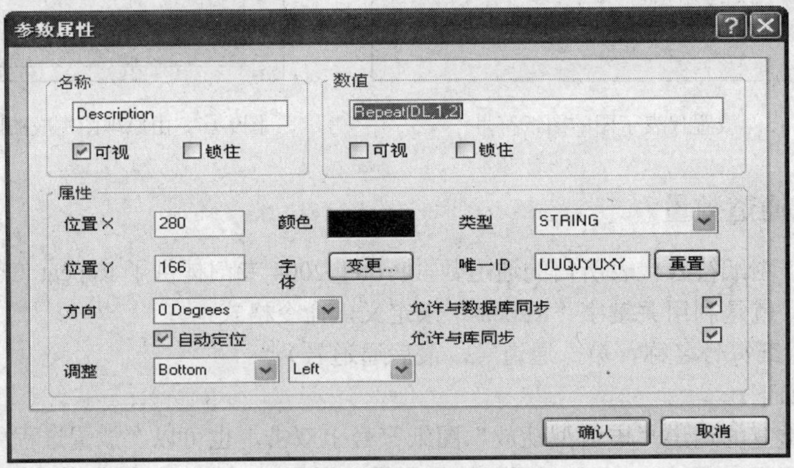

图9-18 “参数属性”设置

（4）单击“确认”按钮，关闭对话框，放置图纸符号如图9-20所示。

（5）双击各通道的网络端口（如本例I、O、IN等网络），添加Repeat关键字，格式为Repeat（端口标识符），如图9-21所示。共有端口与简单层次图格式相同（本例如+25V、-25V等网络）。

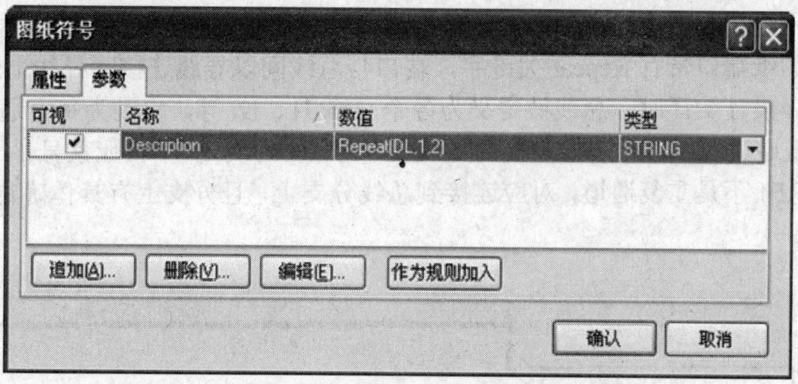

图9-19　设置完成的图纸符号参数

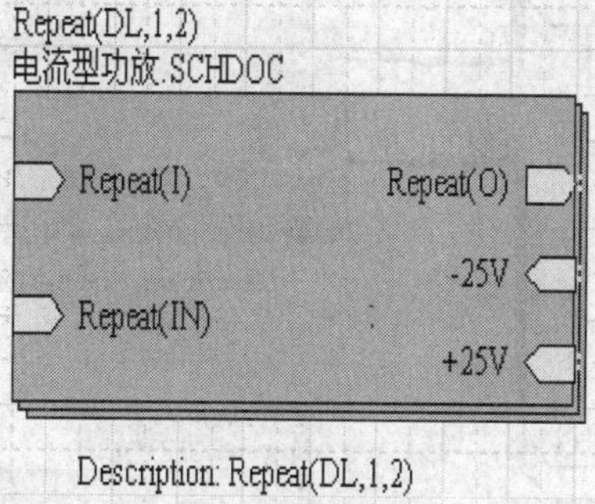

图9-20　多通道图纸符号

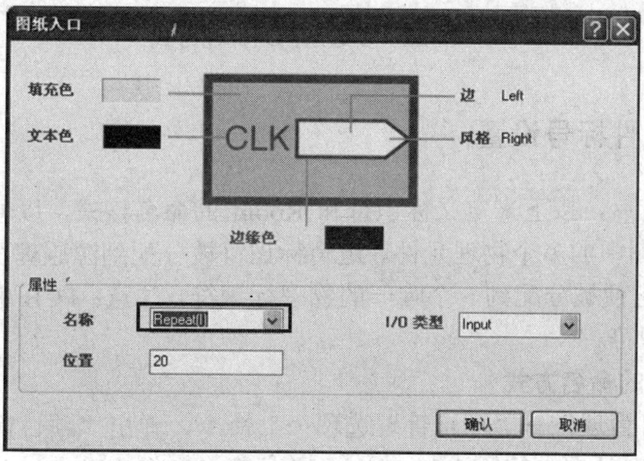

图9-21　各通道网络端口设置

四、网络连接标注

（1）在“MAST.SCHDOC”放置相应元器件 RP1、P1 等。

（2）进行网络连接。所有子图之间共有连接的网络以简单层次图标准方式连接（图 9-22）。注意：+25V、-25V 网络的标注方式，端口连接到总线分支上，且分支上有具体确定的网络标号+25V、-25V，与简单层次图相同。

（3）分别连接到各个通道的网络，采用总线方式连接。注意图 9-22 中 I、O、IN 网络的标注方式：图纸端口带有 Repeat 关键字，端口与总线间以导线连接，导线上网络标号不包括总线元素号，设计编译时，总线被定义为各个网络 I1、I2 等，自动为每个通道赋值（注意 I 网络，在重复通道图纸符号端口连接的导线上，网络标号为 I，不带元素号 1、2 等，在与 RP1 连接端，因 RP1 不是重复通道，对应连接到总线分支上，且分支上有具体确定的网络标号 I1、I2 等）。

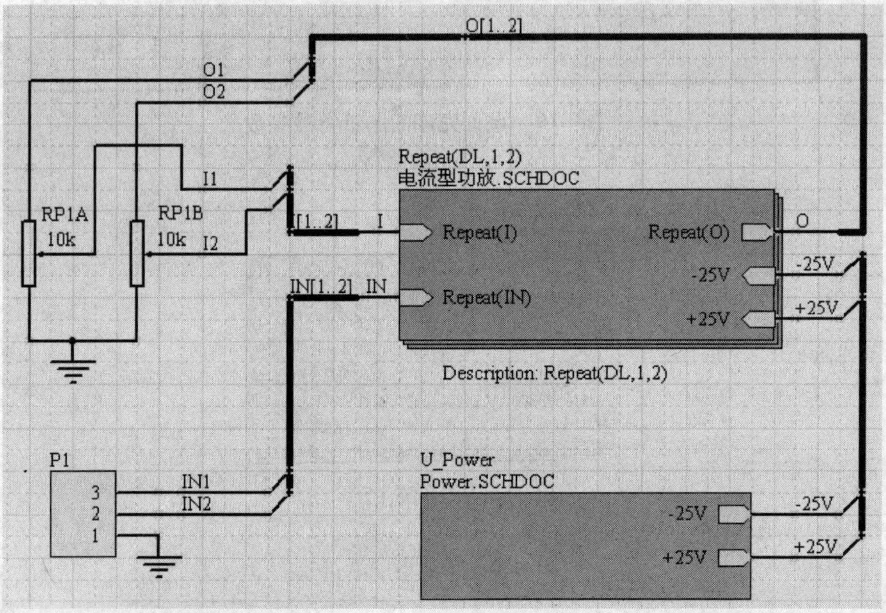

图9-22　多通道网络标注方式

五、多通道元件标号设置

创建好原理图之后，接下来定义标识符和 Room 的命名格式，以便从原理图上的单个逻辑元件对应到 PCB 图中的多个物理元件。逻辑标识符被分配到源原理图的各个器件。一旦元件放置到 PCB 中，它便被分配到一个唯一的物理标识符。注意：PCB 中的每一个元件必须有唯一确定的物理标识符。

1．定义 Room 的命名方式

（1）执行“项目管理”→“项目管理选项…”命令，弹出“项目管理选项”对话框，单击“项目管理选项”对话框中的“Multi-Channel”标签，在“Multi-Channel”选项卡定义 Room 和元件标识的命名格式，如图 9-23 所示。

Room 的命名有两种平行（Flat）和三种层次（Hierarchical）命名方式。

所谓层次命名方式，当多通道有嵌套时，图 9-23 给出了一个 2×2 通道设计例子。稍大的交叉线阴影矩形框表示两个较高层次的通道 Bank1、Bank2，这两个通道都含有两个较低层次通道，即较暗的矩形框 Ch1、Ch2，当设计编译后，Protel 2004 会为设计的每一个原理图创建一个 Room，包括组合图和每一个低层次通道。图例中的 2×2 通道设计一共有 6 个 Room，两个较高层次的通道组合图各对应一个，四个较低层次通道各对应一个。

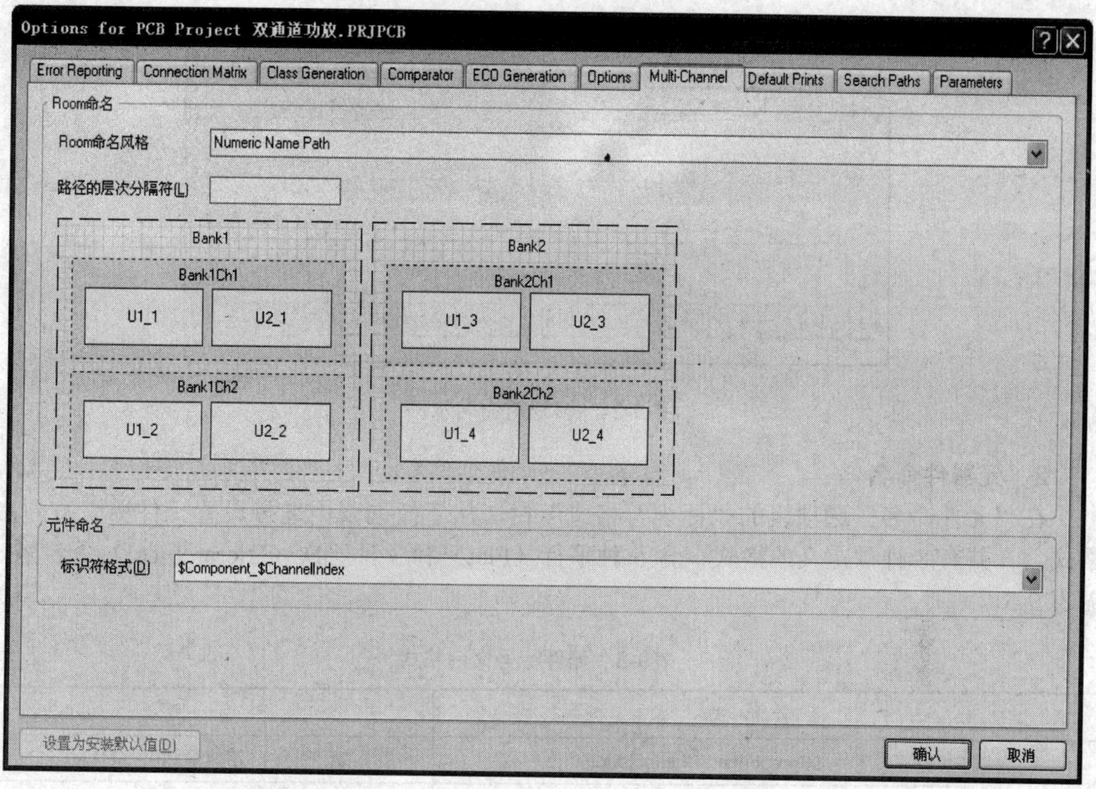

图9-23　在Multi-Channel选项卡定义Room和元件标识符的命名格式

（2）在对话框的"Room 命名"选项组中，在"Room 命名风格"下拉列表中选择需要用到的 Room 命名格式。在将项目原理图更新到 PCB 时，Room 将以这里设置的方式创建。5 种命名方式见表 9-2 所示。

表9-2　Room的种命名方式

命 名 格 式		示　例
平行命名格式	Flat Numeric With Names	数字平行命名（Ch1、Ch2、Ch3、Ch4）
	Flat Alpha With Names	字母平行命名（ChA、ChB、ChC、ChD）
层次命名格式	Numeric Name Path	数字层次命名（Bank1Ch1、Bank1Ch2、Bank2Ch1、Bank2Ch2）
	Alpha Name Path	字母层次命名（BankAChA、BankAChB、BankBChA、BankBChB）
	Mixed Name Path	混合层次命名（BankACh1、BankACh2、BankBCh1、BankBCh2）

层次化的 Room 名由相应通道路径层次上所有通道的原理图符号标识符构成（ChannelPrefix 通道前缀+Channelindex 通道索引）。当从列表中选择了一种类型时，对话框中间的图示区显示该种命名方式的多通道命名示例。这个转化同时会出现在设计中，如图 9-24 所示。

当使用层次化命名类型时，通过设置分级路径"路径的层次分隔符"栏，定义用于提取路径信息的特征参数或符号，也就是说这类名字包含了路径信息，默认分隔符为"_"。

本例选择 Flat Numeric With Names 格式。

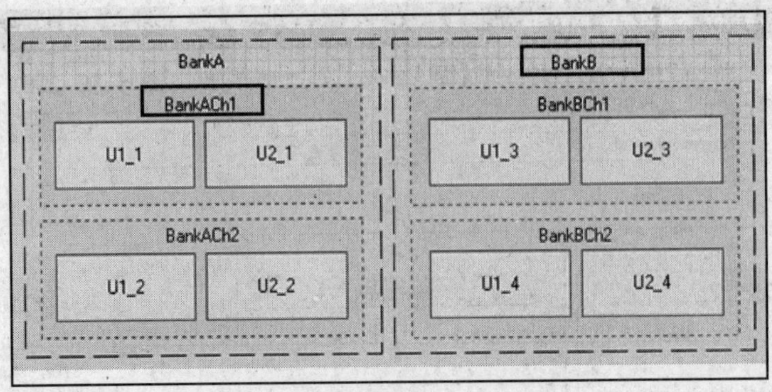

图9-24　多通道命名示例

2．元器件命名

在“元件命名”选项组的“标识符格式”栏，从下拉列表中选择设置元件标识符的命名格式。一共有 8 种预定义的格式，含 5 种平行（Flat）和 3 种层次（Hierarchical）命名格式，见表 9-3。

表9-3　元件标号命名格式

命 名 格 式		示　例
平行命名格式	$Component$ChannelAlpha	元件标号+字母通道号（U1A）
	$Component_$ChannelPrefix$ ChannelAlpha	元件标号+_+通道名+字母通道号（U1_ChA）
	$Component_$ChannelIndex	元件标号+_+通道索引（U1_1）
	$Component_$ChannelPrefix$ ChannelIndex	元件标号+_+通道名+通道索引（U1_Ch1）
	ComponentlPrefix_$ ChannelIndex_$ComponentIndex	元件前缀+_+通道号+元件号（U_1_1）
层次命名格式	$Component_$RoomName	元件标号+_+Room 名称（U1_Ch1）
	$RoomName_$Component	Room 名称+_+元件标号（Ch1_U1）
	$ComponentPrefix_$RoomName_$ComponentIndex	元件前缀+_+Room 名称+元件索引（U_Ch1_1）

平行命名格式从第一个通道开始按线性方式顺序命名每一个元器件的标识符。层次化命名格式将 Room 的名字包含在元器件标识符中。如果 Room 选择了平行命名格式，那么元器件标识符的命名格式也应该是平行命令方式。同样，如果 Room 选择为层次化命名格式，因为命名格式中必须包含路径信息，所以元件标识符也应当是层次化命名格式。

也可以直接在标识符格式栏中直接键入自己的元件标识符命名格式。表 9-4 列出了命名格式所用的关键字（Keyword），这些关键字可以在构建命名格式时使用。

表9-4　命名关键字

关键字（Keyword）	含义（Definition）
$RoomName	Room 名称
$Component	元件标识符
$ComponentPrefix	元件前缀（如 U1 中的 U）

（续）

关键字（Keyword）	含义（Definition）
$ComponentIndex	元件索引（如 U1 中的 1）
$ChannelPrefix	通道前缀（即图纸符号名称）
$ChannelIndex	通道索引
$ChannelAlpha	字母通道号

（1）本例自定义命名格式：$ComponentPrefix $ChannelIndex_$ComponentIndex 命名格式设置好后，执行“项目管理”→“查看通道…”命令，弹出“项目中的元件”对话框，在对话框中显示原理图中每一个元件所分配到的逻辑和物理标识符，如图 9-25 所示。

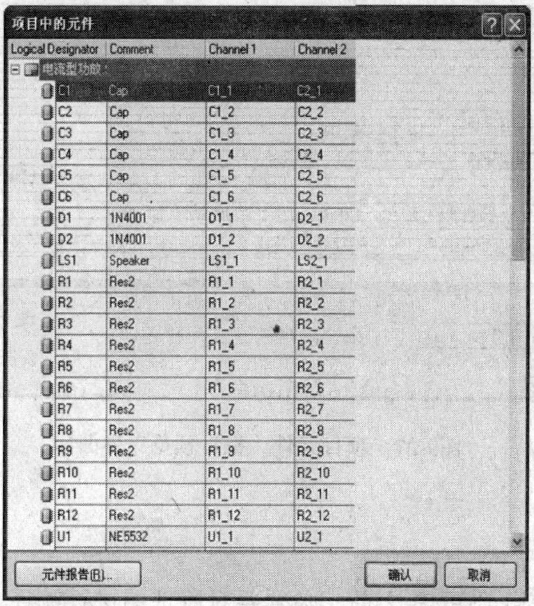

Logical Designator	Comment	Channel 1	Channel 2
C1	Cap	C1_1	C2_1
C2	Cap	C1_2	C2_2
C3	Cap	C1_3	C2_3
C4	Cap	C1_4	C2_4
C5	Cap	C1_5	C2_5
C6	Cap	C1_6	C2_6
D1	1N4001	D1_1	D2_1
D2	1N4001	D1_2	D2_2
LS1	Speaker	LS1_1	LS2_1
R1	Res2	R1_1	R2_1
R2	Res2	R1_2	R2_2
R3	Res2	R1_3	R2_3
R4	Res2	R1_4	R2_4
R5	Res2	R1_5	R2_5
R6	Res2	R1_6	R2_6
R7	Res2	R1_7	R2_7
R8	Res2	R1_8	R2_8
R9	Res2	R1_9	R2_9
R10	Res2	R1_10	R2_10
R11	Res2	R1_11	R2_11
R12	Res2	R1_12	R2_12
U1	NE5532	U1_1	U2_1

图9-25 “项目中的元件”对话框

（2）单击一个器件的逻辑标识符，窗口将自动跳转到它在原理图中对应的器件，如图 9-26 所示。

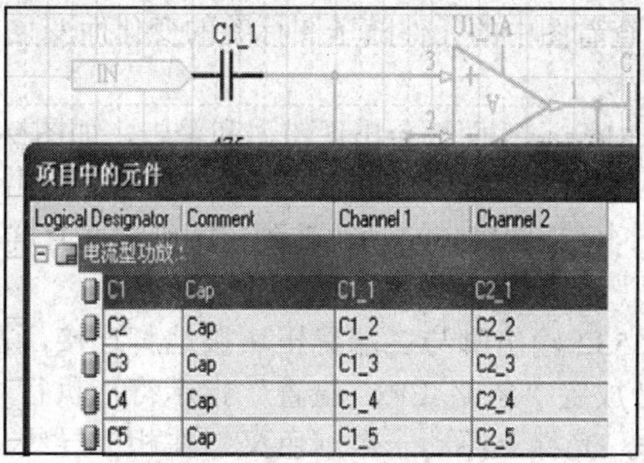

图9-26 定位元器件位置

（3）单击图 9-25 所示对话框中的“元件报告(R)...”按钮，显示项目中的器件报告预览界面，如图 9-27 所示。单击对话框中的“打印(P)...”按钮打印报告。单击“输出(E)...”按钮输出元件报告（可以是电子表格或 PDF 格式）。单击“关闭(C)”按钮，退出报告预览界面。

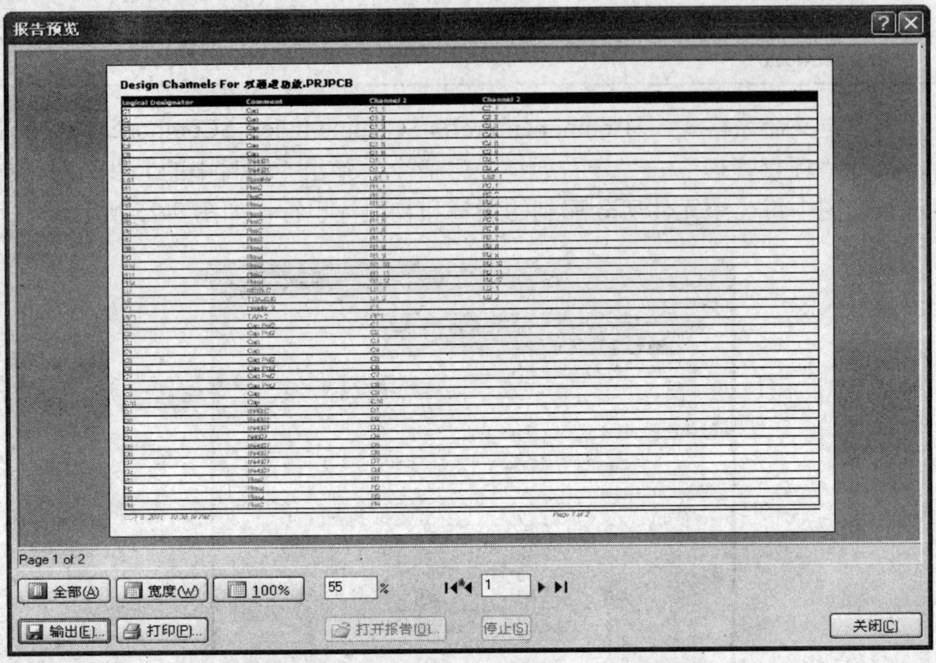

图9-27　项目元件“报告预览”界面

六、项目编译

当要进行传递设计信息到 PCB 之前，必须要对原理图进行编译，解决在原理图设计中出现的问题。

（1）执行“项目管理”→“Compile PCB Project 双通道功放.PRJPCB”命令，进行项目编译。当多通道设计被编译时，在原理图编辑器只显示一张图纸，在设计窗口原理图图纸的底部显示每个通道的标签，标签命名是图纸符号名加通道号，如 DL1、DL2 等，如图 9-28 所示。单击不同标签，可以查看图中的元件随子图标签的变化而变化，元件标识符已经加上了不同的图纸后缀。

当编译有错误时，在 Messages 面板会出现错误和警告，如图 9-29 所示。

（2）在错误列表某项双击，弹出“Compile Errors”窗口，单击窗口中的错点，编译错误对话框中以红色高亮显示，原理图窗口自动跳转到该图纸，并且屏幕中心自动定位在该错误点处，如图 9-30 所示。

（3）本例为运放 NE5532 输出脚与三端稳压块接地脚连接，在本原理图中是正确的，属个别情况，故可在该处放置“忽略 ERC 检查”指示符，执行“放置”→“指示符”→“忽略 ERC 检查”命令，光标上浮动一个红色叉，在相应导线上放置即可，放置结果如图 9-31 所示。

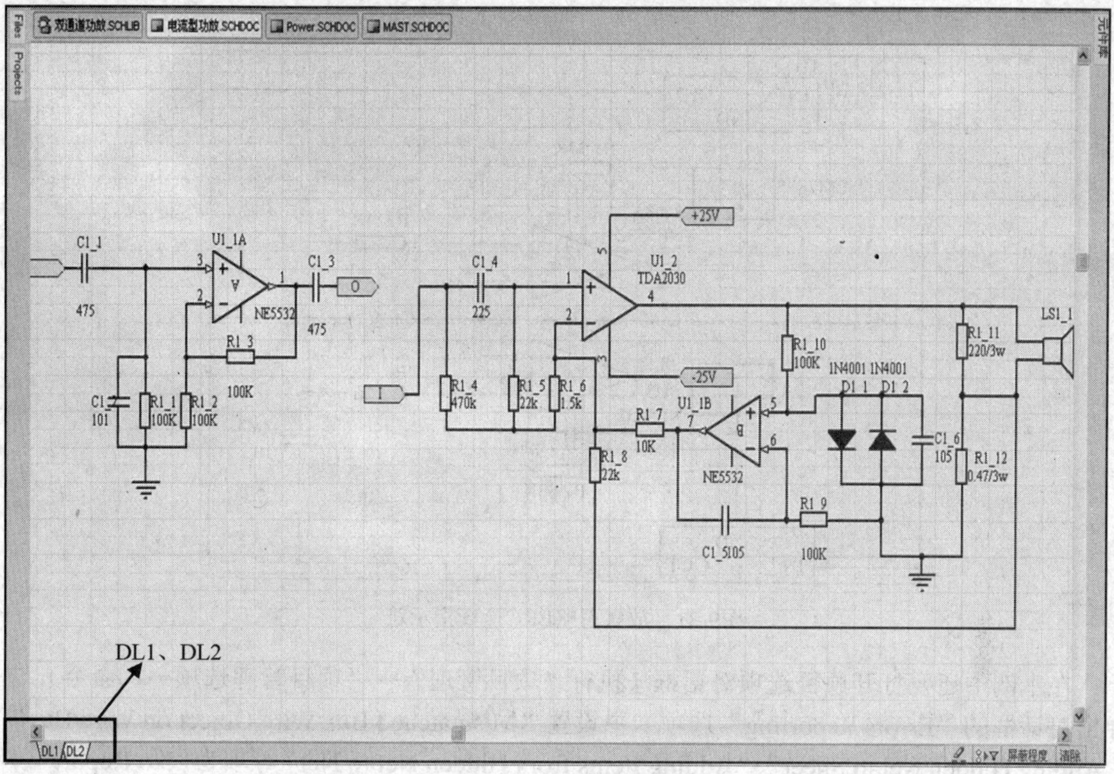

图9-28　多通道标签

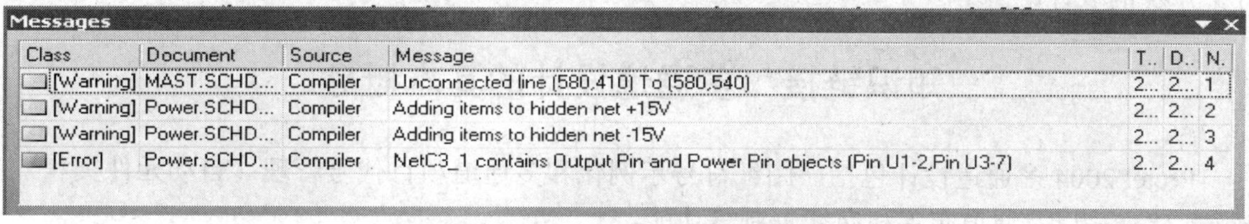

图9-29　Messages面板显示编译信息

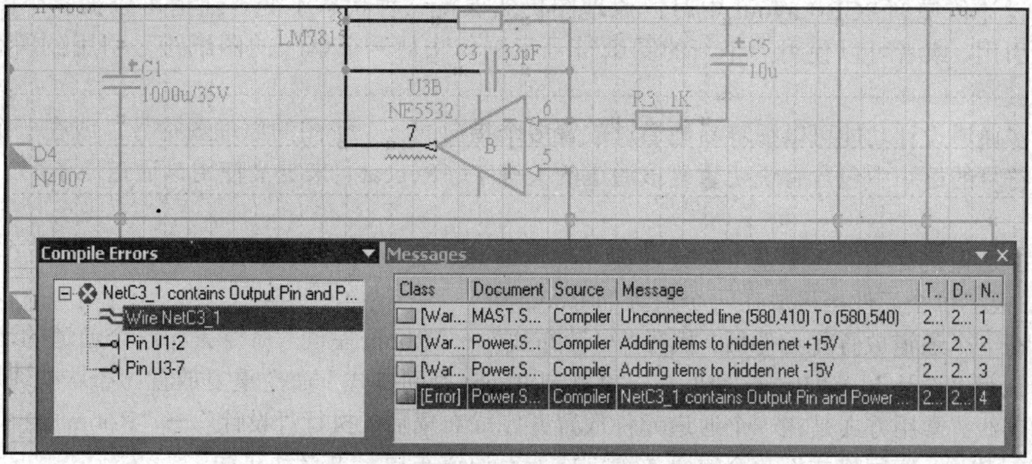

图9-30　定位编译错误点

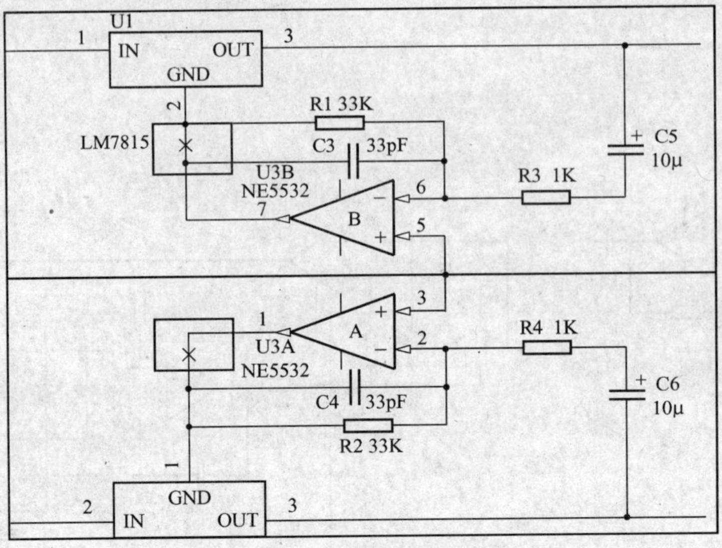

图9-31　放置忽略ERC检查指示符

在本例中还要打开项目选项对话框（执行“项目管理”→“项目管理选项…”命令），在弹出对话框的“Errors Reporting”选项卡中设置“Mismatched Bus/Wire Object on Wire/Bus”、“Adding Hidden Net to Sheet”、“Adding Items from Hidden Net to Net”等项为“No Report”（从下拉列表中选择）。当再进行编译时，不再出现误选项，“Messages”面板不再出现，可以进行下一步的设计。

知识链接　多通道设计的基本概念

Protel 2004 多通道设计包括：图纸符号示例化和多通道项目代号管理；自动元件类和Room 建立；以及通道布置和布线复制等功能。

Protel 2004 多通道设计只需要在原理图上画一次通道，而不需要在图纸上做多个复制。当把设计传递到 PCB Layout 中时，原理图仍然保持这种状态不变。通道可以被多个图纸符号引用，或者可以使用一个新的图纸符号示例句法从一个单一的图纸符号引用到所有的通道。

多通道设计功能可以很容易地通过放置多个指向同一个子图的原理图符号，或在一个原理图符号的标识中包含有说明重复该通道的关键字（Repeat）来定义使用该通道（子图）的次数。

多通道设计功能贯穿整个设计过程。在 PCB 编辑器中元件被放在它们的通道组中（元件类），板上每个元件类被放在一个放置的 Room 中。

在一个通道放置完元件后，执行“自动布线”→“Room 空间”命令去布这个通道的连线，然后执行“设计”→“Room 空间”→“复制 Room 空间格式”命令重复放置，布这些通道之间的连线。常用方式是在一个通道元件放置并完成布局后，执行“设计”→“Room 空间”→“复制 Room 空间格式”命令重复放置完成所有通道布局，再自动布线。

多通道设计甚至可以进行层次嵌套，层叠重复使用。应注意，子图内部不要用总线。

任务二　双面 PCB 设计

编译无错误，则可以将原理图设计信息传递到 PCB 编辑器进行 PCB 设计。多通道设计传递信息到 PCB 编辑器与常规方法相同，可用模板设计向导创建电路板，也可以手动创建电路板，或从其他机械设计软文档导入，有关方法参考项目八。本例设计练习对电路板形状大小没有特别要求，故也可以先直接创建 PCB 文件，设置好规则、导入数据、布局，再根据布局情况定义电路板形状和大小，然后进行自动和交互布线，并放置安装孔等，完成 PCB 设计后期工作。

一、PCB 规则及选项设置

（1）在 Projects 面板中“双通道功放.PrjPCB”项目上右击，从弹出的快捷菜单中执行“追加新文件到项目中”→“PCB”命令，创建项目 PCB 文档，并保存为“双通道功放.PCBDOC”。

（2）创建表 9-5 所列的元件。

表9-5　项目创建的元件类

元件类	成　员
Power15	+15V、-15V
Power25	+25V、-25V、GND、NetD1_1、NetD3_1 、NetD5_1 、NetD7_1
Out	NetLs1_1_1、NetLs1_1_2、NetLs2_1_1、NetLs2_1_2

（3）按照项目八所述的方法添加布线宽度新规则，见表 9-6。其他规则用系统默认值。

表9-6　项目添加的布线宽度规则

布线宽度规则名称	规则范围	最小值/mil	优选值/mil	最大值/mil	优先级
Power15	Class（Power15）	10	20	50	3
Power25	Class（Power25）	10	30	60	2
Out	Class（Out）	10	40	60	1
All	Class（All）	10	10	50	4

（4）添加布局规则，在规则编辑器 Placement 规则下 Component 规则“检查模式”下拉列表中选择“Multi Layer Check”模式，PCB 选项使用系统默认值。

二、传递设计信息到 PCB 编辑器

（1）按照项目八所述的方法将原理图的设计信息加载到 PCB 中。

（2）观察 PCB 中加载的原理图设计信息，如图 9-32 所示。

发现 DL1、DL2 两通道已经按照定义的数量成功创建了，所有子图上的元件都各自存放在自己的 Room 中，且各个通道中的元器件标号分别加上了通道信息，如图 9-33 所示。

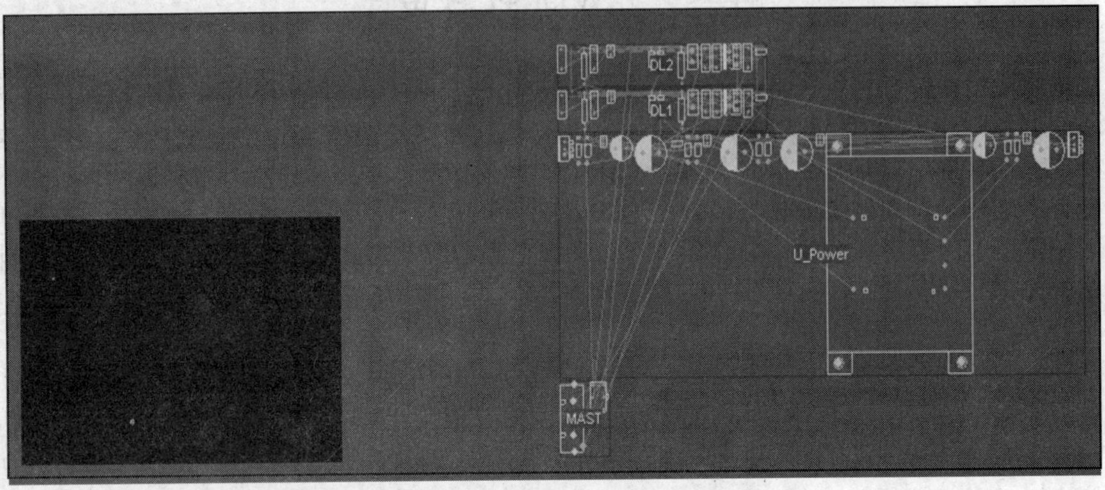

图9-32　设计信息传递到PCB图

如元器件标识符没有显示，可用查找相似对话全局编辑方式显示所有元器件标识符，方法是，选中任一元件，右击，在右键菜单中选择“查找相似对象”命令，弹出“查找相似对象”对话框，如图 9-34 所示，不用任何设置，单击“确认”按钮，弹出图 9-35 所示的“检查器”对话框，在其中勾选“Show Name”复选框，回车关闭对话框，则所有标识符显示出来。

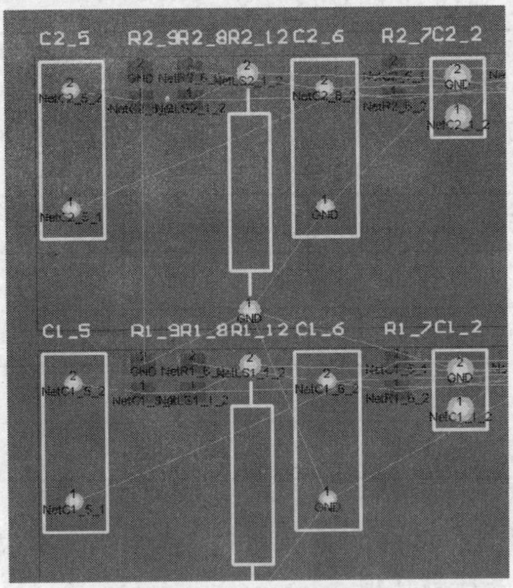

图9-33　各通道元器件带有含通道名信息

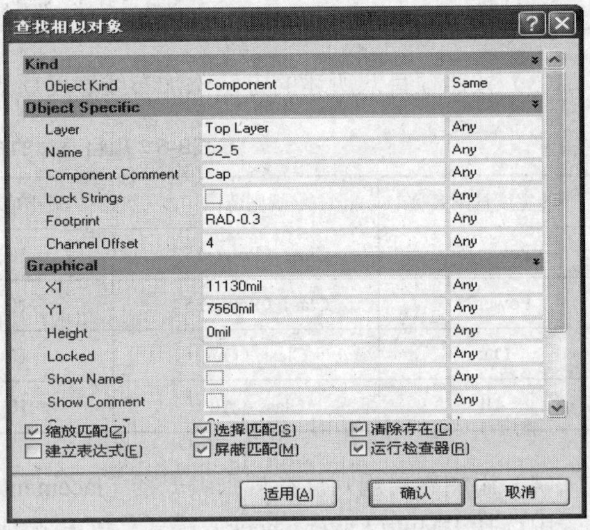

图9-34　“查找相似对象”对话框

如元器件标识符文本太大，太占位置，也可以用查找相似对话全局编辑方式修改，选中任一标识符，右击，在右键菜单中选择“查找相似对象”命令，弹出“查找相似对象”对话框，不用任何设置，单击“确认”按钮，弹出图 9-36 所示的“检查器”对话框，将其中 Text Height 修改为 30mil，Text Width 修改为 5mil。

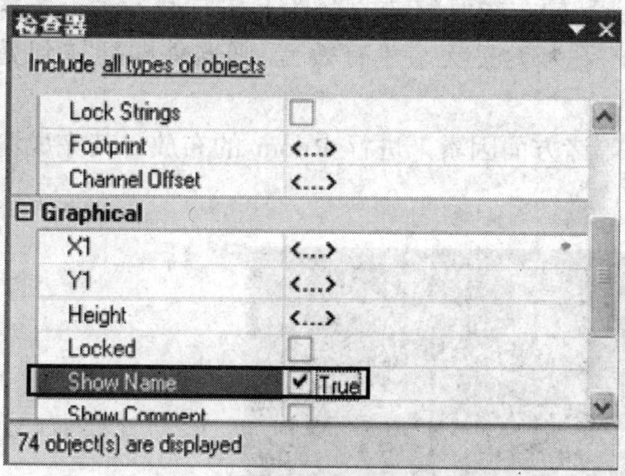

图9-35　检查器对话框

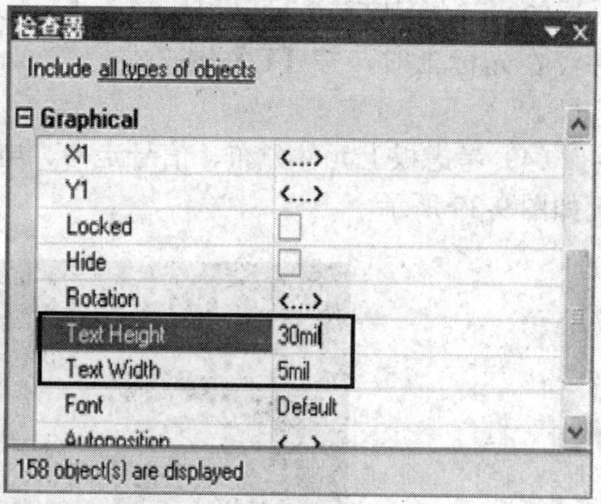

图9-36　全局修改标识文本大小

三、布局

1. 布放一个通道

接下来进行一个通道的元件布局，这时应该考虑整体布局。据此，编辑通道 Room 的形状，通道 Room 的布放位置基本合理后，再进行一个通道内部元件的布置。

本例为双面板，直插式与表贴式元件混合，为了缩小电路板的体积，直插式元件放在顶层，表贴元件放置在底层，前面已经设置 Placement 规则下 Component 规则“检查模式”为“Multi Layer Check”模式，允许表贴元件放置于表贴元件下面。导入数据后，所有元件都在顶层，故要将表贴元件放置到底层。

（1）选中任一封装为 CR2012-0805 的电阻，右击，在右键菜单中选择“查找相似对象”命令，弹出“查找相似对象”对话框，如图 9-37 所示，在“Footprint”选项下拉列表中选择“Same”，单击“确认”按钮，弹出检查器对话框。

（2）在图 9-38 所示的“检查器”对话框中，“Layer”后下拉列表中选择“Bottom Layer”，回车确认，关闭对话框，则所有 CR2012-0805 电阻翻转到底层。

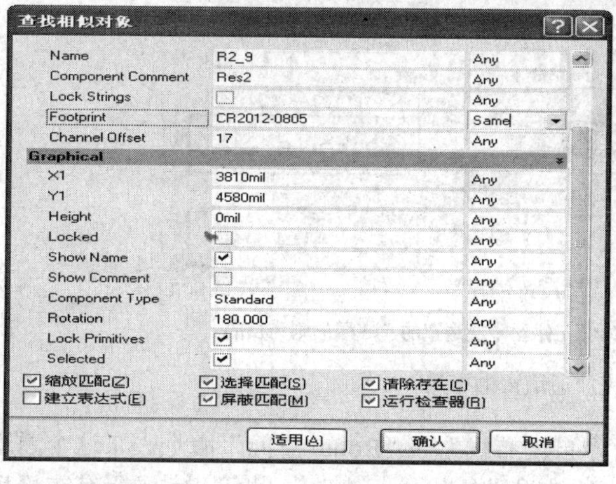

图9-37　查找所有CR2012-0805电阻

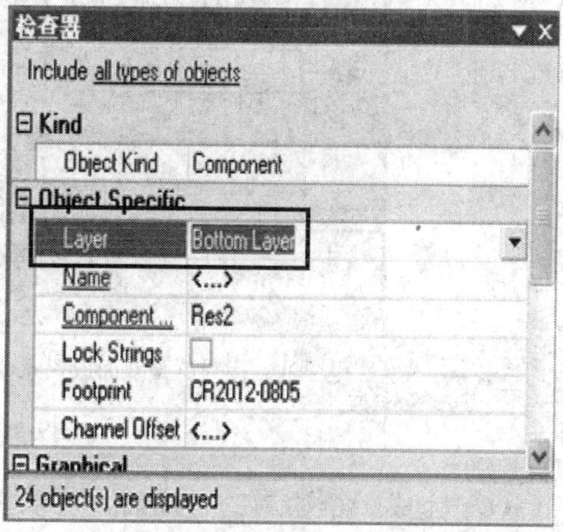

图9-38　将所有CR2012-0805电阻翻转到底层

（3）三个 NE5532 可以用快捷键【L】进行翻转。在要翻转的器件上按左健不动，当器件浮在光标上时，按【L】键（注：输入法必须为英文状态才有效），则器件即翻转到另一面。

（4）考虑板上元件分布、信号走向、电压等诸方面因素，进行 Room 的布放，其完成情况如图 9-39 所示。

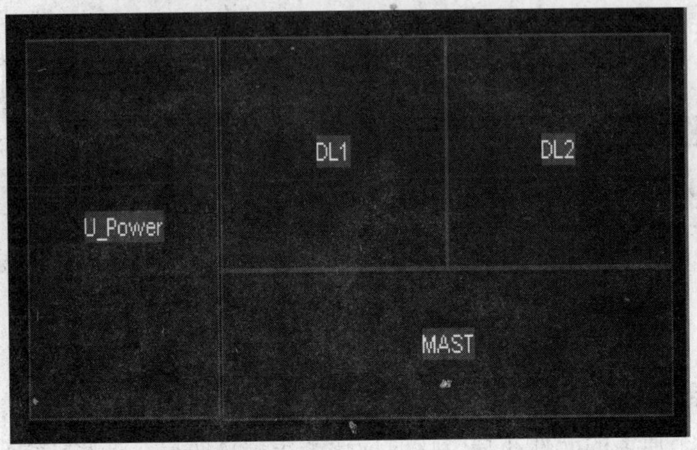

图9-39　完成的Room布局情况

（5）开始对一个通道内元件进行布局。按照图 9-40 完成 DL1 布局，手工布局首先放置较大元件 U1_2、R1_11、R1_12 等，因 U1_2 最后要带散热器，应放在板边缘，再根据连线关系放置运放 NE5532（U1_1），最后根据连线最短及信号由下向上和流向放置其他元器件。

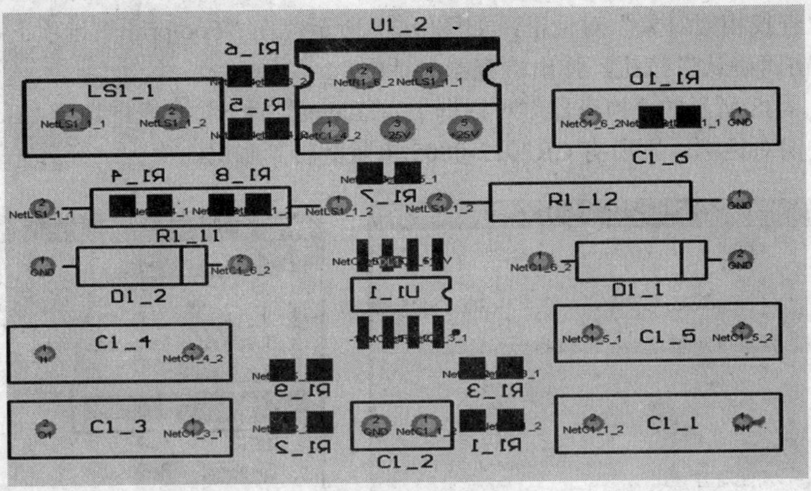

注：因为这是双面放置元件，顶层元件丝印层是正的，底层的则为反的。

图9-40　完成通道内的布局

（6）完成一个通道的布局后，可以执行“自动布线”→“Room 空间”命令去布这个通道内部的连线，利用交互布线工具对自动布线的结果进行优化、修改（也可以完成所有布局后整体布线），结果如图 9-41 所示。深色为顶层布线，浅色为底层布线。

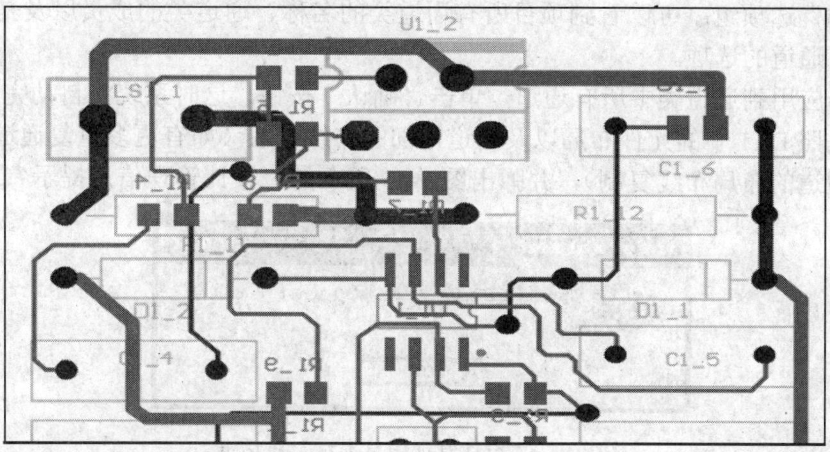

图9-41　完成通道内的布线

2．其他通道的布放

（1）执行“设计”→“Room 空间”→“复制 Room 空间格式”命令，光标变为浮动十字形，等待选择源通道 Room，单击布好局布好线的通道 Room 后（选择 DL1），光标依然保持浮动十字状，等待选择目标通道 Room。

（2）单击目标通道 Room 后（DL2），弹出如图 9-42 所示的“确认复制通道格式”对话框。

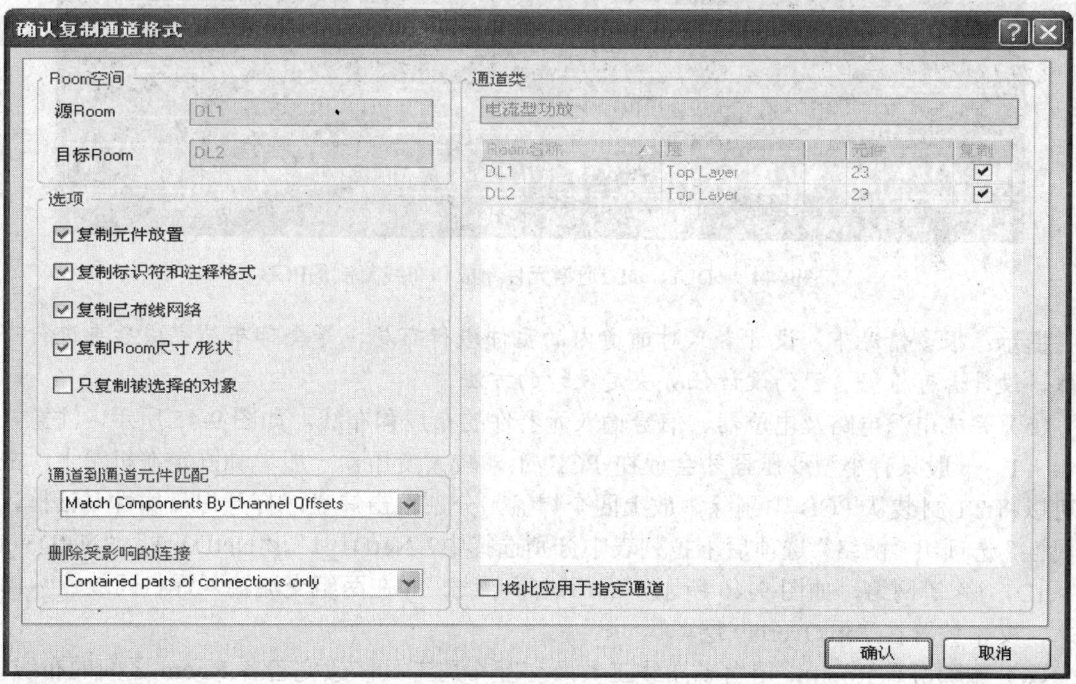

图9-42　“确认复制通道格式”对话框

“Room 空间”选项组：显示选择的“源 Room”（DL1）和“目标 Room”（DL2）。

“选项”组：可以选择复制元件布局、复制、标识符和注释格式、复制已布线网络、复制 Room 尺寸/形状、只复制被选择的对象。

“通道类”选项组：可以看到项目所有通道类的名称、通道类的成员以及是否应用到本通道类中所有通道的选项。

（3）选择应用到通道类中所有通道，单击“确认”按钮，这时系统将自动完成 DL2 内所有元件各自按照 DL1 中的元件布局以及通道内部的布线布放（如有更多重复通道，也将一次性完成所有通道的布局布线复制），并弹出图 9-43 所示的“设计管理信息提示”对话框。

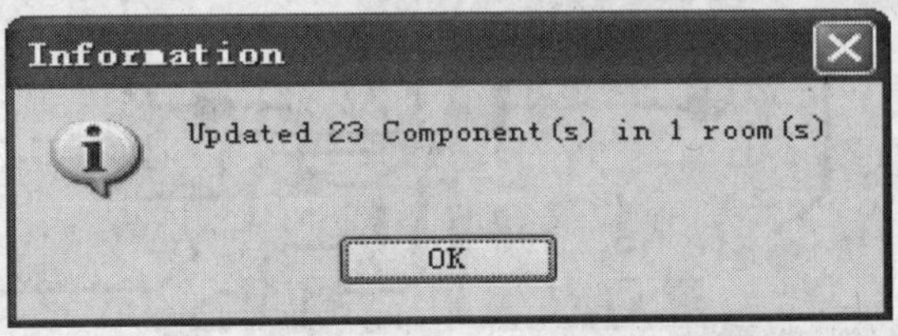

图9-43 “设计管理信息提示”对话框

（4）单击“OK”按钮，确认提示，完成了复制 DL2 通道内的元件布局与布线的工作，如图 9-44 所示。

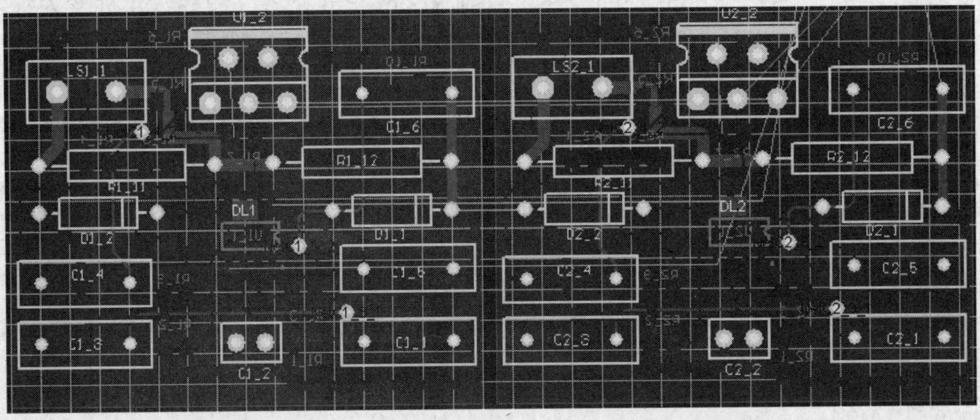

图9-44 DL1、DL2通道元件布放和布线复制的PCB

提示：很多情况下，设计者只对通道内的元件进行布局，等全部布局完成后再进行布线工作，设计者可根据自己的设计任务决定设计的方法。

（5）完成电源电路及电位器、信号输入元器件的布局和布线，如图 9-45 所示。注意，变压器 T1，一般只有小型变压器才会放在 PCB 上，较大变压器一般单独固定在机箱上，故这里可以将 T1 封装从 PCB 中删除，放上四个焊盘，分别双击焊盘，打开焊盘属性对话框，在“属性”选项组“网络”选项后下拉列表中分别选择中“NetD1_1”、“NetD3_1”、“NetD5_1”、“NetD7_1”等网络，如图 9-46 所示，然后进行布线。并在两组交流输入焊盘间放置“~18V”文本，文本放置在 Top Overlay 层。

（6）删除所有 Room，用自动布线工具及交互布局工具修改完善各 Room 之间的布线。

（7）在 U1、U2、U1_2、U2_2 边分别放置一散热器 TO220SR，并将散热器焊盘连接到 GND 网络。如已布线与散热器焊盘违反规则，则适当调整布线。

（8）根据布局布线面积大小，在 Keep-Out Layer 层及 Mechanical1 分别画两封闭矩形，定义板框的禁止布线区域和板框大小（布线已完成也需在 Mechanical1 层定义板框大小，不用画禁止布线区域）。禁止布线区域在内，板框在外，一般框相距 3mm~5mm。

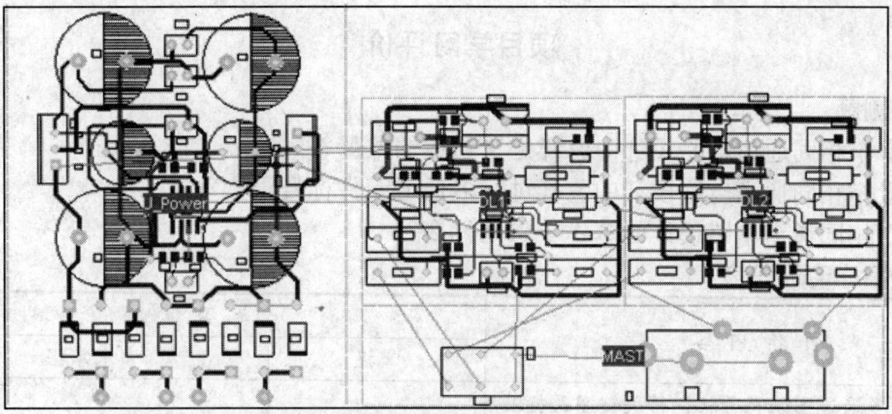

图9-45　完成所有元器件布局

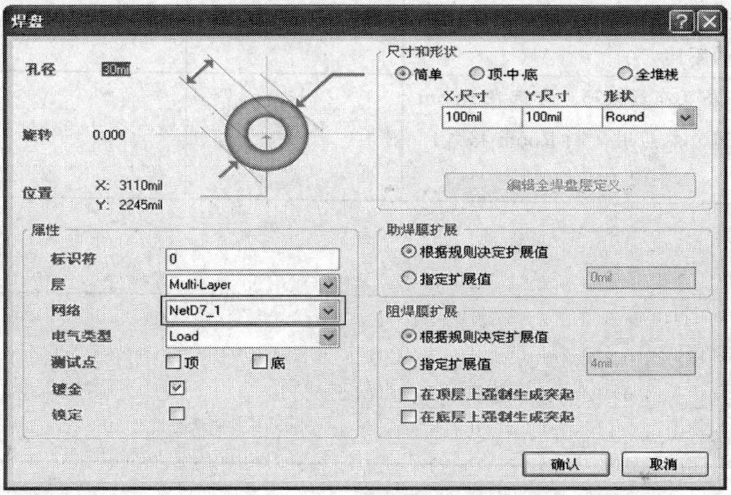

图9-46　为焊盘添加网络

（9）按下【Shift】键不动，点选 Mechanical1 层板框四条边，执行“设计”→“PCB 板形状”→“根据选定元件定义”命令，则系统自动根据板框定义 PCB 大小。

（10）在板四角相应位置分别放置四只固定孔，结果如图 9-47 所示。

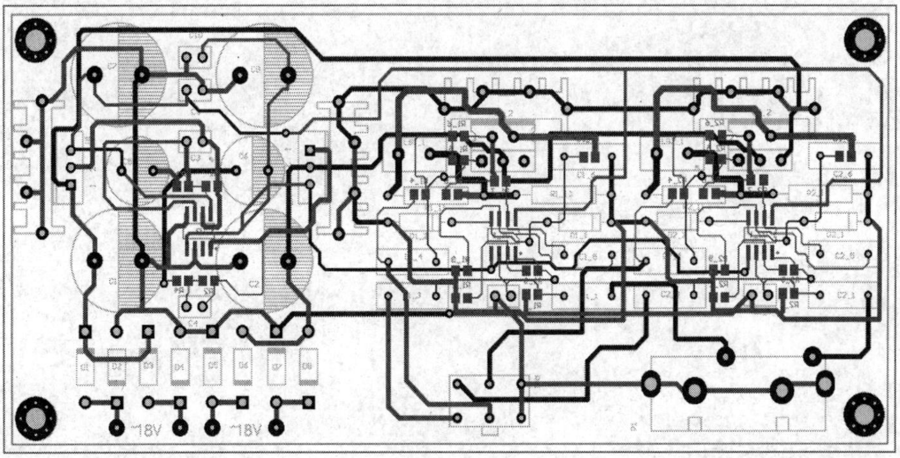

图9-47　完成的PCB

项目学习评价

一、检测题

1．在多个相同通道电路设计中怎样定义通道的数量？

2．在多个相同通道电路设计中怎样进行多通道元件标号设置？

3．多个相同通道电路设计的基本步骤是什么？

二、项目学习评价表

评价内容	是否掌握	
	掌握	未掌握
1. 掌握重复多通道图纸符号标识符关键字及标注方式		
2. 掌握重复通道共有端口及各子图独立端口在连接网络及标注方式的不同		
3. 掌握重复通道布局及布线技巧，即选在 Room 内布局布线一个通道，然后用复制 Room 格式，布放其他通道		
自我评价及感受		
老师评价		

项目十　数码显示印制板图的设计

项目情景展示

本项目通过设计如图 10-1 所示的单片机“数码显示”电路原理图与印制板图，学习采用“复制”→“粘贴”→“修改”的方法创建自己的原理图元件库和采用向导创建印制板封装库。

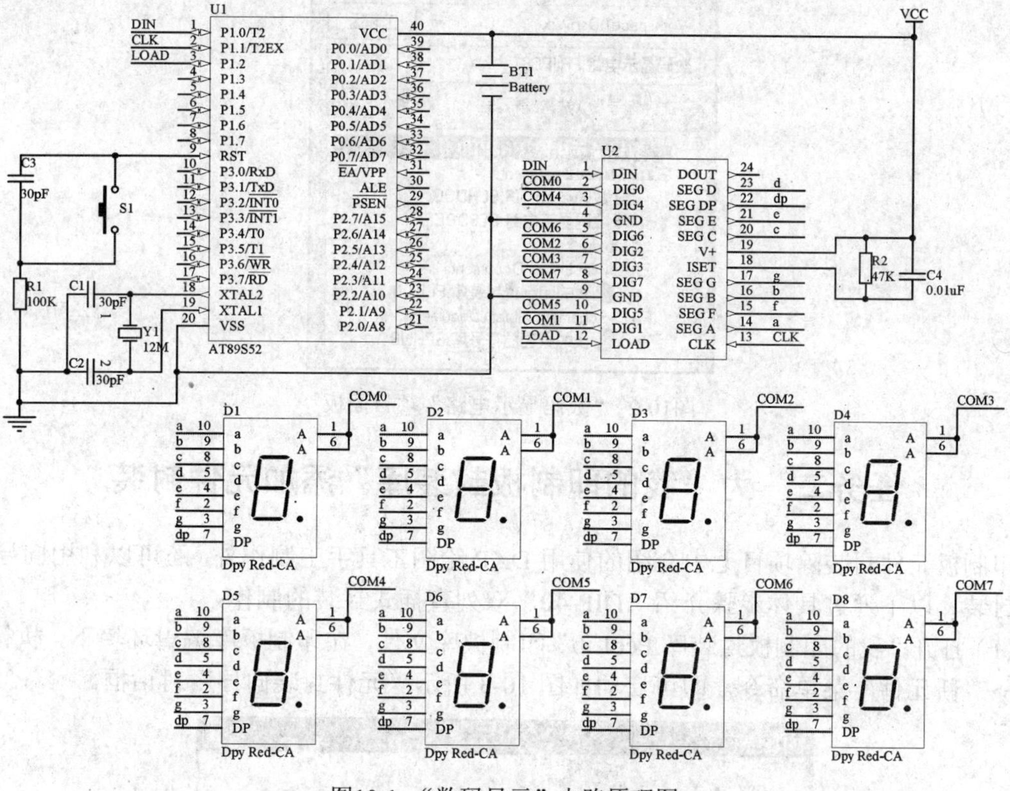

图10-1 “数码显示”电路原理图

项目学习目标

学习目标		学习方式	学时
技能目标	1. 了解印制板封装向导的使用。 2. 掌握通过现有原理图库中元件制作元件的方法。 3. 制作“我的印制板封装库.PcbLib”中的相应封装。 4. 制作“我的原理图符号库.SchLib”中的相应元件。 5. 绘制“数码显示”电路原理图。 6. 设计单片机“数码显示”电路印制板图	讲授、学生练习	5

任务一　建立“数码显示”电路工程及相关文件

在E盘的学生工作目录下建立“项目十”文件夹。新建一个名称为“数码显示电路.PrjPCB”的Protel PCB工程文件，并将该工程文件保存到所建立的“项目十”文件夹中。

在该工程文件中，建立一个名称为“数码显示电路.SchDoc”的原理图文件；一个名称为“数码显示电路.PcbDoc”的印制板文件；一个名称为“我的原理图符号库.SchLib”的原理图符号库文件（执行“文件”→“创建”→“库”→“原理图库”菜单命令）；一个名称为“我的印制板封装库.PcbLib”的印制板封装库文件（执行“文件”→“创建”→“库”→【PCB库】菜单命令）。项目的文件结构如图10-2所示。

图10-2　“数码显示电路”项目面板

任务二　为“我的印制板封装库”添加元件封装

印制板元件封装除项目七中介绍的使用DXP绘图工具手工制作外，还可以利用向导创建元件封装，以下通过具体步骤介绍“DIP-40”双列直插式封装的制作：

（1）打开“我的印制板封装库.PcbLib”印制板库文件，在印制板库编辑环境下，执行“工具”→“新元件”菜单命令，即可启动如图10-3所示“元件封装向导”对话框。

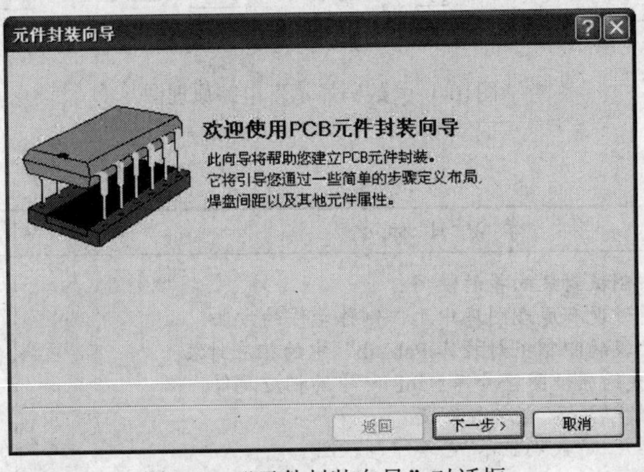

图10-3　“元件封装向导”对话框

（2）单击“下一步”按钮，弹出图 10-4 所示的“选择元件封装种类”对话框，选择“Dual in-link Packae(DIP)”封装，选择单位“Metric(mm)”。

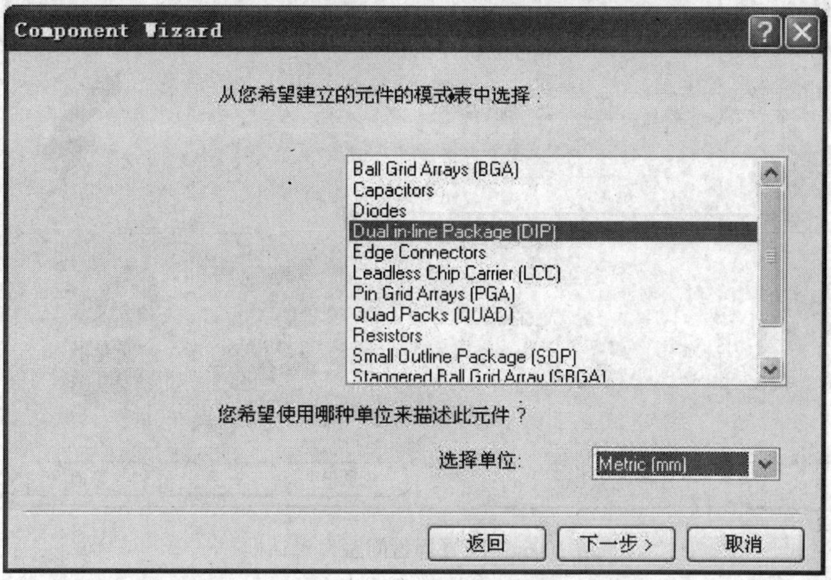

图10-4 “选择元件封装种类”对话框

（3）单击“下一步”按钮，弹出如图 10-5 所示“设置焊盘尺寸”对话框，采用默认设置。

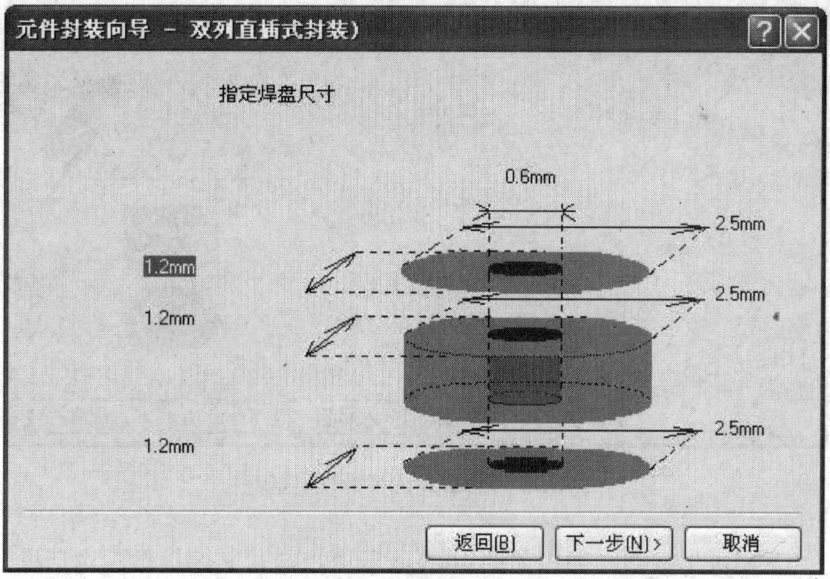

图10-5 “设置焊盘尺寸”对话框

（4）单击“下一步”按钮，弹出如图 10-6 所示“设置焊盘间距”对话框，采用默认设置。

（5）单击“下一步”按钮，弹出如图 10-7 所示“设置轮廓外形”对话框，采用默认设置。

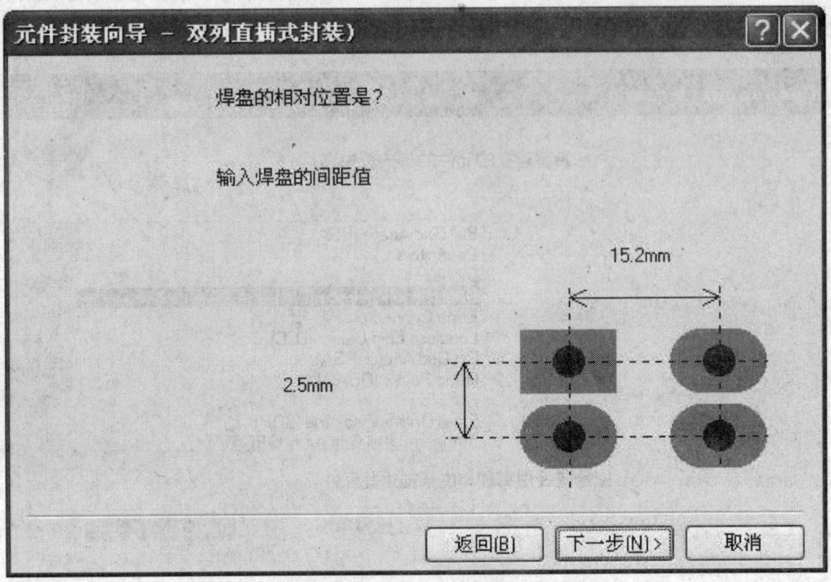

图10-6 “设置焊盘间距”对话框

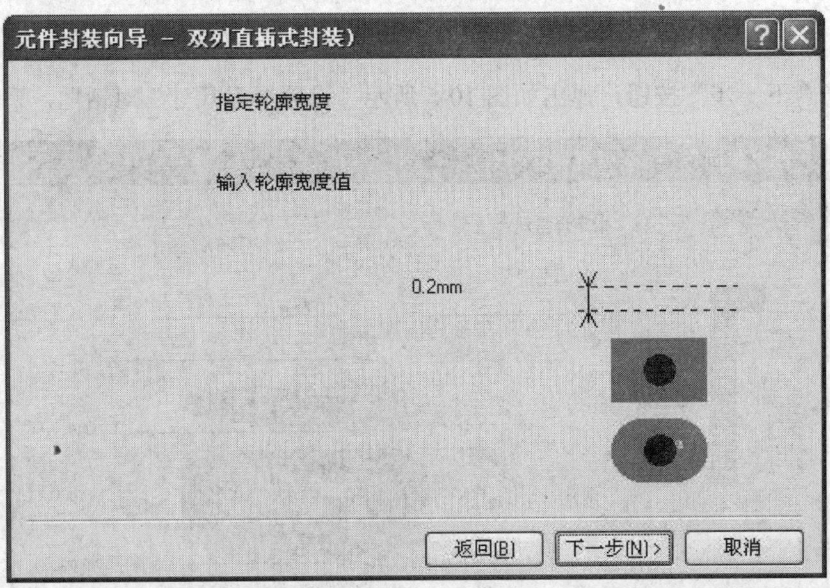

图10-7 “设置轮廓外形”对话框

（6）单击“下一步”按钮，弹出如图 10-8 所示“指定封装焊盘数”对话框，将焊盘总计数值设为“40”。

（7）单击“下一步”按钮，弹出如图 10-9 图所示“设置封装名称”对话框，将封装名称设为“DIP40”。

（8）单击“Next”按钮，弹出如图 10-10 所示“结束界面”，完成“DIP40”双列直插式封装的创建。

说明：采用以上向导创建元件封装的方法，再新建一个“DIP24”双列直插式元件封装。

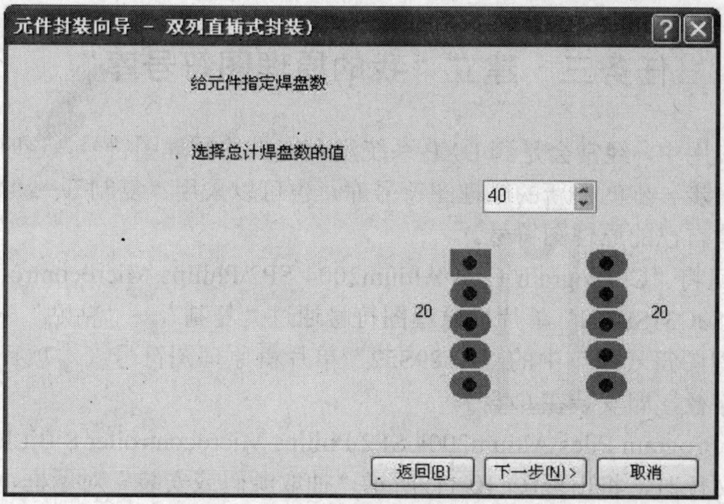

图10-8 “指定封装焊盘数”对话框

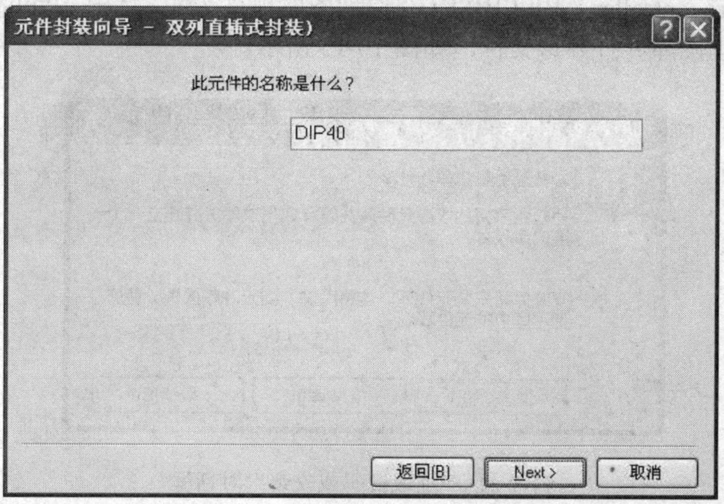

图10-9 “设置封装名称”对话框

图10-10 结束界面

任务三　建立“我的原理图符号库”

在实际工程应用中，经常会是到 DXP 系统没有提供的原理图符号，这时可以采用项目四中所提供的方法一步一步创建新的原理图符号库，也可以采用“复制”→“粘贴”→“修改”的方法来快速创建自己的原理图符号。

以下介绍如何将“C:\Program Files\Altium2004 SP2\Philips Microcontroller 8-Bit.IntLib”原理图库中的“P80C31SBPN”单片机原理图符号通过“复制”→“粘贴”→“修改”的方法制作成“我的原理图符号库”中的“AT89S52”单片机原理图符号（本项目编写时，设计软件采用的是默认路径，即安装在 C 盘）。

（1）打开“C:\Program Files\Altium2004 SP2\Philips Microcontroller 8-Bit.IntLib”原理图库。在打开原理图库文件时，将出现图 10-11 所示“抽取源码或安装”对话框，单击“抽取源”按钮，出现图 10-12 所示的“抽出位置”对话框，单击“确认”按钮。在“Projects”面板中，展开“Philips Microcontroller 8-Bit.LIBPKG”原理图库项目文件，选中“Philips Microcontroller 8-Bit.SchLib”原理图库并打开该文件，如图 10-13 所示。

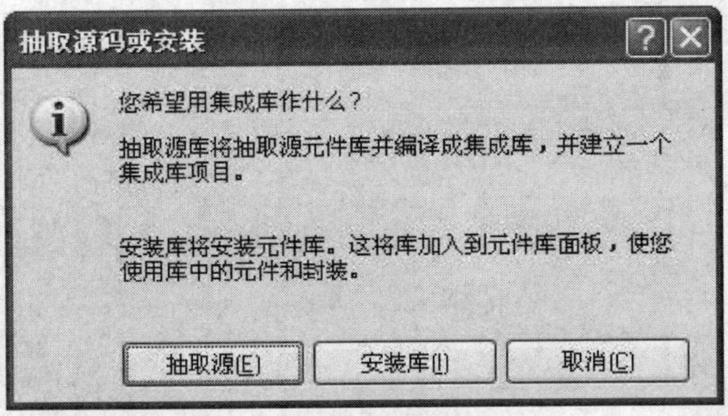

图10-11　“抽取源码或安装”对话框

图10-12　“抽取位置”对话框

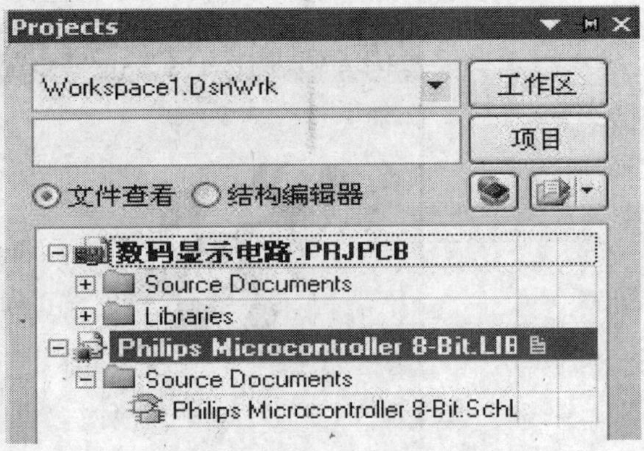

图10-13　“Projects”面板

（2）如图 10-14 所示，在“SCH Library”面板中的元件输入框填入“P80C31SBPN”，打开并选中此元件，右击，在右键快捷菜单中单击“复制”，将该元件信息存入剪贴板。

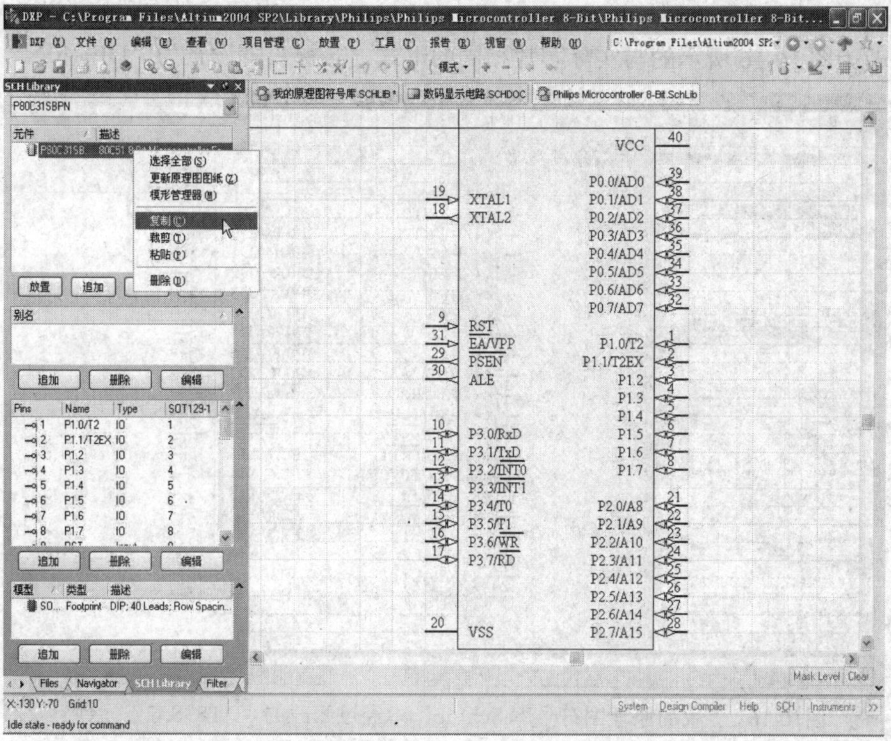

图10-14 “Philips Microcontroller 8-Bit.SchLib”原理图库中的“P80C31SBPN”元件

（3）在项目面板中打开“我的原理图符号库”文件，在“SCH Library”面板元件表处“右击”，在右键快捷菜单中单击“粘贴”，将“P80C31SBPN”元件粘贴到“我的原理图符号库.SchLib”文件中，如图 10-15 所示。

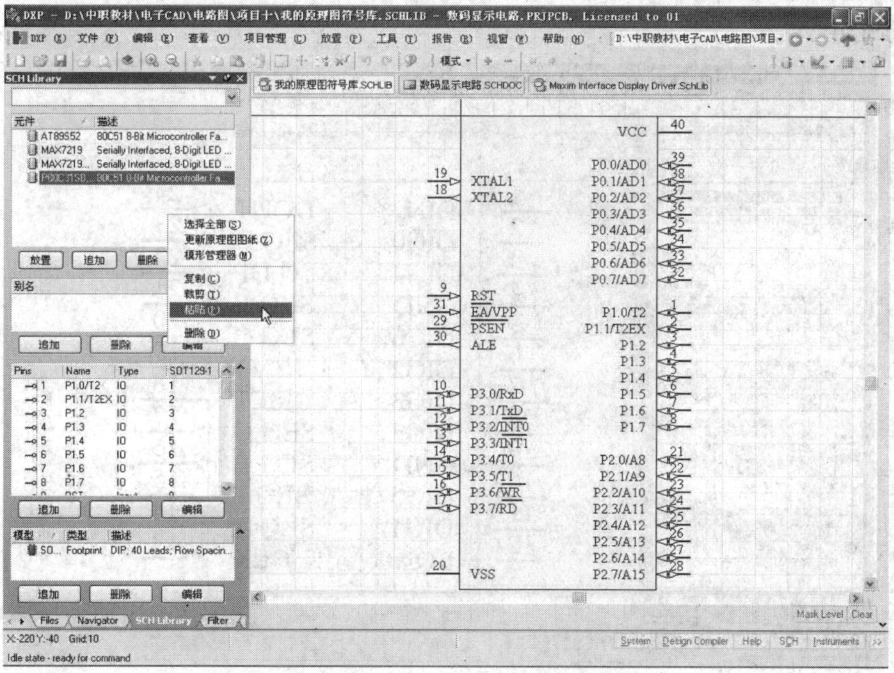

图10-15 “我的原理图符号库.SchLib”原理图库中的“P80C31SBPN”元件

（4）将粘贴到“我的原理图符号库.SchLib”中的“P80C31SBPN”元件名称修改为“AT89S52”，芯片引脚修改为图 10-16 所示的与实际芯片相同的形式，芯片引脚设置为“DIP-40”。

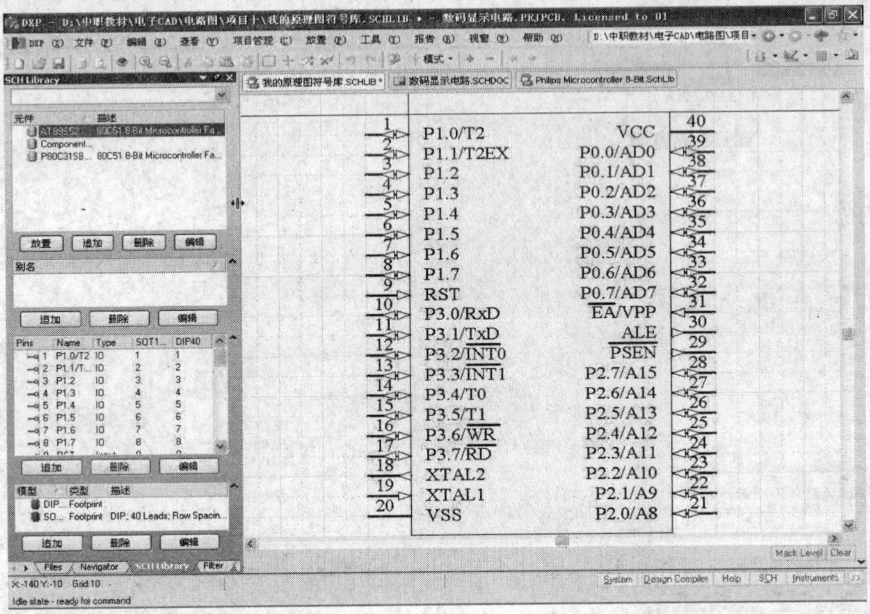

图10-16　“我的原理图符号库.SchLib”中经过修改的“AT89S52”元件

说明：采用以上“复制”→“粘贴”→“修改”的方法来快速创建如图 10-17 所示的“MAX7219 八位串行 LED 驱动芯片”原理图元件符号。作为原理图符号来源的 MAX7219 芯片来自于“C:\Program Files\Altium2004\Library\Maxim\Maxim Interface Display Driver.IntLib”原理图库中的“MAX7219CNG”元件。将粘贴到“我的原理图符号库.SchLib”中的“MAX7219CNG”元件名称修改为“MAX7219”，芯片引脚修改为图 10-17 所示的与实际芯片相同的形式，芯片引脚设置为“DIP24”。

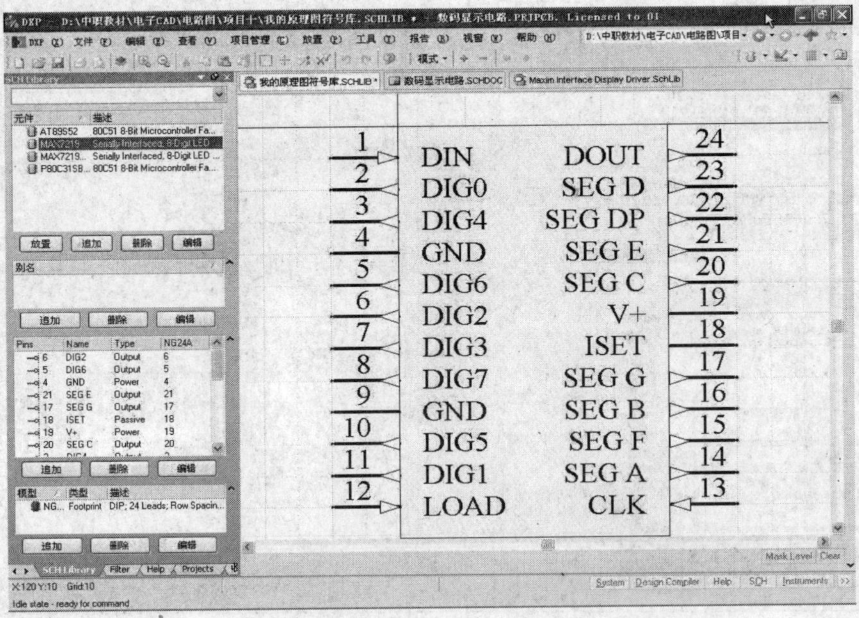

图10-17　“MAX7219八位串行LED驱动芯片”原理图符号

任务四　绘制“数码显示”电路原理图

（1）按照表 10-1 所示的原理图元件表，将元件放置在“数码显示电路.SchDoc”原理图中。

表10-1　数码显示电路原理图元件表

元件名称	元件编号	引脚	库文件	数量
电容	C1～C4	RAD-0.3	Cap	3
LED 数码管	D1～D8	LEDDIP-10/C5.08	Dpy Red-CA	8
电阻	R1～R9	AXIAL-0.4	Res2	9
电池	BT1	BAT-2	Battery	1
开关	S1	SPST-2	SW-PB	1
AT89S52 八位单片机芯片	U1	SOT129-1	AT89S52	1
MAX7219 八位串行 LED 驱动芯片	U2	DIP24	MAX7219	1
晶体振荡器	Y1	BCY-W2/D3.1	XTAL	1

以上元件中，“AT89S52 八位单片机芯片”和“MAX7219 八位串行 LED 驱动芯片”原理图元件在“我的原理图符号库.SchLib”库文件中，其他元件都在“Miscellaneous Devices.IntLib”原理图库文件中（该库文件属于 DXP 软件系统的默认库文件，在系统安装完成后即可直接使用）。

（2）按照图 10-1“数码显示”电路原理图，将元件移动到相应位置，然后用导线将元件连接起来，并放置相应的网络标号、电源和地。

任务五　“数码显示”电路印制板图设计

（1）执行“设计”→“Update PCB Document 流水灯.PCBDOC”菜单命令，弹出“工程变化订单”对话框，如图 10-18 所示。

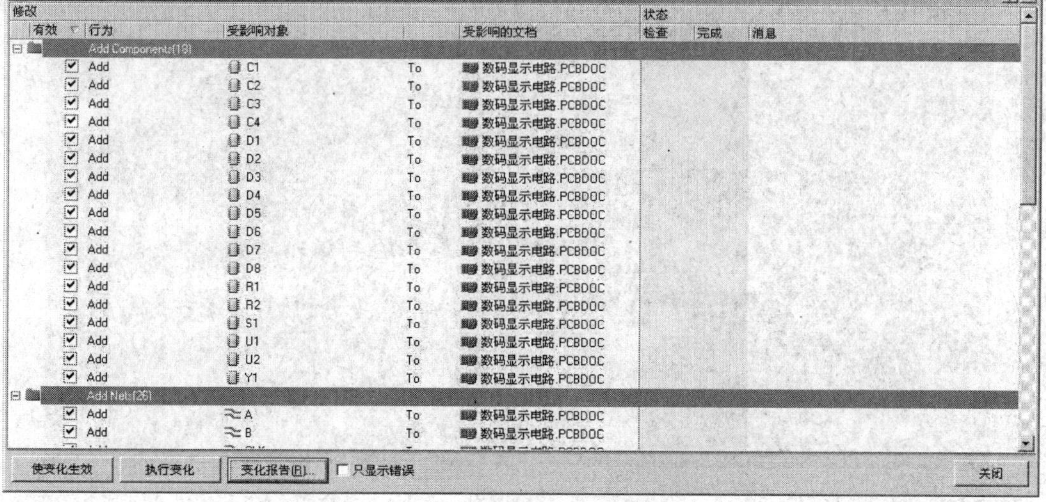

图10-18　“工程变化订单”对话框

（2）单击“执行变化”按钮，系统将自动打开“数码显示电路.PCBDOC”印制板文件，单击“关闭”按钮后进入印制板编辑状态，执行“查看”→“整个文件 Ctrl+PgDn”菜单命令，“数码显示电路”原理图中的元件都自动放置到图 10-19 所示的印制板图中。

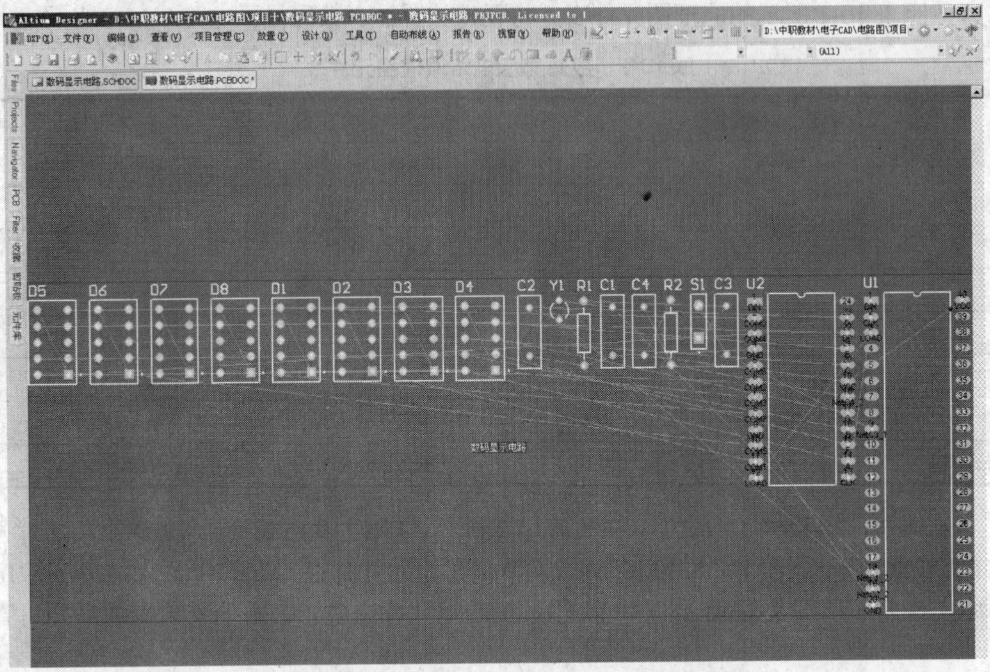

图10-19　自动放置了元件封装的“数码显示电路.PCBDOC”印制板图

（3）执行“查看”→“整张图纸”命令，使印制板编辑处于“整张图纸”显示方式下。

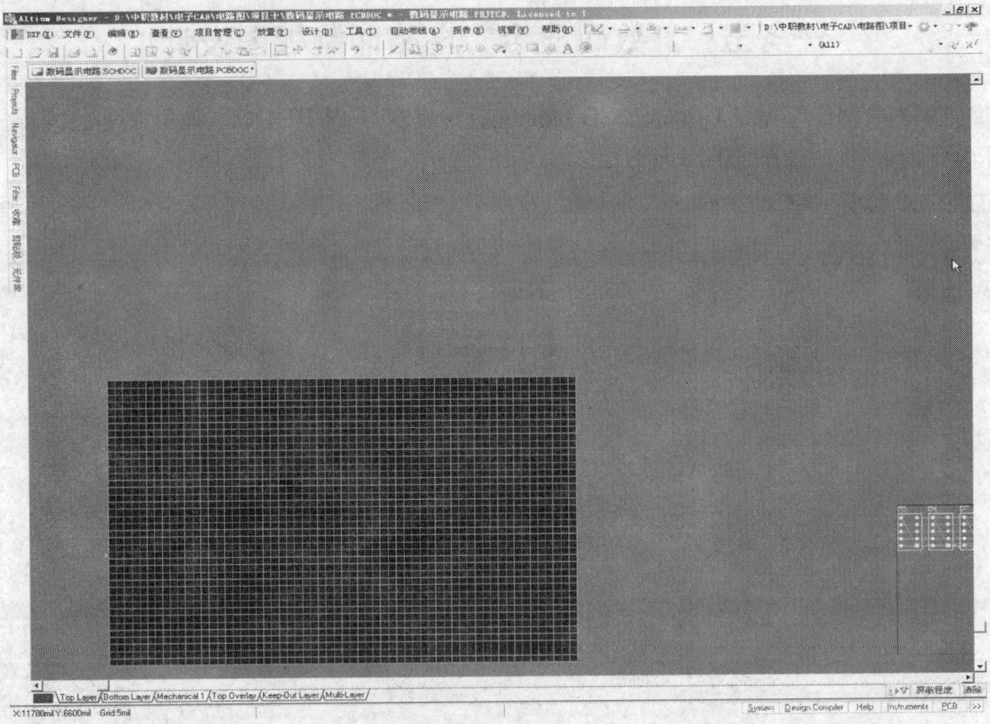

图10-20　“整张图纸”显示方式下的“数码显示电路.PCBDOC”印制板图

（4）在“整张图纸”显示方式下，将印制板图中右侧的所有元件用“块”的方式拖动到左侧黑色区域中（黑色区域就是实际的印制板区），去掉标示为“数码显示电路”的阴影区，可以看到如图 10-21 所示的印制板图。

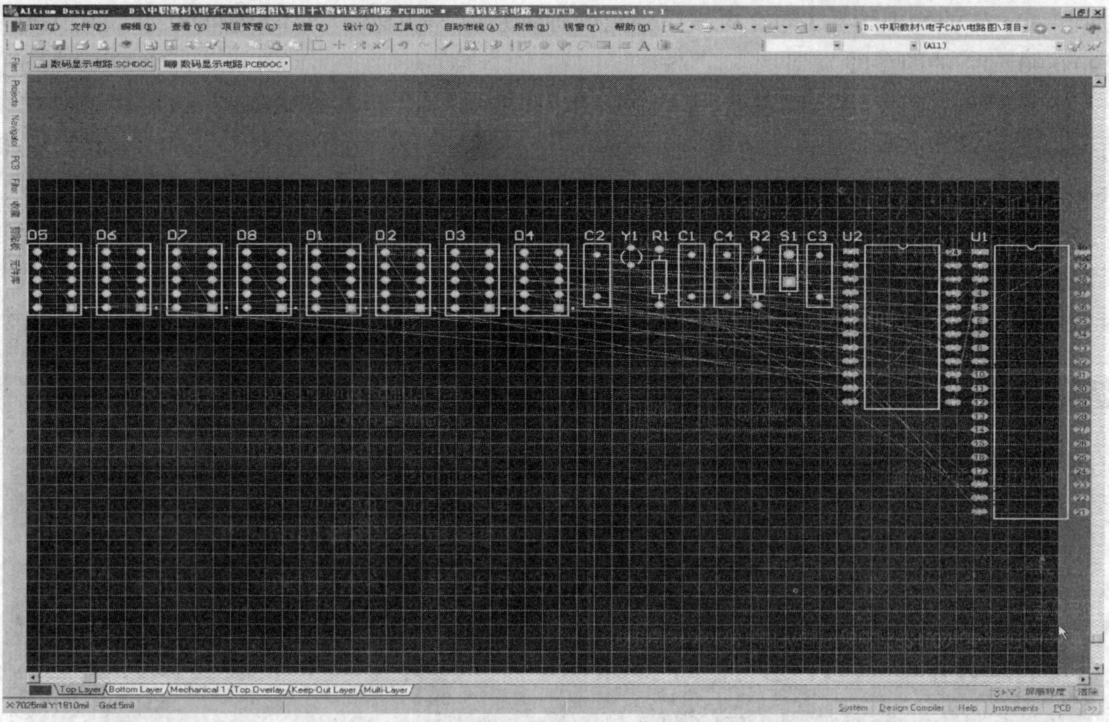

图10-21　去掉“阴影区”后“数码显示电路.PCBDOC”印制板图

（5）执行“设计”→“PCB 板选择项”菜单命令，出现如图 10-22 所示的“PCB 板选择项”对话框，将“单位”由“Imperial”（英制）改为“Metric”（公制），单击“确认”按钮退出。

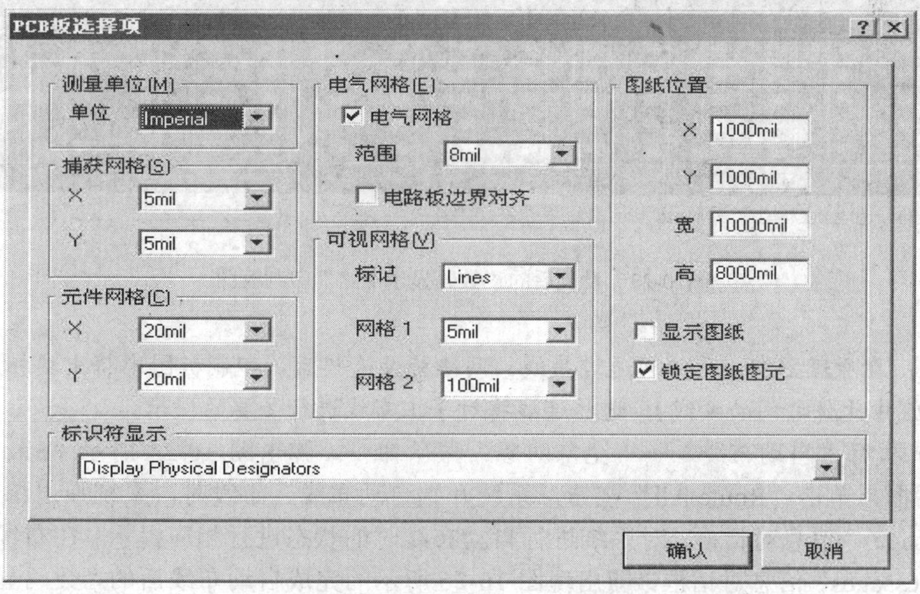

图10-22　“PCB板选择项”对话框

（6）执行“编辑”→“原点”→“设定”菜单命令，将印制板的原点设置到印制板的左下角处。

（7）将印制板的编辑层设置为“Mechanical1 Layer”（机械层），在该层绘制大小90mm×60mm的物理边界（即在机械层画出坐标分别为“0,0,90,0”、“0,60,90,60”、“0,0, 0,60”、“90,0,90,60”的四条线）。

（8）将印制板的编辑层设置为“Keep-Out Layer”（禁止布线层），在该层用绘制大小90mm×60mm 的电气边界（即在禁止布线层画出坐标分别为“0,0,90,0”、“0,60,90,60”、“0,0, 0,60”、“90,0,90,60”的四条线）。

（9）将元件封装放置到印制板的边界内，并按照一定的位置排列好（可以先用光标拖动到相应位置，然后再采用坐标设置的方法精确定位），设置后的“数码显示电路”印制板如图10-23所示。

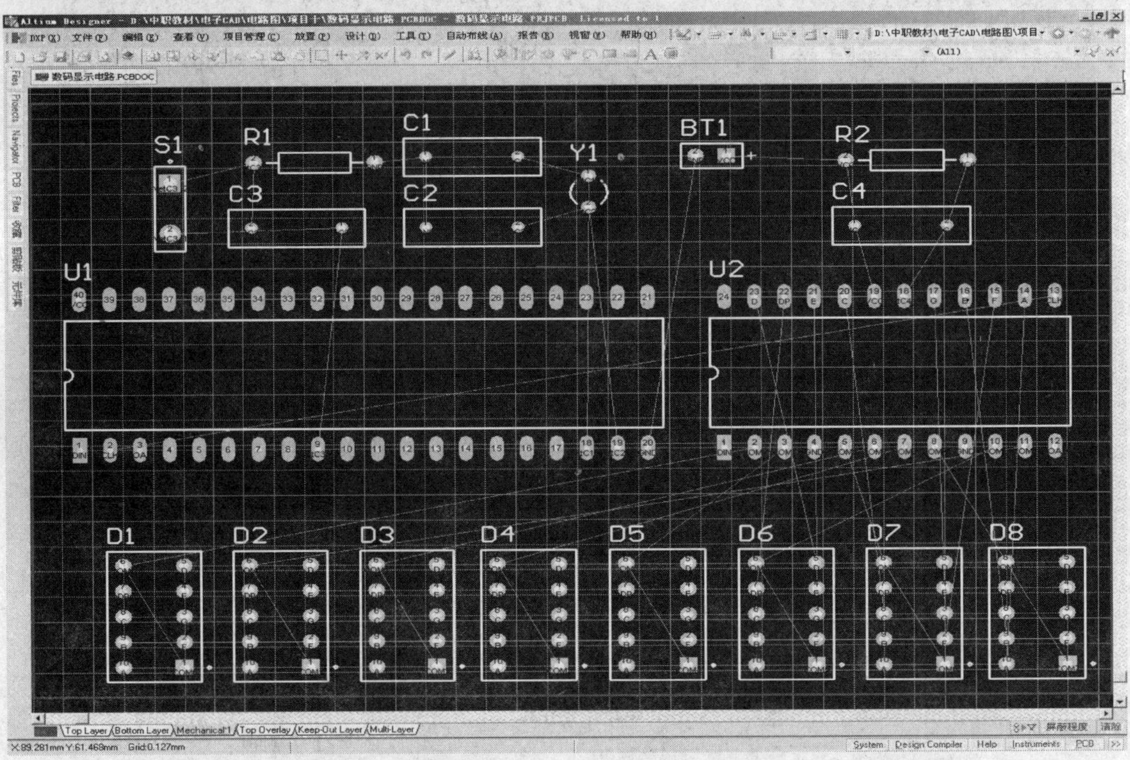

图10-23 设置后的“数码显示电路”印制板图

说明：在原理图中，元件间通过导线、网络标号连接后，印制板图中将出现相应连接线（图10-23中元件之间的细线），这些连线将对手工布线进行必要的提示。

（10）执行“自动布线”→“全部对象”菜单命令，弹出图10-24所示“Situs布线策略”对话框，单击“Route All”按钮，系统开始自动布线。布线时，系统弹出图10-25所示“Messages”信息对话框，对系统进行自动布线时的状态进行相应提示。在布线完成后，关闭“Messages”信息对话框，即出现图10-26所示的完成自动布线后的“数码显示电路”印制板图。

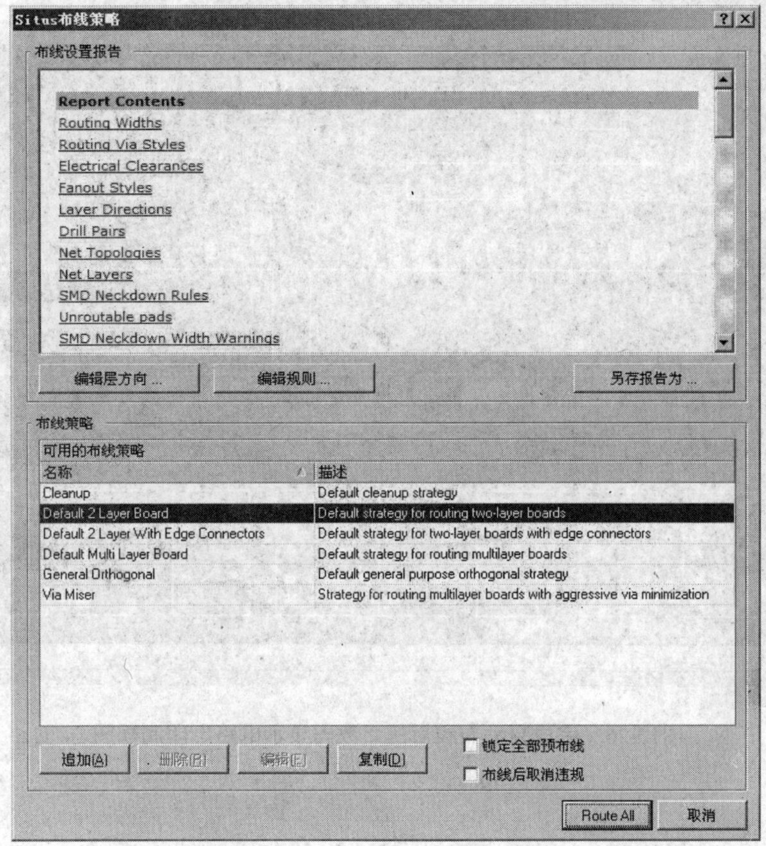

图10-24 “Situs布线策略”对话框

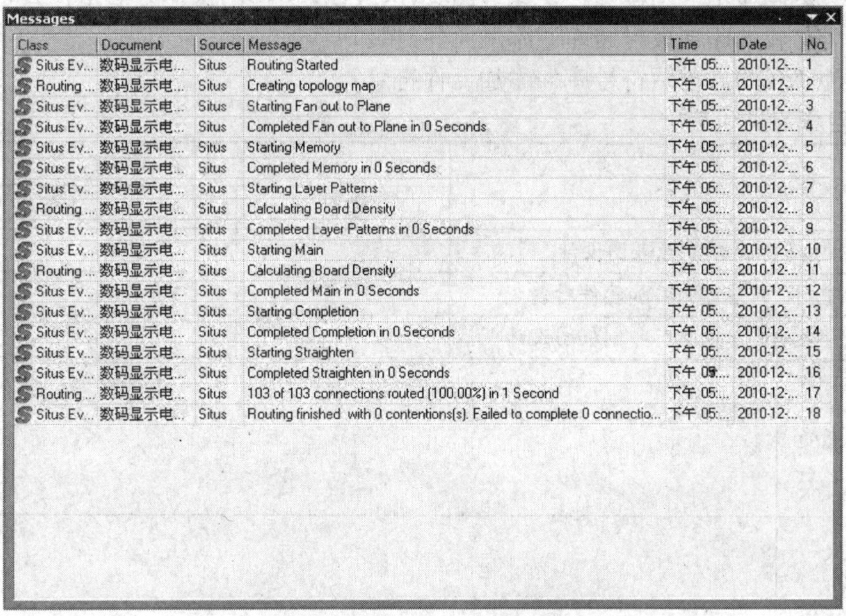

图10-25 “Messages”信息对话框

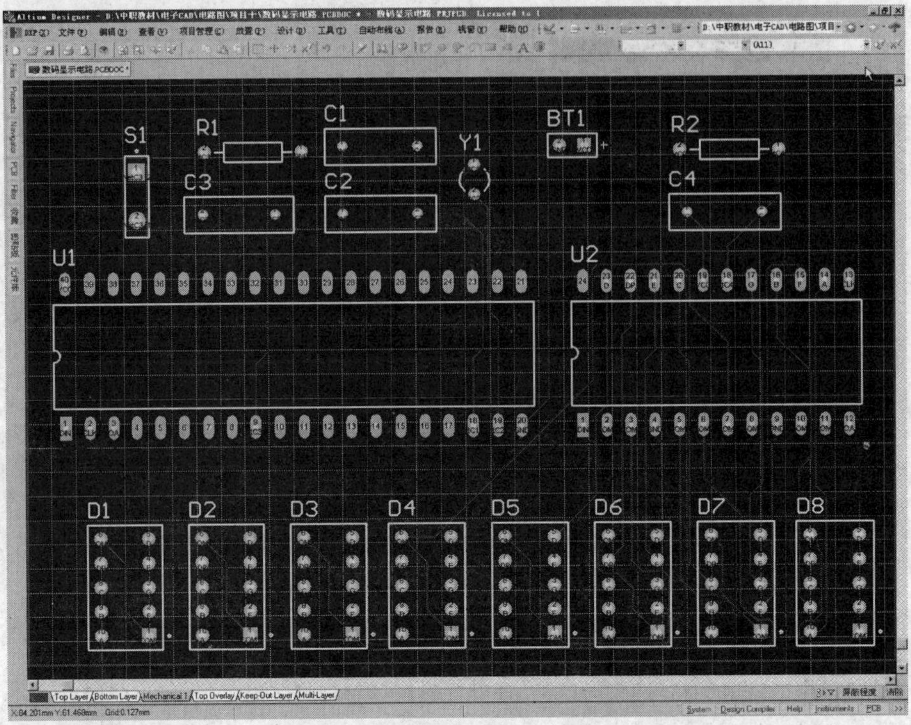

图10-26　完成自动布线后的“数码显示电路”印制板图

项目学习评价

一、检测题

1. 建立“数码显示”工程文件、原理图文件、PCB 文件的操作方法是什么？
2. 怎样为“我的印制板封装库”添加元件封装？
3. 怎样为“我的原理图符号库”添加元件符号？

二、项目学习评价表

<table>
<tr><td rowspan="2">评 价 内 容</td><td colspan="2">是 否 掌 握</td></tr>
<tr><td>掌握</td><td>未掌握</td></tr>
<tr><td>1. 能否完成“数码显示电路”原理图设计</td><td></td><td></td></tr>
<tr><td>2. 给“我的印制板封装库”添加元件封装</td><td></td><td></td></tr>
<tr><td>3. 能否完成“数码显示电路”印制板图设计</td><td></td><td></td></tr>
<tr><td>自我评价及感受</td><td colspan="2"></td></tr>
<tr><td>老师评价</td><td colspan="2"></td></tr>
</table>

项目十一　综合实训：简易温度控制器电路 PCB 板的设计

项目情景展示

本项目通过对简易温度控制器电路 PCB 板的设计，进一步熟悉 PCB 设计的整个流程和具体操作步骤。简易温度控制电路原理图如图 11-1 所示。

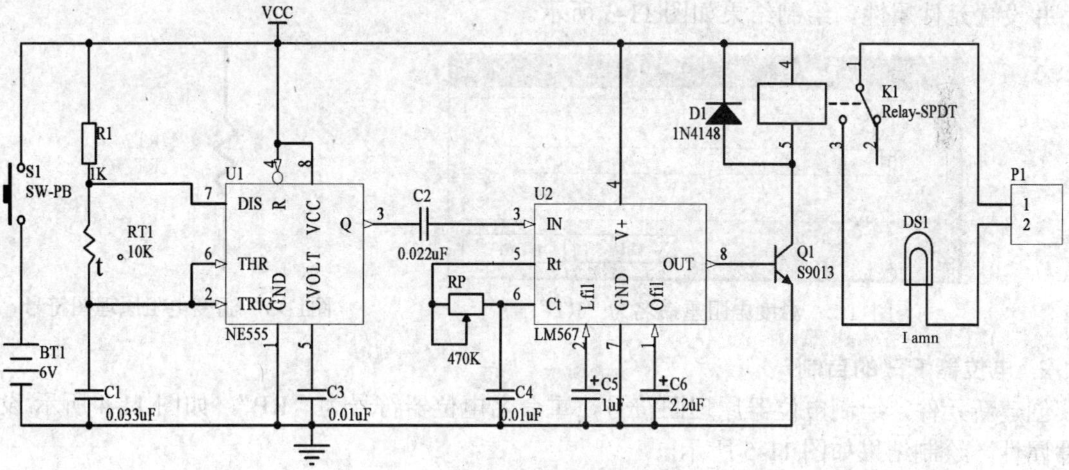

图11-1　简易温度控制器电路原理图

PCB 板设计的具体要求：

（1）双面板；

（2）在机械层绘制电路板的物理边界，尺寸为 100mm×60mm；

（3）信号线宽为 10mil,电源线宽为 30mil，地线宽为 40mil。

项目学习目标

学习目标		学习方式	学时
技能目标	1. 了解通过现有原理图库中元件制作我的元件的方法。 2. 进一步熟练掌握元件封装和 PCB 设计的综合应用。 3. 熟练掌握 PCB 板设计的基本流程和设计步骤	讲授、学生练习	5

任务一　原理图的设计

一、创建工程项目文件及其他相关文件

（1）在指定的根目录下建一个名为”简易温度控制电路 PCB 设计“的文件夹。

（2）打开 Protel 2004，创建工程项目文件、原理图和原理图库等相关文件，修改文件名并把它们保存到文件夹下。

二、元器件符号的绘制

简易温度控制器电路有两个元器件需要自制原理图符号，温度电阻 RT 和电位器 RW

1. 温度电阻 RT 的自制

在原理图库中绘制温度电阻原理图符号，重命名温度电阻元件符号为 RT，如图 11-2 所示，并设置元件属性。绘制结果如图 11-3 所示。

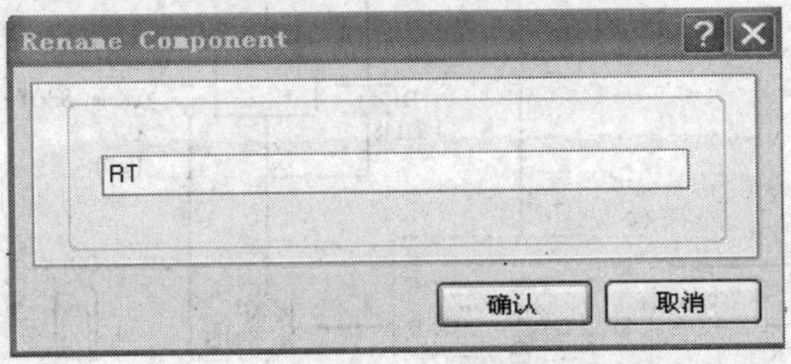

图11-2　温度电阻重命名为“RT”

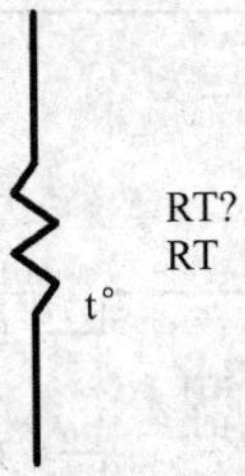

图11-3　温度电阻原理图符号

2. 电位器 RP 的自制

创建新元件，绘制电位器原理图符号，重命名电位器符号为“RP”，如图 11-4 所示,设置元件属性。绘制结果如图 11-5 所示。

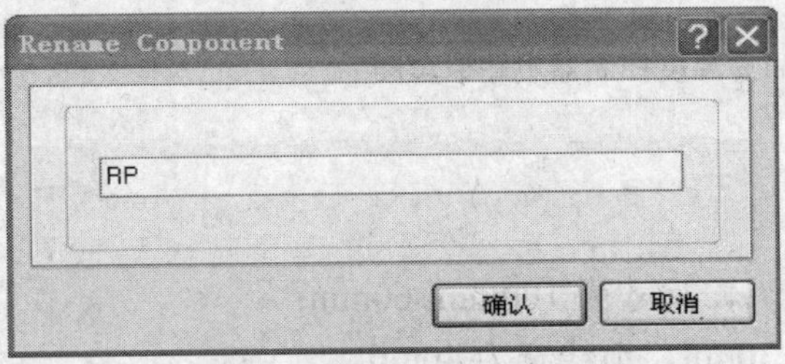

图11-4　电位器重命名为“RP”

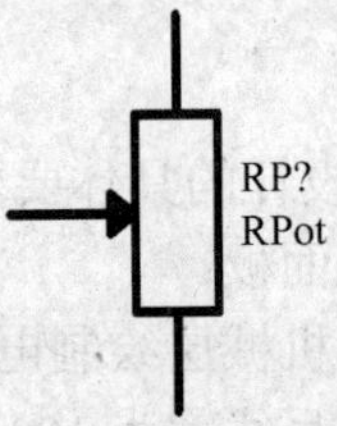

图11-5　电位器原理图符号

三、设计原理图

（1）查找、放置元件及修改元件属性。按表 11-1 所列的元件属性设置。

表11-1　电路图元件属性

序号	元件标号（Designator）	元件封装（Footprint）	元件注释（LibRef）
1	BT1	BAT-2	Battery
2	C1	RAD-0.1	Cap
3	C2	RAD-0.1	Cap

（续）

序号	元件标号（Designator）	元件封装（Footprint）	元件注释（LibRef）
4	C3	RAD-0.1	Cap
5	C4	RAD-0.1	Cap
6	C5	CAPPR2-5x6.8	Cap Pol2
7	C6	CAPPR2-5x6.8	Cap Pol2
8	D1	DIO7.1-3.9x1.9	Diode 1N4148
9	DS1	PIN2	Lamp
10	K1	K（自制）	Relay-SPDT
11	P1	HDR1X2	Header 2
12	Q1	BCY-W3	NPN
13	R1	AXIAL-0.3	Res2
14	RP	VR5	RP
15	RT1	AXIAL-0.3	RT
16	S1	SB（自制）	SW-PB
17	U1	DIP8	NE555N
18	U2	DIP8	LM567CN

（2）元件放置与布局结果如图 11-6 所示。

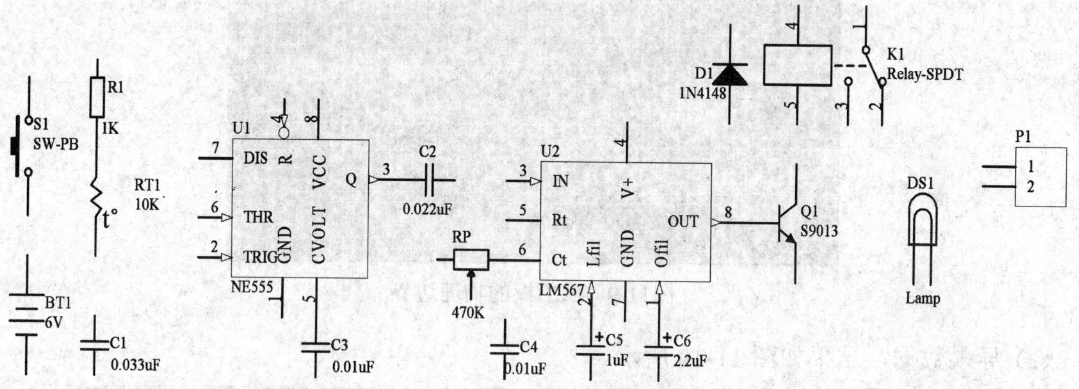

图11-6　元件放置与布局

（3）放置导线、电源/接地。设计结果如图 11-1 所示。

任务二　PCB 双面板的设计

一、自制元件封装

电路中需要自制的元件封装有两个，即按钮开关 S1 和继电器 K1 的元件封装。

（1）按钮开关封装的自制。按钮开关封装的名称为 SB，焊盘直径为 60mil，孔径为 28mil，形状为圆形。焊盘的尺寸及图形如图 11-7 所示。

（2）继电器封装的自制。继电器封装的名称为 K，焊盘尺寸：X 尺寸为 100.00mil，Y 尺寸为 150mil，孔径为 60mil，形状为八角形。焊盘尺寸及图形如图 11-8 所示。

注意：元件封装焊盘标识符与元件符号引脚标识符要一一对应。

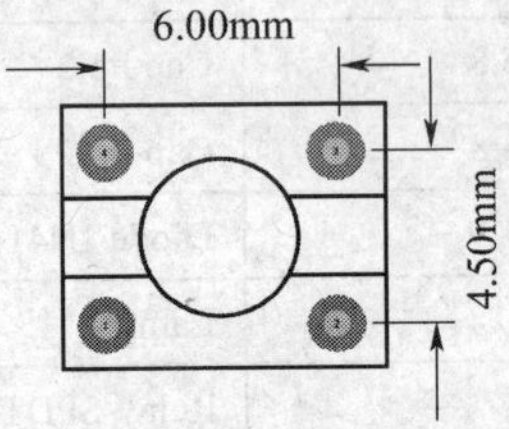

图11-7　按钮开关封装

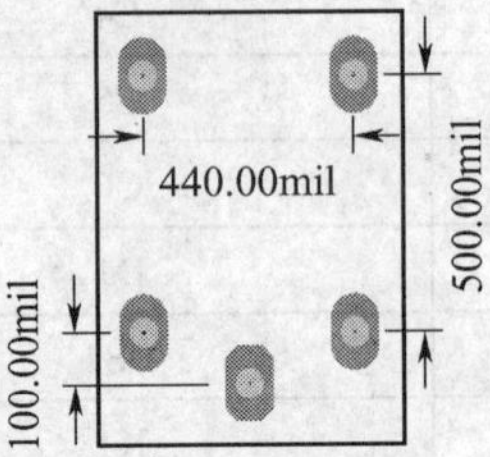

图11-8　继电器封装

（3）打开原理图，为元件 S1、K1 添加自制的元件封装。

二、PCB 双面板的设计

PCB 双面板的设计步骤前面已详细介绍，这里主要介绍设计要求及步骤：

（1）设置物理边界，打开 PCB 文件，在机械层（Mechanical1）中绘制大小为 100mm×60mm 的物理边界，如图 11-9 所示。

图11-9　PCB板的物理边界

（2）导入数据，结果如图 11-10 所示。

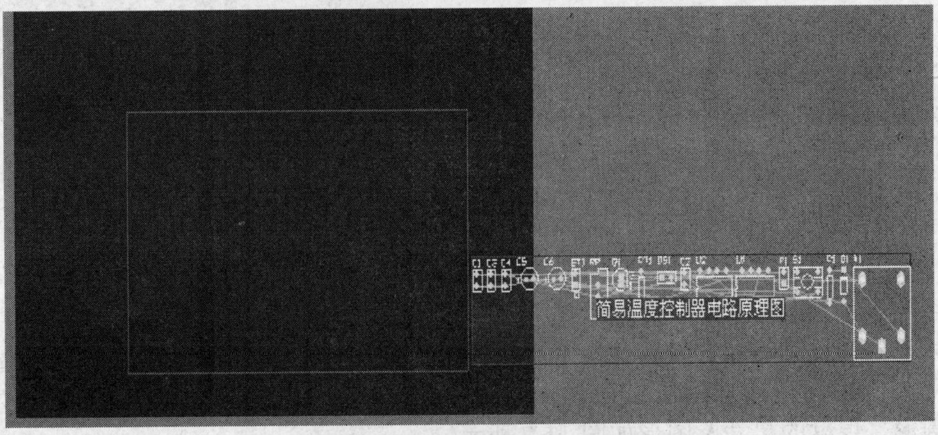

图11-10　PCB板数据导入效果图

（3）元件布局，执行菜单中“工具”→“放置元件”→“自动布局”命令，对元件进行自动布局，再进行手工布局，直到满意为止。结果如图 11-11 所示。

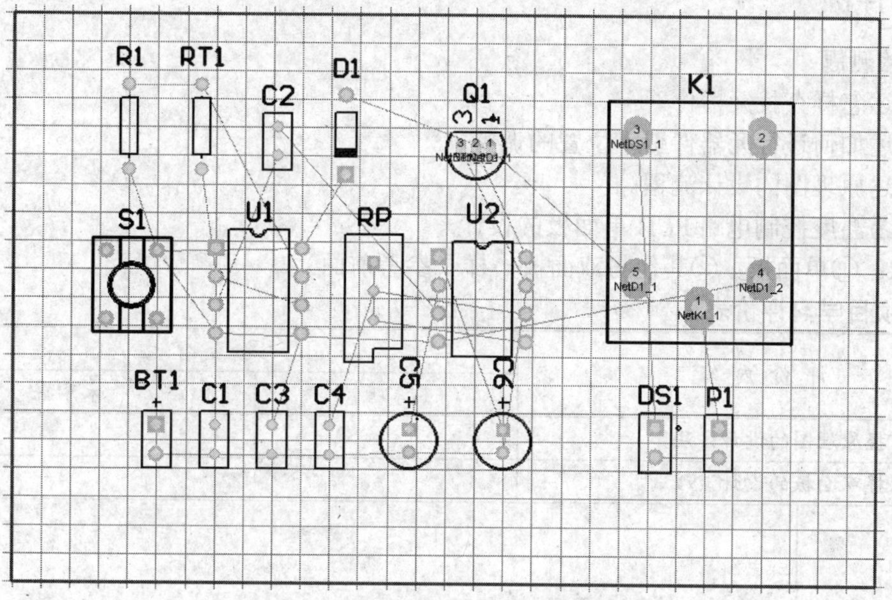

图11-11　PCB板设计元件布局效果图

（4）自动布线，执行主菜单“自动布线”→“全部对象”命令，在弹出的“布线策略”对话框中，单击“编辑规则”，弹出“PCB 规则和约束编辑器”对话框，按前面 PCB 设计要求设置：信号线宽为 10mil,电源线宽为 30mil，地线宽为 40mil。布线结果如图 11-12 所示。

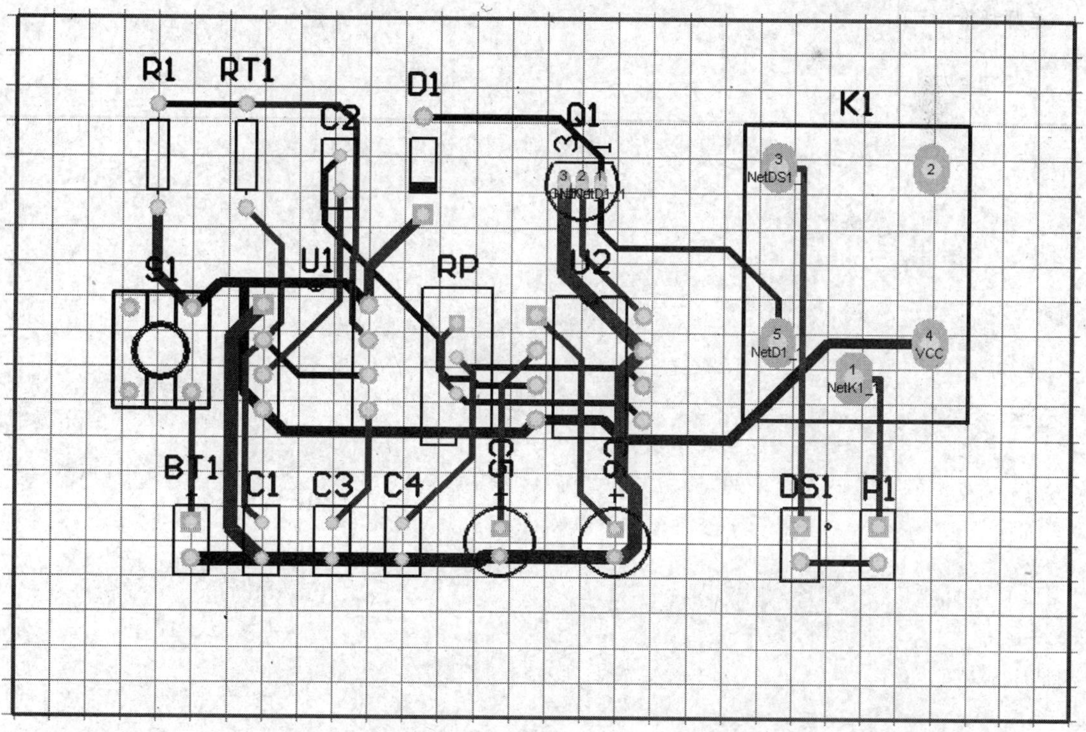

图11-12　简易温度控制电路PCB双面板设计结果图

项目学习评价

一、检测题

1. 简述怎样查找元器件？
2. 简述如何进行元器件引脚位置的调整？
3. 叙述原理图的设计流程。
4. 简易温度控制电路 PCB 单面板的设计：

要求：①单面板；②其他与双面板一样（参考前面）。

二、项目学习评价表

<table>
<tr><td colspan="2" rowspan="2">评 价 内 容</td><td colspan="2">是 否 掌 握</td></tr>
<tr><td>掌握</td><td>未掌握</td></tr>
<tr><td colspan="2">1. 熟练掌握原理图的设计方法</td><td></td><td></td></tr>
<tr><td colspan="2">2. 熟练掌握双面板的设计流程</td><td></td><td></td></tr>
<tr><td>自我评价及感受</td><td colspan="3"></td></tr>
<tr><td>老师评价</td><td colspan="3"></td></tr>
</table>

项目十二　电路仿真

项目情境展示

以前在设计电路时，往往凭设计经验估计电路功能是否正确，再搭建一个实验板，进行硬件实验，利用仪器来测量验证电路功能是否正确，并在硬件上进行调试。当设计基本符合要求时，再进行 PCB 板设计。有时这种过程可能要循环反复几次，费时又费力。

现在，计算机辅助设计软件得到了广泛应用，用软件来仿真电路，大大方便了设计人员的电路验证工作，通过成熟的理论及数学模型，在原理图输入完成后就可以验证电路是否符合设计要求，在原理图阶段进行调试，解决潜在问题，然后设计出 PCB，再做出小样进行硬件验证，一般在硬件阶段一次就能达到设计要求。

项目学习目标

学习目标		学习方式	学时
技能目标	1. 掌握各类仿真分析选项设置方法。 2. 掌握仿真分析的基本步骤。 3. 会进行简单电路的仿真分析	讲授、学生练习	6

任务一　认识仿真类型及设置

现在电子 EDA 一般都有原理图设计、PCB 设计、仿真等功能。Protel 2004 的混合信号仿真器在集成环境下直接可以进行模拟电路和数字电路混合仿真。

电路仿真器对模拟电路的级数、数字电路的门数均无限制。电路可以是单张图纸，也可以是多张图纸，仿真电路的大小仅受限于用户系统的内存容量。Protel 2004 与大部分电子分析软件一样，能够进行的仿真分析类型很广泛，基本覆盖电路的所有物理参数。

Protel 2004 的仿真功能十分强大，操作方法与大多仿真软件差不多，但更具直观性。

一、静态工作点分析（Operating Point Analysis ）

1. 基本内容

静态工作点是放大电路正常工作的重要条件，当放大器处于无信号输入状态时称为静态。直流工作分析就是分析静态时电路的直流状态。

静态工作点分析不需要进行参数设置，只要在仿真分析建立对话框中将这个分析选项选中，运行仿真后，就会在仿真输出结果中显示所选择节点的直流数据。

由于静态工作点分析是其他一些分析的基础，即使不选择静态工作点分析，如果其他分析需要静态工作点，系统也会自动运行静态工作点分析，只不过不会显示静态工作点数据。

2. 设置方法

执行“设计”→“仿真”→“Mixed Sim”命令，在“分析设定”对话框的“分析/选项”

选项栏选中“Operating Point Analysis”分析选项。

二、瞬态分析（Transient Analysis）

1. 基本内容

瞬态分析产生的分析结果就像使用示波器测量的波形，它是作为时间的函数在使用者设置的时间内计算瞬态输出的变量（电压、电流）。进行瞬态分析时，会自动预先进行静态工作点分析，测定电路的直流偏置（使用电路初始条件除外）。

瞬态分析从零时刻开始，在零和起始时刻这个时段里仿真分析电路但不保存仿真结果。在起始时刻（Transient Start Time）和停止时刻（Transient Stop Time）这个时间段里仿真器分析电路并保存结果，为分析完成后的波形显示做准备。时间步长（Transient Step Time）是仿真分析的微小时间增量，但真正的时间步长为了完成收敛会自动被仿真器修改。

2. 设置方法

瞬态分析设置在“分析设定”对话框进行（图 12-1）。执行“设计”→“仿真”→“Mixed Sim”命令，在“分析设定”对话框的“分析/选项”选项栏选中“Transient/Fourier Analysis”分析选项，选中“Transient/Fourier Analysis”行，右边显示“Transient/Fourier Analysis Setup”设置栏，依次输入各栏参数；如果选中“Use Initial Conditions”选项，则瞬态分析从定义的初始条件开始分析；如果不能确定输入的参数，可选择“Use Transient Defaults”选项，系统自动计算瞬态分析参数，起始时间设为零，停止时间、时间步长和最大步长用默认值；显示周期和每周期的点数基于电路中最低频率源。例如，如果电路中的最低频率为 10kHz，默认的显示周期为 5，每周期点数为 50，则：

停止时间=1(10kHz)×5=500 μs

时间步长=(1/10kHz)/50=2 μs

最大步长=时间步长=2 μs

设置完成后，单击“确认”按钮，就可以进行瞬态分析，分析结果显示在波形窗口。

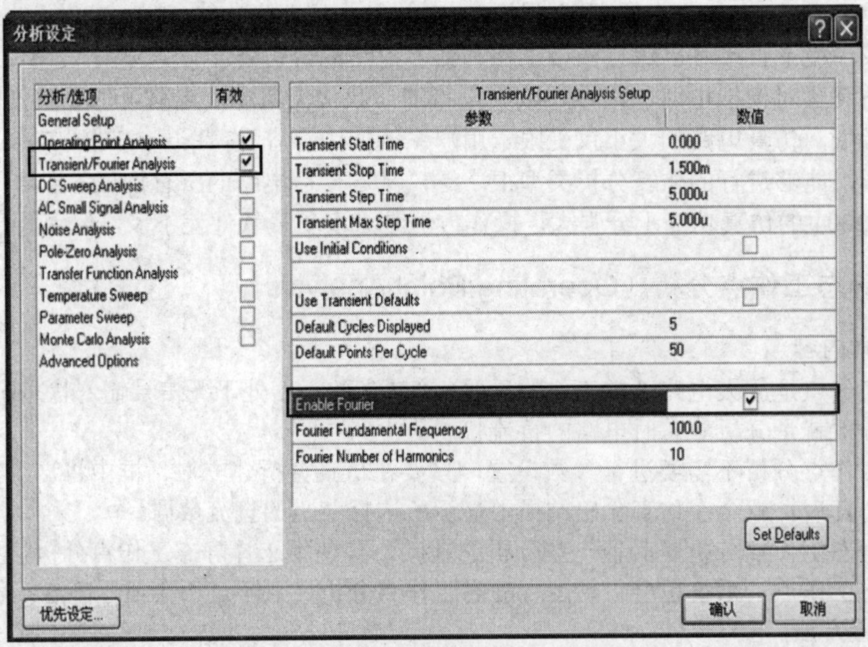

图12-1　设置瞬态分析和傅里叶分析参数

三、傅里叶分析（Fourier Analysis）

1. 基本内容

基于瞬态傅里叶分析计算过程最后周期的瞬态数据可以进行傅里叶分析，傅里叶分析主要是对电信号进行谐波成分分析，例如，如果基频为 1kHz，那么最后 1ms 周期里的瞬态数据将用于傅里叶分析。

2. 设置方法

在“分析设定”对话框的“分析/选项”选项栏选中“Transient/Fourier Analysis”分析选项，选中“Transient/Fourier Analysis”行，右边显示“Transient/Fourier Analysis Setup”设置栏，在“Transient/Fourier Analysis Setup”设置栏选中“Enable Fourier”选项，进行傅里叶分析。输入分析的傅里叶基频（Fourier Fundamental Frequency）和谐波的次数（Fourier Number of Harmonics），如图 12-1 所示。

进行傅里叶分析，必须同时选择瞬态分析，它是在瞬态分析的基础上进行的。

四、直流扫描分析（DC Sweep Analysis）

1. 基本内容

直流扫描分析产生的输出像轨迹曲线那样，它执行一系列的工作点分析，以预定步长修改选择源的电压值，给出直流传递曲线；也可指定选择第二源。

2. 设置方法

在“分析设定”对话框中的“分析/选项”选项栏选中“DC Sweep Analysis”分析选项。选中“DC Sweep Analysis”行，右边显示“DC Sweep Analysis Setup”设置栏。“Primary Source”是必选的，在“值”下拉列表中选择给定步长独立电源的名称，依次输入起始值（Primary Start）、停止值（Primary Stop）、步长值（Primary Step），以决定扫描区域。第二源是可选的。如果指定第二源，主源覆盖整个区域步长为第二源的每个值，如图 12-2 所示。

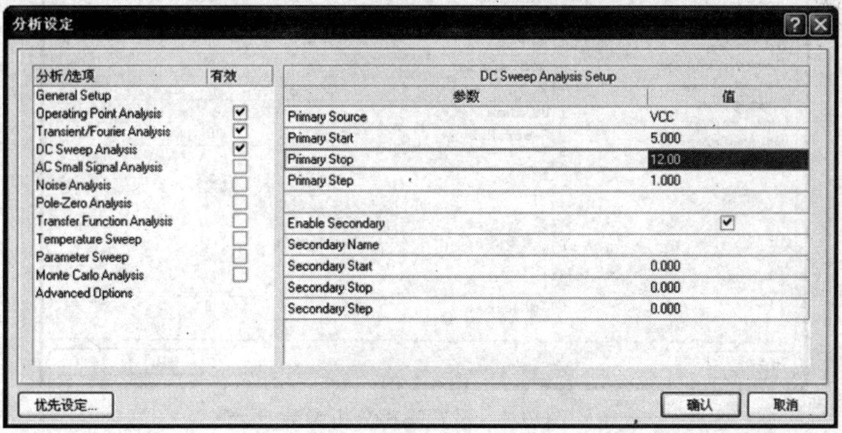

图12-2　设置DC扫描分析参数

五、交流信号分析（AC Small Signal Analysis）

1. 基本内容

对交流小信号分析产生电路的频率响应输出。

2. 设置方法

在“分析设定”对话框的“分析/选项”选项栏选中“AC Small Signal Analysis”分析选项。选中“AC Small Signal Analysis”行，右边显示“AC Small Signal Analysis Setup”设置栏。在电路中至少有一个电源在“AC Part Field”中有值。仿真期间这个电源用正弦信号发生器重置，从起始频率（Start Frequency）到截止频率（Stop Frequency）扫描，步长增量取决于测试点（Test Points）和扫描类型（Sweep Type）。

扫描正弦波的振幅和相位由激励源参数指定。

六、噪声分析（Noise Analysis）

1. 基本内容

分析测量电路中电阻和半导体器件的噪声贡献。仿真器绘制 Noise Spectral Density，使用 V^2/HZ 为单位测量噪声。电容、电感、受控源作为自由噪声看待。输出噪声是在指定输出节点测量噪声。

2. 设置方法

在“分析设定”对话框的“分析/选项”选项栏选中“Noise Analysis”分析选项。选中“Noise Analysis”行，右边显示“Noise Analysis Setup”设置栏。选择源（Noise Source）作为噪声计算的输入参考。输入执行计算的起始频率（Start Frequency）、截止频率（Stop Frequency）、扫描类型（Sweep Type）和测试点（Test Points）数量。这些测试点覆盖由扫描类型定义的频率段。在“Points Per Summary”栏输入 0，仅测量输入/输出噪声，输入 1，则测量每个器件的噪声，如图 12-3 所示。

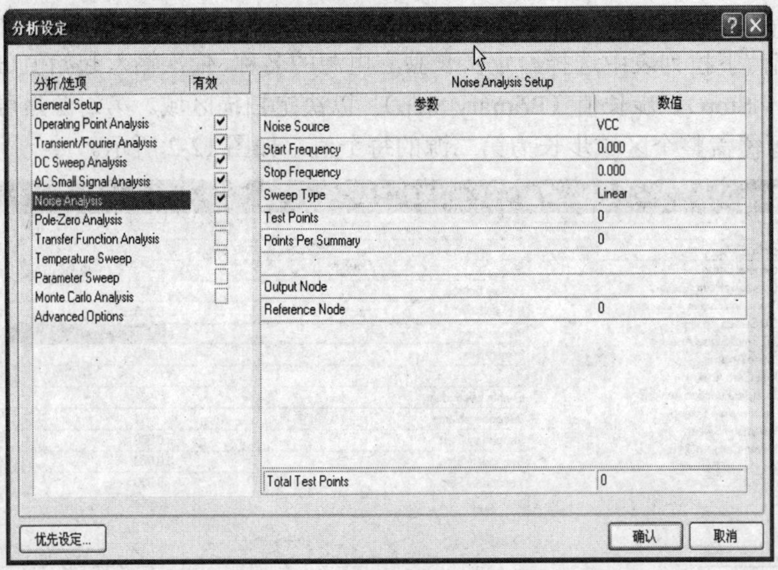

图12-3　设置噪声分析参数

设置完成后，单击“确认”按钮，就可运行噪声分析，分析结果显示在波形窗口。

除上述仿真项目外，Protel 2004 还可以进行零极分析（Pole-Zero Analysis）、传递函数分析（Transfer Function Analysis）、温度扫描（Temperature Sweep）、参数扫描（Parameter Sweep）、蒙特卡罗分析（Monte Carlo Analysis）等，限于篇幅，本书不做详细介绍，有需求的和有兴趣者可查阅相关资料。

任务二　进行电路仿真

进行电路仿真基本步骤：

（1）绘制仿真电路；

（2）加激励电源；

（3）定义观测节点；

（4）设置收集、显示、存储的仿真数据；

（5）设置仿真分析参数；

（6）运行仿真分析；

（7）观察仿真结果。

在任何项目里，只要绘制的电路中所有器件都有仿真模型，就可以在原理图绘制完成后进行仿真验证电路。下面以多谐振荡器为例说明仿真过程。

一、绘制仿真电路

绘制仿真电路与一般原理电路的绘制方法相同，但电路中所有器件都必须有仿真模型。对于没有仿真模型的器件，可以利用网络资源下载器件厂商的 SPICE 仿真模型，添加到元件。

（1）按常规方法在学生训练文件夹里创建“仿真”文件夹，本项目的所有文档都存在此文件夹中。

（2）按常规方法创建“仿真.PRJPCB”项目，并保存在“仿真”文件夹中。

（3）添加分立元件集成库“Miscellaneous Devices.Intlib”，该库中绝大多数都有仿真模型。元器件是否有仿真模型，可在元件属性对话框或库面板中可以看到是否有 Simulation 模型，如图 12-4 和图 12-5 所示。

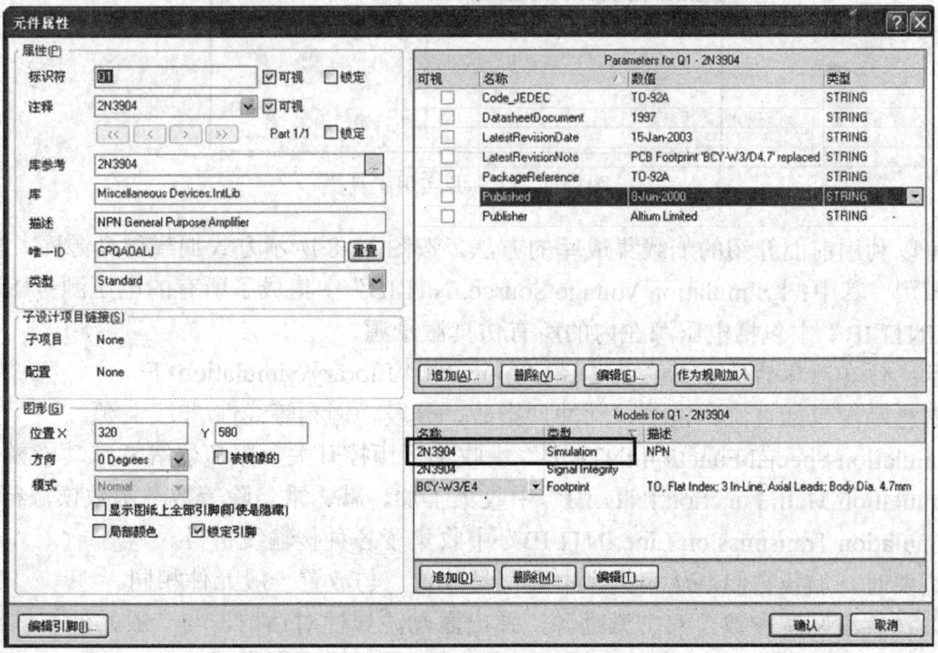

图12-4　在“元件属性”对话框检查仿真模型

（4）按常规方法绘制原理图，结果如图 12-6 所示。

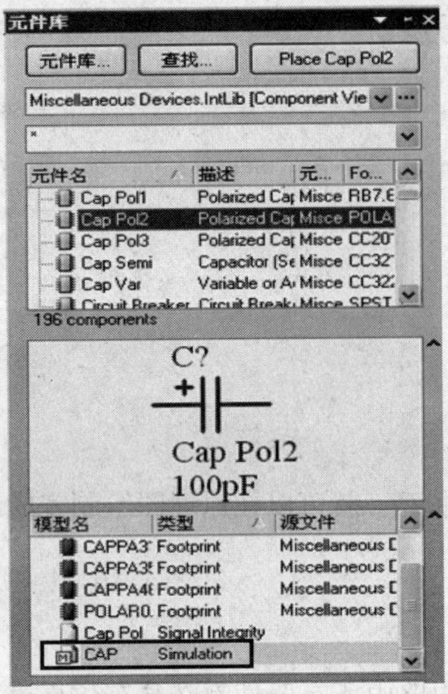

图12-5　在库面板检查仿真模型

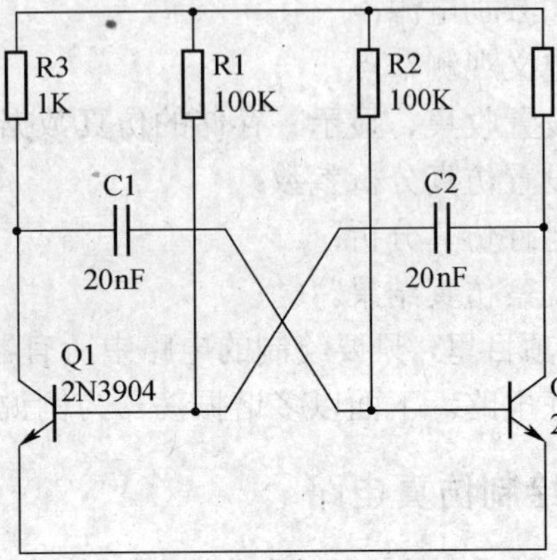

图12-6　绘制的仿真电路原理图

二、添加激励电源及设置激励源参数

（1）添加激励电源。仿真前要为电路添加激励源，打开如图 12-7 所示的实用工具栏，直接放置激励源。工具栏中有常用的直流源、正弦源、脉冲源。

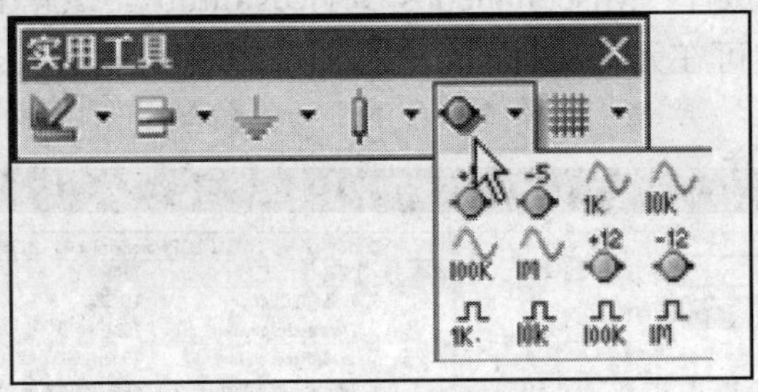

图12-7　仿真源实用工具栏

也可以利用前面介绍的加载集成库的方法，按图 12-8 所示方式加载仿真源库，直接从仿真库中调用。其中："Simulation Voltage Source.INTLIB"中集成了所有的电压源；"Simulation Sources.INTLIB"中包括电压源在内的所有仿真激励源。

提示：*仿真源库的位置在安装路径\ Altium2004\Library\Simulation 下。*

仿真激励源包括直流、正弦、脉冲、指数、分段、调频等线性/非线性源。

"Simulation Special Function.INTLIB"中收集了压控开关、限流器等特殊功能模块符号。

"Simulation Math Function.INTLIB"中收集了加、减、乘、除等数学函数模块符号。

"Simulation Transmission Line.INTLIB"中收集了各种传输线符号。

在需要时，加载它们，从相关库中取符号放置，与放置一般元件相同。

（2）设置激励源参数。双击激励源，弹出激励源属性对话框，与一般元件属性对话框相同，可在"Parameters for…"选项组中"Value"选项中设置参数。

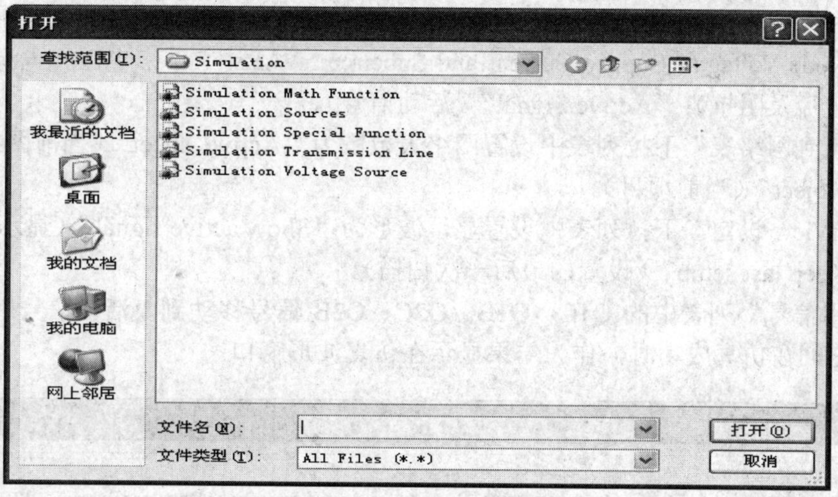

图12-8　加载仿真源库

三、定义观察节点

对电路中所关心的节点，用便于记忆的名称，按照原理图网络标号常规方式标注网络标号。结果如图 12-9 所示。(注：电路不要忘记放置 GND 符号，否则，执行“设计”→“仿真”→“Mixed Sim”命令时会出现错误提示信息框，如图 12-10 所示)。

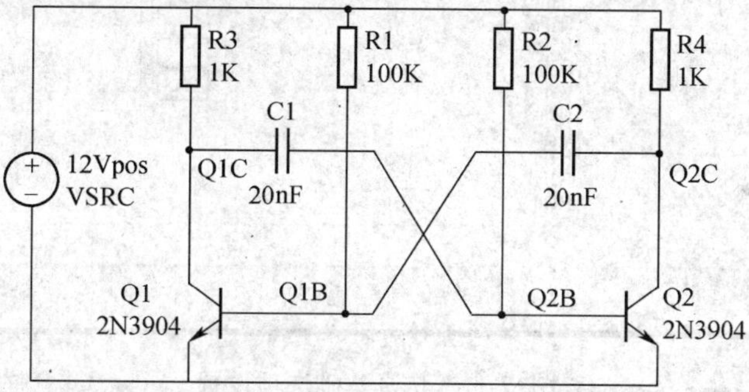

图12-9　为电路添加激励电源和网络标号

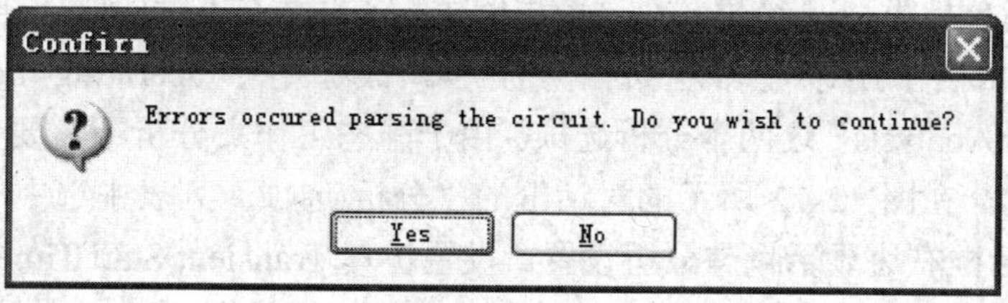

图12-10　电路解析错误提示信息框

四、设置仿真参数

(1) 设置仿真基础选项。执行“设计”→“仿真”→“Mixed Sim”命令，在“分析设定”对话框的“分析/选项”选项栏选中“General Setup”行，在对话框右边“为此收集数据”栏下拉列表中设置收集数据为“Node Voltage，Supply Current，Device Current and Power”(节点电压、电源电流、器件电流和功率)。其他四个选项分别为：“Node Voltage and Supply Current”

（节点电压和电源电流）；“Node Voltage，Supply and Device Current”（节点电压、电源和器件电流）；“Node Voltage，Supply Current and Subcircuit VARs”（节点电压、电源电流和子电路的电压、电流及阻抗）；“Active Signal”（活动信号）。

在“图纸到网络表”下拉列表中设置网络表范围为“Active sheet”（当前图纸）；另一项为“Active project”（当前项目）。

在“SimView 设定”下拉列表中设置显示波形为“Show active signal”（显示活动信号），另一项为“Keep last setup”（设置的最后一次扫描）。

将“可用信号”列表中的 Q1C、Q1B、Q2C、Q2B 信号移动到“活动信号”列表中（图 12-11），使它们在仿真成功时，作为结果显示在仿真波形窗口。

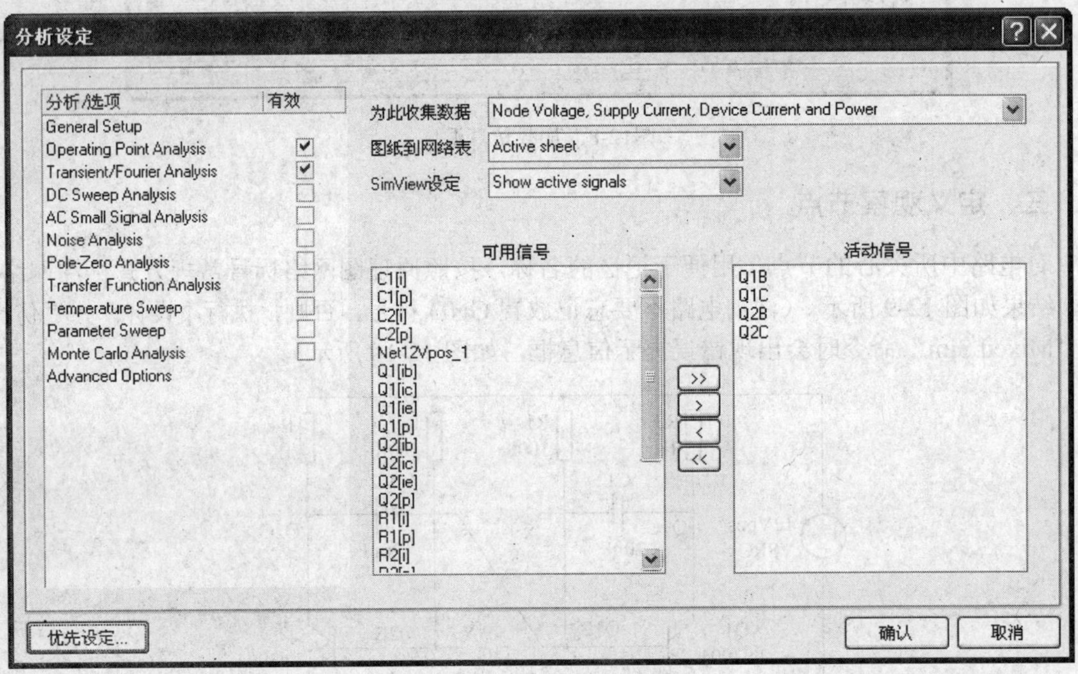

图12-11　仿真基础选项设置

（2）设置仿真分析类型及参数。在这个电路中，首先看它们的静态工作点情况，再关心它的时域响应，相当于用示波器观察信号波形。故选中“Operating Point Analysis”和“Transient/Fourier Analysis”这两个分析选项。由于静态工作点分析不需要参数设置，所以只进行瞬态分析设置。在图 12-12 所示的对话框的“分析/选项”列表中选中“Transient/Fourier Analysis”行，对话框右边显示瞬态分析设置。设置仿真 Transient Start Time（起始时间）为 0 时刻；由于电路的 *RC* 时间常数为 100kΩ×20nF=2ms，可以设置 Transient Stop Time（仿真停止时间）为 10ms；Transient Step Time（仿真时间步长）设置为 20μs；Transient Max Step Time（最大步长）设置为 20μs。

提示：仿真设置对话框中的“Advanced Option”选项选中后，可访问 SPICE 变量的参数值（图 12-12）。除非有特殊原因或仿真有问题，一般情况下这些选项不改动。

（3）设置完成后，单击“确认”按钮，执行仿真。“Messages”面板显示执行仿真状态信息，如图 12-14 所示，同时系统自动进入波形显示窗口，如图 12-15 所示。

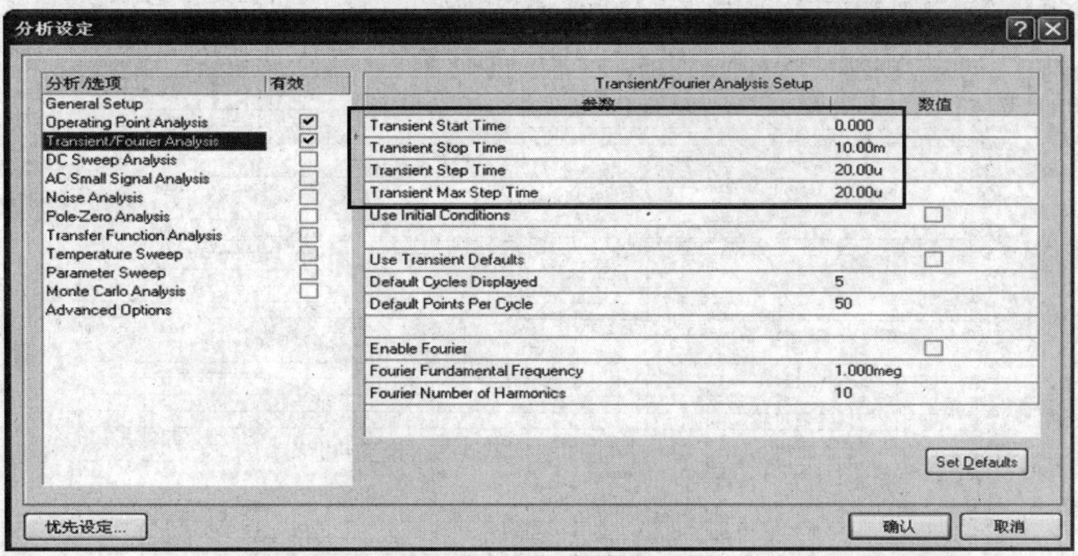

图12-12 瞬态分析参数设置

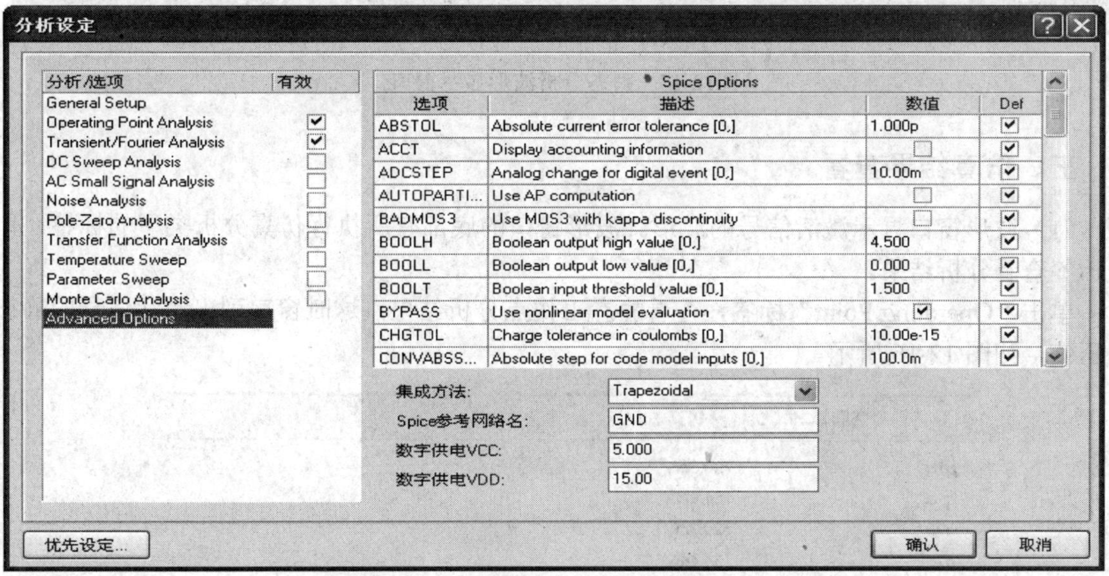

图12-13 特殊情况下设置SPICE变量的参数值

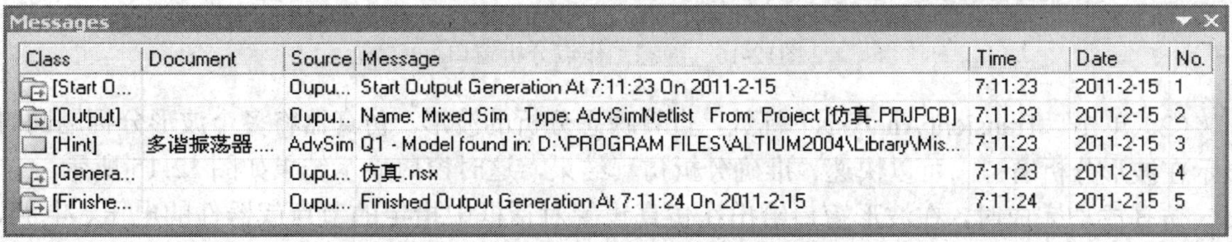

图12-14 “Messages”面板显示执行仿真状态信息

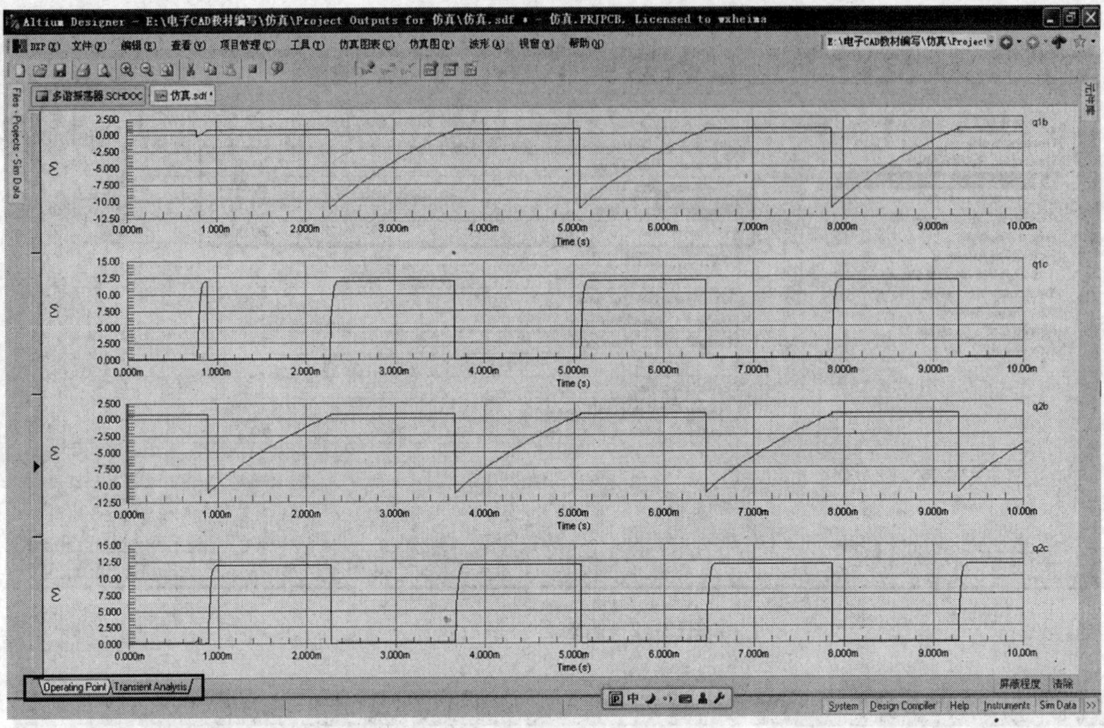

图12-15 瞬态分析波形显示窗口

五、仿真结果查看

（1）波形窗口显示激活信号的波形。波形窗口的底部有所执行仿真分析类型的标签，单击标签查看分析结果。

单击“Operating Point”标签，查看静态工作点分析结果，这时窗口列出激活信号的静态电压值，如图 12-16 所示。

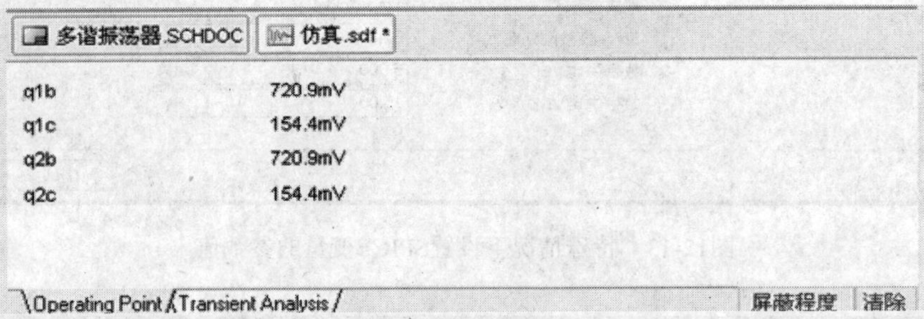

图12-16 静态工作点分析窗口

（2）单击“Transient Analysis”标签，查看瞬态分析的波形。仿真器将多个波形分标题同时显示在波形分析窗口，可以快速、准确分析仿真结果，这时窗口显示结果如图 12-15 所示。

仿真成功完成时，在波形窗口给出在仿真设置对话框中指定的节点或器件的电压、电流、功率等波形。所有波形都以统一的 X 轴坐标显示，Y 轴则以标准单元格高度自适应显示，注意查看波形左侧的 Y 轴测量显示单位。波形右侧为波形节点标记 Q1B、Q1C、Q2B、Q2C 等。

（3）调整 X 轴刻度。调整 X 轴测量单位、刻度（可以是线性的，也可以是以 2 或者以 10 为底的对数）。在图 12-15 要调整的波形上右击，从弹出的快捷菜单中选择“Chart Options”命令，如图 12-17 所示。在弹出的“图表选项”对话框的“刻度”选项卡中重新设置波形的 X 轴刻度，如图 12-18 所示。将最大刻度设置为 10ms，刻度设置成以 10 为底的对数型。

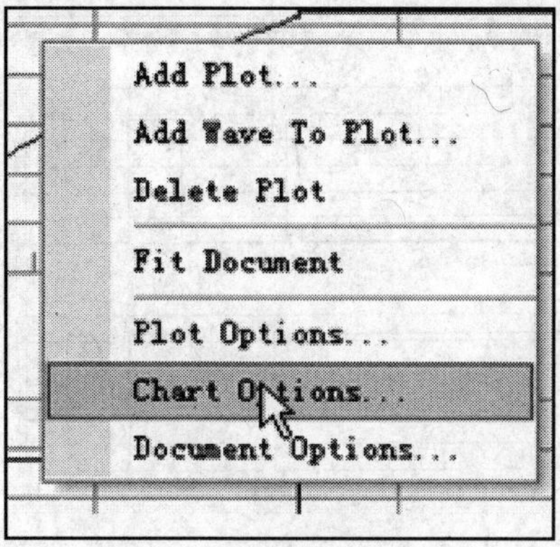

图12-17　调整X轴刻度命令

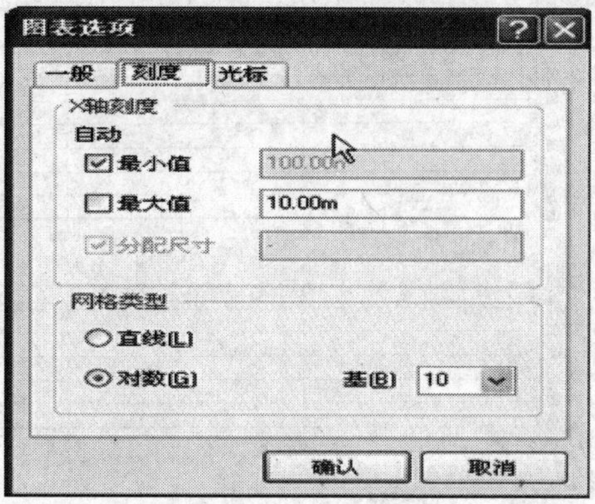

图12-18　X轴刻度调整

在“一般”选项卡中为波形添加标题，或者修改 X 轴的注释显示。例如，在“标题”中输入“Timer”（这里标题不支持中文，输入中文会丢失部分文字），如图 12-19 所示。设置后单击“确认”按钮，这时波形窗口发生如图 12-20 所示的变化，注意波形带有标题，且 X 轴发生对数变化。

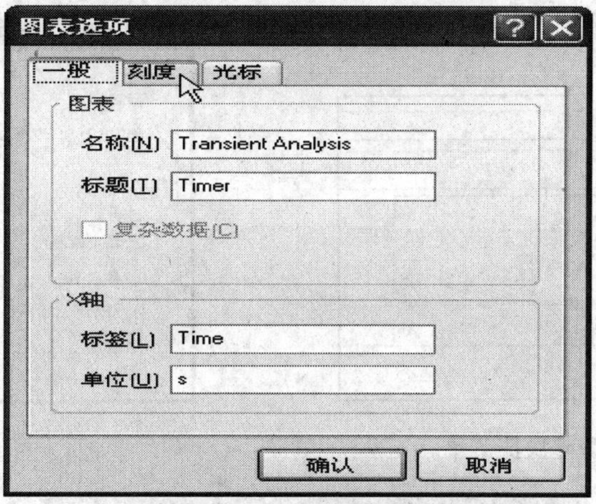

图12-19　输入波形图的标题

（4）调整 Y 轴刻度。在 Y 轴上右击，从弹出的快捷菜单中选择“Format Axis”命令（图 12-21），弹出“Y 轴设定”对话框（图 12-22），进行当前波形的 Y 轴设置。

提示：Y 轴刻度是与每个波形相关的。

还可以针对某个波形进行显示设置。在波形窗口左侧对应的灰条上右击，从弹出的快捷菜单中选择“Plot Option”命令，弹出“图选项”对话框。在这里可以进行当前波形是否显示刻度线，以及刻度线的线型设置（图 12-23），还可为当前波形设置标题。将这个波形加标题 Q1B，并取消 Y 轴网络线的设置，设置完成后，单击“确认”按钮，该波形发生如图 12-24 所示的变化。

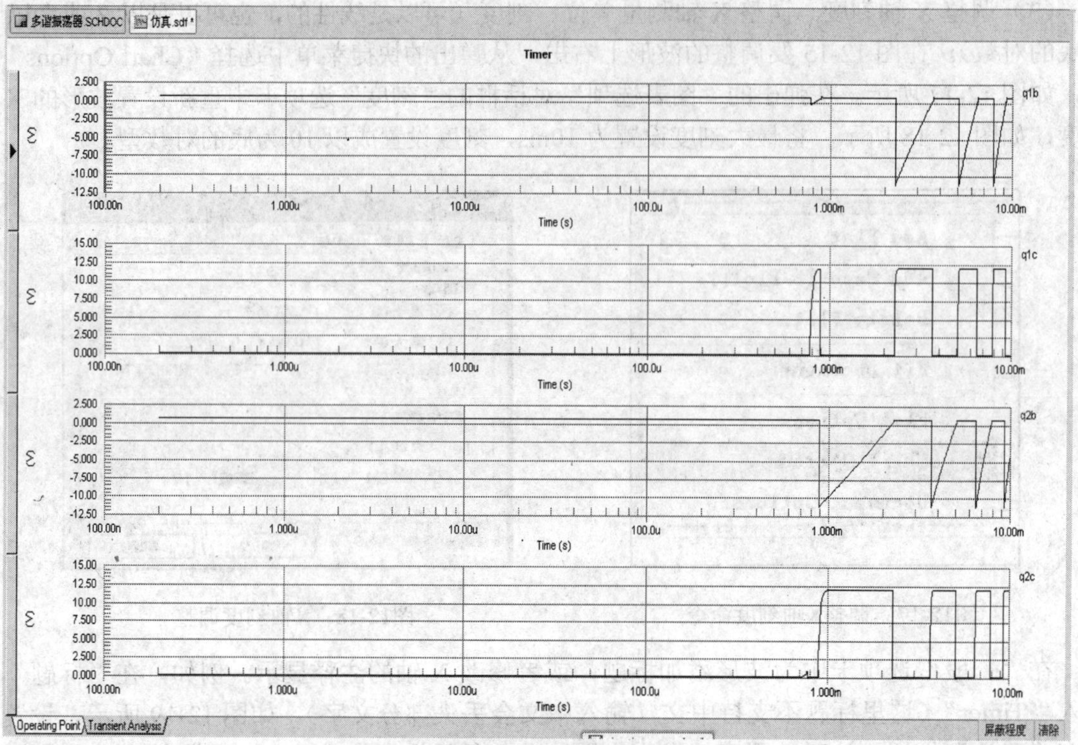

图12-20　重新设置后的波形

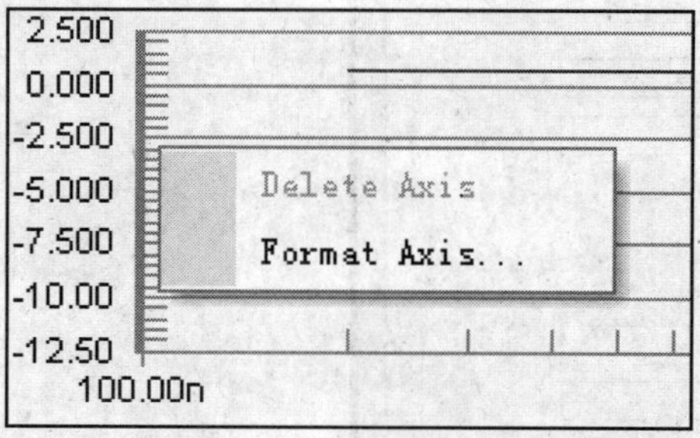

图12-21　Y轴调整快捷菜单

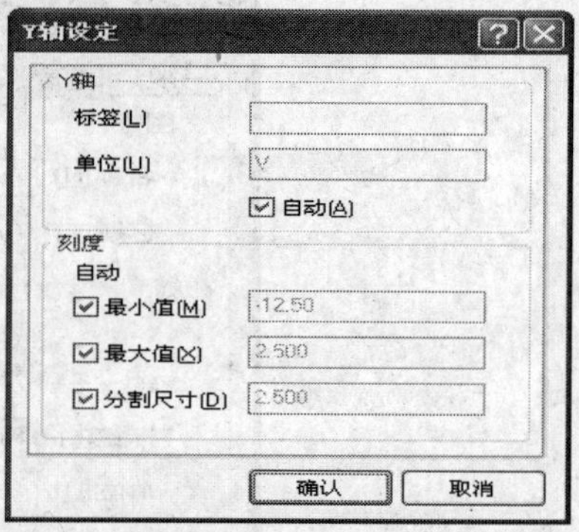

图12-22　设置Y轴刻度

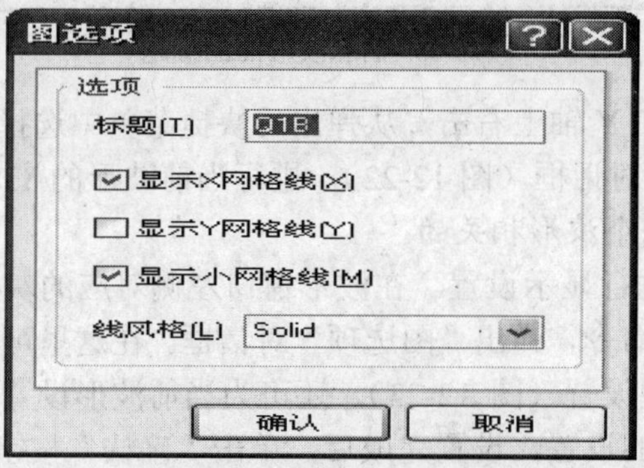

图12-23　设置波形显示格式

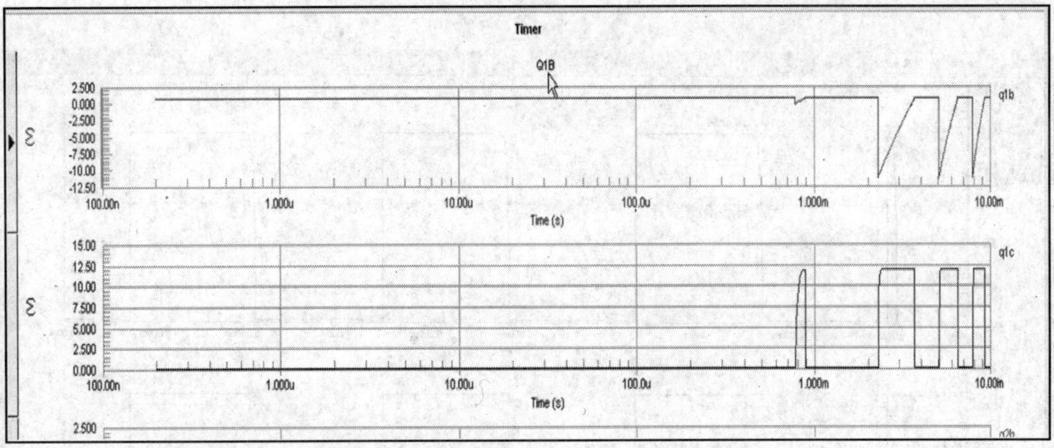

图12-24　添加标题并取消Y轴网格线的波形

提示：这个设置只对所设置的单个波形有效。

（5）调整波形显示数量。一屏希望显示的波形数量，可以根据需要设置；另一屏显示所有波形，可以通览所有关心的波形，但节点较多时，使显示的比例较小，不便于观察。设置一屏显示波形数量，可在波形窗口右击，从弹出的快捷菜单中选择“Document Options”命令（图 12-25），弹出如图 12-26 所示的“文档选项”对话框，将对话框中“可视图个数”修改为 2。这个对话框还有很多其他设置，不再介绍。

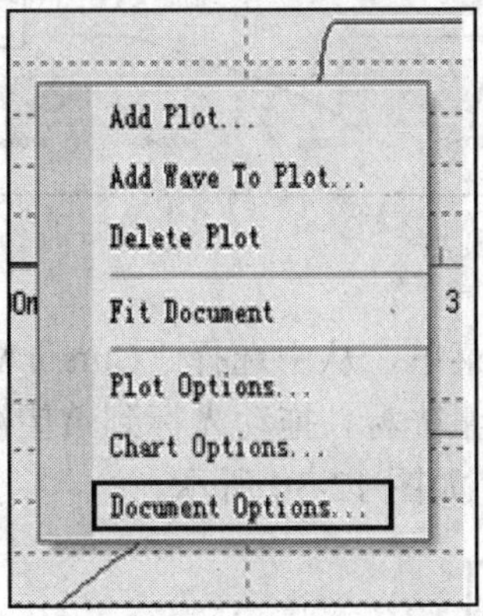

图12-25　波形“文档选项”快捷菜单

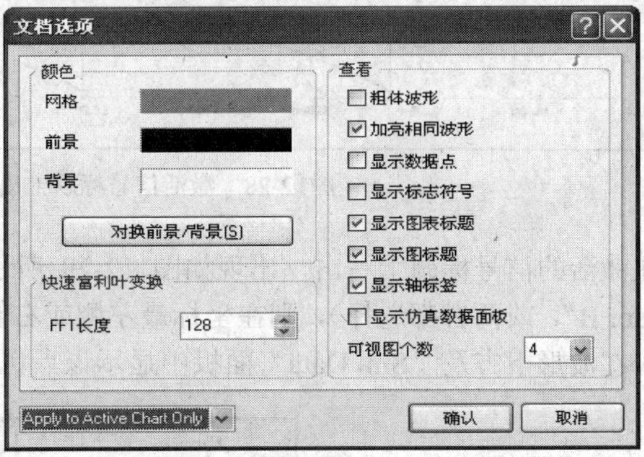

图12-26　“文档选项”对话框

设置完成后，单击“确认”按钮，波形显示如图 12-27 所示。

（6）改变波形显示顺序。有时希望观察关联紧密的波形排在一起，但系统的排列顺序并不一定是按这个顺序排列的。重新排列波形显示的顺序，用鼠标左键按住波形右边的标题（或左边的灰色竖条）拖动到新的位置即可。

（7）叠放波形。有时为了更好地比较关联的波形，常将波形叠放在一起比较。先单击右侧标题（当显示全部波形时，标题在左侧，此时没有左侧的竖条）并按住鼠标左键，拖动波形到希望放在一起的波形标题处，即可完成操作。

（8）测量波形数据。为了准确测量信号瞬态数据，可以利用系统提供的测量光标进行测量。移动光标到波形右上角的标题处，单击，激活波形标题，波形标题上显示一个小圆点，如图 12-28 所示。

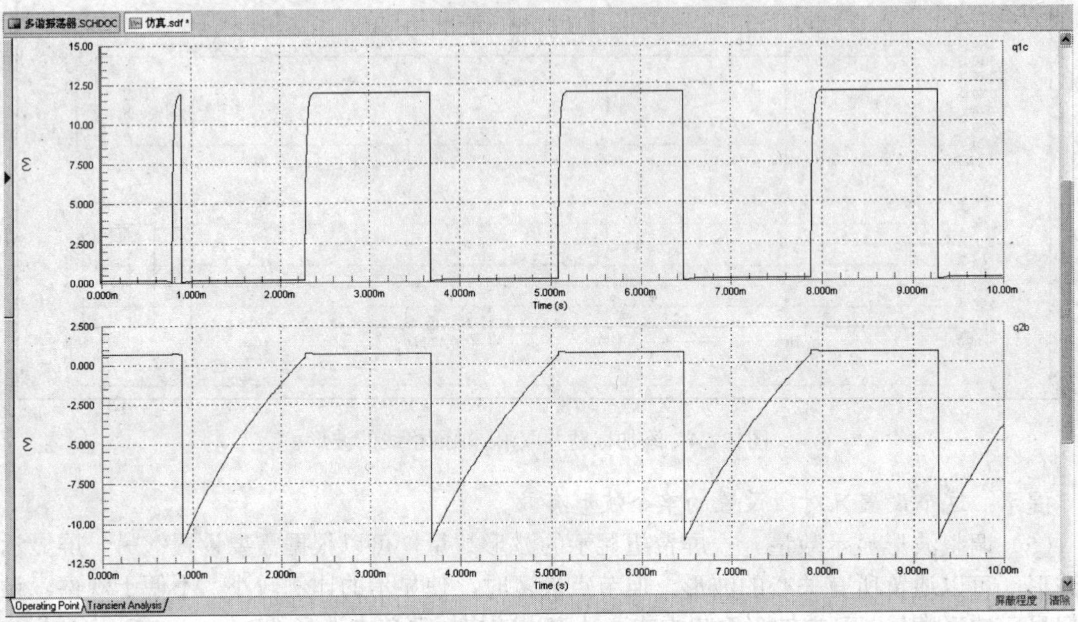

图12-27　设置一屏显示两个波形

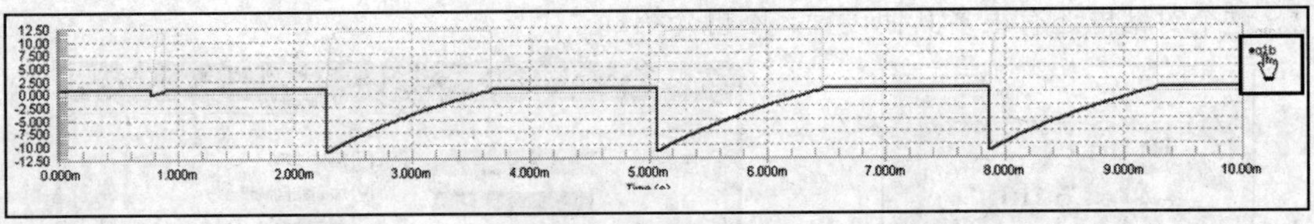

图12-28　激活信号标题上出现一个小圆点

在激活的信号标题上右击，出现如图 12-29 所示的快捷菜单，从中选择“CursorA”（或“Cursor B”，或两者都选择），则在坐标最左侧或右侧出现测量光标，拖动光标到希望测量的位置，在波形下方及“Sim Data”面板中显示该点仿真数据，如图 12-30 所示。

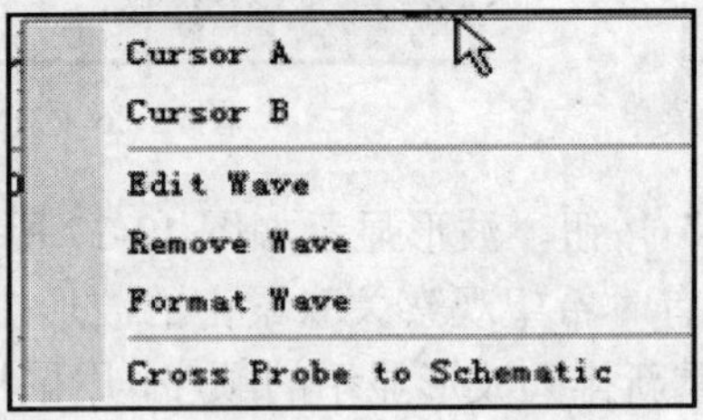

图12-29　添加测量光标快捷菜单

如要测量周期等数据，可放置两个测量光标 A、B，将 A、B 分别移动到波形一个周期置的两端，由时间轴的 B−A 数据可计算出波形的周期。

仿真波形可以按常规方式单击主菜单中“💾”按钮保存起来，也可执行“工具”→“存储波形”命令存储波形。打开存储的波形可在 Projects 面板中打开，也可执行“工具”→“回忆波形”命令将波形显示出来。也可复制到剪贴板，粘贴到其他文本编辑文档中。

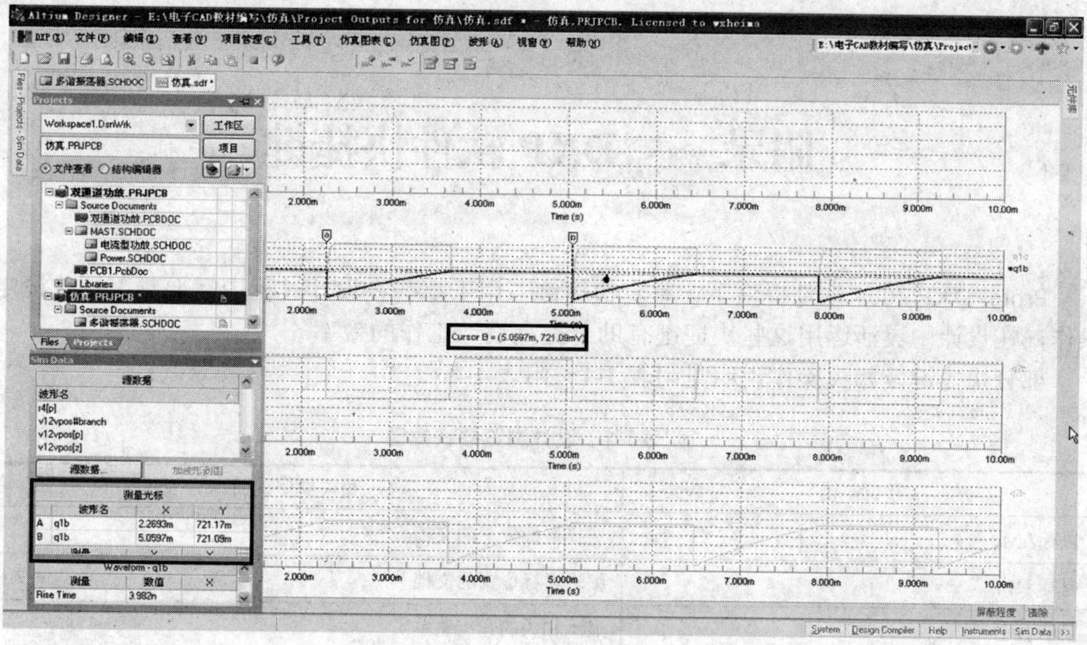

图12-30 测量仿真波形

项目学习评价

一、检测题

1. 怎样进行静态工作点分析？
2. 怎样进行傅里叶分析？
3. 仿真分析的一般步骤是什么？
4. 仿真分析中怎样单独对某个波形进行分析？

二、项目学习评价表

评价内容		是否掌握	
		掌握	未掌握
1. 掌握各类仿真分析选项设置方法			
2. 掌握仿真分析的基本步骤			
3. 会进行简单电路的仿真分析			
自我评价及感受			
老师评价			

附录一　DXP 软件快捷键

Protel DXP 2004 软件提供了一整套快捷键，用于那些在设计过程中需要频繁更改设定的操作，在设计中灵活运用这些快捷键有助于提高设计工作的效率。

部分快捷键及相关操作说明见附表 1-1～附表 1-4

附表1-1　设计浏览器快捷键

快 捷 键	相关操作说明
鼠标左击	选择鼠标位置的文档
鼠标双击	编辑鼠标位置的文档
鼠标右击	显示相关的弹出菜单
Ctrl+F4	关闭当前文档
Ctrl+Tab	循环切换所打开的文档
Alt+F4	关闭设计浏览器 DXP

附表1-2　通用快捷键

快 捷 键	相关操作说明
Shift	当自动平移时，快速平移
Y	放置元件时，上下翻转
X	放置元件时，左右翻转
Shift+↑↓←→	箭头方向以 10 个网格为增量，移动光标
↑↓←→	箭头方向以 1 个网格为增量，移动光标
空格键	放弃屏幕刷新
Esc	退出当前命令
End	屏幕刷新
Home	以光标为中心刷新屏幕
PageDown,Ctrl+鼠标滚轮	以光标为中心缩小画面
PageUp, Ctrl+鼠标滚轮	以光标为中心防大画面
鼠标滚轮	上下移动画面
Shift+鼠标滚轮	左右移动画面
Ctrl+Z	撤销上一次操作
Ctrl+Y	重复上一次操作
Ctrl+A	选择全部
Ctrl+S	保存当前文档

（续）

快 捷 键	相关操作说明
Ctrl+C	复制
Ctrl+X	剪切
Ctrl+V	粘贴
Ctrl+R	复制并重复粘贴选中的对象
Delete	删除
V，D	显示整个文档
V，F	显示所有对象
X，A	取消所有选中的对象
单击并按住鼠标右键	显示滑动小手并移动画面
单击	选择对象
右击	显示弹出菜单，或取消当前命令
右击并选择 Find Similar	选择相同对象
单击并按住鼠标左键拖动	选择区域内部对象
单击并按住鼠标左键	选择光标所在的对象并移动
双击	编辑对象
Shift+单击	选择或取消选择
Tab	编辑正在放置对象的属性
Shift+C	清除当前过滤的对象
Shift+F	可选择与之相同的对象
Y	弹出快速查询菜单
F11	打开或关闭 Inspector 面板
F12	打开或关闭 List 面板

附表1-3　原理图设计快捷键

快 捷 键	相关操作说明
Alt	在水平和垂直线上限制对象移动
G	循环切换捕捉网格设置
空格键	放置对象时旋转 90°
空格键	放置电线、总线、多边形线时激活开始/结束模式
Shift+空格键	放置电线、总线、多边形线时切换放置模式
退格键（Backspace）	放置电线、总线、多边形线时删除最后一个拐角
单击并按住鼠标左键+Delete	删除所选中线的拐角
单击并按住鼠标左键+Insert	在选中的线处增加拐角
Ctrl+单击并拖动鼠标左键	拖动选中的对象

附表1-4　印制板图设计快捷键

快 捷 键	相关操作说明
Shift+R	切换三种布线模式
Shift+E	打开或关闭电气网格
Ctrl+G	弹出捕获网格对话框
G	弹出捕获网格菜单
N	移动元件时隐藏网状线
L	镜像元件到另一布局层
退格键	在布铜线时删除最后一个拐角
Shift+空格键	在布铜线时切换拐角模式
空格键	布铜线时改变开始/结束模式
Shift+S	切换打开/关闭单层显示模式
O，D，D，Enter	选择草图显示模式
O，D，F，Enter	选择正常显示模式
O+D	显示/隐藏 Prefences 对话框
L	显示 Board Layers 对话框
Ctrl+H	选择连接铜线
Ctrl+Shift+按下鼠标左键拖动	打断线
+	切换到下一层（数字键盘）
–	切换到上一层（数字键盘）
*	下一布线层（数字键盘）
M，V	移动分割平面层顶点
Alt	避开障碍物和忽略障碍物之间切换
Ctrl	布线时临时不显示电气网格
Ctrl+M 或 R-M	测量距离
Shift+空格键	顺时针旋转移动的对象
空格键	逆时针旋转移动的对象
Q	米制和英制之间的单位切换
E-J-O	跳转到当前原点
E-J-A	跳转到绝对原点

说明：以上快捷键中，大部分都需要组合键的操作，组合键有两种方式：

1. “Ctrl+F4”这类的组合键，是在按下“Ctrl”键之后再按下“F4”键（两个键必须同时按下才能够完成操作），以完成“关闭当前文档”的操作；

2. “V，D”这类的组合键，是先按下“V”键后再按“D”键（两个键有先后顺序，需要先按一个键释放后，再按下一个键），以完成“显示整个文档”的操作。

附录二 DXP 常用元器件符号及封装

本附录介绍 DXP 中常用原理图库中的元器件符号及相应印制板封装（该元器件库的名称为“Miscellaneous Devices.IntLib”，默认安装在“C:\Program Files\Altium2004 SP2\Library”目录下），以利于在电子线路设计时能够尽快地查找到这些常用的元器件。

DXP常用原理图元件符号及其相应印制板封装形式

序号	元件名称	原理图符号	封装名称	印制板封装	说明
1	Battery	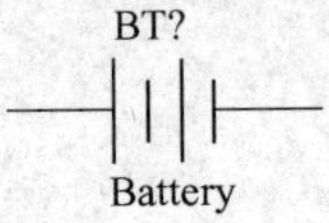	BAT-2	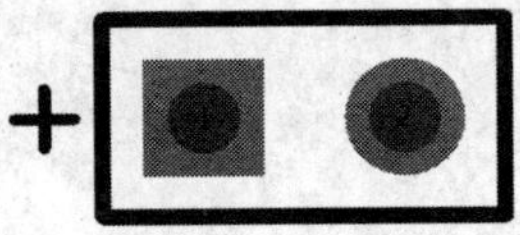	电池插座（安装时注意电池极性）
2	Bell1	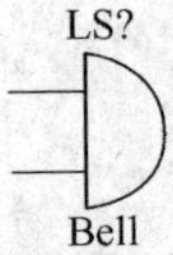	PIN2		蜂鸣器
3	Bridge1	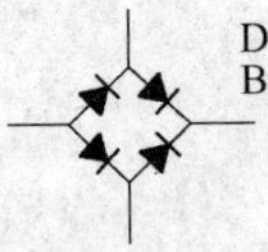	E-BIP-P4/D10	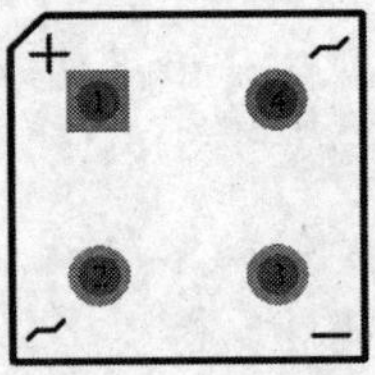	电桥 1（安装时注意元件方向）
4	Bridge2	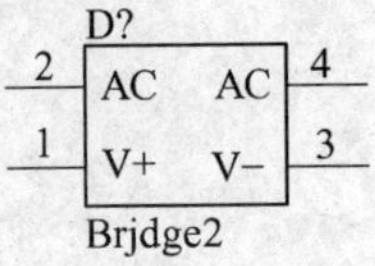	E-BIP-P4/X2.1	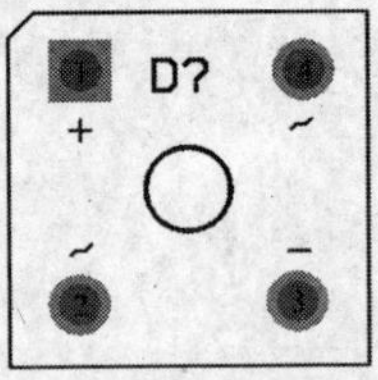	电桥 2（安装时注意元件方向）
5	Cap	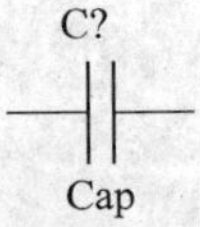	RAD-0.3		电容

（续）

序号	元件名称	原理图符号	封装名称	印制板封装	说明
6	Cap Poll	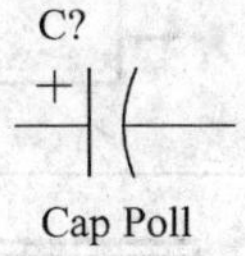	RB7.6-15	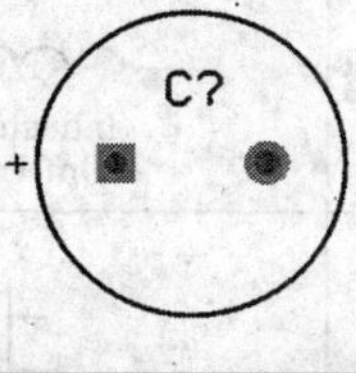	极性电容（安装时注意电池极性）
7	Cap Var	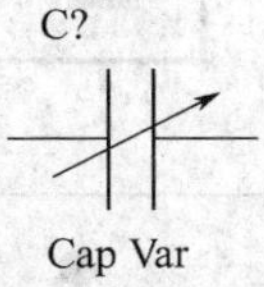	CC3225-1210		可调电容
8	Circuit Breaker	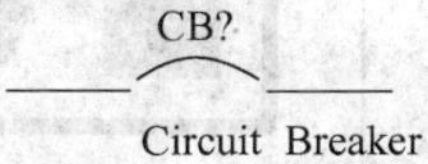	SPST-2		电路跳线
9	Diode	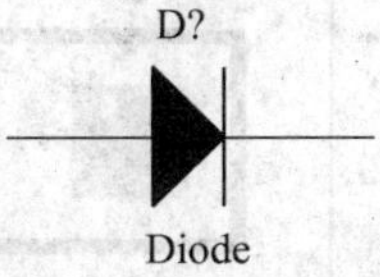	DSO-C2/X3.3		二极管（安装时注意元件方向）
10	D Tunnel2	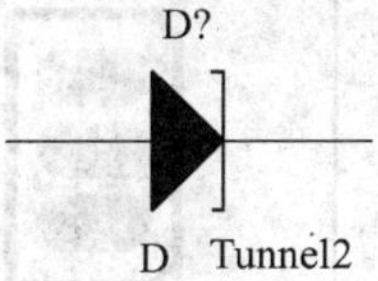	DIODE-0.4		钳位二极管（安装时注意元件方向）
11	Dpy Amber-CA	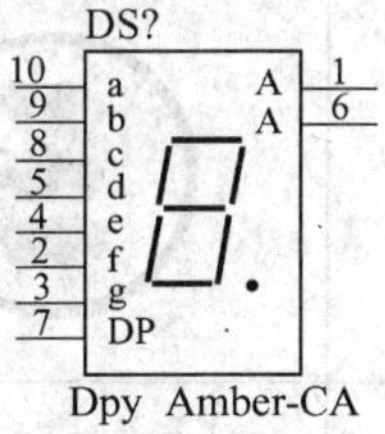	LEDDIP-10/C5.08RHD		LED 显示
12	Fuse 1	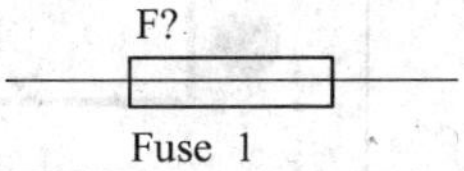	PIN-W2/E2.8		熔丝
13	Inductor	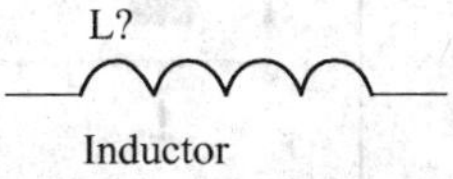	INDC1005-0402		电感（贴片封装）

（续）

序号	元件名称	原理图符号	封装名称	印制板封装	说明
14	Inductor Adj	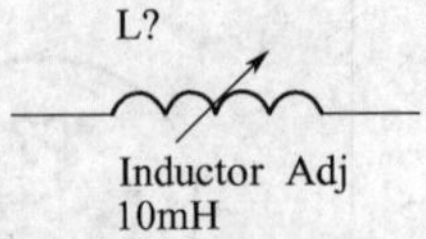	AXIAL-0.8		可调电感（直插封装）
15	JFET-N	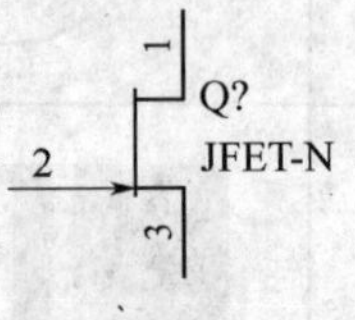	SFM-T3/A6.6V	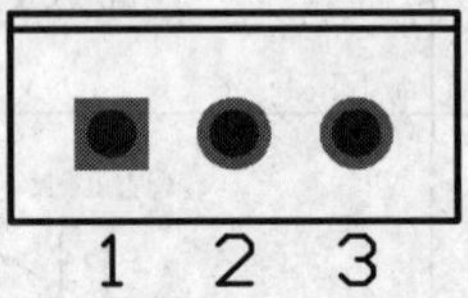	场效应管
16	LED0	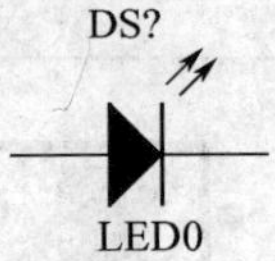	LED-0	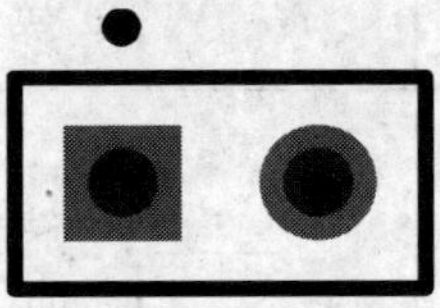	发光二极管
17	Mic1	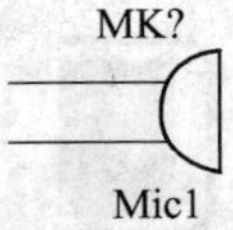	PIN2	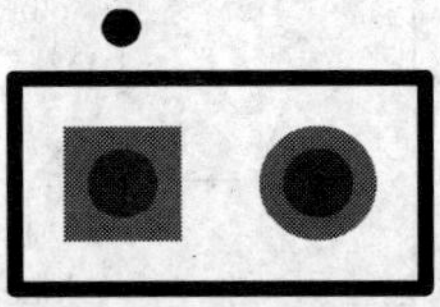	麦克风
18	MOSFET-N	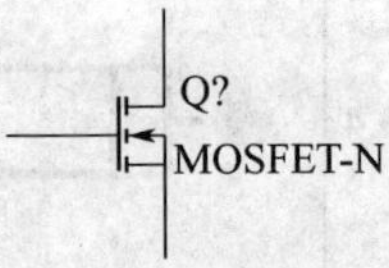	BCY-W3/B.8		MOS 管
19	NPN	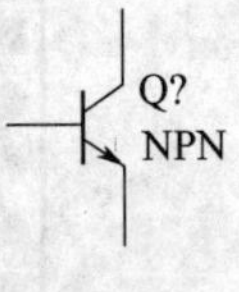	BCY-W3	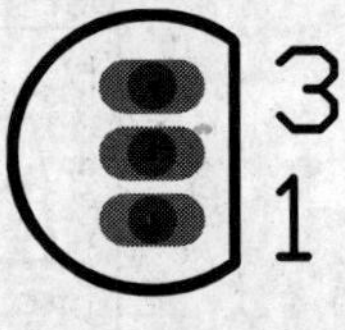	NPN 型三极管
20	Optoisol ator1	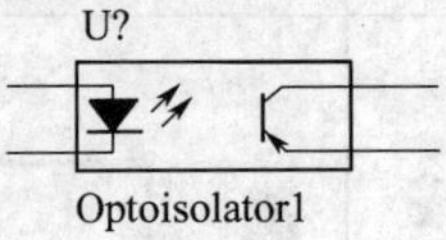	DIP-4		光电耦合器（安装时注意元件方向）
21	Photo NPN	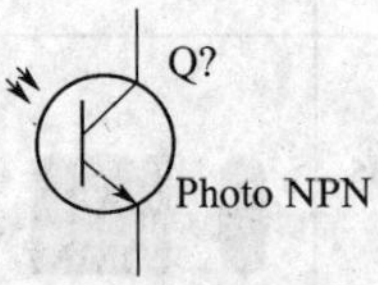	SFM-T2(3)/X1.6V	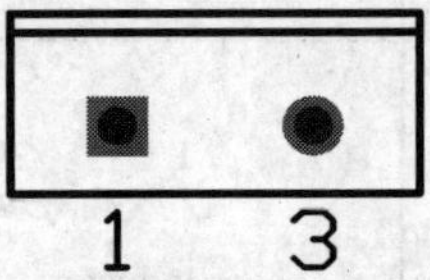	光电 NPN 三极管

（续）

序号	元件名称	原理图符号	封装名称	印制板封装	说明
22	Photo Sen	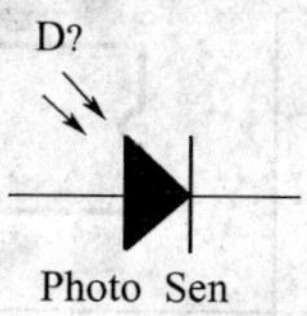	LED-0	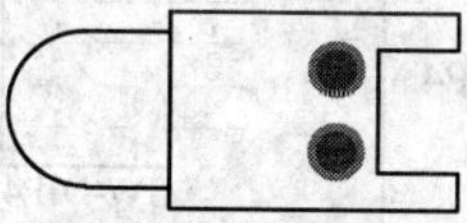	光电二极管（安装时注意元件方向）
23	PNP	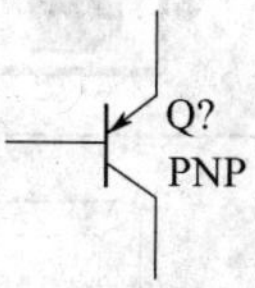	SO-G3/C2.5	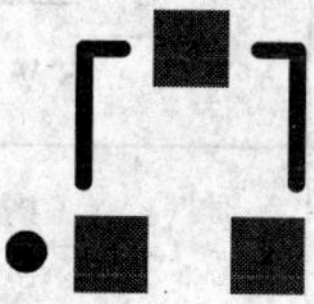	PNP 型三极管（贴片封装）
24	Relay-SPST	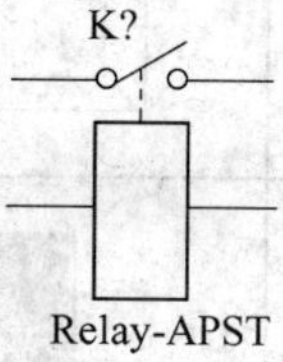	DIP-P4	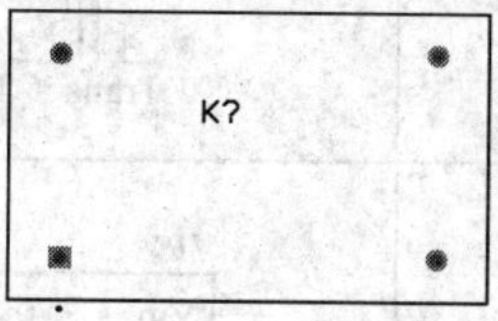	继电器（安装时注意元件方向）
25	Res1	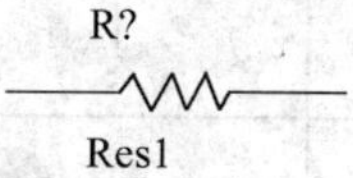	AXIAL-0.3		电阻
26	Res Pack3	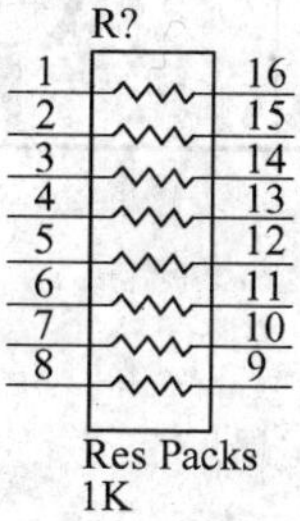	SO-G16/Z8.5		排阻（贴片封装）
27	RPot	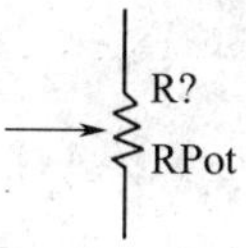	VR5	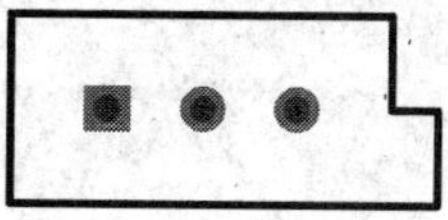	可调电阻
28	Speaker	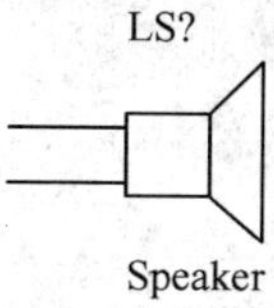	PIN2	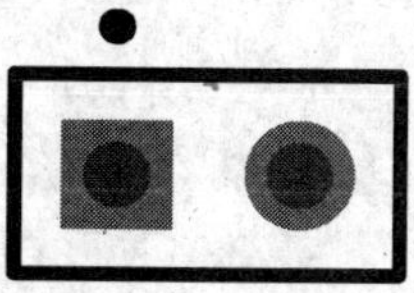	喇叭

（续）

序号	元件名称	原理图符号	封装名称	印制板封装	说明
29	SW-DIP4	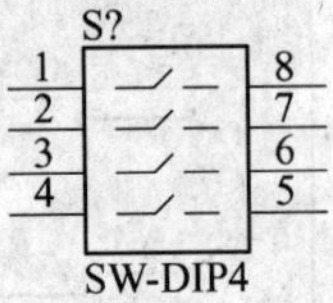	DIP-8	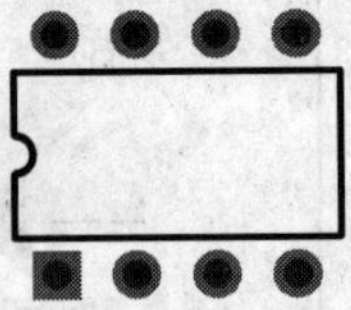	四路开关
30	SW-PB	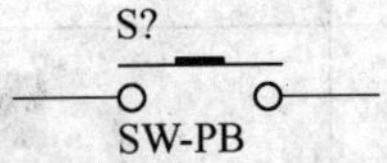	SPST-2		按键开关
31	Trans CT	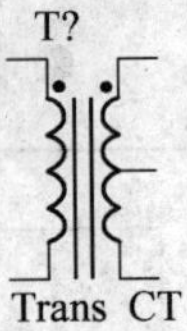	TRF_5	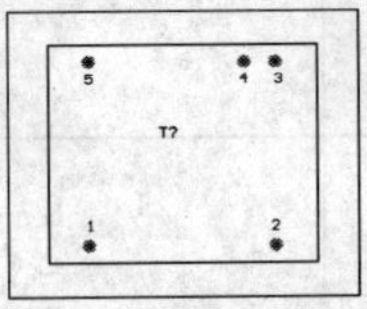	变压器（安装时注意元件方向）
32	Volt Reg	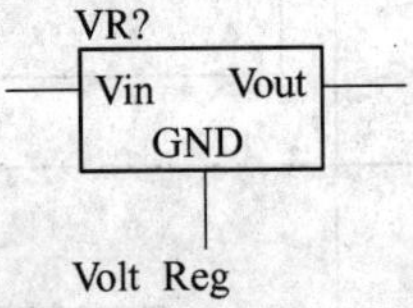	SIP-G3/Y2	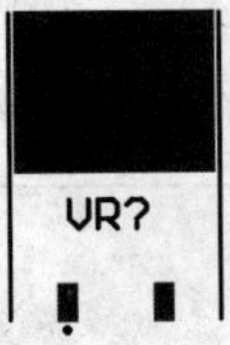	电压调节器
33	XTAL	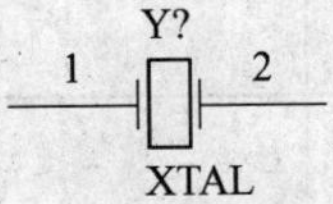	BCY-W2/D3.1		晶体振荡器